9783570084984
D1993730

Chemie
die uns angeht

Aktuelles Wissen

Herausgeber
Rüdiger Proske

Chemie die uns angeht

von Willibald Rixner und Gerhard Wegner

Chefredakteur: Dr. Gert Richter
Redaktion: Hans-Harald Herrmann und
Dr. Volker Wunsch (verantwortlich);
Michael Schaeffer
Bildredaktion: Brigitte Reinke
Zeichnungen: HTG-Werbung Tegtmeier + Grube KG, Bielefeld
Layout: Heinz Beier

Lizenzausgabe mit Genehmigung
der Verlagsgruppe Bertelsmann GmbH /
Bertelsmann Lexikon-Verlag, Gütersloh, Berlin, München, Wien
für Bertelsmann, Reinhard Mohn OHG, Gütersloh
die Europäische Bildungsgemeinschaft Verlags-GmbH, Stuttgart
und die Buchgemeinschaft Donauland Kremayr & Scheriau, Wien
Diese Lizenz gilt auch für die Deutsche Buch-Gemeinschaft
C. A. Koch's Verlag Nachf., Berlin – Darmstadt – Wien
Einbandgestaltung K. Hartig
Einbandfoto M. Kage
Gesamtherstellung Mohndruck Reinhard Mohn OHG, Gütersloh
Printed in Germany · Buch-Nr. 6122'1500

Inhalt

Mit diesem Buch wird in der Reihe »Aktuelles Wissen« der 5. Band vorgelegt. Er handelt von einer Wissenschaft, die unsere Welt vielleicht mehr verändert hat als jede andere: der Chemie.

In der Tat war der Übergang vom Mittelalter zur Neuzeit von der Entdeckung jenes Wissens über chemische Zusammenhänge gekennzeichnet, das die Araber nach Europa gebracht hatten. Schon im 16. Jahrhundert aber begannen die Europäer dann auch von sich aus über die Chemie nachzudenken. Paracelsus verwarf die Schriften der Gelehrten seiner Zeit, weil sie in seinen Augen die Chemie zu ausschließlich unter dem Aspekt betrachteten, Gold zu machen. Er forderte statt dessen, daß die Chemie der Medizin zu dienen habe, und wurde, lange vor Paul Ehrlich, schließlich der Vater der Chemotherapie. Er ahnte nicht, daß 450 Jahre später seine Vision des Zusammenwirkens von Medizin und Chemie in überraschendem Umfange Wirklichkeit werden würde. Heute beziehen sich so gut wie alle entscheidenden Fortschritte auf dem Gebiet der medizinischen Wissenschaften auf neu gewonnene Erkenntnisse der Biochemie.

Als Zeitgenossen von Paracelsus führte Agricola die Chemie aber dann wieder auf den Weg zurück, auf dem sie ihren Aufstieg begonnen hatte. Seine Schrift »De Re Metallica« beschäftigte sich erneut mit der geheimnisvollen Welt der Metalle, deren immer kenntnisreichere Behandlung in den Beginn des Industriezeitalters einmündete. Die im 19. Jahrhundert aufsteigenden Industrienationen gründeten ihre Vitalität auf Stahl und Eisen. Zu Beginn dieses Jahrhunderts stützte sich der Fortgang der Geschichte auf die Chemie der Kohle und des Erdöls und die Erfindung von Düngemitteln und Insektiziden. Heute sprechen wir von dem Zeitalter der Kunststoffe, und auch die Antworten auf die Herausforderung der Zukunft – daß wir uns nämlich auf einem begrenzten Stern womöglich nicht mehr unbegrenzt weiterentwickeln können – scheinen im Bereich der Chemie zu finden zu sein: in der Entwicklung umweltfreundlicherer Produkte, in dem Angebot von chemischen Verbindungen, welche knapp werdende Rohstoffe ersetzen könnten, in der Mitwirkung an technischen Prozessen, mit deren Hilfe sich Rohstoffe aus einmal verbrauchten Gütern wiedergewinnen ließen.

Es ist bitter nötig – in unserem Lande aber noch nicht üblich – sich den Kopf darüber zu zerbrechen, welche Wirkungen Wissenschaft und Technik auf die Ausformung unserer Gesellschaft haben. Bis heute werden die Naturwissenschaften in unseren Schulen und in gewissem Umfange auch auf unseren Universitäten als eine Bemühung geringeren Stellenwertes angesehen. Bis heute gibt es in unserem Lande kein Unterrichtsfach über Technik oder Technologien, gibt es keine Unterrichtung über die Wirkungen, welche die Naturwissenschaften und

ihre Ergebnisse auf den Ablauf der Geschichte gehabt haben und weiter haben. Wohl mögen mehr und mehr Menschen heute bereit sein, Heraklits Vorstellung, daß nämlich der Krieg der Vater aller Dinge sei, zu den Akten zu legen, von anderen inzwischen liebgewordenen Zwangsvorstellungen sich zu trennen, fällt den meisten unter uns dagegen schwer. Und doch erweisen sich weder die freie Entfaltung des ehrgeizigen und eigensüchtigen Individuums auf dem freien Markt noch Marxscher Klassenkampf oder leninistische Revolution in Wahrheit als die Motoren der Geschichte. Mit Recht schrieb in diesen Tagen der Publizist Sebastian Haffner: »Was sich durch Krieg oder Revolution, sozusagen im Handbetrieb verändern läßt, schrumpft zur Nichtigkeit gegenüber den Veränderungen, die heute Wissenschaft und Technik bewirken. Die sind heute der wirkliche Motor der Weltgeschichte, sie machen die Eroberungen, und sie bewirken den Umsturz. Der Computer, die Bombe und die Pille haben die Welt des 20. Jahrhunderts tiefer verändert als die beiden Weltkriege und die Russische und Chinesische Revolution zusammengenommen. Und die größten Weltveränderungen durch Wissenschaft liegen noch vor uns.«
Dem habe ich als Herausgeber dieser Reihe nichts hinzuzufügen. Auch ich bin der Ansicht, daß ein guter Teil unserer Geschichte eine Widerspiegelung des technologischen Fortschritts ist und daß die größten Veränderungen unserer Welt, wie sie durch Wissenschaft und Technik bewirkt werden, noch vor uns liegen. Es gilt, wie mir scheint, für diese Entwicklung gewappnet zu sein. Die Autoren dieser Bücher, der Verlag und ich waren uns immer darüber einig, daß die Veröffentlichungen in dieser Reihe dem Leser helfen sollen, die Welt, in der er lebt, genauer zu durchschauen, ihre Zusammenhänge besser zu verstehen, ihre Probleme zu erkennen und auf der Grundlage eines erweiterten Wissens, mündigere Urteile fällen zu können. Wie schon die vier Bände zuvor, ist auch der Bericht über die »Chemie, die uns angeht« diesem Ziel gewidmet.

RÜDIGER PROSKE

Aktuelles Wissen

Der Kreislauf der Elemente

Nach einer Mitteilung der sowjetischen Nachrichtenagentur Tass setzte am Samstagvormittag, 22. Juli 1972, die interplanetare Sonde Venera 8 auf der Venus auf und übermittelte anschließend wissenschaftliche Informationen zur Erde. Zum zweitenmal war ein unbemannter Raumkörper weich auf unserem Nachbarplaneten gelandet. Dichter und Liebespaare hatten den sanften Glanz der Venus als Morgen- und Abendstern besungen. Aber nach den Untersuchungen der Raumsonden gleicht die Venus mehr einem »Fegefeuer« als einem Paradies der Liebenden. An ihrer Oberfläche herrschen Temperaturen um plus 475° Celsius – eine Temperatur, bei der Blei schmilzt. Der Luftdruck beträgt zwischen 7 und 80 Atmosphären (atm), ist also wenig »lebensfreundlich«. Die Venusluft besteht aus einem Gemisch von 93 bis 97% Kohlendioxid, 2–5% Stickstoff, 0,4–1,1% Wasserdampf und ungefähr 0,4% Sauerstoff. Die

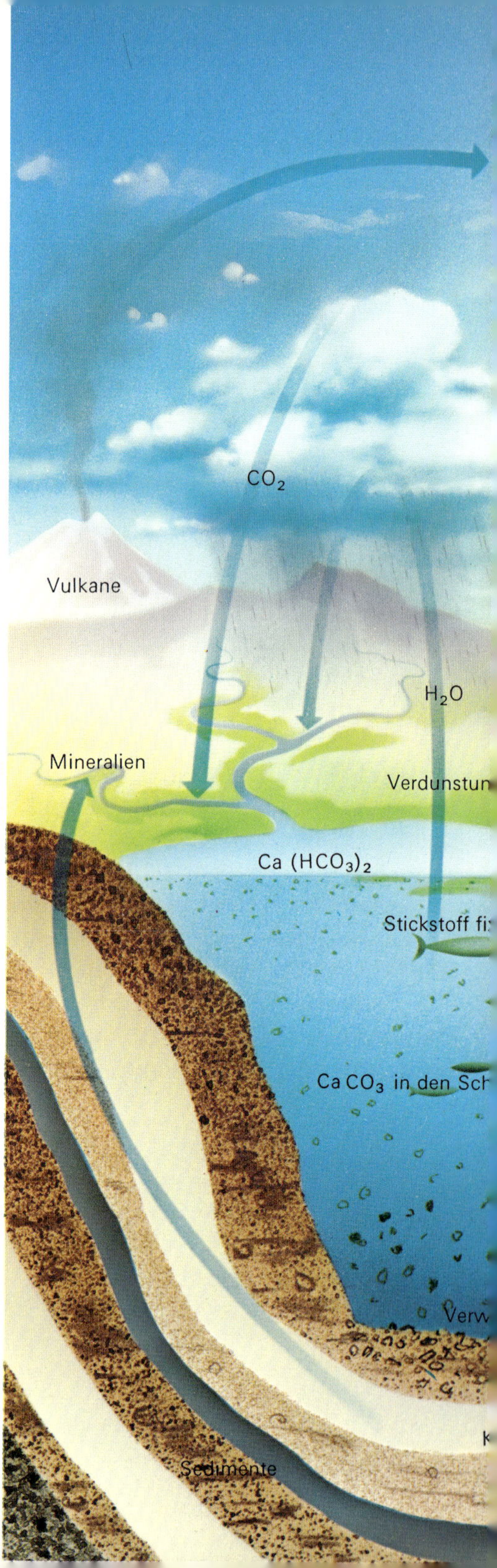

Alle Bestandteile lebender Organismen, die Gerüstsubstanzen aufbauen, Lebensvorgänge steuern, die Fortpflanzung gewährleisten, sind chemische Verbindungen. Für die grundlegenden Lebensprozesse wird die Energie der Sonne benötigt, mit der Pflanzen in der Photosynthese aus Kohlendioxid und Wasser Zucker oder energiereiche Verbindungen aufbauen. Durch den Abbau dieser Stoffe gewinnen die Tiere ihre Lebensenergie (siehe Seite 12).

Strahlungsenergie der Sonne
H_2O
CO_2
N_2
Atmung
Mineralien
Photosynthese
Organischer N_2
Verbrennung fossiler Brennstoffe
Photosynthese
Algen
Ammoniak
Nitrate
Tote Organismen und Zersetzungsprodukte
Fossile Brennstoffe
Fossile Brennstoffe

Venus ist von einer Wolkenschicht umhüllt, die in etwa 60 km Höhe liegt und wahrscheinlich aus Eiskristallen und Wasserdampf besteht. Die extrem hohen Temperaturen dürften allein auf einen sogenannten »Treibhauseffekt« zurückzuführen sein. Der hohe Gehalt an Kohlendioxid in der Atmosphäre der Venus bewirkt eine starke Absorption der Wärmestrahlung von der Sonne und verhindert während der Venusnacht die Abstrahlung von Wärme in das All.

Die Frage drängt sich auf, ob unter solchen Bedingungen Lebensformen existieren können, wie wir sie auf unserem eigenen Planeten antreffen. Tatsächlich vermuten dies führende sowjetische Biochemiker. Die Suche nach diesen Lebensformen dürfte einer der stärksten Antriebe der sowjetischen Venusforschung sein. Man vermutet, daß ein Lebensraum für Organismen – die sogenannte Biosphäre – in Höhe der Wolkenschicht der Venus zu finden ist. Denn in diesem Bereich werden tatsächlich die erdähnlichsten Bedingungen des gesamten Sonnensystems angetroffen. Die Temperaturen liegen hier in Gefrierpunktnähe und der Luftdruck beträgt nur 1 atm. In diesem wasserhaltigen Atmosphärenbereich könnten nach Ansicht des russischen Forschers Oparin Mikroorganismen existieren, die in den für sie günstigen Temperaturbereichen schweben.

Auch auf amerikanischer Seite werden solche Ideen ernst genommen. Der renommierte amerikanische Astrophysiker Carl Sagan hat kürzlich in der Zeitschrift »Science« vorgerechnet, daß Einzeller in der Venusatmosphäre ideale Umweltbedingungen vorfinden würden und unter Einwirkung der Sonnenstrahlung Kohlendioxid und Wasser in Sauerstoff umwandeln könnten. Folglich machte er den bemerkenswerten Vorschlag, die Venusatmosphäre mit mehreren tausend Tonnen Blaualgen zu impfen. Seiner Meinung nach würden sich die Blaualgen rasch vermehren, Luftdruck und Temperatur würden sich erheblich verringern und in etwa 1000 Jahren wäre die Venus eine zweite Erde.

Ob dieser phantastische Vorschlag zu verwirklichen ist und vielleicht eine Lösung unserer Bevölkerungsprobleme in sich birgt, mag dahingestellt sein. Er gibt uns aber Anlaß, über unsere eigene Biosphäre und ihre Beständigkeit nachzudenken.

Atome und Moleküle. Die gesamte Chemie beruht auf der Vorstellung, daß es Atome gibt und Gebilde aus miteinander verbundenen Atomen, die Moleküle genannt werden. Ein Atom ist die kleinste Einheit eines Elements (siehe Kästchen Seite 18), das immer noch die Eigenschaften des Elements besitzt. Ein Molekül ist die kleinste Einheit einer Verbindung, die immer noch die Eigenschaften der Verbindung besitzt. In den Molekülen kombinieren sich Atome in einfachen ganzzahligen Verhältnissen. Man kann daher die molekulare Zusammensetzung mit Hilfe der Symbole für die Elemente ausdrücken, aus denen die Verbindung besteht. Mit Hilfe von Indexzahlen wird die Anzahl der Atome pro Molekül angegeben. Wasser ist beispielsweise ein Molekül, in dem zwei Atome Wasserstoff mit einem Atom Sauerstoff chemisch verbunden sind. Seine Formel lautet daher H_2O. Die Formel von Wasserstoffperoxid, in dem zwei Atome dieser Elemente miteinander kombiniert sind, lautet H_2O_2.

Die Meßdaten, die sowjetische Raumsonden von der Venus funkten, gaben den Biochemikern zu der Vermutung Anlaß, daß in Höhe der Wolkenschicht unseres Nachbarplaneten eine Biosphäre existiert.

Die Biosphäre reguliert sich durch ein System von Kreisläufen. Dabei wird der gegenwärtige Vorrat von Sauerstoff dauernd durch die Photosynthese (siehe S. 12) aufrechterhalten. Ohne diesen Vorgang würde der vorhandene Sauerstoff langsam aufgebraucht.

In der Uratmosphäre gab es mit Sicherheit keinen Sauerstoff. Die Bildung der ersten organischen Verbindungen ist vermutlich in seichten Küstengewässern der Urozeane unter dem Einfluß der Sonneneinstrahlung an der Oberfläche von Mineralien erfolgt. Mit Sicherheit begannen die Urorganismen dann, Sauerstoff aus Wasser und gasförmigem Kohlendioxid freizusetzen und damit die Voraussetzungen zur Entfaltung des Pflanzenlebens und damit dann auch zur Entwicklung tierischen Lebens zu schaffen.

Zwei Gleichungen, die Leben bedeuten

Die lebenswichtigen Bestandteile unseres Lebensraumes sind die Bestandteile des Wassers, Wasserstoff (H_2) und Sauerstoff (O_2) sowie der Kohlenstoff (C), der in Form von Kohlendioxid (CO_2) für den grundlegenden Lebensprozeß auf dieser Erde benötigt wird (in Klammern hinter den Namen der einzelnen Elemente sind die chemischen Abkürzungen, d.h. Symbole, angegeben). Die Energiequelle, von der alles irdische Leben abhängt, ist die Sonne. Aber nur chlorophyllhaltige Organismen wie Blau- und Grünalgen, Plankton und die große Zahl der höheren Pflanzen können die Sonnenenergie für Lebensprozesse nutzbar machen. Dies geschieht mit Hilfe der sogenannten Photosynthese, die durch die folgende einfache Gleichung beschrieben wird:

$$CO_2 + H_2O + \text{Licht} \rightarrow CH_2O\,(\text{Energie}) + O_2$$

Aus Kohlendioxid, Wasser und Licht entstehen also energiereiche organische Verbindungen und der Sauerstoff, der für unsere Atmung unentbehrlich ist. Der Formaldehyd (CH_2O) – das kleinste Kohlenhydrat – wird hier stellvertretend für alle anderen Kohlenhydrate angeführt, die nach

Alle biologisch wichtigen Stoffe der Biosphäre nehmen an Kreisläufen teil. Denn sie sind nicht in beliebigen Mengen verfügbar. Die Kreisläufe sorgen dafür, daß diese Stoffe nach Gebrauch auf Kosten der Sonnenenergie in Formen gebracht werden, die ihre Wiederverwendung erlauben. Durch die Industrialisierung sind neue Kreisläufe entstanden, die z.T. giftige Stoffe transportieren und verteilen, und es kommt zum berüchtigten Smog (rechts in Hamburg) oder führt zum Fischsterben in unseren Flüssen.

dieser Gleichung gebildet werden. Ein sehr wichtiges Kohlenhydrat ist beispielsweise der Traubenzucker.

Alle nicht pflanzlichen Lebewesen existieren letzten Endes von der Umkehr dieses Prozesses, indem sie durch Atmung Kohlenhydrate mit Sauerstoff wieder zu Kohlendioxid und Wasser »verbrennen« und die freigesetzte Energie für ihre Lebensvorgänge benutzen.

$$CH_2O + O_2 \rightarrow CO_2 + H_2O + \text{Energie}$$

Zusätzlich zu Kohlenstoff, Sauerstoff und Wasserstoff benötigen alle Organismen noch eine größere Zahl weiterer Elemente. Die wichtigsten sind Stickstoff (N), Phosphor (P), Schwefel (S), Natrium (Na), Kalium (K), Calcium (Ca), Magnesium (Mg), Eisen (Fe), Mangan (Mn), Kobalt (Co), Kupfer (Cu), Zink (Zn) und Chlor (Cl). Alle diese Elemente sind Bestandteile der chemischen Verbindungen, die die lebenden Organismen als Gerüstsubstanzen aufbauen, ihre Lebensvorgänge steuern und ihre Fortpflanzung gewährleisten.

Wenn die Biosphäre funktionsfähig bleiben soll, dann müssen alle biologisch wich-

tigen Stoffe an Kreisläufen teilnehmen. Denn die biologisch wichtigen Elemente sind nicht in beliebigen Mengen verfügbar und können sich nicht gegenseitig ersetzen. Die Kreisläufe sorgen dafür, daß diese Stoffe nach Gebrauch auf Kosten der Sonnenenergie wieder in Formen gebracht werden, die ihre Wiederverwendung erlauben. Die Geschwindigkeit des Rücklaufs ist von Fall zu Fall sehr verschieden. Es läßt sich in Jahrzehnten messen, mit welcher Geschwindigkeit der Kohlenstoff organischer Verbindungen, aus denen Tiere und Pflanzen bestehen, ausgetauscht und wieder verwendet wird. Etwas Kohlenstoff wird aber auch zur Bildung fossiler Brennstoffe (Kohle, Erdöl) abgezweigt und kommt nur sehr langsam wieder in die Biosphäre zurück.

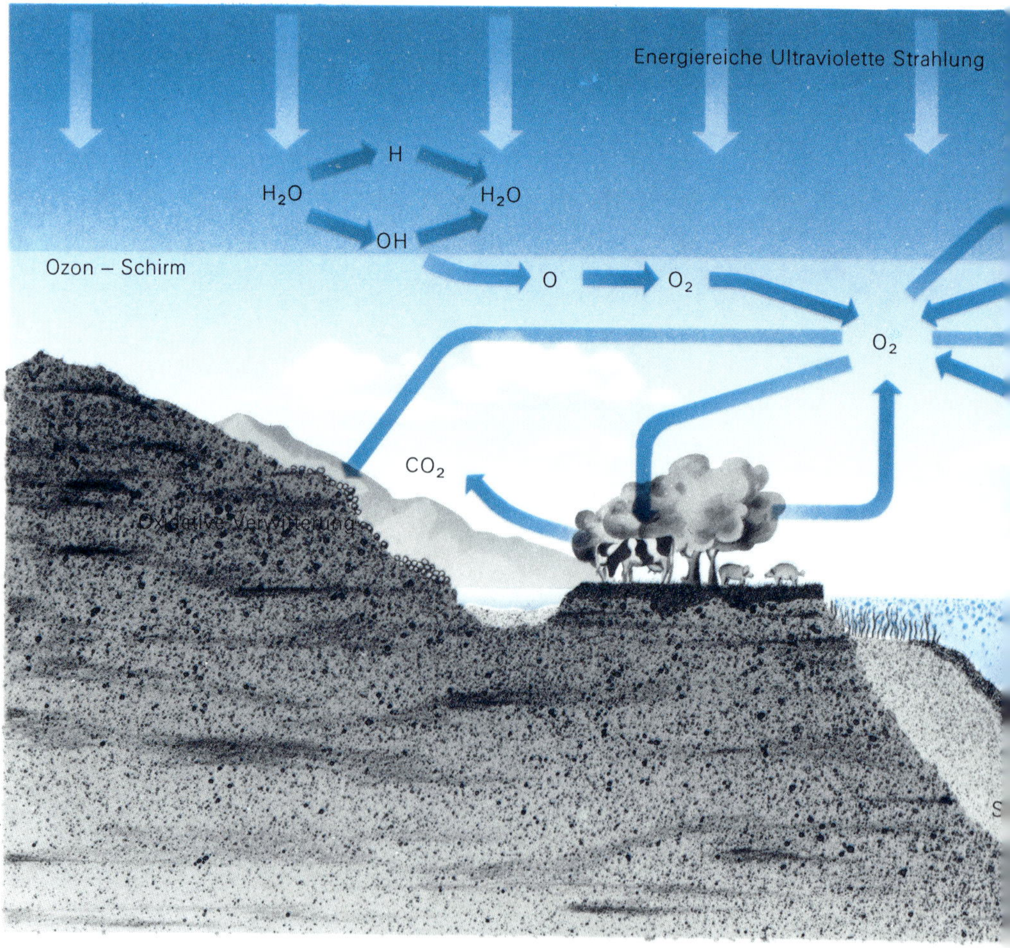

Im Fall von Calcium, das als Calciumhydrogencarbonat ($Ca(HCO_3)_2$) aus den Gebirgen der Kontinente gelöst und von den Flüssen ins Meer getragen wird, sich dort als Calciumcarbonat ($CaCO_3$) hauptsächlich in den Schalen der Muscheln zum Meeresboden niederschlägt und schließlich in geologischen Prozessen wieder zum Bestandteil von Kalksteingebirgen wird, läßt sich der Kreislauf wahrscheinlich in Hunderten von Millionen Jahren messen. Phosphor benimmt sich ähnlich wie Calcium, Stickstoff gleicht mehr dem Kohlenstoff in der organischen Materie.

Viel schneller als in der vorindustriellen Zeit werden heute Elemente künstlich in die Atmosphäre und die Ozeane eingeführt. Neue Kreisläufe sind entstanden. Sie transportieren und verbreiten zum Teil schädliche Stoffe in großen Mengen, beispielsweise Blei und Quecksilber oder stabile neue Verbindungen, die als Schädlingsbekämpfungsmittel oder zur Entlaubung benutzt werden (siehe auch S. 286 und ab S. 304).

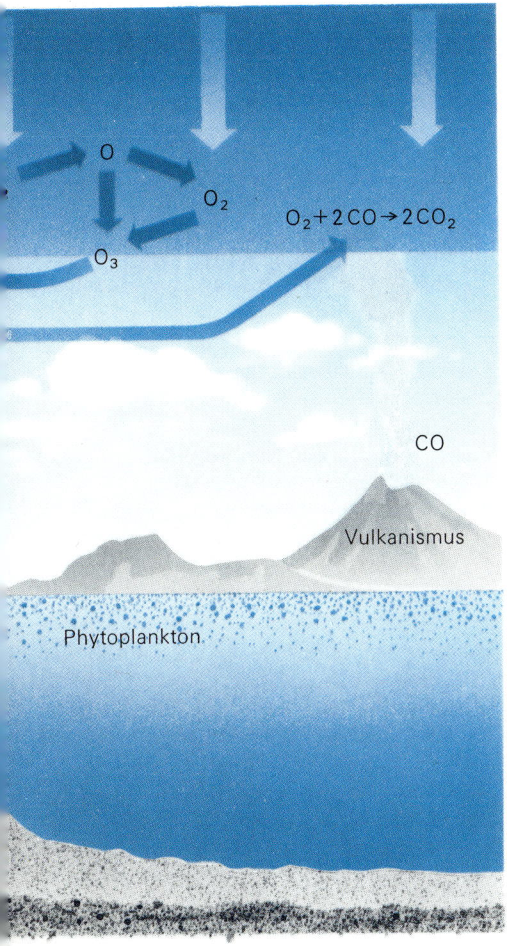

Die für alle Organismen gefährliche energiereiche ultraviolette Strahlung aus der Sonne wird in den oberen Schichten unserer Atmosphäre vom Sauerstoff »geschluckt«. Er absorbiert die UV-Strahlung und wird dabei in Atome gespalten ($O_2 \rightarrow O + O$). Die freien Sauerstoffatome verbinden sich sofort wieder mit einem Sauerstoffmolekül zu Ozon ($O + O_2 \rightarrow O_3$). Ozon absorbiert ebenfalls UV-Strahlung und zerfällt dabei wieder in atomaren und molekularen Sauerstoff ($O_3 \rightarrow O_2 + O$). Außerdem schützt der Sauerstoff die Lebewesen vor dem außerordentlich giftigen, gasförmigen Kohlenmonoxid (CO), das durch vulkanische Tätigkeit und heute vor allem durch Autoabgase in großen Mengen in die Luft gelangt. Das Kohlenmonoxid reagiert in der Ozonschicht mit dem Sauerstoff ($O_2 + 2\,CO \rightarrow 2\,CO_2$), und das Ergebnis ist relativ harmloses Kohlendioxid. Ein Teil der UV-Strahlung verliert die gefährliche Wirkung auch dadurch, daß sie den Wasserdampf zerlegt ($H_2O \rightarrow H + OH$).

Was ist Chemie?

Der Chemiker versucht wie jeder andere Naturwissenschaftler, die Welt, in der wir leben, mit Hilfe logischer Schlußfolgerungen zu verstehen oder wenigstens durch Maß und Zahl so vollständig wie möglich zu beschreiben. Dabei interessiert er sich nicht so sehr für Größe, Gestalt, Geschwindigkeit oder Bewegung eines Gegenstandes als vielmehr für das Material, aus dem er gemacht ist. Er zeigt sich beeindruckt durch die Unterschiede zwischen Gold und Eisen oder zwischen Kochsalz und Zucker. Er möchte wissen, warum Kautschuk weich und elastisch ist, Zucker dagegen kristallin und hart. Es interessiert ihn, wie man Zucker und Kautschuk produzieren und durch Zusammenbringen einfacher Stoffe neue Materialien herstellen kann, die noch niemand gesehen hat und die neue, überraschende Eigenschaften besitzen. Er fragt sich, wie Eisen rostet oder wie die Vererbung funktioniert.

Zu den Problemen der Chemie gehört es, neue Arzneimittel herzustellen und gemeinsam mit Medizinern und Biologen ihre Wirkungsweise zu erkennen. Die chemische Forschung sorgt für die Entwicklung neuer Kunststoffe, Fasern, Farbstoffe, Waschmittel, Werkstoffe. Die chemische Verfahrenstechnik erlaubt es, diese neuen Produkte im industriellen Maßstab in großen Mengen herzustellen. Kein Industriestaat ist ohne chemische Industrie denkbar, kein Agrarland kommt ohne Düngemittelfabriken aus.

Die Auftrennung von Stoffgemischen in nützliche Bestandteile, wie es beispielsweise in den Erdölraffinerien geschieht, ist ebenso Aufgabe des Chemikers wie die Gewinnung von Metallen aus ihren Erzen. Bei der Lö-

Justus von Liebig (1803–1873) untersuchte als erster die Landwirtschaft mit naturwissenschaftlichen Methoden, analysierte Böden und gab Vorschriften, wie durch geeignete Düngung die Erträge gesteigert werden konnten. Er klassifizierte Nahrungsmittel nach ihrem Nährwert und erfand Methoden zu ihrer Konservierung. Als Wissenschaftler begründete er zusammen mit seinem Freunde **Friedrich Wöhler** (1800–1882) die organische Chemie, die Lehre von den Verbindungen des Kohlenstoffes. Chloroform und Aldehyde sind seine Entdeckungen. Liebig erkannte auch als erster den Kreislauf der Elemente in der Natur und wies auf die Schäden hin, die durch unbedachte Maßnahmen, z. B. beim Raubbau in der Landwirtschaft entstehen. Als Lehrer richtete er Deutschlands erstes Universitätslaboratorium für Chemie in Gießen ein und legte damit den Grundstein für die auf vielen Gebieten führende Stellung Deutschlands in der Chemie.

sung all dieser Probleme lernt der Chemiker fortwährend neue Tatsachen über die grundlegenden Eigenschaften der Materie und die Natur der Lebensprozesse kennen.

Der Chemiker ist in erster Linie stets ein Analytiker. Sein erster Schritt bei der Untersuchung eines neuen Materials ist der Versuch, es in einfachere Stoffe zu zerlegen. Bei einer Mischung von beispielsweise Eisen und Steinbrocken ist das leicht. Ein Magnet wird hier gute Dienste leisten, um die Mischung in ihre Bestandteile zu zerlegen. Wenn man Salz aus Meerwasser isolieren will, dann ist das schwieriger. Das Problem läßt sich durch Eindunsten des Wassers lösen, wobei das Salz zurückbleibt.

Veränderungen dieser Art, bei denen nicht die fundamentalen Eigenschaften der Stoffe geändert werden, sind physikalische Veränderungen. Das Auswalzen eines Metalls, das Zermahlen eines Steines oder das Schmelzen von Eis zu Wasser sind Beispiele für physikalische Veränderungen.

Bei chemischen Veränderungen, den chemischen Reaktionen, treten tiefgreifende Änderungen in der Struktur der beteiligten Materie ein. Salz und Wasser können beispielsweise nicht nur getrennt, sondern beide auch noch in ihre Elemente zerlegt werden. Durch elektrischen Strom wird Wasser in zwei Gase aufgespalten, in Wasserstoff und Sauerstoff. Wasserstoff ist ein leichtes, brennbares Gas, Sauerstoff ist zur Atmung lebensnotwendig. Auch Kochsalz kann mit Hilfe von elektrischem Strom zerlegt werden, wenn es geschmolzen ist. Es zerfällt dann in das gelbgrüne, giftige Chlorgas und ein silbern schimmerndes Metall, das Natrium heißt und an feuchter Luft zu brennen anfängt.

Den weißen Kochsalzkristallen kann man nicht ansehen, daß sie aus einem Metall und einem Gas entstanden sind. Keine der Eigenschaften von Kochsalz steht in unmittelbarem Zusammenhang mit den Eigenschaften seiner Elemente Chlor und Natrium.

Der Chemiker gibt sich aber noch nicht damit zufrieden, Salz in Natrium und Chlor zerlegen zu können. Er möchte wissen, ob man durch Reaktion von Natriummetall mit gasförmigem Chlor wieder Salz erzeugen kann. Er möchte Kochsalz aus seinen Elementen synthetisieren. Tatsächlich tritt beim Zusammenbringen der Elemente unter Feuererscheinung Bildung von Kochsalz ein. Wieviel Energie wird bei dieser Reaktion frei und wie groß ist ihre Geschwindigkeit? Die Lösung dieser Fragen gibt neue chemische Erkenntnisse über die Gesetze, nach denen die Natur funktioniert.

Die Anfänge der Chemie reichen weit in das Dunkel der Geschichte zurück. Viele unserer heutigen Vorstellungen über die Zusammensetzung der Materie aus Atomen und Elementen waren schon den griechischen Philosophen lange vor Christi Geburt bekannt. Im Mittelalter, bis zum Beginn der Neuzeit, umgaben die Alchimisten sich selbst und ihre Werkstätten mit dem Anschein des Unheimlichen, Zauberhaften, Mystischen. Ihre Suche nach dem Stein der Weisen, der alle Krankheiten heilt und Blei in Gold verwandelt, war jedoch nicht vergebens. Der Stein der Weisen wurde zwar nicht gefunden, doch wurden auf der Suche nach ihm so viele Kenntnisse über Stoffe und ihre chemischen Umwandlungen gesammelt, daß es nur des ordnenden Geistes der frühen Wissenschaftler des 17. und 18.

Elemente sind Stoffe, die mit Hilfe chemischer Methoden nicht mehr in einfachere Substanzen aufgespalten werden können (z. B. Wasserstoff (H), Sauerstoff (O), Eisen (Fe)). In der Natur kommen 92 Elemente vor und weitere 13 Elemente konnten durch kernphysikalische Methoden bisher **künstlich** hergestellt werden. Aus dieser begrenzten Anzahl von Elementen sind die Millionen von bekannten Stoffen aufgebaut.
Salz, Wasser, Rost, Gummi sind Beispiele für **chemische Verbindungen.** Eine Verbindung besteht aus Elementen, besitzt aber immer ganz andere Eigenschaften als die Elemente, aus denen sie aufgebaut ist. Rost hat beispielsweise nichts mit den Eigenschaften des metallischen Eisens und des Luftsauerstoffs gemein, aus denen er entstanden ist. Eine Verbindung unterscheidet sich daher durch ihre definierten Eigenschaften von einer bloßen Mischung von Elementen oder Bestandteilen. Eine besonders wichtige Eigenschaft von Verbindungen ist es, daß ihre Elemente in ganzzahligen Verhältnissen zueinander stehen. Dies ist eine Konsequenz des atomaren Aufbaus der Materie.

Jahrhunderts bedurfte, um aus der Alchimie die Wissenschaft der Chemie entstehen zu lassen.

Zu Beginn dieses Jahrhunderts waren die letzten Zweifel daran ausgeräumt worden, daß die uns umgebende stoffliche Welt wirklich aus Atomen und Molekülen besteht. Heute haben wir genaue Vorstellungen davon, wie Atome und Moleküle aussehen, und wir können mit modernen wissenschaftlichen Geräten ihre Größe, ihr Gewicht, ihre elektrischen und magnetischen Eigenschaften genau messen und mit Hilfe von physikalisch-chemischen Theorien weitgehend verstehen und berechnen. In den Laboratorien der Universitäten und Forschungsinstitute der ganzen Welt werden heute täglich einige hundert neue Verbindungen synthetisiert, die noch niemals vorher bekannt waren und deren Eigenschaften sie vielleicht als neue Heilmittel, neue Farbstoffe oder neue Werkstoffe ausweisen. Heute sind beispielsweise mehr als eine Million verschiedene Verbindungen des Kohlenstoffs bekannt. Die Eigenschaften jeder einzelnen dieser Verbindungen sind sorgfältig registriert und können von jedem Chemiker mit Hilfe einer Fachbibliothek in kurzer Zeit aufgefunden und für weitere Forschungen verwendet werden.

Bei der großen Zahl der bekannten chemischen Verbindungen und der vielen, die jeden Tag neu entdeckt werden, bedeutet es ein Problem, für jede Verbindung einen eindeutigen und vernünftigen Namen zu finden. Die Namengebung hängt eng mit unserer Vorstellung von den Molekülen als räumliche Gebilde zusammen, in denen die einzelnen, kugelförmigen Atome durch chemische Bindungen wie mit Spiralfedern oder Stäbchen fest miteinander verknüpft sind. Als Beispiel für die Namengebung und die Vorstellungen, die der Chemiker mit diesem Namen verknüpft, soll das Adrenalin dienen. Adrenalin ist ein Hormon, das von den Nebennieren fortwährend in äußerst geringen Mengen in das Blut abgeschieden wird. Zusätzliche Adrenalineinspritzungen wirken auf das sympathische Nervensystem, die Blutgefäße erweitern sich, der Blutdruck erhöht sich, Herztätigkeit und Stoffwechselumsatz nehmen zu, kurz, es stellt sich ein Zustand ein, den jeder aus Streßsituationen kennt. Das Molekül, das diese Wirkungen hervorruft, ist hier in verschiedenen Modellen und Schreibweisen gezeigt. Sie alle bezeichnen das gleiche Molekül und drücken lediglich verschiedene Informationen aus, die wir über dieses Gebilde besitzen. Adrenalin enthält die Elemente Kohlenstoff, Sauerstoff, Stickstoff und Wasserstoff. Die chemische Zusammensetzung wird durch die Summenformel $C_9H_{13}NO_3$ angegeben.

Das Kugelkalottenmodell gibt einen Eindruck von der Raumerfüllung des Moleküls und seiner Teile in riesiger Vergrößerung wieder. In Wirklichkeit besitzt ein solches Molekül nur die Ausdehnung eines millionstel Teils eines Millimeters, ist also unvorstellbar klein. Das Stäbchenmodell zeigt genauer, wie die Atome miteinander verbunden sind und welche Winkel zwischen den einzelnen Bindungen liegen. Die geschriebene Strukturformel mit international vereinbarten Symbolen ist das getreue Abbild eines solchen Stäbchenmodells. Freilich kann die räumliche Anordnung der einzelnen Atome relativ zueinander dabei nicht so gut berücksichtigt werden. Je nach Bedürfnis kann die Strukturformel auch vereinfacht geschrieben werden, da der Chemiker häufig anzutreffende Bauelemente, wie z. B. den Phenylring, als Symbole wiedererkennt, ohne daß jedes einzelne Atom hingeschrieben werden muß. Die Summenformel hat schließlich den geringsten Informationsgehalt. Sie enthält keine Information über die Anordnung der einzelnen Atome im Molekül.

Wie der wissenschaftlich korrekte Name des Adrenalins, nämlich 2-Methylamino-1-hydroxy-1-(3',4'-dihydroxy)phenyläthan zustande kommt, ist mit Hilfe verschiedener Farben unter den Strukturmodellen gezeigt. Um aus dem Namen umgekehrt wieder ein Strukturmodell aufstellen zu können, muß man schon einige Jahre Chemie studieren.

Die **chemische Thermodynamik** ist ein Teil der allgemeinen Wärmelehre (Thermodynamik). Sie beschreibt die Bedingungen, unter denen chemische Reaktionen stattfinden können und erlaubt die Berechnung der dabei aufzuwendenden oder frei werdenden Energiemengen. Energie kann als Wärme, Licht, Elektrischer Strom oder mechanische Arbeit zu- oder abgeführt werden. Die Thermodynamik baut auf drei Hauptsätze auf. Der **Erste Hauptsatz** besagt, daß in einem abgeschlossenen Raum bei einer chemischen Reaktion weder Energie erzeugt noch vernichtet wird (Energieerhaltungssatz). Der **Zweite Hauptsatz** besagt, daß Wärme niemals von allein von einem Körper niedrigerer Temperatur auf einen Körper höherer Temperatur übergeht. Dies ist die Ursache für die Sonderstellung der Wärme als Energieform. Der **Dritte Hauptsatz** sagt aus, daß es eine Temperatur gibt, die prinzipiell nicht unterschritten werden kann. Diese Temperatur ist am **absoluten Nullpunkt** (minus 273 Grad Celsius) erreicht. Für viele der heute großtechnisch durchgeführten Synthesen-Herstellung wurden zuerst durch theoretische Berechnungen aufgrund der drei Hauptsätze Bedingungen gefunden, unter denen die gewünschten Reaktionen stattfinden können. Derartige Problemstellungen gehören in den Bereich der Physikalischen Chemie (siehe Seite 298).

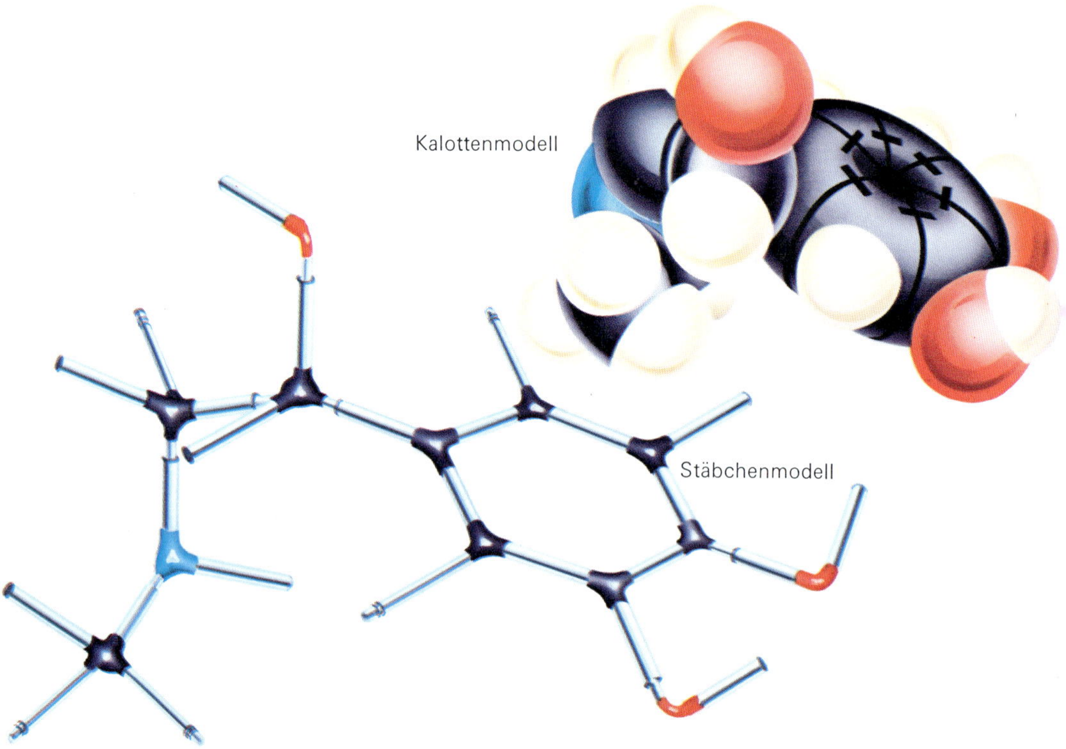

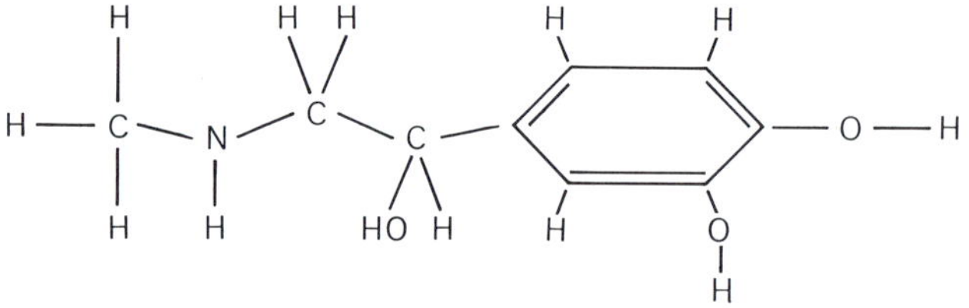

Strukturformel

vereinfachte Strukturformel

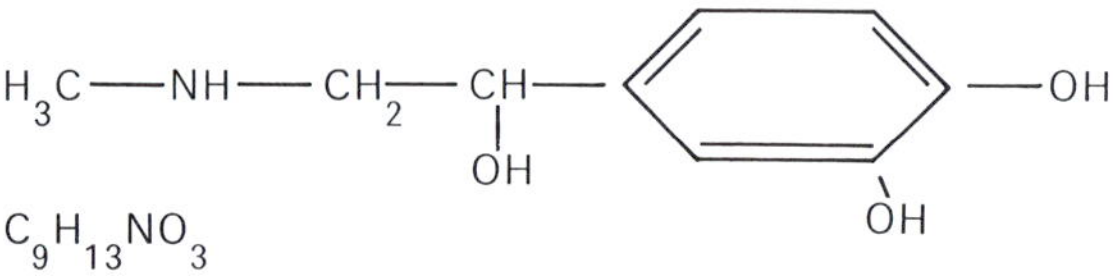

Summenformel: $C_9H_{13}NO_3$

2-Methylamino — 1 -hydroxy – 1 – (3′, 4′-dihydroxy phenyl) äthan und so kommt der Name zustande

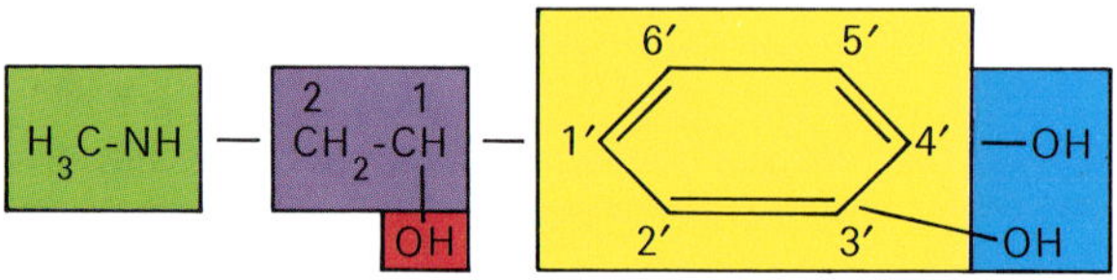

Chemische Verbindungen bestehen aus Molekülen. Diese sind räumliche Gebilde, in denen einzelne Atome wie mit Stäbchen oder Federn fest miteinander verknüpft sind. Als Beispiel für die Namensgebung dient das Hormon der Nebennieren mit dem Trivial-Namen Adrenalin. Sein wissenschaftlicher Name: 2-Methylamino-1-hydroxy-1-(3',4'-dihydroxy)phenyläthan.

Moleküle als Energiespeicher. In der unbelebten Steinwüste eines fernen Planeten ist der Held eines Zukunftsromans gestrandet. Er hat den Absturz seines Raumfahrzeuges glücklich überstanden; nun bewegt ihn ein durchaus irdisches Gefühl: er hat Hunger. Für ihn ist das kein Problem. Er greift in die Taschen seines Raumanzuges, entnimmt ihr eine Pille mit hochwertigem, synthetischem Nahrungsmittelkonzentrat und stillt damit seinen Hunger für die nächsten 24 Stunden.

Bereits heute steht fest, daß derartige Zukunftsvorstellungen blanker Unsinn sind. Die biochemischen Gesetze, nach denen der menschliche Organismus funktioniert, lassen so etwas nicht zu. Der menschliche Körper benötigt täglich eine ziemlich genau bekannte Menge an Eiweiß, Kohlenhydraten, Fettsäuren, Vitaminen und mineralischen Spurenstoffen. Die Körpertemperatur des Menschen muß auf einem konstanten Wert gehalten werden – also müssen ständig im Körper Verbrennungsvorgänge ablaufen. Und Energie wird außerdem ständig für Atmung, Blutkreislauf, Ausscheidungen und Bewegungen gebraucht. Für jeden Lebensvorgang muß ein bestimmter Energiebetrag aufgebracht werden, auch dann, wenn Sie jetzt still im Sessel sitzen und dieses Buch lesen. Die Nahrungsaufnahme ist praktisch die einzige Energiequelle, die dem menschlichen Körper zur Verfügung steht. Der Heizwert der Nahrungsmittel wird durch den Körper in Arbeit umgesetzt. Er kann deshalb in gewisser Weise mit einer Wärmekraftmaschine – Dampflok oder Automotor – verglichen werden. Der Körper arbeitet jedoch mit einer wesentlich günstigeren Ausbeute an Energie.

In der Wärmekraftmaschine werden die Brennstoffe direkt mit Sauerstoff verbrannt. Dabei entsteht Wärme, die zur Arbeitsleistung ausgenutzt wird, indem sie beispielsweise die Ausdehnung eines Gases in einem mit beweglichem Kolben versehenen Zylinder bewirkt. Aufgrund der Wärmezufuhr dehnt sich das Gas aus, hebt den Kolben und die damit verbundene Last in die Höhe und leistet somit Arbeit. Der Körper kann die in den Nahrungsmitteln in Form von chemischen Bindungen enthaltene »chemische« Energie jedoch direkt in Bewegungsenergie umsetzen. Mit Hilfe eines komplizierten Systems von untereinander gekoppelten Reaktionen werden die aufgenommenen Nährstoffe mit dem Sauerstoff der Luft zur Reaktion gebracht. Es entstehen die gleichen Endprodukte, die auch bei der direkten Verbrennung mit Sauerstoff entstehen würden. Aus Kohlenhydraten entstehen beispielsweise Kohlendioxid und Wasser. Im Körper wird aber anders als in Wärmekraftmaschinen in vielen einzelnen Reaktionen die maximale Energie aus den Nährstoffen gewonnen, wobei nach den Gesetzen der Thermodynamik nur sehr wenig Energie als Wärme verloren geht. Wärme ist nämlich eine sehr ungünstige Energieform. Sie kann prinzipiell nur teilweise in andere Energieformen, d. h. in Arbeit umgesetzt werden. Alle anderen Energieformen können dagegen vollständig in Wärme verwandelt werden. Indem der Körper die in chemischen Bindungen gespeicherte Energie direkt in Arbeit umsetzt, z. B. durch Kontraktion eines Muskels, umgeht er das Prinzip der Wärmekraftmaschine, obgleich er die Nährstoffe zu den gleichen Endprodukten umwandelt.

Von der Alchimistenwerkstatt des Mittelalters, in der man z.B. versuchte, aus Blei Gold zu machen (oben), war es ein weiter Weg bis ins erste deutsche Unterrichtslaboratorium in Gießen (unten).

In diesem Laboratorium schuf Justus von Liebig u.a. die Voraussetzungen für die Kunstdünger-Industrien. In modernen Laboratorien werden heute täglich einige Hundert neuer Stoffe synthetisiert und geprüft (rechte Seite).

Die Energiemenge, die in den Nahrungsmitteln gespeichert ist, läßt sich leicht messen. Man verbrennt sie mit Luftsauerstoff und mißt die entstehende Wärmemenge. Die Maßeinheit der Wärmemenge heißt Kalorie (cal). Es ist die Wärmemenge, die benötigt wird, um ein Gramm Wasser um ein Grad Celsius zu erwärmen. Das ist eine sehr kleine Energiemenge. Man rechnet deshalb besser mit der tausendfachen Energiemenge, die als eine »Große Kalorie« oder »Kilokalorie« (Kcal) bezeichnet wird. Eine Kilokalorie entspricht der Arbeit, die ein Bergsteiger von 70 kg Gewicht leisten muß, wenn er 6 m in die Höhe klettert.

Ein Gramm Zucker oder ein Gramm Eiweiß entsprechen etwa 4 Kcal, ein Gramm Fett entspricht ungefähr 9 Kcal. In den Nahrungsmitteln stecken also ungeheure Energiereserven. Ein erwachsener Mann benötigt täglich eine Energiezufuhr von ungefähr 3000 Kcal, um lediglich die notwendigsten Lebensfunktionen durchführen zu können, also ohne schwere Arbeit zu leisten. Da sein Körper nur Kohlenhydrate, Eiweiße oder Fette aufnehmen und verarbeiten kann, muß er täglich mindestens etwa 500 g konzentrierte, d.h. hochwertige Nahrungsmittel zu sich nehmen, um überhaupt überleben zu können. Die Vorstellung von der Pille als Nahrungsmittelersatz ist folglich Unsinn.

Die angestellten Überlegungen haben uns gezeigt, daß bei der chemischen Umwandlung von Stoffen Energiebeträge frei werden können, die in Form chemischer Bindungen zwischen den Atomen gespeichert waren. Man kann aber auch durch Beteiligung anderer Energiearten aus energiearmen Atomen oder Molekülen energiereiche chemische Verbindungen herstellen. Solche Energiearten stehen als Licht oder Elektrizität zur Verfügung. Die Umwandlung von Bindungsenergie in Wärmeenergie wurde bereits erwähnt. Der umgekehrte Vorgang ist prinzipiell nur teilweise möglich. Dagegen können elektrische Energie und chemische Energie beliebig ineinander umgewandelt werden. Die Autobatterie ist ein bekanntes Beispiel für die Umwandlung chemischer in elektrische Energie, auf das in einem späteren Abschnitt noch genauer eingegangen werden wird.

Besonders wichtig für das Leben auf dieser Erde sind Reaktionen, die unter Zufuhr von Lichtenergie stattfinden, wie zum Beispiel die Photosynthese. Aber Lichtenergie kann auch zerstörend auf lebende Organismen wirken. Jeder, der schon einmal Sonnenbrand hatte, hat die schädliche Wechselwirkung zwischen Strahlung und den Zellen des Körpers an eigenem Leib verspürt. Tatsächlich würde die ultraviolette Strahlung der Sonne alles Leben auf der Erde in kurzer Zeit vernichten, wenn nicht ein chemischer Schutzschild das Eindringen dieser Strahlung in die Biosphäre weitgehend verhindern würde. Der Sauerstoff in den oberen Luftschichten fängt das ultraviolette Licht der Sonne ab und wird dabei in Sauerstoffatome gespalten. Der Sauerstoff der Luft liegt normalerweise als Molekül vor, in dem zwei Atome fest miteinander verbunden sind. Ein Sauerstoffmolekül ergibt unter der Einwirkung von ultraviolettem Licht zwei Sauerstoffatome (siehe ausführliche Beschreibung Grafik S. 15).

Aktuelles Wissen

Die Metalle und der technische Fortschritt

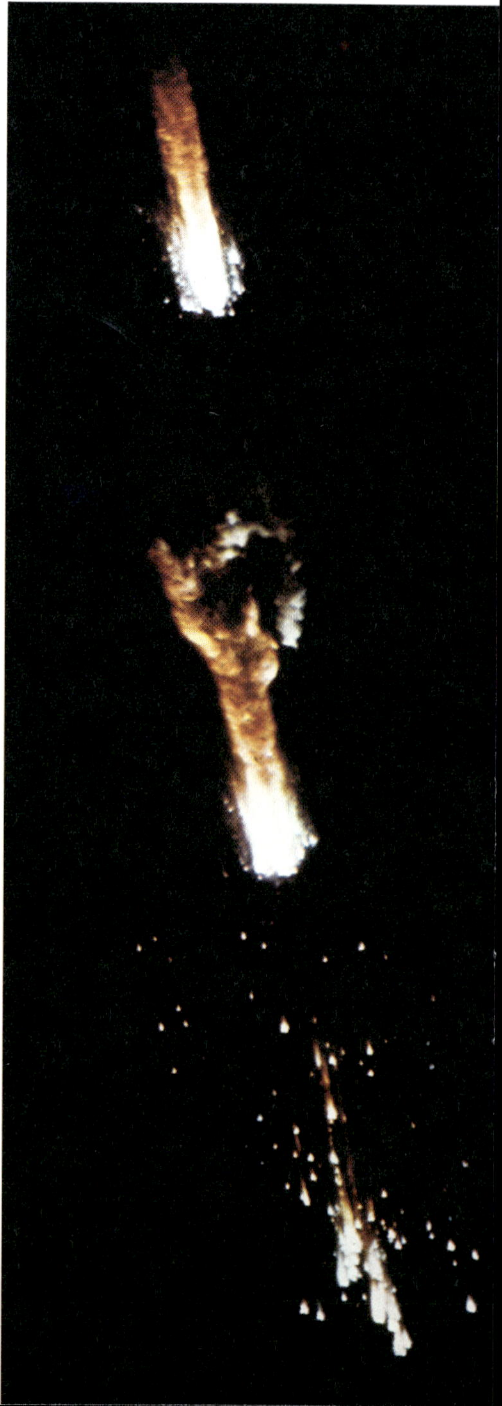

Die Entwicklungsgeschichte des Menschen vom affenähnlichen Frühmenschen zum Menschen der modernen Zivilisation wird begleitet vom Gebrauch einfacher Werkzeuge bis zur Fertigung komplizierter Maschinen, die uns unser Leben erleichtern.

Ursprünglich benutzten unsere Vorfahren Werkzeuge, wie sie die Natur lieferte. Abgerissene Äste wurden ebenso als Waffen verwendet, wie z. B. die Oberschenkelknochen von Tieren, die handliche Keulen abgaben. Erst nach Tausenden von Jahren waren die Menschen in der Lage, Steine mit einer Schneidefläche auszustatten. Sie formten die Steine zu Speerspitzen um und erhielten so vielfältig verwendbare Werkzeuge. Stein ist nämlich ein sehr hartes Material. Aus diesem Grunde sind Steinwerkzeuge aus jener Zeit auch heute noch gut erhalten und geben wertvolle Aufschlüsse über die kulturellen Leistungen unserer Vorfahren. Während der ersten paar tausend Jahre der beginnenden menschlichen Zivilisation blieb der Stein das charakteristische Werkzeugmaterial, das in immer neuen Techniken bearbeitet wurde. Während die Menschen in Westeuropa noch im Steinzeitalter lebten, bahnten sich im mitt-

Die Kenntnis vom atomaren Aufbau der Materie, von den Elementen und Verbindungen, haben die Herstellung neuartiger Werkstoffe ermöglicht. Mit neuen Kunststoffen konnte ein Hitzeschild konstruiert werden, das Raumfahrer beim Eintritt in die irdische Atmosphäre vor dem Verglühen schützt.

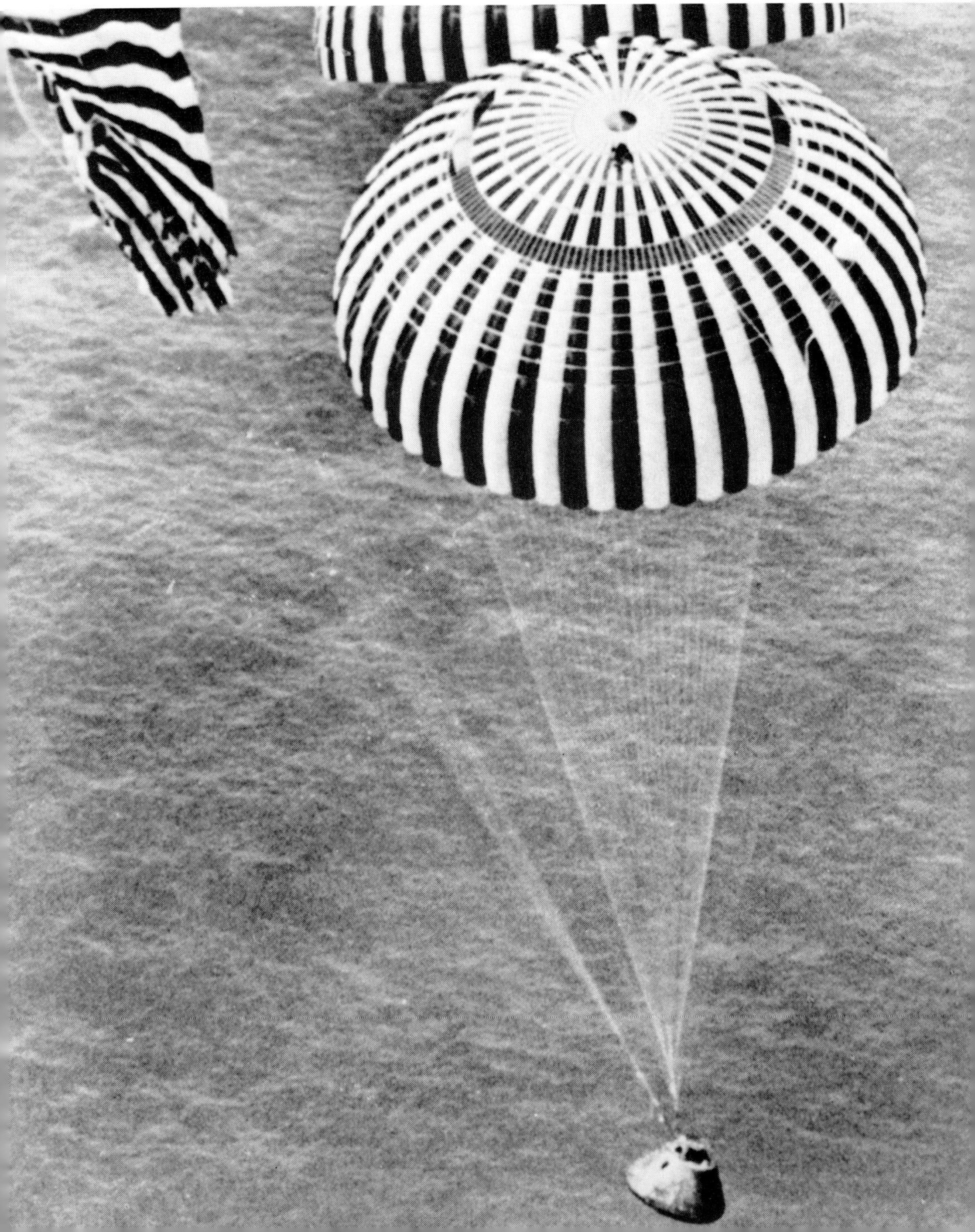

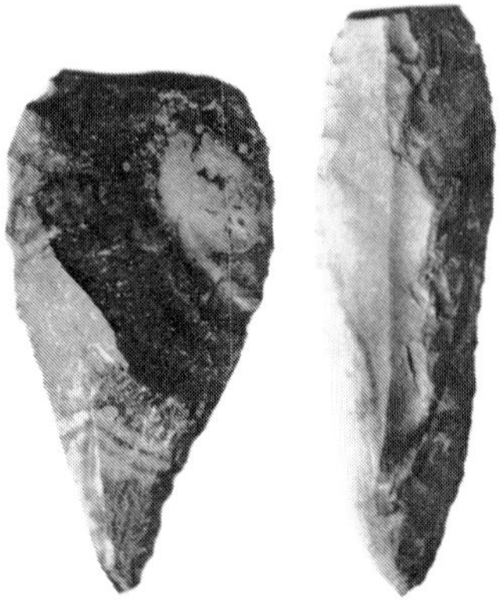

Während der ersten paar tausend Jahre der menschlichen Zivilisation war der Stein das charakteristische Werkzeugmaterial, das in immer neuen Techniken bearbeitet wurde. Dann entdeckten die Menschen die Metalle. Durch die Technik des Legierens (siehe Seite 40) können heute für nahezu jeden Zweck Metalle hergestellt werden.

leren Osten – in den Reichen der Sumerer und Ägypter – große Veränderungen an. Man hatte neue Materialien entdeckt – die Metalle.

Die ersten Metalle, die der Mensch entdeckte, waren Gold und Kupfer, die gelegentlich in reiner Form gefunden wurden. An die Verwendung der Metalle zur Fertigung von Werkzeugen dachte man zunächst überhaupt nicht. Vielmehr faszinierte die Menschen der metallische Glanz, der viel auffallender, schöner und auch dauerhafter war als die matte nichtssagende Färbung der meisten Steine. Wir dürfen sicher annehmen, daß die Steinzeitmenschen die Metalle ursprünglich als Schmuckstücke verwendeten, so wie man es auch mit farbigen Steinen und perlmutternen Muschelschalen gemacht hatte. Es hat wahrscheinlich nicht lange gedauert, bis man herausfand, daß insbesondere das Gold ein Stoff ist, der in seiner Form leicht zu verändern ist, ohne daß er wie Stein zerbricht. Dabei behielt das Gold weiterhin seinen Glanz. Die Bearbeitbarkeit von Gold war sicher auch eine Zufallsentdeckung, die sich aber sehr bald herumgesprochen haben muß, denn viele Funde – man denke nur an die herrlichen Schmuckstücke in den Schatzkammern der Pharaonen – zeigen, wie meisterlich die Menschen bald mit dem neuen Material umzugehen verstanden. Gold war aber nicht zur Herstellung von Werkzeugen verwendbar, denn es ist viel zu weich, um z. B. als Speerspitze brauchbar zu sein. Seine zur Schmuckherstellung günstige Eigenschaft, die leichte Verformbarkeit, machte es zur Werkzeugherstellung unbrauchbar.

Im Kupfer dagegen hatte man einen Stoff gefunden, der zwar auch »verformbar«, aber sehr viel widerstandsfähiger als Gold war. Man konnte schärfere Kanten als bei Steinwerkzeugen erzielen; Kupfermesser, Speere und andere Kupferwaffen wurden nicht so schnell stumpf und hatten den Vorteil, daß man sie ohne große Schwierigkeiten wieder schärfen konnte. Trotzdem sind Kupferwerkzeuge und Kupferschmuck nicht zur weltweiten Verbreitung gelangt. Der Grund dafür liegt einfach darin, daß Kupfer in reiner Form sehr selten zu finden ist. Unsere Vorfahren mußten erst zu »Chemikern« werden, um Kupfer in großen Mengen zu erhalten. Denn es gab zwar ausreichend Kupfer auf der Erdoberfläche, aber in einer sehr unansehnlichen Form, als Kupfererze. Damit aber wußten die Steinzeitmenschen nichts anzufangen. Wie es zur Entdeckung kam, daß man aus Erzen Kupfer gewinnen kann, ist nicht genau bekannt. Der Zufall war es sicher, der die Steinzeitmenschen zu unwissenden Chemikern machte. So lernten sie mit Hilfe von Holzkohle, Kupfererze zu Kupfer zu reduzieren, indem sie sahen, daß die Steine mit den bläulichschimmernden Einschlüssen, aus denen sie ihre Feuerstelle gebaut hatten, verändert wurden. Die wichtigste Entdekkung war für sie, daß sich in der Asche der abgebrannten Feuerstelle kleine Kupferkügelchen fanden, die die gleichen Eigenschaften hatten, wie das gediegene Kupfer, das so selten zu finden war. Diese großartige Entdeckung muß um das Jahr 4000 v. Chr. erfolgt sein, und zwar auf der Sinai-Halbinsel oder aber in der Gebirgsgegend östlich vom Lande der Sumerer, im heutigen Iran. Jetzt wurde das Kupfer alltäglich genug, um in den Zivilisationszentren zur Fertigung von Werkzeugen benutzt werden zu können.

Die Welt der Atome

Warum glänzen die Metalle und warum lassen sie sich so gut bearbeiten? Um dies zu erfahren, müssen wir an dieser Stelle unseren Exkurs in die Vergangenheit abbrechen. Denn es hat fast 6000 Jahre gedauert, bis es den Menschen möglich war, für die metallischen Eigenschaften, die unsere Vorfahren so fasziniert hatten, eine Erklärung zu finden.

Wir müssen dazu bis in den atomaren Bereich der Metalle vorstoßen. Atom ist für uns heute ein ebenso geläufiger Begriff wie Flugzeug oder Auto. Griechische Philosophen prägten den Begriff Atom als die kleinste unteilbare Einheit unserer Materie. Wir wissen heute, daß auch das »unteilbare« Atom wiederum aus kleinen Bausteinen besteht. Wir wissen heute, daß das Atom in der Hauptsache aus Neutronen, Protonen und Elektronen besteht. Trotzdem hat man den Begriff Atom beibehalten, wenn er auch eigentlich einen anderen Inhalt hat. Unser genaues Wissen über das Atom ist im Lauf der letzten 100 Jahre aus unzähligen Forschungsergebnissen zusammengetragen worden und natürlich noch längst nicht abgeschlossen. Wie schon früher erwähnt wurde, sind die Atome so ungeheuer klein, daß sie noch niemand gesehen hat. Es war für die Chemie und Physik deshalb von Anfang an hilfreich, Modellvorstellungen zu entwickeln, die den Aufbau der Atome veranschaulichen.

Ein wichtiges Modell wurde von Ernest Rutherford entwickelt. Er hatte festgestellt, daß radioaktive Stoffe kleine Teilchen ausstrahlen, die er Alpha-Teilchen nannte. Von einer radioaktiven Strahlenquelle ließ er nun diese Alpha(α)-Teilchen auf eine hauchdünne Goldfolie aufprallen, die nur eine Dicke von 0,00005 cm hatte. Dabei stellte er fest, daß sie nicht reflektiert wurden, sondern fast alle durch die Folie hindurchdrangen, obwohl sie immer noch so dick war wie der Durchmesser von 1000 Goldatomen. Nur wenige wurden zurückgeworfen. Dies bewies er, indem er die Goldfolie (siehe Abbildung) mit einem Filmstreifen umgab, der von radioaktiven Strahlen an den Aufprallstellen geschwärzt wurde. Aus der Schwärzung der Filmstreifen ging hervor, daß nur eines von etwa 100000 Alpha-Teilchen von den Atomen der Goldfolie aus seiner Bahn abgelenkt wurde. Wären die Atome, so wie von manchen Wissenschaftlern angenommen wurde, massive Kugeln, so hätten aber alle Alpha-Teilchen an den dicht gepackten Atomen abprallen oder aber nach wenigen Atomschichten stecken bleiben müssen. Rutherford zog also aus seiner Beobachtung den Schluß, daß die Atome der Goldfolie

Maßeinheiten: Unser Maßsystem ist auf dem Meter aufgebaut. Es wird daher auch als **metrisches System** bezeichnet. Es ist ein Maßsystem mit dezimaler Teilung.

Ein Meter hat 10 Dezimeter
Ein Dezimeter = 10^{-1}m = 0,1 m
Ein Zentimeter = 10^{-2}m = 0,01 m
Ein Millimeter 10^{-3}m = 0,001 m
Ein Mikrometer (abgek. μ) = 10^{-6}m = 0,000001 m
Ein Nanometer = 10^{-9}m = 0,000000001 m
Ein Pikometer = 10^{-12}m = 0,000000000001 m
In der Fachliteratur wird häufig auch noch die Maßeinheit 1 Å (Ångström) benutzt.
1 Å = 10^{-10}m = 0,0000000001 m

Ernest Rutherford (1871–1937) war Professor für Physik in Montreal, Manchester und Cambridge. Er gilt als der Begründer der Zerfallstheorie der Elemente und begründete damit die moderne Theorie vom Atombau. Er war der erste Wissenschaftler, dem es gelang, den Beweis zu führen, daß durch radioaktive Strahlen Atomumwandlungen möglich sind. Für seine wissenschaftlichen Untersuchungen über die Radioaktivität, die er mit seinem Mitarbeiter Frederik Soddy ausführte, erhielt er 1908 den Nobelpreis für Chemie. Mit der Entdeckung des Atomkerns (Rutherfordsches Atommodell) gelang ihm 1911 eine weitere bedeutsame wissenschaftliche Leistung. Schließlich glückte ihm 1919 mit der Umwandlung von Stickstoff in Sauerstoff die erste künstliche Umformung eines Atoms in ein anderes. Einer seiner zeitweiligen Mitarbeiter war Otto Hahn, dem zusammen mit Fritz Straßmann 1938 die erste experimentelle Atomspaltung gelang.

zum größten Teil aus leerem Raum bestehen müssen. Die gelegentliche Ablenkung der Teilchen zeigte aber andererseits, daß sich in den Atomen der Goldfolie sehr kleine Massenzentren befinden, die die eingeschossenen Teilchen ablenken.

Diese Beobachtungen und eine Reihe weiterer Versuche führten zu der Vorstellung, daß das Atom aus einem Kern dichter Materie, der eine positive elektrische Ladung trägt, und aus einer von negativ geladenen Elektronen gebildeten Hülle besteht, die zum großen Teil leerer Raum ist. Nach seinen Berechnungen mußte der Kern einen Radius von 0,000 000 000 001 cm haben. Die von den Elektronen gebildete Hülle hatte nach seiner Vorstellung einen Radius von 0,000 000 01 cm. Sie war also sehr viel größer als der Kern.

Stellt man sich ein Atom auf die Größe eines Medizinballes vergrößert vor, dann wäre sein Kern etwa so groß wie ein Sandkorn von 1/20 mm Durchmesser. Auf den Rutherfordschen Versuch übertragen, würde dies bedeuten: Ein Strahl von Sandkörnern wird durch eine Schicht von Medizinbällen geblasen. Sie werden aber nur dann abgelenkt, wenn sie zufällig auf den nur sandkorngroßen Kern dieser Bälle treffen. Die Wahrscheinlichkeit für einen solchen Zusammenstoß ist natürlich äußerst gering.

Das Atom – ein Minisonnensystem?

Rutherfords Atommodell war noch sehr lückenhaft. So konnte er z. B. keinerlei Angaben darüber machen, wie die Elektronen um den Kern herum auf der Hülle verteilt sind. Hierzu entwickelte der Däne Nils Bohr ein Modell, das, wie wir heute wissen, der

Rutherfordscher Streuversuch. Mit Hilfe dieses einfachen Versuchsaufbaues entwickelte Ernest Rutherford ein erstes brauchbares Atommodell (siehe Seite 28). Damit wies er nach, daß die Atome aus einem kompakten Kern, der fast ihre gesamte Massen ausmacht, und einer für die Alphastrahlung durchlässigen Elektronenhülle besteht.

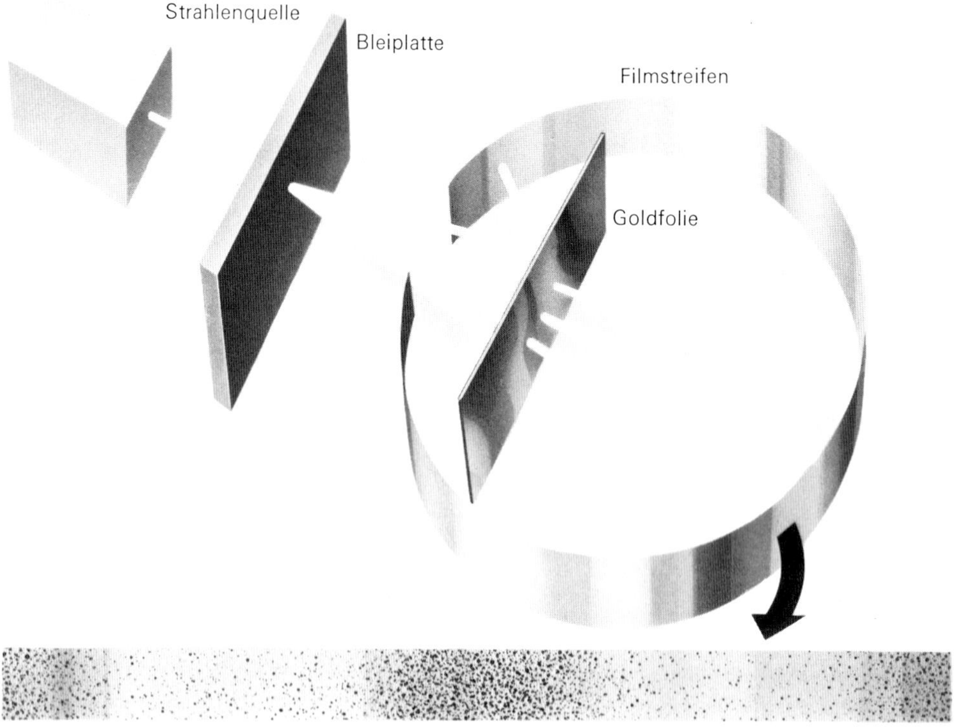

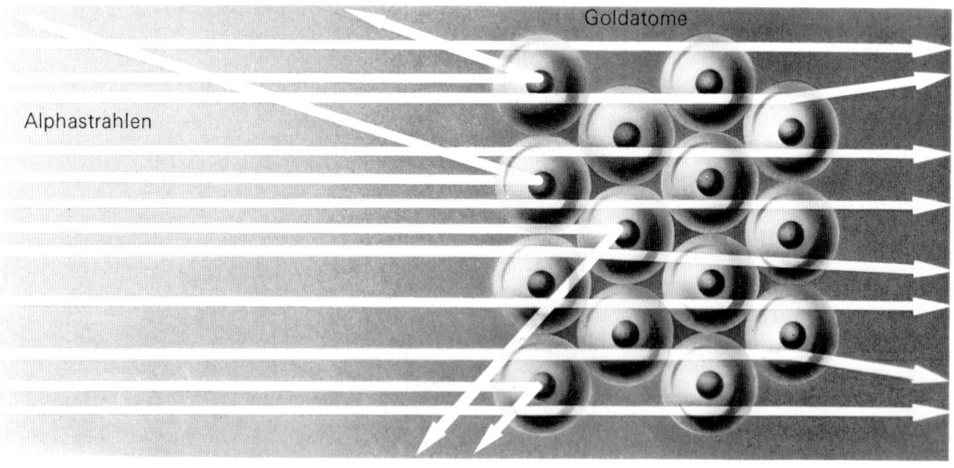

Wirklichkeit nicht ganz entspricht, dafür aber das populärste und verständlichste Atommodell darstellt. Wir brauchen uns nämlich nur das Planetensystem in unendlich verkleinerter Form, sozusagen als Minisonnensystem, vorzustellen. Der Atomkern wäre dann das Zentrum eines Sonnensystems, um das die Planeten kontinuierlich auf vorgeschriebenen Bahnen kreisen. Wie die Planeten durch das Zusammenwirken von Gravitation und Fliehkraft auf ihrer Bahn gehalten werden, so würden die negativ-geladenen Elektronen von dem positiv-geladenen Kern angezogen. Die Fliehkraft würde wie bei den Planeten einen Absturz der Elektronen in den positiv-geladenen Kern verhindern.

Bohr verband diese Vorstellungen mit der Planckschen Quantentheorie, indem er die von Planck gedeutete quantenhafte Verteilung der Energie auch für die Energie der Elektronen in den Atomen forderte. Das bedeutet, daß die Elektronen Energie nicht stetig, sondern nur in bestimmten Portionen in Form von ganzzahligen Vielfachen bestimmter Energiequanten aufnehmen oder abgeben. Daraus folgt, daß die Elektronen nur auf fest vorgeschriebenen Bahnen, deren Durchmesser stufenweise größer werden, um den Kern kreisen.

Die Elektronen können durch Energiezufuhr, z. B. Wärme, auf eine weiter außen liegende Bahn gehoben werden. Sie springen jedoch wieder auf ihre ursprüngliche Bahn zurück, sobald die Energiezufuhr erlischt. Die zuvor aufgenommene Energie wird wieder frei, und zwar in Form von Licht. Das Leuchten der Glühbirne ist also so zu verstehen, daß dem Wolframdraht der Glühbirne Energie zugeführt wird, die die Elektronen der Wolframatome auf höhere Bahnen hebt. Das Zurückspringen der vielen Millionen Elektronen äußert sich als Glühen des Drahtes, d. h., es werden Lichtstrahlen ausgesandt.

Wie viele Bahnen ein Atom haben kann, hängt in erster Linie von der Zahl der Elektronen ab. Die innerste Bahn kann höchstens 2 Elektronen aufnehmen und ist damit gefüllt. Die zweite Bahn kann bereits 8 Elektronen aufnehmen, die dritte sogar 18. Insgesamt können bis zu 7 Elektronenbahnen bestehen. Man kann die maximale Elektronenzahl der einzelnen Bahnen ermitteln, indem man das Quadrat der Bahnzahl mit zwei multipliziert ($2n^2$), (z. B. die siebte Bahn: $7 \cdot 7 \cdot 2 = 98$). Auf der 7. Bahn können sich also theoretisch bis zu 98 Elektronen aufhalten. Sie ist ja auch durch ihre große Entfernung vom Kern die größte Bahn. Hier haben wir den entscheidenden Unterschied zu unserem Planetenmodell, denn dort kann sich jeweils nur ein Planet auf einer Bahn aufhalten, sonst käme es unweigerlich zu verheerenden Zusammenstößen. Warum dies bei den Elektronen nicht geschieht, soll später noch erörtert werden. Nur dies sei vorweggenommen, die Chemiker sprechen deshalb heute nicht mehr von Elektronenbahnen, sondern von Schalen, auf denen sich die Elektronen aufhalten, ohne daß man ihnen wie den Planeten eine bestimmte voraussagbare Bahn zuordnen kann.

Des Chemikers kleinste Bausteine. Unser Wissen vom Atom verhilft uns zu einer Aussage darüber, worin sich die Elemente unterscheiden. Erinnern wir uns: Atome besitzen einen positiv-geladenen Kern, der

Eisen kommt in verschiedenen Kristallformen vor. Bei der kubisch raumzentrierten Struktur denkt man sich die Elementarzelle als Würfel, dessen 8 Ecken von je einem Eisenatom gebildet werden, und ein Eisenatom steht im Zentrum des Würfels. In einem Kristall sind viele solcher Elementarzellen zu einem Kristallgitter vereinigt (siehe auch Seite 36).

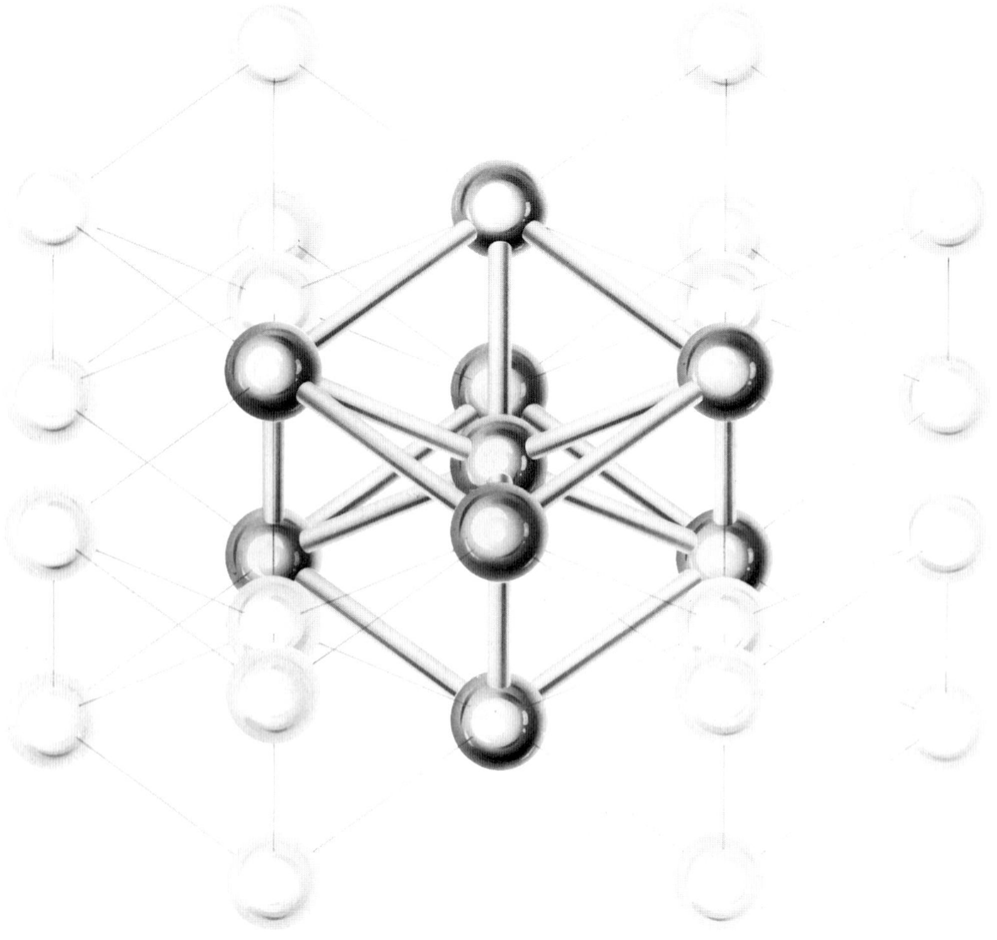

aus Protonen und Neutronen besteht. Um den Kern finden wir auf schalenförmigen Bahnen die Elektronen, die negativ geladen sind. Das gesamte Atom ist dadurch nach außen hin neutral. Dies läßt sich so erklären, daß die gleiche Anzahl von Protonen und Elektronen über die gleiche, aber entgegengesetzte Ladungseinheit verfügt. Das einfachste Atom besteht also aus einem Proton und einem Elektron. Das nächste Atom verfügt über 2 Protonen und 2 Elektronen. Wir könnten jetzt also eine beliebige Anzahl von Atomen »konstruieren«. Dem sind insofern Grenzen gesetzt, als positiv geladene Protonen sich gegenseitig abstoßen und deshalb nicht in beliebiger Menge in einem Kern vereinigt werden können, obwohl die Neutronen als »Kittsubstanz«

zwischen den Protonen zu finden sind. Sind zu viele Protonen in einem Kern vorhanden, wird er instabil, d.h., er zerfällt, indem er radioaktive Strahlen aussendet. Der größte bisher bekannte Atomkern besteht aus 105 Protonen und mehr als doppelt soviel Neutronen. Er ist so instabil, daß er weniger als eine millionstel Sekunde existiert.

Was hat dies nun mit den Elementen zu tun?

Ganz einfach, die chemischen Elemente unterscheiden sich voneinander durch die verschiedene Protonenzahl. Da der größte bisher bekanntgewordene Atomkern aus 105 solcher Elementarteilchen besteht, gibt es also bisher 105 verschiedene Elemente, von denen aber nur 91 in der Natur vorkommen. Die übrigen Elemente sind künstlich hergestellt worden.

Kehren wir noch einmal zu den einfachen Elementen zurück: Der Wasserstoff besteht lediglich aus je einem Proton und Elektron. Das Element mit 2 Protonen ist das Helium, das uns in Form von α-Strahlen bekanntgeworden ist. Helium ist ein Gas. Fügen wir dem Atomkern des Heliums ein weiteres Proton hinzu, so erhalten wir ein völlig anderes Element, das metallischen Charakter hat und Lithium heißt. Das Element Kohlenstoff ist charakterisiert durch 6, der Sauerstoff durch 8, das Kupfer durch 29 und das Gold gar durch 79 Protonen, die den Kern aufbauen. Das Quecksilber hat die Kernladungszahl 80, d.h. der Kern ist aus 80 positiv geladenen Protonen zusammengesetzt. Demnach müßte durch »Herausschießen« eines Protons aus dem Kern des Quecksilbers Gold entstehen. Der Traum, Gold zu machen, wäre damit erfüllt. Die moderne Atomphysik ermöglicht dies tatsächlich.

Das Atomium, das Wahrzeichen der Weltausstellung von 1958 in Brüssel, stellt das Modell der Elementarzelle eines Eisenkristalles dar.

Wollte man das »Goldmachen« jedoch kommerziell betreiben, dann würde das künstliche Gold um vieles teurer sein als das natürliche, da dazu ein ungeheurer technischer Aufwand nötig ist.

Auch unter den Elementen bestehen verwandtschaftliche Beziehungen. Bis alle uns heute bekannten Elemente in ihrer Vollständigkeit entdeckt wurden, vergingen Jahrtausende. Kupfer, Silber, Gold und

Unter dem **Periodensystem der Elemente** versteht man eine Anordnung der Elemente nach ihrem Atombau und ihren physikalischen und chemischen Eigenschaften. Stellt man alle Elemente mit steigender Zahl von Protonen in eine Reihe, so folgen einander besonders ähnliche Elemente in bestimmten Abständen, die als Perioden bezeichnet werden. Ordnet man die Elemente mit ähnlichen Eigenschaften untereinander an, so erhält man die Gruppen. Es gibt acht Hauptgruppen, von denen folgende besonders charakteristisch sind: die Alkalimetalle (Gruppe I), zu denen Metalle wie Kalium und Natrium zählen; die Halogene (Gruppe VII) mit Chlor, Brom und Jod als wichtigsten Vertretern und die Edelgase, die die Gruppe VIII bilden. Die Gruppennummer gibt jeweils an, wie viele Elektronen auf der äußeren Schale vorhanden sind. Auf diese Weise ist mit Hilfe des Periodensystems auch eine Aussage über mögliche Wertigkeiten eines Elements zu machen. Eine große Zahl von Gebrauchsmetallen, wie Eisen, Zink, Kupfer und Gold, gehören zu den Nebengruppenelementen. Bei ihnen werden die noch nicht voll besetzten zweit- oder drittäußersten Schalen aufgefüllt. Die Zahl ihrer Elektronen auf der äußeren Schale bleibt dabei konstant.
Die waagerechten Zeilen des Periodensystems nennt man Perioden. Es gibt eine sehr kurze Periode mit 2 Elementen, zwei kurze mit je 8 Elementen, zwei lange mit je 18 Elementen und eine sehr lange mit 32 Elementen. Bei einem Vergleich der Elektronenstrukturen aufeinanderfolgender Elemente stellt man fest, daß in den Schalen, die 32 Elektronen aufnehmen können, Strukturen mit 8 oder 18 Elektronen über mehrere Elemente hinweg erhalten bleiben, also besonders stabil sind.

Schwefel waren bereits im Altertum bekannt. Der Franzose Antoine Lavoisier, der unter anderem die Elemente Sauerstoff und Stickstoff entdeckt hatte, veröffentlichte 1789 eine Tabelle, die 21 Elemente enthielt. Es hatten sich allerdings einige Stoffe daruntergeschlichen, von denen wir heute wissen, daß sie keine Elemente sind, sondern chemische Verbindungen, die sich aus verschiedenen Elementen zusammensetzen. Für Lavoisier war zum Beispiel gebrannter Kalk noch ein Element. Wir wissen inzwischen längst, daß Kalk eine Verbindung aus einem Calciumatom und einem Sauerstoffatom ist. 1865 erschien in England ein Katalog, der bereits 45 Elemente enthielt. Bei genauer Untersuchung machte man die Entdeckung, daß die neu hinzugekommenen Elemente in ihren chemischen Eigenschaften oft frappierende Ähnlichkeit mit bereits bekannten Elementen hatten. So ging man also der Frage nach, ob es nicht möglich sei, die chemischen Elemente in ein System zu bringen und zu ordnen. Der einfachste Weg war, die Elemente in der Reihenfolge ihrer Atommassen aufzuschreiben.

Dabei stellt man fest, daß Elemente mit ähnlichen Eigenschaften in regelmäßigen periodischen Abständen auftauchen.

Aus dieser Beobachtung entwickelte als erster der Russe D. J. Mendelejew sein System der Elemente, das er 1869 in der deutschen Zeitschrift »Journal für praktische Chemie« veröffentlichte. Er wagte den kühnen Schluß, daß die in seinem System noch vorhandenen Lücken durch noch nicht entdeckte Elemente ausgefüllt werden müßten. Diese Voraussage wurde in glänzender Weise bestätigt. So entdeckte man bald das

Im Modell stellt man sich vor, daß die Elektronen in einem Atom auf Kugelschalen um den Atomkern kreisen. Auf der äußeren Kugelschale finden bis zu 8 Elektronen Platz (Ausnahme: Wasserstoff und Helium), ist sie voll, wird eine neue Schale aufgebaut (siehe auch Seite 31).

Wasserstoff

Helium

Lithium

Neon

Natrium

von Mendelejew vorausgesagte Eka-Silicium, das heute unter dem Begriff Germanium bekannt ist, sowie die Elemente Scandium und Gallium. Wie genau die von Mendelejew vorhergesagten Eigenschaften des Germaniums durch Clemens Winkler (1838–1904) bestätigt wurden, soll folgende Gegenüberstellung zeigen. Mendelejew hatte für das Eka-Silicium das Atomgewicht 72,9 und die Dichte 5,5 g/cm^3 und außerdem eine flüssige Chlorverbindung dieses Stoffes mit der Dichte 1,9 vorausgesagt. Die Untersuchungen Winklers ergaben 72,9 für das Atomgewicht und 5,47 als Dichte. Die tatsächlich mögliche Verbindung Germanium-Chlorid war flüssig und hatte die Dichte 1,83. Winkler schrieb in seinem Artikel: »Es besteht kein Zweifel, daß das neugefundene Element nichts anderes als das 15 Jahre vorher von Mendelejew vorausgesagte Eka-Silizium ist. Es ist kaum möglich, einen eindrucksvolleren Beweis für die Richtigkeit der Periodizitätslehre zu führen.«

Was ist die Ursache dieser merkwürdigen Periodizität der chemischen und auch physikalischen Eigenschaften der Elemente? Mendelejew hatte darüber schon eine für uns heute prophetisch anmutende Äußerung gemacht: »Aller Wahrscheinlichkeit nach liegt die Ursache in der inneren Mechanik der Atome und Moleküle.« Tatsächlich hängt die Periodizität der Elemente eng mit dem Atombau zusammen. Für den modernen Chemiker ist dies inzwischen selbstverständlich geworden. Er weiß, daß die chemischen Eigenschaften der Elemente weitgehend von der Zahl der Elektronen auf der Außenschale der Hülle bestimmt werden. So verfügen die chemisch sehr ähnlichen Elemente Lithium, Kalium, Natrium und Calcium zwar über verschiedene Atomgewichte und eine unterschiedliche Anzahl von Elektronenschalen, haben aber alle auf ihrer jeweils äußersten Schale je 1 Elektron. An dieser Gemeinsamkeit kann jeder erkennen, daß sie derselben Elementfamilie angehören und deshalb sehr ähnliche chemische Eigenschaften haben.

Mit steigender Protonenzahl müssen immer neue Schalen mit Elektronen gefüllt werden, damit das Atom nach außen elektrisch neutral erscheint. Dies hat zur Folge, daß beim Auffüllen der jeweils äußersten Schale immer wieder Elemente vorkommen, die denjenigen ähneln, die auf der darunterliegenden Schale über die gleiche Anzahl Elektronen verfügen. Die Atomlehre bringt so eine ganz einfache Erklärung und auch eine großartige Bestätigung dessen, was die Chemiker des letzten Jahrhunderts durch unzählige Versuche herausgefunden und in ein System gebracht hatten.

Atome in Reih und Glied. Bricht man ein Stückchen Kupferdraht auseinander, so entsteht eine rötlich schimmernde Bruchfläche. Betrachtet man jedoch diese Bruchstelle unter der Lupe, so wird man erkennen, daß sie aus einer großen Zahl von kleinen, schimmernden, in bestimmten Winkeln zueinander stehenden glatten Flächen besteht. Es sind die Flächen von vielen kleinen Kristallen, aus denen sich das Metall zusammensetzt. Könnte man es mit Hilfe eines Mikroskopes bis in atomare Bereiche vergrößern, so würde man erkennen können, daß diese Flächen aus einer Unzahl von dicht, in geraden Reihen nebeneinanderliegenden Atomen bestehen. Könnte man auch in diesen Kristall eindringen, so würde man feststellen, daß sich diese regelmäßige Anordnung bis in die Tiefe des Kristalls fortsetzt. Wir können also sagen, daß Kristalle Körper darstellen, die sich durch die regelmäßige Anordnung ihrer Atome auszeichnen.

Unter **Radioaktivität** versteht man die Eigenschaft bestimmter Elemente, ohne äußere Beeinflussung zu zerfallen. Dabei wird radioaktive Strahlung ausgesandt, die aus Alpha-Strahlen (Heliumkernen), Beta-Strahlen (Elektronen) und Gamma-Strahlen (elektromagnetischer Wellenstrahlung) besteht. Beim Austreten von Alpha-Strahlen wird das zerfallende Element in ein anderes Element umgewandelt, das 2 Protonen weniger hat. Die Aussendung von Beta-Strahlen ist praktisch mit keinem Massenverlust verbunden, da das Gewicht der Elektronen im Vergleich zu dem der Protonen sehr gering ist. Die Ordnungszahl wird um eine Einheit erhöht. Gamma-Strahlen werden nur gleichzeitig mit Alpha- und Beta-Strahlen ausgesendet. Die bekannten natürlichen radioaktiven Stoffe sind Uran und Thorium.

Beim Kupfer sind die einzelnen Atomreihen so zueinander geordnet, daß die nächste Reihe sich genau in die Lücken der davor oder auch darunterliegenden »Atomkugeln« einpaßt. So wird eine größtmögliche Zahl von »Kugeln« auf dem kleinstmöglichen Raum untergebracht. Mit dieser Anordnung der Atome zueinander wird die kubisch-dichteste »Kugelpackung« erreicht. Der kleinste Baustein eines solchen Kristalls, Elementarzelle genannt, besteht aus einem Würfel, bei dem auf jeder der 8 Ecken und inmitten jeder Fläche je ein Kupferatom angeordnet ist. Durch Anlagerung neuer Kupferatome nach dem Muster dieses Bausteins wächst der Kristall. Seine Würfelform aber bleibt erhalten. Die Erscheinung, die wir an der Bruchfläche des Kupfers beobachtet haben, beruht darauf, daß sich die Metalle aus einer großen Zahl von kleinen Kristallen – Kristallite genannt – zusammensetzen. Kupferkristalle sind relativ klein. Ihre Kantenlänge beträgt ungefähr nur 0,1 mm. Trotzdem enthält ein solcher Kristall entlang einer Kante mehr als 4000000 Atome. Besteht ein Kristall wie beim Kupfer aus einer einzigen Substanz, so nennt man ihn Einkristall. Keineswegs sind aber alle Kristalle so klein. Bei manchen Mineralen, z. B. dem Beryll, kommen Kristalle vor, die die Größe von einigen Metern erreichen können. Wie viele Atome in der Kantenlänge eines solchen Kristalls angeordnet sind, läßt sich in Zahlen kaum ausdrücken.

Es gibt eine Fülle verschiedenster Kristallstrukturen. Das Eisen kann zwar die gleiche Kristallstruktur wie das Kupfer aufweisen, seine Atome können aber auch in kubisch-raumzentrierter Packung stehen. Man muß sich das so vorstellen, daß an den 8 Ecken eines Würfels je 1 Atom sitzt, und 1 Atom im Zentrum des Würfels zu finden ist. Das Atomium, das Wahrzeichen der Weltausstellung in Brüssel, stellt übrigens das Modell einer solchen Elementarzelle eines Eisenkristalles dar.

Warum sich die Metalle so leicht verformen lassen. Metalle waren für unsere Vorfahren vor allem deshalb so begehrenswert, weil sie sich im Gegensatz zu Steinen zu allen möglichen Formen aushämmern und verbiegen lassen. Auch diese spezifische Eigenschaft der Metalle ist durch die Struktur und Anordnung der Metallatome bedingt. Sie liegen in regelmäßiger Anordnung in einem sogenannten Kristallgitter. Man nennt deshalb die ein solches Gitter aufbauenden Atome auch Gitterbausteine. In einem reinen Metallkristall treten nur Gitterbausteine der gleichen Art und Größe auf. Eine Verformung der Metalle müssen wir uns so vorstellen, daß sich einzelne Ebenen von Gitterbausteinen gegeneinander verschieben. Diese Verschiebung erfolgt meist in der sogenannten Gleitebene. Als solche kommen bei Metallen in erster Linie Ebenen in Frage, die mit Atomen möglichst dicht besetzt sind; denn in ihnen ist der Zusammenhalt der Atome besonders groß. In der kubisch-dichtesten Kugelpackung sind vier solcher Ebenen vorhanden. Es gibt vier

Atomgewicht. Die wirkliche Masse eines Atoms ist sehr klein. Sie beträgt z. B. für das Wasserstoffatom, das nur 1 Proton und 1 Elektron besitzt, $1{,}672 \times 10^{-24}$g. Man nimmt deshalb für die Masse eines Atoms eine willkürlich gewählte Einheit. Als Einheit galt früher das Atomgewicht des Wasserstoffs – er ist das leichteste Element –, das gleich 1 gesetzt wurde. Später wurde die Atommasse des Sauerstoffmoleküls (= 16,0) als Bezugsgewicht gewählt. Eine Atommasseneinheit stellte also $^1/_{16}$ des Sauerstoffatomgewichts dar. Seit 1. 1. 1962 gilt als Einheit der Atommasse das Kohlenstoffisotop C^{12} (= 12,000). Eine Einheit ist also $^1/_{12}$ der Masse des Kohlenstoffisotops C^{12}. Unter der **Molmasse** versteht man die Summe der Atommassen, die ein Molekül aufbauen.

Würfeldiagonalen, die alle aufeinander senkrecht stehen. Metalle, bei denen in der hexagonal-dichtesten Kugelpackung nur eine Gleitebene vorhanden ist, lassen sich weniger gut bearbeiten.

Metalle sind gute Stromleiter. Für uns ist heute eine Eigenschaft der Metalle ganz besonders wichtig, die unseren Vorfahren noch völlig unbekannt war. Es ist ihre Fähigkeit, elektrischen Strom zu transportieren. Auch diese Tatsache beruht auf der besonderen Anordnung der Atome. Wir wissen, daß die Atome der Metalle ein Kristallgitter bilden. Wieso aber bleiben die Atome in einem solchen Gitter überhaupt fest zusammen? Zur Lösung dieser Frage müssen wir noch einmal zum Atombau zurückkehren.

Bei der Anordnung der Atome im Kristallgitter waren wir von der Modellvorstellung ausgegangen, daß Atome kugelartige Gebilde sind. Mit dem Bohrschen Atommodell hatten wir auch das Denkmodell der Elektronenschalen kennengelernt, nachdem sich die Elektronen auf Schalen verschiedener Größe um die Atomkerne bewegen. Die Bohrsche Theorie konnte zwar erfolgreich auf das Wasserstoffatom angewandt werden, zeigte jedoch bei Anwendung auf andere Atome Schwächen. Dies ist darauf zurückzuführen, daß die Elektronen als kleine elektrisch geladene Kügelchen betrachtet werden, die sich mit einer bestimmten Geschwindigkeit auf einer berechenbaren Bahn bewegen. Heisenberg dagegen bewies in seiner für die Atomphysik grundlegenden »Unschärfebeziehung (Unschärferelation)«, daß es prinzipiell unmöglich ist, Ort und Geschwindigkeit, also den genauen Ablauf der Bewegung eines Elektrons, ganz genau zu bestimmen. Trotzdem ist man in der Lage, durch theoretische Berechnungen die Räume zu ermitteln, in denen sich die Elektronen aufhalten. Stellen wir uns die Elektronen als kleine glühende Pünktchen

Modellvorstellung in der Chemie. Modelle dienen dazu, beobachtete Naturerscheinungen verständlich und anschaulich zu machen. Eine solche Modellvorstellung war z.B. das Ptolemäische Weltbild, das die Erde im Mittelpunkt unseres kosmischen Systems sah. Als jedoch Tatsachen bekannt wurden, die sich mit Hilfe dieses Modells nicht mehr erklären ließen, wurde es aufgegeben. An seine Stelle trat das heliozentrische Weltbild. Eine Modellvorstellung ist also nur so lange brauchbar, wie sich Voraussagen von Erscheinungen aufgrund des Modells auch im Experiment als richtig erweisen. Unter Umständen kann eine Summe von Erfahrungstatsachen durch verschiedene Modelle beschrieben werden, von denen keines der Wirklichkeit völlig entspricht. Die Erklärung für das Verhalten der Stoffe in den verschiedenen Aggregatzuständen läßt sich schon durch das einfachste Atommodell, das **Dalton-Modell**, erklären, bei dem Atome als massive Kugeln angenommen werden. Zur Erklärung der Lichterscheinungen reicht das einfache **Bohr-Modell**. Das Zustandekommen chemischer Bindungen kann jedoch nur mit Hilfe des **Kugelwolken-Modells** genau erklärt werden. Will man jedoch Aussagen über Richtung von Bindungen, Ladungsdichteverteilung und die Atome im Atomverband machen, so liefert das **Orbitalmodell** bessere Ergebnisse (siehe dazu S. 29–33 u. 76).

vor, die um einen für uns sichtbaren Atomkern herumkreisen. Könnten wir von diesem Gebilde nun auch noch eine Folge von fotografischen Zeitlupenaufnahmen machen, dann bekämen wir den Eindruck, als ob sich um den Atomkern eine Wolke von glühenden Punkten bewegen würde. Diese Wolke wäre an manchen Stellen dichter, an anderen weniger dicht. Jeder Lichtpunkt entspräche dem Aufenthaltsort des Elektrons in einem ganz bestimmten, nur winzige Bruchteile eines Augenblicks dauernden Moment. An dichten Stellen der Wolke hält sich das Elektron länger auf, an weniger dichten dagegen nur ganz kurz. Da die Elektronen negativ geladene Teilchen darstellen, ist das Atom nach dieser Modellvorstellung von einer negativen Ladungswolke umgeben, die annähernd kugelförmig ist.

Dies erklärt zwar immer noch nicht, was die Atome im Kristallgitter des Metalls so fest zusammenhält, es liefert uns aber wichtige Hinweise dafür. Eines der typischen Merkmale der Metalle ist, daß ihre Atome nur eine geringe Zahl von Elektronen auf ihrer äußersten Bahn besitzen. Gerade diese Außenelektronen spielen bekanntlich bei chemischen Vorgängen eine außerordentlich wichtige Rolle. Sie können nämlich mit relativ geringem Energieaufwand dem Atom ganz entzogen werden. Die Zahl der Protonen entspricht der Zahl der Elektronen in einem ungeladenen Metallatom. Wird nun aber dem Atom ein negatives Elektron entzogen, so überwiegt die Anzahl der positiv geladenen Protonen. Daher ist das Atom nach dem Entzug von Elektronen positiv geladen. Ein solches »geladenes Atom« bezeichnet man als Ion. Die Bildung von Ionen erfolgt beim Zusammenlagern der Metallatome. Die Außenelektronen werden aber nicht völlig den Metallatomen entzogen, sondern bleiben in dem Kristallgitter locker gebunden. Sie sorgen dafür, daß sich die positiv geladenen Ionen, die man bei den Metallen Atomrümpfe nennt, nicht gegenseitig abstoßen, sondern fest zusammenbleiben. Da die Elektronen aber zu keinem bestimmten Atomrumpf gehören, lassen sie sich leicht von Atom zu Atom verschieben. Diese leichte Verschiebbarkeit der Elektronen ist die Erklärung für die elektrische

Die Spannungsreihe. Ein Metall ist um so edler, je geringer seine Tendenz ist, sich mit anderen Stoffen, z. B. Luftsauerstoff, zu verbinden. Das bedeutet, daß edle Stoffe umgekehrt auch mit geringerem Energieaufwand aus ihren Verbindungen gelöst werden können. Erfolgt die Freisetzung der Elemente aus ihren Verbindungen mit Hilfe der Elektrolyse, dann ergibt sich die erforderliche Energie sofort aus der sogenannten »Abscheidungsspannung«. Das ist die Spannung, die nötig ist, um das Metall an einer Elektrode abzuscheiden. Aufgrund der für die Abscheidung nötigen Spannung kann man eine Reihe aufstellen, aus der hervorgeht, für welche Metalle eine besonders hohe Abscheidungsspannung benötigt wird und für welche ein geringerer Energieaufwand nötig ist. Diese Reihe, in der die unedlen Metalle am weitesten von den edlen Metallen entfernt stehen, wird als elektrochemische Spannungsreihe bezeichnet. Aus ihr geht z. B. hervor, daß Gold heute nicht mehr das edelste Metall darstellt, sondern vom Platin übertroffen wird. Aluminium steht sehr weit unten, was besagt, daß für seine Gewinnung aus Bauxit ein sehr hoher Energieaufwand nötig ist.

Der sanfte metallische Glanz und die gute Verformbarkeit haben das Gold bereits in der Frühzeit der Zivilisation zu einem begehrten Werkstoff gemacht. Im Bild: Goldfelder in Südafrika um 1850.

Leitfähigkeit der Metalle und auch ihren Glanz. Bekanntlich ist der elektrische Strom ein Fließen von Elektronen. Legt man an einem Metalldraht eine Spannung an, so kommt es zu einem Elektronenfluß vom negativen zum positiven Pol. Die fließenden Elektronen werden dabei von den Metallatomen zur Verfügung gestellt und dauernd aus der Spannungsquelle nachgeliefert. Es sind genau die Elektronen, die auch innerhalb des Gitters als »Kittsubstanz« zum Zusammenhalt der Atomrümpfe beigetragen haben.

Bronze entschied den Trojanischen Krieg. Zu den bedeutsamsten Ereignissen der Bronzezeit zählt der Trojanische Krieg. Die Kriegshelden trugen Rüstungen aus Bronze, wehrten mit Bronzeschildern die Lanzen der Gegner ab und trugen bronzebeschlagene Speere. Ein Heer ohne solche »modernen« Waffen war einem »konventionell« gerüsteten Heer weit unterlegen.

Die Bronze stellte für die Menschen vor etwa 3000 Jahren nichts anderes als eine harte Variation des Kupfers dar. Man hatte beim Ausschmelzen von Kupfer aus Erzen wahrscheinlich zufällig auch Zinnerze in den Schmelzofen gebracht. Das Ergebnis war ein Produkt, das bedeutend härter und widerstandsfähiger als reines Kupfer war. Dazu kommt noch, daß sich die Bronze besonders gut gießen läßt. Bronze ist, wie wir heute wissen, ein »Mischmetall« und besteht aus den beiden Elementen Kupfer und Zinn, die in verschiedenen Mengenverhältnissen miteinander gemischt werden können. Den Hauptanteil stellt immer das Kupfer, das in der Bronze bis zu 90% enthalten ist. Eine solche Mischung aus zwei verschiedenen Metallen wird als Legierung bezeichnet.

Legierungen spielen in der Technik eine große Rolle. Die fast unbeschränkte Mischbarkeit vieler Metalle beruht auf der Tatsache, daß ihre Atome in den Kristallgittern auf die gleiche Art und Weise gebunden sind. So ist es auch möglich, daß in das Ionengitter des Kupfers einzelne Zinnatome eingebaut werden und Kupferatome ersetzen. Um dies zu erreichen, muß man die Metalle zuerst schmelzen. Dabei werden die Kristallgitter zerstört, da im flüssigen Zustand die einzelnen Atome frei beweglich sind. Beim Abkühlen der Schmelze erfolgt wieder die Bildung von Metallkristallen. In ihnen sind die Atome von Kupfer und Zinn wahllos auf die Gitterplätze verteilt. Da aber die Atomrümpfe beider Stoffe verschieden groß sind, ist das Kristallgitter nicht mehr ganz so regelmäßig wie bei den reinen Metallen, sondern verzerrt. Dies führt dazu, daß die Verschiebbarkeit der Gitterebenen gegeneinander erschwert wird: Die Legierung ist folglich härter als jede der beiden Reinmetalle für sich.

Wir kennen heute eine für den Laien nicht mehr überschaubare Fülle von Legierungen, ohne die viele Probleme der Technik und des Alltags nicht bewältigt werden könnten. So wäre der Bau von Metallflugzeugen ohne Aluminiumlegierungen ebenso unmöglich gewesen wie der Bau von Hochleistungsmotoren und -maschinen ohne die Entwicklung spezieller Stahlsorten. Das Amalgam, das der Zahnarzt zum Plombieren der Zähne verwendet, stellt ebenso eine Legierung dar wie das Gold, das zur Schmuckherstellung verwendet wird, denn reines Gold ist viel zu weich.

Eisen: König unter den Metallen

Nur wenige Metalle kommen in der Natur in reiner Form vor. Dazu gehören z. B. Gold und Kupfer. Deshalb bestanden die ersten von den Menschen erzeugten Metallgegenstände aus Gold oder Kupfer. Die meisten Metalle werden jedoch als Metallverbindungen gefunden, die als Erze bezeichnet werden. Die Verwendung von Kupfer stieg erst zu dem Zeitpunkt sprungartig an, als man eine Möglichkeit gefunden hatte, nun aus den Erzen Metalle zu gewinnen. Dies erfolgte in primitiven Schmelzöfen, in denen die für die Metallgewinnung nötige Hitze durch Verbrennung von Holzkohle erzeugt wurde. Auf den ersten Blick ist es für uns sicher sehr erstaunlich, daß das heute am weitesten verbreitete Metall, das Eisen, erst so spät entdeckt wurde. Es war lange Zeit sogar zu kostbar zur Verarbeitung von Waffen oder Rüstungen. Die ältesten Eisenfunde stammen aus Ägypten und werden um 4000 v. Chr. datiert. Es dauerte jedoch fast 3 Jahrtausende, bis Eisen in Ägypten so verbreitet war, daß es Bronze verdrängen konnte. Der Grund dafür ergibt sich ganz einfach aus der Tatsache, daß es sehr viel schwieriger ist, Eisen aus Erz zu gewinnen, als Kupfer auszuschmelzen. Eisen geht in den Erzen nämlich eine bedeutend festere Verbindung mit anderen Elementen ein als Kupfer. Es sind deshalb wesentlich höhere Temperaturen zur Eisengewinnung nötig. Einfaches Holzkohlenfeuer war zu diesem Zweck nicht mehr ausreichend. Eine größere Hitzekonzentration mußte erreicht werden. Man erreichte das, indem man mit Hilfe eines Blasebalges Luft in den mit Holzkohle ausgelegten Schmelzofen blies. Aus der Zeit um 1200 v. Chr. stammt ein Brief eines Hethiter-Königs an seinen in einem eisenerzreichen Bergland lebenden Vizekönig, in dem er genaue Anweisungen für die Eisenproduktion gibt. Schon damals waren diejenigen Völker am mächtigsten, die über die besten Waffen verfügten, und das waren um 1000 v. Chr. Eisenwaffen. So waren die bis nach Kanaan vorgedrungenen Griechen mit ihren Eisenwaffen für die Israeliten gefährliche Gegner. Diese Griechen sind uns auch aus der Bibel als Philister wohlbekannt. Gegen sie waren die Israeliten so lange machtlos, bis sie unter König Saul ebenfalls mit Eisenwaffen ausgerüstet wurden. Die angewandte Chemie hat also dafür gesorgt, daß viele geschichtlich bedeutenden Kriege und Schlachten so und nicht anders verliefen. Kein Wunder, daß die Metall-Bearbeiter der damaligen Zeit in hohem Ansehen standen. Der Schmied war damals so geachtet, daß man ihm sogar einen Platz unter den Göttern zugestand.

Erze sind chemische Verbindungen. Eisenerze stellen chemische Verbindungen dar, an denen verschiedene Elemente beteiligt sind. Deshalb haben sie völlig andere Eigenschaften als das Eisen selbst. Sie sind zerbrechlich wie Steine, lassen sich nicht verformen, glänzen nicht und leiten auch keinen elektrischen Strom. Wir dürfen aber nicht annehmen, daß Erze ähnlich aufgebaut sind wie Legierungen. Die Metallatome sind nicht wahllos in den Gesteinskristallen der Erze verteilt, sondern mit den anderen Elementen, die das Erz aufbauen, in einem festen Zahlenverhältnis verbunden. Wir wollen uns das am eisenhaltigen Pyrit klarmachen, der als Mineral in der Natur vorkommt. Pyrit ist leicht daran zu erken-

Wie bei unseren Vorfahren vor 2500 Jahren gewinnt man in einer chinesischen Volkskommune Eisen: Ein einfacher Erdofen wird mit Holzkohle und Eisenerzen beschickt, und Arbeiter mit einem Blasebalg sorgen dafür, daß sich genügend Hitze entwickelt, um das Eisen aus dem Erz zu schmelzen.

nen, daß er in der Natur in Form von sehr regelmäßigen golden schimmernden Würfeln vorkommt. Gut ausgebildete Pyritkristalle werden in letzter Zeit häufig als Schmuck verarbeitet und sind deshalb sehr begehrt. Der Goldglanz trügt aber sehr. Denn Pyrit hat mit Gold nicht das Geringste zu tun. Es besteht nämlich aus zwei ganz billigen Grundstoffen: aus Eisen und Schwefel. Es handelt sich hierbei um eine chemische Verbindung, da in jedem Molekül des Pyrits immer ein Eisenatom fest an zwei Schwefelatome gebunden ist. Das Mischungsverhältnis ist also nicht wie bei den Legierungen in jeder beliebigen Weise möglich, sondern das Verhältnis von Schwefel zu Eisen muß immer wie 2 : 1 sein. Solche chemischen Verbindungen haben stets völlig andere Eigenschaften als die sie aufbauenden Grundstoffe. Nur so ist es erklärlich, daß es auf der Erde zwar eine unüberschaubare Zahl von verschiedenen Stoffen, aber nur 105 Elemente oder Grundstoffe gibt, die in vielfacher Weise kombiniert werden können.

Es gibt eine große Anzahl eisenhaltiger Stoffe, denen man auf den ersten Blick ihren Eisengehalt gar nicht ansehen kann. Erst eine Analyse, bei der mit Hilfe verschiedener chemischer Verfahren Verbindungen,

Die Gewinnung von Roheisen erfolgt in sogenannten Hüttenwerken, deren wichtigster Teil die Hochöfen sind. In ihnen wird durch Reduktion von Eisenerzen mit Hilfe von Koks Eisen gewonnen. Dazu sind Temperaturen von etwa 1600 °C nötig. In weiteren chemischen Prozessen wird das Eisen zu Stahl verarbeitet.

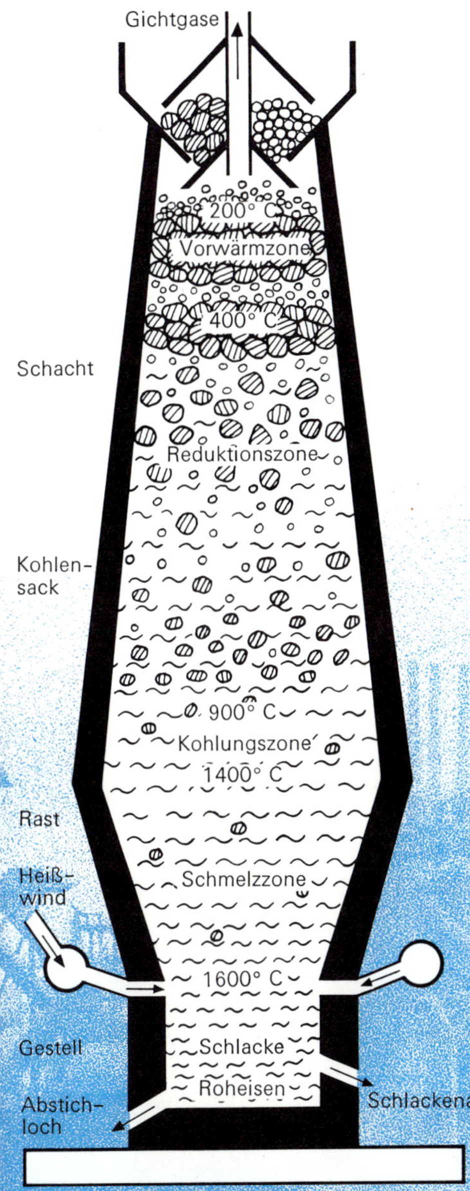

wie z. B. die Erze in ihre Grundstoffe zerlegt werden, gibt Aufschluß über die genaue chemische Zusammensetzung. Aber davon hatten unsere Vorfahren vor einigen tausend Jahren noch keine Ahnung. Trotzdem führten sie, durch Zufall geleitet, perfekte chemische Reaktionen durch, um aus Eisenerzen Eisen zu gewinnen.

Die wichtigsten in der Natur vorkommenden Eisenerze sind Eisenoxide. Als Oxide bezeichnet man alle Verbindungen der Elemente mit Sauerstoff. Eisenoxide sind also chemische Verbindungen aus Eisen mit Sauerstoff. Drei solche Eisenoxide sind für die Eisengewinnung heute von Bedeutung. Da ist einmal der Magnetit, aus dem zum Beispiel die nordskandinavischen Eisenerzlager bestehen. Es enthält pro Molekül 3 Eisenatome und 4 Sauerstoffatome. Das zweite ist der Roteisenstein, der aus 2 Eisen- und 3 Sauerstoffatomen pro Molekül besteht. Er ist uns allen recht gut bekannt, da er in starker Verdünnung Gesteine rot färbt und auch die rote Farbe der Dachziegel bewirkt. Das dritte wichtige Eisenoxid ist der Brauneisenstein, der z.B. in den Erzlagern bei Salzgitter vorkommt. Er enthält pro Molekül genau wie der Roteisenstein 2 Eisen- und 3 Sauerstoffatome. Aber er unterscheidet sich insofern von ihm, daß er in seinem Kristallgitter pro Eisenoxidmolekül zusätzlich ein Molekül Wasser eingebaut hat. Aus einem dieser Erze wurde mit großer Wahrscheinlichkeit das erste Eisen gewonnen. Da der Sauerstoff sehr fest an das Eisen gebunden ist, brauchte man einen Stoff, der die nötige Energie besitzt, um dem Eisen den Sauerstoff zu entreißen. Dieser Stoff stand in Form von Holzkohle zur Verfügung. Holzkohle besteht nämlich zum allergrößten Teil aus reinem Kohlenstoff, der ein chemisches Element ist. Kohle ist bekanntlich ein gut brennbarer Stoff, der bei der Verbrennung eine Verbindung mit Sauerstoff eingeht und so zum Kohlenoxid wird. Steht bei der Verbrennung von Kohlenstoff aber nicht genügend Sauerstoff aus der Luft zur Verfügung, so kann er Eisenoxiden den Sauerstoff entreißen und selbst zum Oxid werden. Der Vorgang, bei dem der Kohlenstoff unter Aufnahme von Sauerstoff zum Oxid wird, heißt in der chemischen Fachsprache Oxidation. Das Eisenoxid unterliegt dabei genau dem umgekehrten Vorgang. Ihm wird der Sauerstoff entzogen, es wird, wie der Chemiker sagt, reduziert. Aus Eisenoxid wird so metallisches Eisen. Diese kombinierte Reduktions-Oxidations-Reaktion, abgekürzt auch Redoxreaktion genannt, findet aber nur unter sehr starker Wärmezufuhr statt. Es ist also nötig, zuerst einmal für hohe Temperaturen zu sorgen, damit der eigentliche chemische Prozeß in Gang kommen kann. Man mußte mit Hilfe von Blasebälgen zuerst sauerstoffhaltige Luft in den Erdofen blasen, um so die nötige Ausgangstemperatur zu erreichen. Es ist, unter diesen Aspekten betrachtet, kein Wunder, daß die Menschen so lange brauchten, bis das Eisen und seine Herstellung bekannt wurden.

Eisengewinnung heute. Auf der Erde werden heute jährlich mehr als 350 Millionen Tonnen Eisen und ca. 700 Millionen Tonnen Erz erzeugt. Dazu werden rund 350 Millionen Tonnen Koks gebraucht. Alle Feststoffe zusammen genommen ergäben einen Berg von 800 m Höhe und 1600 m Fußdurchmesser. Es ist selbstverständlich, daß sich die technischen Verfahren inzwischen grundlegend geändert haben. Der chemische Prozeß, der bei der Eisengewinnung stattfindet, blieb aber in seinem Grundprinzip unverändert. An die Stelle der Holzkohle ist der Koks getreten, der ebenfalls aus fast reinem Kohlenstoff besteht. Die moderne Eisengewinnung geschieht in sogenannten Hüttenwerken, deren wichtigster Teil der Hochofen ist. Dies ist ein sich nach unten kegelförmig erweiternder siloartiger Rundbau, der innen mit feuerfesten Steinen ausgekleidet ist und 25 bis 30 m Höhe erreicht. Er wird von oben abwechselnd mit Eisenerz und Koks beschickt. Als sogenannte »Zuschläge« gibt man meist Kalk- oder Feldspat hinzu. Durch dauernde Luftzufuhr von unten erreicht man, daß die unteren Koksschichten brennen. Bei einer Temperatur von etwa 1600 °C entsteht dabei Kohlenmonoxid. Das aufsteigende Kohlenmonoxid reduziert in den höheren Schichten das Eisenerz zu Eisen, das sich dank seines hohen spezifischen Gewichtes in flüssigem Zustand am Boden des Hochofens absetzt. Es würde jedoch in der eingeblasenen Luft sofort wieder zu Eisenoxid verbrennen, wenn sich nicht die Begleitminerale der Erze, die »Gangart«, ebenfalls durch die hohen Temperaturen verflüssigten und als Schlacke schützend über dem flüssigen Eisen schwämmen. Die Anwesenheit der Begleitstoffe führt also nicht zu einem lästigen Abfallprodukt, sondern ist eine der Grundvoraussetzungen für den Ablauf des Hochofenprozesses.

Das fertige Roheisen wird noch glutflüssig aus der untersten Zone des Hochofens abgelassen. Der Hochofen muß immer in Betrieb gehalten werden. Ist der Ofeninhalt nämlich einmal erstarrt, so kann der Ofen nicht mehr in Betrieb genommen werden, sondern muß dann abgerissen werden.

Aus Eisen wird Stahl. Das im Hochofenprozeß gewonnene Eisen ist längst noch nicht gebrauchsfertig, da es stark verunreinigt ist. Es enthält an Fremdstoffen noch etwa 2,5 bis 4% Kohlenstoff, 0,5 bis 3% Silicium, das aus der Gangart stammt, bis zu 2% Phosphor und Schwefel sowie in geringen Mengen Mangan. Alle diese Stoffe verbrennen schneller als das Eisen selbst. Sie werden deshalb im sogenannten »Frischverfahren« durch Oxidation entfernt. Man unterscheidet prinzipiell zwischen dem Windfrischen und dem Herdfrischen. Beim ersten, dem Thomas-Verfahren, wird das noch flüssige Roheisen in birnenförmige Gefäße eingefüllt. Dann wird in das flüssige Metall von unten mit Hilfe einer Eintauchdüse Luft, in neuerer Zeit aber auch häufig Sauerstoff, eingeblasen. Bei der Verbrennung der Beimengungen wird das Gemisch stark aufgeheizt. Um zu vermeiden, daß die Temperaturen zu hoch werden – es könnte sonst passieren, daß auch das Eisen oxidiert –, sorgt man durch Zusetzen von Schrott für eine gewisse Abkühlung. Trotzdem gehen bei diesem Verfahren etwa 10 bis 12% Roheisen verloren. Ein weiterer Nachteil besteht darin, daß beim Frischen auch der Kohlenstoff vollständig verlorengeht. Da er mit dem Eisen eine Legierung eingeht, muß nach Abschluß des Verfahrens wieder eine bestimmte Menge Kohlenstoff hinzugefügt werden. Erst auf diese Weise entsteht der feste Stahl. Als wertvolles Abfallprodukt bildet sich aus phosphorhaltigem Eisen die Thomasschlacke, die in gemahlenem Zustand als Thomasmehl ein wertvolles Düngemittel ergibt.

Beim Herdfrischen, dem Siemens-Martin-Verfahren, wird die vollständige Verbrennung des Kohlenstoffs vermieden. Das Roheisen liegt bei diesem Prozeß flach ausgebreitet in einer Wanne. Man leitet sauerstoffhaltige Flammengase darüber, die es flüssig halten und die Beimengungen oxidieren. Durch Zusatz von Schrott und Eisenerz fügt man der Schmelze die gewünschte Menge von Sauerstoff zu. Auf diese Weise steuert man die Entkohlung und kommt direkt zu Stahl mit dem gewünschten Kohlenstoffgehalt. Dieses Ver-

Das im Hochofenprozeß gewonnene Eisen wird erst in der Verbindung mit Kohlenstoff zu Stahl. Durch Zusätze von anderen Metallen – z. B. Chrom und Nickel – steigert man Festigkeit, Zähigkeit, Korrosionsbeständigkeit des im Hochofen gewonnenen Roheisens. Läßt man dem Eisen mehr als 1,73% Kohlenstoff, erhält man z. B. Gußeisen (Foto links unten: Probe unter dem Mikroskop).

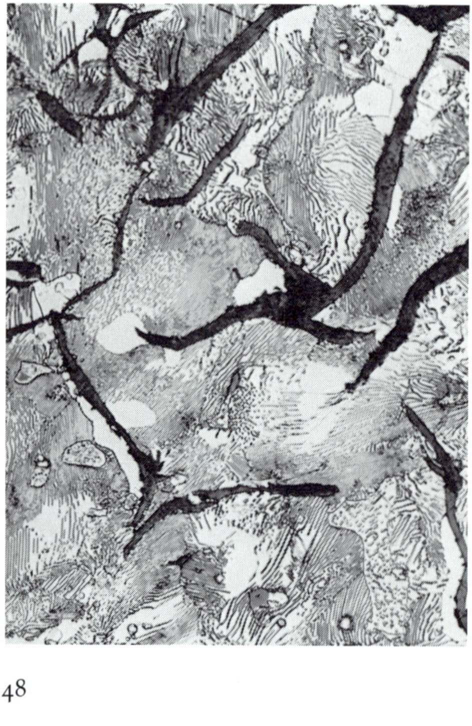

0
100
200
300
400
500
10
15
20

Ehe Eisen weiterverarbeitet werden kann, muß man es von Fremdstoffen (z.B. Phosphor, Schwefel) reinigen. Eine der Reinigungsmethoden ist das Thomasverfahren: In die »Thomasbirne« wird flüssiges Roheisen gefüllt und dann Sauerstoff hineingeblasen. Dabei verbrennen die Fremdstoffe, das Eisen bleibt »sauber« zurück (siehe auch S. 46, 47).

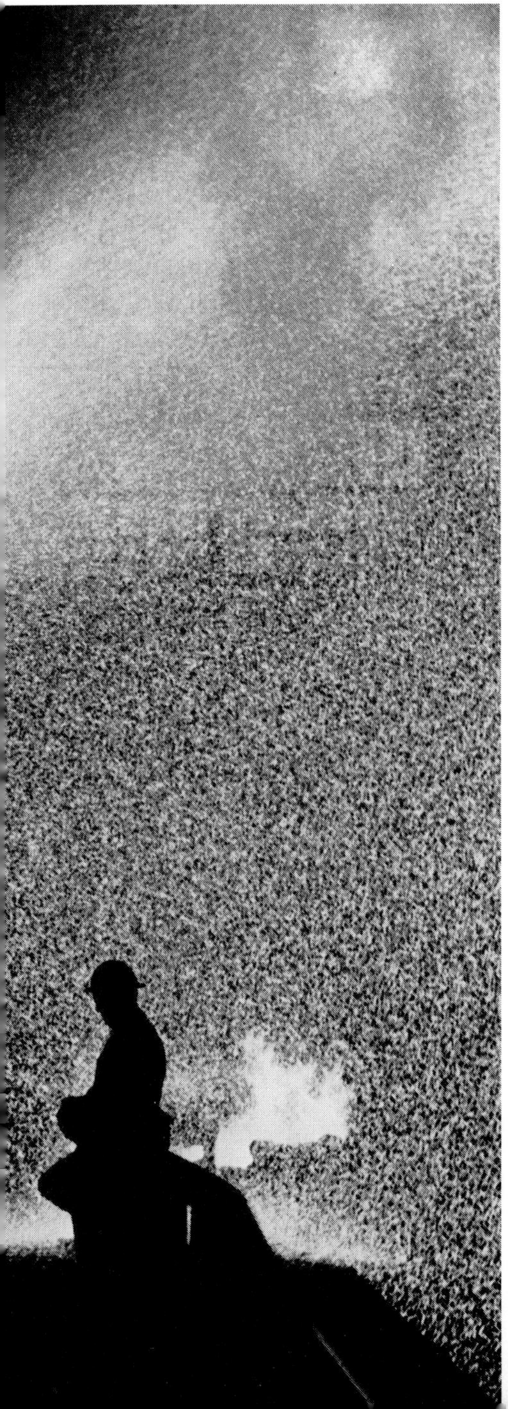

fahren dauert zwar länger als das Thomasverfahren, arbeitet aber fast ohne Eisenverlust und liefert hochwertigeren Stahl.

Es wurde schon auf die große Bedeutung des Kohlenstoffs für die Stahlbereitung hingewiesen. Man kann ohne Schwierigkeiten Eisenlegierungen mit einem Kohlenstoffgehalt zwischen 0 und 4,5% herstellen. Ist der Kohlenstoffgehalt größer als 1,72%, so ist das Produkt hart und spröde und erweicht erst kurz vor dem Schmelzpunkt. Es kann in erster Linie als Gußeisen verwendet werden. Bei einem Kohlenstoffgehalt von unter 1,72% erhält man den schmiedbaren Stahl, der in großtechnischem Maßstab in Walzwerken zu Blechen, Schienen, T-Trägern und vielen anderen wichtigen Stahlprodukten verarbeitet wird. Sinkt der Kohlenstoffgehalt jedoch unter 0,5%, so erhält man das nicht mehr härtbare Schmiedeeisen.

Besonders hochwertige Stahlsorten enthalten noch weitere Metalle als Legierungspartner. Durch Zusatz von 25% Nickel erhöht man die Zähigkeit des Eisens so stark, daß man dieses »Ferronickel« in kaltem Zustand auf die doppelte Länge ausziehen kann. Mit Hilfe von Chrom- und Nickelzusätzen wird die Festigkeit und Zähigkeit des Stahls erheblich gesteigert. Solche Legierungen finden beim Bau besonders hoch beanspruchter Maschinenteile Verwendung. Die bekannten Nirosta-Stähle enthalten Chrom und Nickel in einem so abgestimmten Mengenverhältnis, daß eine festhaftende, durchsichtige und auch unter Wasser nicht mehr abblätternde Oxidhaut gebildet wird. Auf diese Weise wird das stark rostanfällige Eisen den Edelmetallen praktisch ebenbürtig.

Vom Atom zum Molekül

Warum Atome sich miteinander verbinden. Für den modernen Chemiker besteht die Welt aus einer Unzahl von Molekülen. Wie wir bereits wissen, stellen sie die kleinsten Teilchen eines Stoffes dar. Sie sind in den meisten Fällen so klein, daß sie für das menschliche Auge unsichtbar sind. Solche winzigen Moleküle sind z.B. die Wassermoleküle, die aus den beiden Elementen Wasserstoff und Sauerstoff zusammengesetzt sind. Im Falle des Wassermoleküls bilden zwei Atome Wasserstoff und ein Atom Sauerstoff ein Wassermolekül. Wasser stellt also eine chemische Verbindung dar, die aus Atomen verschiedener Elemente zusammengesetzt ist. Noch vor 50 Jahren glaubten die Chemiker, daß es unmöglich sei, Moleküle sichtbar zu machen. Diese Ansicht mußte inzwischen revidiert werden. Es gibt nämlich Moleküle von geradezu »riesigen« Ausmaßen, die sich aus mehreren Millionen von Atomen zusammensetzen und ohne Schwierigkeit mit dem Elektronenmikroskop sichtbar gemacht werden können. Von besonderer Wichtigkeit ist es für die Chemie, in welcher Weise sich die Moleküle aus Atomen zusammensetzen. Denn schon der geringste Unterschied in der Molekülstruktur hat zur Folge, daß ein völlig anderer Stoff vorliegt. Ersetzt man zum Beispiel im Wassermolekül ein Wasserstoffatom durch ein Natriumatom, so erhält man einen weißen, festen Stoff, der in Wasser gelöst eine ätzende Lauge ist.

Nicht weniger wichtig als das Wissen über die Zusammensetzung der Moleküle aus Atomen ist für den Chemiker die Frage, wie es zum festen Zusammenhalt der Atome im Molekül kommt. Wie wir bereits bei der Metallbindung gesehen haben, kommt den Elektronen der äußeren Schale eine wesentliche Rolle dabei zu. Es hat zwar noch nie jemand gesehen, wie die Elektronen im Atom angeordnet sind, doch kann man trotzdem mit Hilfe von Modellvorstellungen recht präzise Aussagen über ihre Rolle bei der chemischen Bindung machen. Fürs erste genügt es, wenn wir uns noch einmal an das Kugelwolkenmodell erinnern. Es geht von der Vorstellung aus, daß sich Elektronen auf Schalen um den positiv geladenen Kern herumbewegen. Man hat nun festgestellt, daß es einige Elemente gibt, die nur sehr schwer oder überhaupt nicht befähigt sind, eine chemische Verbindung einzugehen. Es sind die Edelgase, die im Periodensystem in der achten Gruppe stehen. Untersucht man die Anordnung ihrer Elektronen auf der äußersten Schale, dann erkennt man, daß beim Helium die äußere und zugleich einzige Elektronenschale mit zwei Elektronen maximal gefüllt ist. Das gleiche gilt für das Neon, dessen äußerste Schale mit 8 Elektronen ihre maximale Zahl erreicht hat. Die folgenden Edelgase weisen ebenfalls auf ihrer Außenschale 8 Elektronen auf. Offensichtlich sind diese Elemente aufgrund der Anordnung ihrer Außenelektronen unfähig, in irgendeiner Weise chemisch zu reagieren. Sie befinden sich in einem bevorzugten Zustand, der besonders stabil ist und den die betreffenden Atome nach Möglichkeit beibehalten möchten. Die Chemiker nennen diesen energiegünstigen Zustand der Außenelektronen Edelgaszustand oder Edelgaskonfiguration. Betrachten wir nun die übrigen Elemente im Periodensystem, so fällt uns sofort auf, daß nur die Edelgase eine derart günstige Elektronenanordnung besitzen.

Aluminium, ein häufiges Metall, das jedoch in der Natur nur in Verbindungen, meist als Aluminiumoxid vorkommt. Es wird bei hohen Temperaturen in einer Schmelzelektrolyse gewonnen (siehe Seite 54, 55). Im Foto oben: Reinst-Aluminium – unten: durch Legierung unregelmäßig gewordene Oberflächenstruktur von Aluminium.

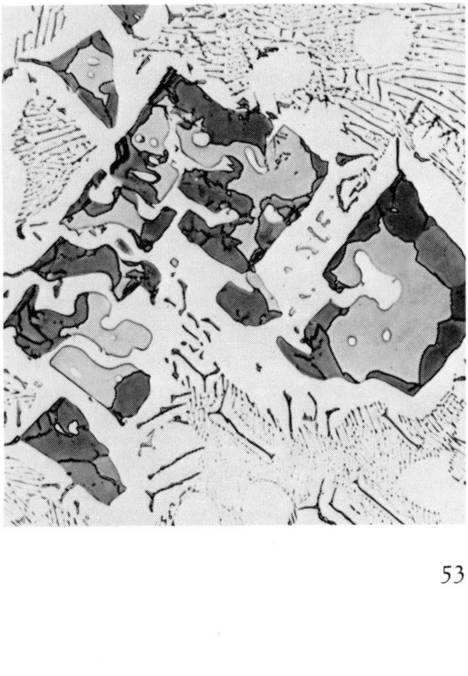

Alle übrigen Elemente sind meist ohne große Schwierigkeiten dazu zu veranlassen, chemische Bindungen mit anderen Partnern einzugehen. Woran liegt das? Wir wollen das an einer einfachen chemischen Verbindung, die jedem bekannt ist, klarmachen. Das Kochsalz ist eine Verbindung der beiden Elemente Natrium und Chlor. Das Chloratom hat insgesamt 17 Protonen und 17 Elektronen auf 3 Elektronenschalen verteilt. Es ist also nach außen elektrisch neutral. Es fällt auf, daß es auf seiner Außenschale sieben Elektronen besitzt. Zum Erreichen des stabilen Edelgaszustandes fehlt ihm nur ein einziges Elektron. Es ist aber recht schwierig, ein solches zu erhalten, da die Elektronen meist bestimmten Atomen zugeordnet sind. Das Natriumatom verfügt dagegen nur über ein einziges Außenelektron. Würde es dieses Elektron abgeben, dann käme unter seiner äußeren Schale die mit acht Elektronen abgesättigte zweite Schale zum Vorschein. Es liegt also nahe, daß das Chloratom dieses Elektron aufnimmt.

Aber das bedeutet keineswegs, daß sie jetzt auch zu Edelgasen geworden sind; denn die Protonenzahl beider Atomkerne ist konstant geblieben, und sie bestimmt bekanntlich das Element. Allerdings ist das Chloratom sozusagen aus dem elektrischen Gleichgewicht geraten. Es besitzt 17 Protonen und 18 Elektronen. Die negative Ladung übertrifft also die positive um die Ladungseinheit eines Elektrons. Dagegen ist das Natriumatom durch die Abgabe eines Elektrons positiv geladen worden. Es hat seine ursprüngliche Protonenzahl beibehalten, jedoch ein Elektron abgegeben. Es verfügt daher über eine elektrisch positive Ladungseinheit zuviel. Um das Zustandekommen der Verbindung Kochsalz zu erklären, erinnere man sich jenes einfachen physikalischen Gesetzes, nach dem sich gleichartige elektrische Ladungen abstoßen, entgegengesetzte aber anziehen. Da dieser Vorgang gleichzeitig zwischen einer sehr großen Zahl von Natrium- und Chloratomen stattfindet, kommt es zu einer Zusammenlagerung von vielen geladenen Ionen. Dies geschieht jedoch nicht wahllos, sondern nach festen Regeln. Es entsteht ein Kochsalzkristall. Sein Grundbaustein ist ein Würfel, auf dessen acht Ecken und in dessen Zentrum je ein Natriumion sitzt. In der Mitte einer jeden Würfelfläche befindet sich jeweils ein Chlorion. Das zentrale Natriumion ist also von sechs Chlorionen umgeben. Wenn das Kochsalzgitter aus dieser Elementarzelle zusammengebaut wird, erkennt man, daß jedes Natriumion von sechs Chlorionen und jedes Chlorion von sechs Natriumionen umgeben ist. Durch Anlagerung weiterer Chlor- und Natriumionen wächst das Ionengitter nach dem vorgegebenen Muster weiter. Die einzelnen Teilchen werden durch elektrostatische Kräfte zusammengehalten. Diese Art der chemischen Bindung nennt man Ionenbindung. Die chemische Formel für Kochsalz wird gewöhnlich mit NaCl angegeben. Dies würde jedoch genaugenommen bedeuten, daß ein Natrium- und ein Chloratom ein Kochsalzmolekül bilden. Dieses Zweier-Molekül existiert, wie wir eben erfahren haben, aber nicht, vielmehr liegt ein einheitliches Gebilde aus sehr vielen Natrium- und Chlorionen vor. Die chemische Formel NaCl für Kochsalz stimmt aber insoweit, als sie das richtige Mengenverhältnis der Ionen im Kristall angibt, nämlich 1 : 1.

»Silber aus Tonerde« – das Aluminium. Können Sie sich vorstellen, daß ein Kaiser bei einem hochoffiziellen Staatsbankett mit einem billigen Aluminiumbesteck ißt, während seine Gäste mit Bestecken aus Gold und Silber tafeln? Heute ist dies kaum denkbar. Es soll sich aber im Frankreich des letzten Jahrhunderts ereignet haben. Bei einem Staatsbankett aß Napoleon III. mit einem Besteck aus dem damals wertvollsten Metall: aus Aluminium. Dieses Metall war 1855 noch so selten, daß man Aluminiumblöcke als Attraktion auf der Weltausstellung zeigte. Ein Kilogramm dieses Stoffes kostete die stattliche Summe von 3000 Francs. Warum hatte ausgerechnet das in der Erdrinde am häufigsten vorkommende Metall einen so großen Seltenheitswert? Die Antwort auf die Frage lautet: Weil Aluminium nirgends in der Natur in reiner Form zu finden ist. Es kommt nur als Verbindung vor, am häufigsten als Aluminiumoxid. Von der Eisenherstellung her wissen wir bereits, daß es möglich ist, auch aus einer Verbindung durch Reduktion das Metall herauszuschmelzen. Die Aluminiumatome sind jedoch im Aluminiumoxid so fest an den Sauerstoff gebunden, daß die Kohle als Reduktionsmittel nicht mehr ausreicht. Nur deshalb hat es einige Jahrtausende länger gedauert, bis auch das Aluminium als Gebrauchsmetall Eingang in die Technik gefunden hat.

Als wichtigstes Rohmaterial für die Aluminiumgewinnung dient heute meist Bauxit, ein Mineral, das zu etwa 65% aus Aluminiumoxid besteht und daneben auch noch Eisen- und Titanoxid enthält. Seinen Namen erhielt Bauxit nach seinem ersten Fundort Les Baux in Frankreich. Die natürlichen Bauxite müssen zur Aluminiumherstellung erst aufbereitet werden. Am Ende dieses Vorgangs erhält man reines Aluminiumoxid. Dieser Stoff wird unter Hinzufügen von Kryolith, einem Natrium-Aluminiumfluorid, bei etwa 900°C in großen Trögen geschmolzen, deren Boden mit einer reinen Kohlenmasse ausgelegt ist. In die Schmelze hängt man Kohleblöcke als Elektroden hinein. Zwischen Boden und Kohleblöcken läßt man bei einer Spannung von 5 bis 6 Volt einen Gleichstrom mit der enorm hohen Stromstärke von 24000 bis 40000 Ampere fließen. Dadurch scheidet sich am Boden flüssiges Aluminium und an den Kohleblöcken reiner Sauerstoff ab. Dieser reagiert sofort mit dem Kohlenstoff der Elektrodenblöcke zu gasförmigem CO_2, so daß sie dauernd nachgeschoben und erneuert werden müssen. Der Gebrauch von elektrischem Strom zur Zerlegung von chemischen Verbindungen läßt sich mit Hilfe unserer Kenntnisse über den Zusammenhalt von Ionen durch elektrostatische Kräfte leicht erklären. Auch beim Aluminiumoxid liegt eine solche Ionenbildung vor. Die Aluminiumionen sind dreifach positiv geladen, da sie zur Erlangung der Edelgaskonfiguration drei Elektronen abgeben müssen. Die Sauerstoffionen mußten dagegen zwei Elektronen abgeben und sind deshalb zweifach negativ geladen. In der Verteilung zwei Aluminiumionen und drei Sauerstoffionen bilden auch sie ein Ionengitter und bauen so einen Kristall auf. Bei starkem Erhitzen zerfällt ein Kristall, er schmilzt. Chemisch gesehen werden bei hohen Temperaturen die Bindungskräfte zwischen den Ionen im Kristallgitter gelockert, und die Ionen werden frei beweglich. So wird aus dem ursprünglich festen Kristall eine Flüssigkeit. Legt man nun wie bei der Aluminiumherstellung eine Spannung zwischen zwei Elektroden an, dann wandern die positiv geladenen Aluminiumionen an die negative Elektrode, nehmen dort drei Elektronen auf und werden so wieder zu neutralen Atomen. Der umgekehrte Vorgang findet an der positiven Elektrode statt, zu der die Sauerstoffatome hinwandern, dort zwei Elektronen abgeben und wieder zu neutralen Sauerstoffatomen werden. Während bei der Ionenbildung Energie frei wird, ist für die Elektrolyse, wie die Zerlegung von Verbindungen durch elektrischen Strom genannt wird, Energie nötig. Sie wird durch den elektrischen Strom geliefert. Um eine Tonne Aluminium aus vier bis fünf Tonnen Bauxit zu gewinnen, werden 18000 bis 20000 kWh Strom benötigt. Das entspricht dem durchschnittlichen Stromverbrauch von etwa acht bis zehn Haushalten in einem Jahr. An eine Herstellung von Aluminium in großem Maße war also erst zu denken, als durch die Erfindung der Dynamomaschine genügend elektrischer Strom zur Verfügung stand. Dies war im Jahre 1866, zehn Jahre nach der Weltausstellung in Paris, auf der man das »Silber aus Tonerde« noch als große Rarität bestaunen konnte.

Rost – der größte Feind des Eisens. Unter Einwirkung von Wasser und Luft geht Eisen in verschiedene sauerstoffhaltige Verbindungen über, die gemeinhin als Rost bezeichnet werden. Der Fachmann bezeichnet diesen Vorgang als Korrosion. Viele Beispiele dafür sind uns aus dem täglichen Leben wohl bekannt. Falls keine Schutzmaßnahmen getroffen werden, sind Autokaros-

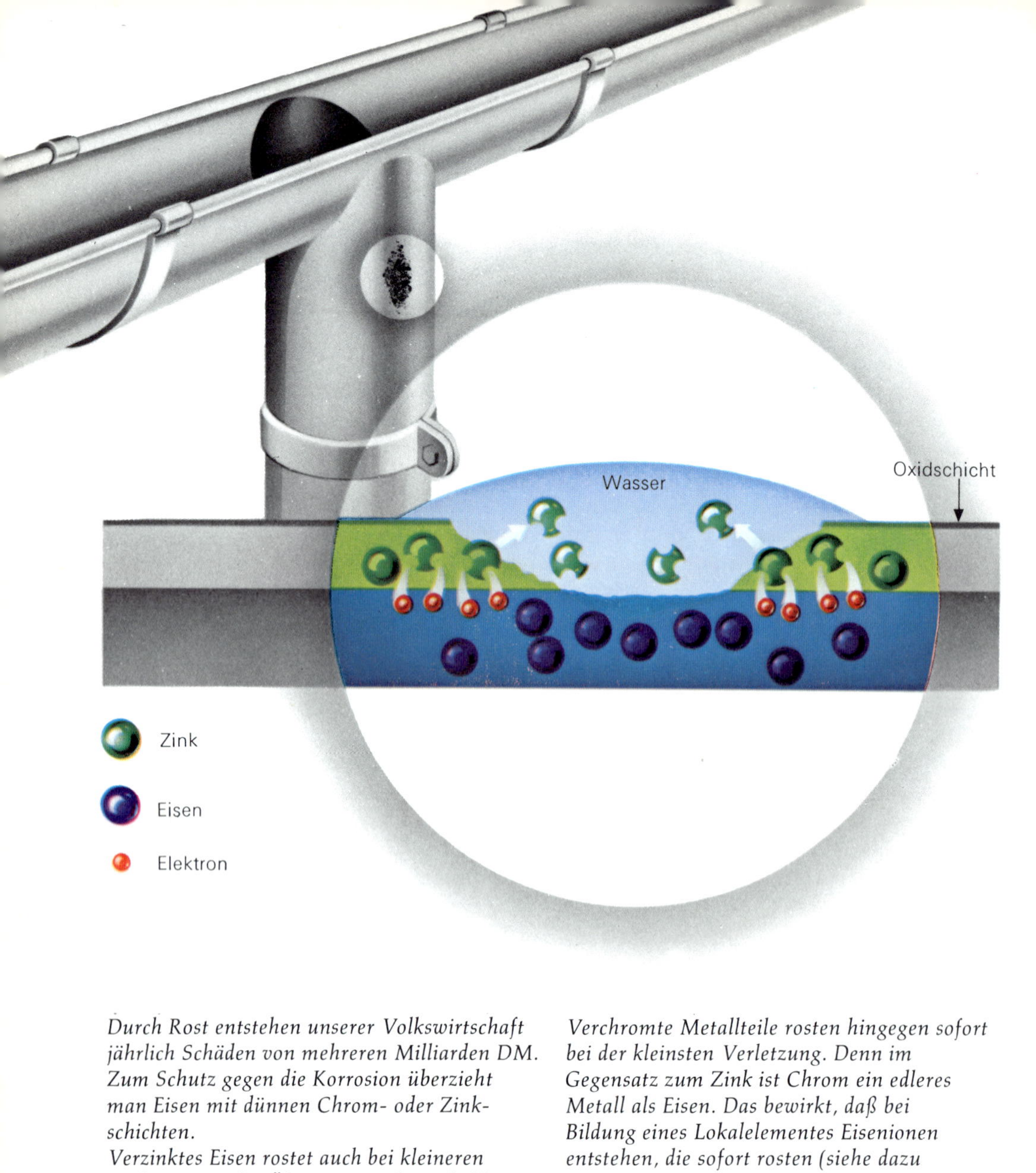

Durch Rost entstehen unserer Volkswirtschaft jährlich Schäden von mehreren Milliarden DM. Zum Schutz gegen die Korrosion überzieht man Eisen mit dünnen Chrom- oder Zinkschichten.
Verzinktes Eisen rostet auch bei kleineren Verletzungen des Überzuges nicht. Sobald sich an der Verletzungsstelle ein Lokalelement bildet, geht das Zink in Form von Ionen in Lösung. Das Eisen wird durch die vom Zink stammenden Elektronen negativ aufgeladen. Auf diese Weise wird es »edler« und bleibt dem Wasser gegenüber passiv.

Verchromte Metallteile rosten hingegen sofort bei der kleinsten Verletzung. Denn im Gegensatz zum Zink ist Chrom ein edleres Metall als Eisen. Das bewirkt, daß bei Bildung eines Lokalelementes Eisenionen entstehen, die sofort rosten (siehe dazu Seite 59, 60).

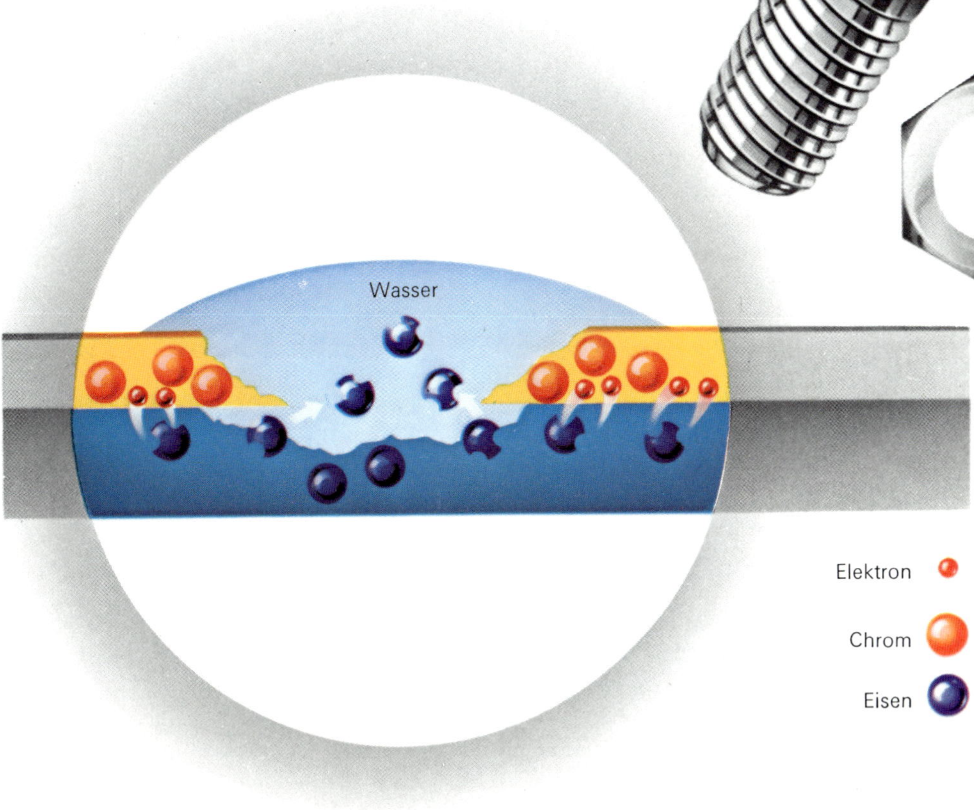

serien ebenso dem Angriff der Korrosion ausgesetzt wie Rohrleitungen und Brücken. Die Verluste durch Korrosion, die die Wirtschaft erleidet, sind nur zu schätzen. Man nimmt jedoch an, daß in den USA jährlich etwa 40% der Stahlerzeugung zum Ersatz korrodierter Teile dient. Die Höhe der jährlichen Verluste wird auf rund zehn Milliarden Dollar geschätzt. Es ist deshalb nicht verwunderlich, daß von der Wirtschaft alles unternommen wird, dem Rost zuleibe zu rücken. Dazu ist es erforderlich, einiges über die Ursache der Korrosion zu wissen.

Eisen ist, wie seine Stellung in der Spannungsreihe zeigt, ein unedles Metall und geht sehr leicht Verbindungen mit Sauerstoff ein. Bei Normaltemperatur entsteht auf dem Eisen eine zusammenhängende Oxidhaut als Schutzschicht, so daß weder reines Wasser noch trockene Luft ihm etwas anhaben können. Der schwache Kohlensäuregehalt der Luft reicht jedoch schon aus, um mit Hilfe von Luftsauerstoff das Eisen in Rost überzuführen. Er bildet auf dem Eisen

Bei der Schmelz-Elektrolyse wird Aluminiumoxid zuerst in Ionen gespalten, die an die Kathode wandern und dort zu Aluminiumatomen werden. An der Anode entsteht unter Elektronenabgabe atomarer Sauerstoff, der sofort mit der Kohleelektrode zu Kohlendioxid verbrennt. In der Elektrolysewanne setzt sich flüssiges Aluminium ab. *Näheres siehe Seite 54, 55.*

aber einen porösen und leicht abblätternden Überzug. Die Folge ist, daß die Korrosion immer weiter fortschreiten kann.

Der einfachste Schutz gegen Korrosion sind Anstrichfarben, die aber absolut wasserfest sein müssen. Schon bei der geringsten Verletzung des Lacküberzugs fängt das Eisen zu rosten an. Einen guten Rostschutz bietet das Emaillieren, bei dem das Eisen mit einem glasartigen Überzug versehen wird. Auch hier führen Verletzungen zu sofortiger Korrosion. Besonders gute Erfahrungen machte man mit gut auf Eisen haftenden Metallüberzügen. Verzinkte Bleche überdauern z. B. viele Jahre unter größter Beanspruchung, ohne zu rosten. Dies ist insofern erstaunlich, als Zink ein noch unedleres Metall als das Eisen ist. Es bedeckt sich jedoch mit einer Schutzschicht, die von schwachen Säuren nicht angegriffen wird und ist so recht korrosionsbeständig. Das Erstaunlichste aber ist, daß Eisen, auch wenn die Zinkschicht teilweise zerstört ist, immer noch sehr wenig rostet. Der Grund liegt darin, daß das Eisen mit dem Zink ein »elektrisches Element« bildet.

Der Grundvorgang dieses Prozesses läßt sich mit Hilfe eines galvanischen Elementes erklären. Beim Eintauchen eines Zink- und eines Platinstabes in verdünnte Salzsäure wird man zuerst keine Veränderung feststellen können. Verbindet man jedoch die beiden Stäbe durch eine Drahtbrücke und schaltet ein Strommeßgerät dazwischen, so kann man einen Stromfluß zwischen dem Zink und dem Platin feststellen. Das Zink, das aufgrund seiner Stellung in der Spannungsreihe das unedlere der beiden Metalle darstellt, geht unter Abgabe von zwei Elektronen in ein zweifach positiv geladenes Zinkion über und wird im Wasser gelöst. Die vom Zink abgegebenen Elektronen fließen vom Zinkstab über die Drahtbrücke zum Platinstab. Dort entladen sie die Wasserstoffionen, die sich in der verdünnten Salzsäurelösung befinden. Aus den Wasserstoffionen werden also unter Aufnahme der beiden vom Zink stammenden Elektronen Wasserstoffatome. Diese verbinden sich zu je zweien zu Wasserstoffmolekülen und steigen als Gas aus der Lösung auf.

Der gleiche Vorgang wie beim galavanischen Element findet auch an solchen Stellen statt, wo zwei verschiedene Metalle miteinander in Berührung kommen, z. B. bei verzinkten Blechen. Das Zink ist das unedlere der beiden Metalle, es geht in Form von Ionen in Lösung, sobald durch kohlensäurehaltiges Wasser eine Verbindung zwischen Eisen und Zink hergestellt ist. Der natürliche Gehalt der Luft an CO_2 sorgt dafür, daß Wasser stets genügend Kohlensäure enthält, um Korrosionsvorgänge auszulösen. Das Eisen wird durch die vom Zink stammenden Elektronen negativ aufgeladen. Es wird so »edler« und bleibt dem Wasser gegenüber passiv. Verzinkte Bleche können deshalb jahrelang der Witterung ausgesetzt werden, ohne zu rosten.

Weniger günstig wirkt es sich dagegen aus, wenn verchromte Metallteile beschädigt werden. Man kann das bei den Chromteilen des Autos gut beobachten, auf denen sich im Winter sehr schnell häßliche Rostflecken bemerkbar machen. Verstärkt wird dieser unliebsame Effekt dadurch, daß bei Straßenglätte auch noch tonnenweise Salz auf die Straßen gestreut wird. An der Autostoßstange bilden sich bei Verletzung der Chromschicht kleine galvanische Elemente.

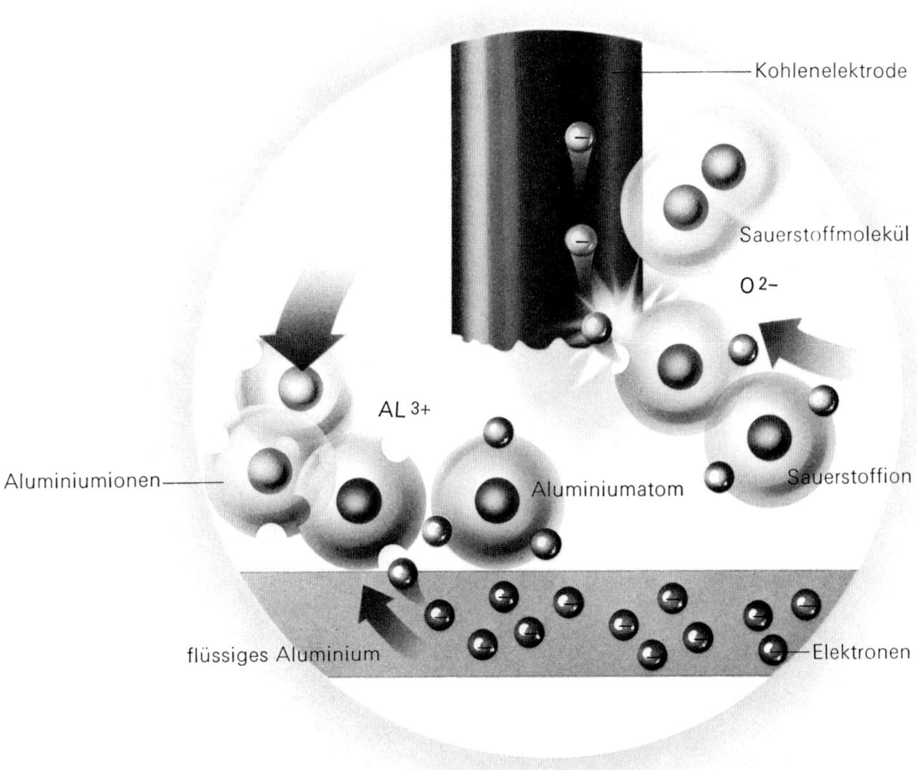

Schematischer Aufbau eines Elektrolyseofens:

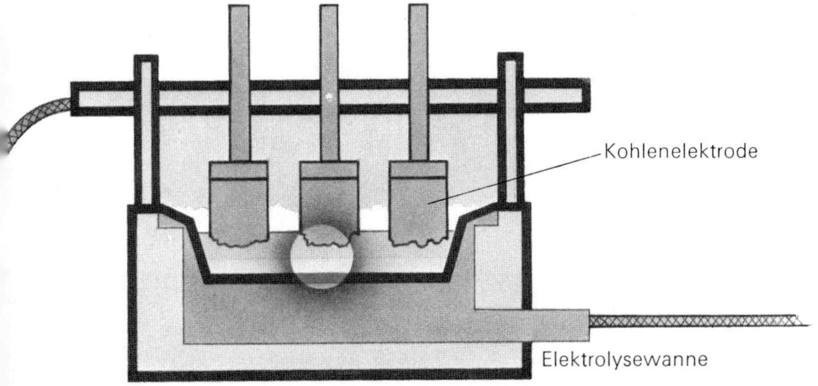

Vom Rost zerfressen! 40% der jährlichen Stahlerzeugung der USA – so schätzt man – dient dem Ersatz korrodierter Teile von Rohrleitungen, Brücken usw. Jährlicher Verlust durch Korrosion: 10 Milliarden Dollar!

Die Leitfähigkeit des Regenwassers wird durch das in Lösung gegangene Salz erheblich verstärkt. Chrom ist im Gegensatz zum Zink ein edleres Metall als Eisen. Das hat zur Folge, daß bei Bildung eines »elektrischen Elements« Eisenionen entstehen, die sofort Rost bilden. Das Eisen wird deshalb auch bei der kleinsten Verletzung des Chromüberzugs unter der schützenden Schicht zu rosten beginnen.

Geräuschlose Autos – ein erfüllbarer Zukunftstraum? Motodrom Hockenheim im Mai 1971. Ein silbergrauer Sportwagen vom Typ Opel GT jagt mit einer Spitzengeschwindigkeit von 240 km/h über die Piste. Dies wäre sicher nichts Außergewöhnliches, wenn dieses Auto nicht lautlos ohne das übliche Motorengebrüll der Sportwagen dahinrasen würde. Das Fahrzeug war, wie die wenigen Zuschauer später feststellen konnten, mit einer eigenartigen Fracht beladen. Bis auf den Fahrersitz war der gesamte Innenraum des schnittigen Coupés mit Batterien angefüllt, die ein Gewicht von insgesamt 740 kg hatten. Der Wagen hatte soeben einige neue Weltrekorde für Elektrofahrzeuge aufgestellt. Obwohl in den Batterien eine sehr große Menge an elektrischer Energie gespeichert war – man hätte damit eine 100-Watt-Birne etwa 140 Stunden brennen lassen können –, konnte der Wagen bei voller Belastung nur zehn Minuten fahren.

Forschungsinstitute in aller Welt sind seit Jahren auf der Suche nach neuen Energiespeichern, die zu einer Konkurrenz für den Benzinmotor werden könnten. Als neue Antriebsquelle, auch darüber sind sich die Fachleute einig, kann eigentlich nur der Elektromotor in Frage kommen. Seine Vorteile: keine Abgase, weniger Lärm, bessere Beschleunigung, lange Lebensdauer, geringe Wartung und sehr einfache Bedienung, da keine Gangschaltung benötigt wird. Nachteile des Elektromotors: keine – wenn das Problem der Stromversorgung gelöst wäre. Eine direkte Stromabnahme wie bei Elektrolokomotiven scheidet im Individualverkehr aus. Die elektrische Energie muß entweder im Auto selbst erzeugt oder gespeichert werden. Die Möglichkeit der Stromspeicherung ist im Prinzip schon lange gelöst. Wir verwenden heute selbstverständlich Trockenbatterien für Taschenlampen und Elektrorasierer ebenso wie für Zahnbürsten oder den tragbaren Kleinfernseher. Ohne einen gut geladenen Akkumulator ist unser Auto, wie sicher schon viele feststellen mußten, nicht anzulassen. Warum verwendet man nicht einfach solche Batterien? Die Antwort steckt schon in der Beschreibung der Weltrekordversuche von Hockenheim.

Es ist bisher noch nicht gelungen, Batterien mit großer Speichermöglichkeit wirtschaftlich zu entwickeln. Die Rekordfahrten auf dem Hockenheimring sind vorerst nichts weiter als Zukunftsmusik.

Die elektrochemische Stromerzeugung beruht, wie wir schon beim galvanischen Element kennengelernt haben, auf relativ einfachen chemischen Vorgängen. Man sollte also meinen, daß es nur darauf ankäme, die richtigen Elektroden und Elektrolyten auszuwählen. Das ist aber nicht so einfach. Denn die Stromerzeugung bzw. -speicherung muß auch wirtschaftlich sein. So ist es durchaus möglich, Silber, Zink oder sogar Platinbatterien herzustellen. Welch enorme Kosten dafür nötig sind, kann man sich unschwer ausrechnen. So bleibt im Moment nur die Weiterentwicklung der »klassischen« Blei-Säure-Batterie, die als »Akku« bekannt ist.

Ein Akkumulator ist nichts anderes als ein galvanisches Element, das Strom erzeugen kann und dessen stromerzeugende Vorgänge beim Laden wieder rückgängig gemacht werden können. Beim Zink-Platin-Element laufen chemische Reaktionen ab, die an einer Elektrode Elektronen abgeben, am anderen Pol jedoch Elektronen verbrauchen (siehe nebenstehende Grafik).

Zur Speicherung einer Kilowattstunde werden 23 kg an Chemikalien verbraucht. Die gleiche Energie steckt in 3/4 kg Benzin. Allein aus diesem Vergleich geht hervor, warum der Antrieb von Automobilen über längere Strecken durch mit Akkumulatoren angetriebene Elektromotoren problematisch ist. Es muß auch noch darauf hingewiesen werden, daß bei dem anfangs geschilderten Weltrekordversuch gewichtsmäßig günstigere Nickel-Cadmium-Akkumulatoren verwendet wurden. Es besteht begründete Aussicht, daß auch das Leistungsgewicht der Bleiakkumulatoren noch verbessert werden kann.

Die chemischen Vorgänge im Bleiakkumulator:
1. Im ungeladenen Zustand sind die Bleiplatten des Akkumulators von Bleisulfat überzogen. Die im Akku befindliche Flüssigkeit besteht aus in Wasser gelöster Schwefelsäure, die zum Teil in Wasserstoff- und in Sulfat-Ionen gespalten ist.
2. Beim Aufladen werden der negativen Platte Elektronen zugeführt. Die Blei-Ionen werden unter Aufnahme von 2 Elektronen zu Blei. Die Sulfat-Ionen gehen in Lösung. Der positiven Platte werden Elektronen entzogen, und es entsteht ein Überzug aus Bleioxid.
3. Im geladenen Zustand besteht der Überzug der negativen Platte aus Blei, der der positiven Platte aus Bleioxid. Der Schwefelsäuregehalt in der wäßrigen Lösung des Akkus hat zugenommen, weil mehr Sulfat-Ionen in Lösung gegangen sind.
4. Das Entladen stellt eine Umkehrung des unter 2. geschilderten Vorgangs dar. Aus der negativen Bleiplatte fließen Elektronen, und es entstehen Blei-Ionen, die mit Sulfat-Ionen aus der wäßrigen Lösung wieder einen Überzug von Bleisulfat auf dieser Platte bilden. Aus dem Bleioxid der positiven Platte und Sulfat-Ionen entsteht ebenfalls wieder Bleisulfat, wobei Elektronen zugeführt werden müssen.
Beim Entladen liefern die durch einen Leitungsdraht von der negativen zur positiven Platte fließenden Elektronen Energie. Die dabei frei werdende Energiemenge muß beim Laden wieder zugeführt werden.

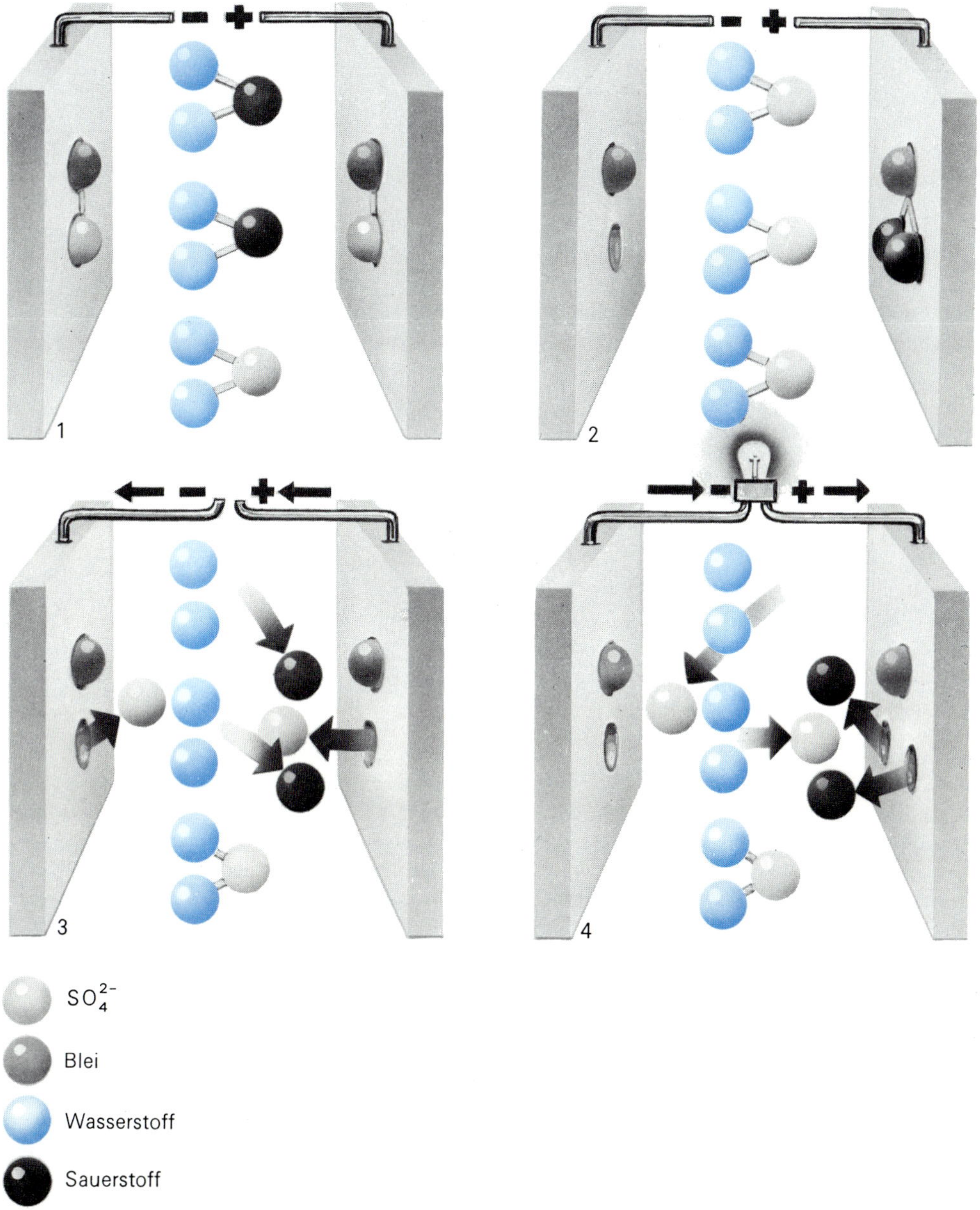
1
2
3
4
SO_4^{2-}
Blei
Wasserstoff
Sauerstoff

Mehr als die Hälfte der Menschheit hungert. Chemiker haben eine neue Nahrungsquelle erschlossen: hochwertiges Eiweiß aus Erdöl. Noch schmeckt es dem Menschen nicht, deshalb dient es nur indirekt der Ernährung – als Viehfutter.

Lebenswichtig: Kohle und Erdöl

1967 trat eine der größten Erdölgesellschaften der Welt, die BP, mit der Meldung an die Öffentlichkeit, daß sie in einer Raffinerie bei Marseille mit dem Bau der ersten Großanlage zur Gewinnung von Eiweiß aus Dieselöl begonnen habe. Liegt hier die Lösung des Problems der Welternährung?

Der Ausgangspunkt für diese wichtige Entwicklung war ein Problem der Aufbereitungstechnik. Im Dieselöl befinden sich Bestandteile, die für die chemische Industrie zwar sehr bedeutend sind, sich aber im Kraftstoff unangenehm bemerkbar machen. Sie kristallisieren bei Kälte aus und verstopfen dann Rohrleitungen und Filter. Diese störenden Stoffe werden auch heute noch meist mit Hilfe von sehr teuren, thermochemischen Verfahren entfernt. Im Jahre 1957 begann eine mikrobiologische Arbeitsgruppe unter Leitung des Chemikers Alfred Champagnat in Lavéra bei Marseille mit Untersuchungen, ob es möglich sei, diese unerwünschten Stoffe unter Mithilfe von Mikroorganismen zu entfernen. Man wußte, daß es erdölzerstörende Bakterien und andere Kleinstlebewesen gab, die von Erdöl leben können. Die Aufgabe der Forschergruppe war es, Mikroben zu suchen, die sich als Paraffinfresser betätigten. Die störenden Stoffe sind, chemisch gesehen, nämlich kettenförmige Kohlenwasserstoffe,

Im Jahre 2000 hat sich die Zahl der heute lebenden Bevölkerung verdoppelt. Dann gibt es mehr als 6 Milliarden Menschen. Die Produktion von Nahrungsmitteln kann mit Sicherheit – zumindest mit konventionellen Methoden – nicht in gleicher Weise gesteigert werden. Die Folge: Immer mehr Menschen müssen hungern!

die Paraffine genannt werden. Bald registrierten die Forscher, daß es in der Tat eine bestimmte Art von Hefepilzen gab, die nur Paraffine fraßen und die anderen Bestandteile der Dieselöle unzerstört ließen. Damit wäre eigentlich die Aufgabe des Forscherteams gelöst gewesen. In diesem Stadium der Forschungsarbeiten hatte nun Monsieur Champagnet eine geniale Idee: Während die Hefepilze sozusagen als Mini-Raffineure tätig waren, vermehrten sie sich mit ungeheurer Geschwindigkeit. Eine Verdoppelung der Biomasse erfolgt unter günstigsten Vorraussetzungen bei Hefen und Bakterien innerhalb von 20 bis 120 Minuten. Gräser brauchen dazu ein bis zwei Wochen, ein Schwein verdoppelt sein Eigengewicht in vier bis sechs Wochen und Rinder brauchen dazu gar ein bis zwei Monate. Der Hauptbestandteil der Hefemasse sind aber Eiweiße, ebenso wie beim Fleisch der Tiere. Eiweiße werden vom Chemiker Proteine genannt. Warum also, sagte sich Monsieur Champagnet, sollte man diese wertvollen Produkte nicht auch für Ernährungszwecke nutzen? Als Vorbild diente ihm die Gewinnung von Hefe aus Melasse, einer bei der Zuckergewinnung zurückbleibenden, zähen braunen Flüssigkeit. Unter günstigsten Bedingungen verdoppeln sich Hefepilze darin in etwa fünf Stunden. Den Forscher beeindruckte sicher auch die Tatsache, daß Hefepilze bei ihrer Eiweißproduktion äußerst anspruchslos sind. Sie brauchen weder Licht noch Regen, weder besonders hochwertiges Futter noch aufwendige Stallungen. Sie wachsen in platzsparenden Tanks und benötigen nur hauptsächlich das unliebsame Nebenprodukt des Dieselöls bzw. ein Abfallprodukt der Zuckergewinnung.

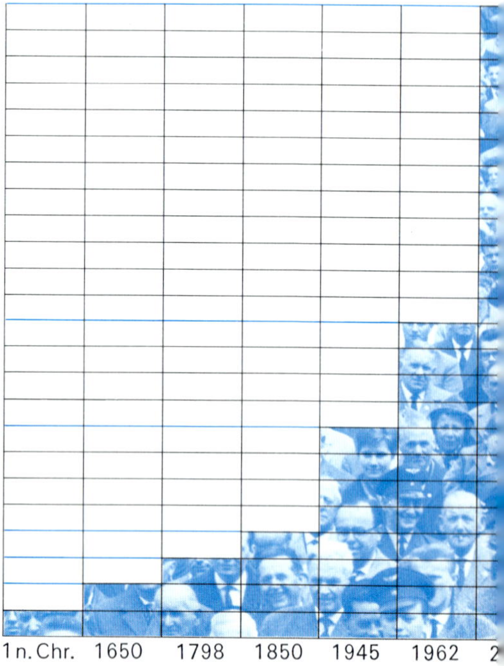

Bevölkerungszuwachs

Zwischen den melasseverzehrenden und den paraffinfressenden Hefen bestehen jedoch einige Unterschiede. Paraffine enthalten im Gegensatz zum Zucker keinen Sauerstoff, so daß das Nährsubstrat der Paraffinfresser ständig gut belüftet werden muß. Zucker ist gut wasserlöslich, Erdöl bekanntlich aber nicht. Die Hefen benötigen aber zu gutem Wachstum eine wäßrige Lösung. Man muß deshalb Wasser, Hefe und Öl dauernd durcheinanderquirlen, damit Sauerstoff aus der Luft hinzukommt und das Öl in dem Wasser in Form winziger Tröpfchen schwebt und so dem Angriff durch die Hefepilze ausgesetzt ist. Der Mischung müssen zusätzlich bestimmte Nähr-

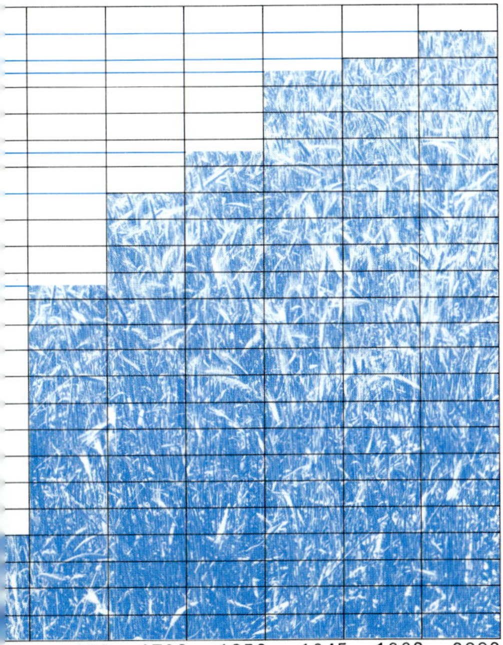

Nahrungsmittelproduktion

stoffe zugefügt werden. Sie enthalten Stickstoff und wichtige Spurenelemente, die für den Aufbau der Proteine ebenso nötig sind wie für das Wachstum.

Als optimale Temperatur für die Vermehrung der Hefe wurden 30 °C ermittelt. Unter diesen Voraussetzungen verdoppelt sich die Zellsubstanz etwa alle vier Stunden. Während man der Reaktionskammer Wasser, Nährstoffe und Öl zuführt, wird gleichzeitig die Mischung aus verarbeitetem Öl und Proteinen abgezogen. Auf diese Weise erreicht man einen kontinuierlichen Prozeß. Die Mikroorganismen werden der Mischung durch Abschöpfen entnommen und durch Zentrifugieren von den restlichen Ölteilchen getrennt. Das Dieselöl wird ebenfalls von allen Hefe- und Wasserrückständen gereinigt und zur Weiterverarbeitung in die Raffinerietanks gepumpt. Sein Paraffinanteil wird auf diese einfache Weise von etwa 10% auf etwa 0,2–0,5% vermindert. Eine Tonne Paraffin ergibt annähernd eine Tonne Proteinkonzentrat. Da man aus 100 t Rohöl etwa 10 t Dieselöl gewinnt, das wiederum eine Tonne Paraffine enthält, entfallen also auf 100 t Rohöl eine Tonne Proteine. Da das Zentrifugieren nicht ausreicht, um aus der Biomasse auch die letzten Ölspuren zu entfernen, muß das Produkt in einem letzten Arbeitsgang gereinigt werden. Nach der Trocknung liegt es als gelblichweißes, geruch- und geschmackfreies Pulver vor. Hierin liegt aber eines der großen Probleme für die Vermarktung begründet. Dieses geschmacklose Pulver bietet kaum Anreiz zu direktem Genuß. Auch wenn immer betont wird, daß damit ernährungsphysiologisch ein sehr wertvolles Nahrungsmittel zur Verfügung steht, so dürfte zumindest in den wirtschaftlich hoch entwickelten Ländern ein direkter Verzehr ausgeschlossen sein. Es bedarf zuvor einer Veredlung. Deshalb will man das Konzentrat vorerst als Tierfutter verwenden. Es gibt aber Fachleute, die der Ansicht sind, ein so wertvolles Protein sei einfach zu schade, um buchstäblich vor die Säue geworfen zu werden. Ihr Endziel ist es, das Protein direkt als Humannahrung aufzubereiten. Da die Ernährungsgewohnheiten des Menschen weniger durch rationale als durch kulturelle, religiöse und nicht zuletzt ästhetische Faktoren geprägt sind, dürfte das ein recht schwieriges Unterfangen werden, wenn es nicht »der Hunger hineintreibt«.

Lebewesen des Erdaltertums – Energie von heute. Die Nutzung des Erdöls hat nicht erst, wie man annehmen könnte, im Industriezeitalter begonnen, sondern läßt sich über mehrere Jahrtausende in der Menschheitsgeschichte verfolgen. Nach dem alten Testament gab Gott Noah folgende Anweisung: »Mache dir einen Kasten von Tannenholz und mache Kammern darinnen und verpiche sie mit Pech inwendig und auswendig.« Mit Pech war an der Erdoberfläche zu zähflüssigem Asphalt erstarrtes Erdöl gemeint. Perser brachten das Erdöl schon sehr früh nach Europa. Die Prunkbäder des Kaisers Septimus Severus (193–211 n. Chr.) wurden bereits mit Erdöl beheizt. Die Chinesen verwandten schon vor rund 2000 Jahren Erdöl und Erdgas zur Feuerung und zur Beleuchtung. Sie bauten sogar die ersten Pipelines: Sie leiteten Erdgas durch Bambusrohr in ihre Häuser.

Heute ist das Erdöl zusammen mit dem Erdgas der wichtigste Energielieferant. Die Weltförderung von Erdöl betrug 1968 rund 2 Milliarden Tonnen, die Erdgasförderung 885 Milliarden m³. Trotz der enormen Be-

Erdöl bzw. Erdgas verbrennen unter sehr hoher Hitzeentwicklung, und an der Spitze der viele Meter zum Himmel auflodernden rotgelben Flamme ist eine starke Schwarzfärbung durch unverbrannten Kohlenstoff (Ruß) zu beobachten.

deutung dieses wichtigen Rohstoffs wissen wir heute über seine Entstehung nichts Sicheres. Die meisten Wissenschaftler nehmen eine Entstehung aus organischen Stoffen an. Noch vor 15 Jahren galt dies als die einzig wahrscheinliche Theorie. In neuerer Zeit werden jedoch auch wieder Möglichkeiten einer anorganischen Entstehung ernsthaft diskutiert. Auch die Frage, ob Erdöl und Erdgas gemeinsam entstanden sind, wird nicht mehr einheitlich beantwortet. Die ersten anerkannten Versuche, aus denen geschlossen werden konnte, daß das Erdöl organischer Herkunft sein könnte, wurden 1889 von dem Karlsruher Professor Engler gemacht. Er destillierte Fischöl unter einem Druck von 10 atü bei 320–340 °C und konnte in dem Destillat die gleichen Stoffe nachweisen, wie sie auch im Erdöl zum Teil zu finden sind. In neuerer Zeit gelang es sogar, Abkömmlinge des roten Blutfarbstoffs und Reste von Chlorophyll im Erdöl nachzuweisen. Damit schien die organische Entstehung eindeutig geklärt. Ursprünglich glaubte man sogar, daß Wale und Riesensaurier sozusagen als »Rohstoff« für die Erdölentstehung gedient hätten. Die Voraussetzung dazu wäre allerdings gewesen, daß diese Tiere auch in genügend großer Zahl gelebt hätten. Die Zahl dieser urzeitlichen Riesentiere war aber längst nicht ausreichend, um allein die Riesenmengen der bekannten Erdöllager zu erklären. Als Erdölgrundlage kommen also nur tierische und pflanzliche Lebewesen in Betracht, die auch in ausreichender Menge zur Verfügung standen. Und das sind eigentümlicherweise die kleinen und kleinsten Lebewesen: das im Meer schwimmende Plankton. Man hat errechnet, daß im gesamten Meeresraum jährlich etwa 20 Milliarden t Plankton gebildet werden. Bedenkt man den gewaltigen Zeitraum, in dem diese Planktonbildung in Gang ist, so ist es nicht verwunderlich, daß ein »Regen« von winzigen Tierleichen auf den Meeresboden für genügend »Ausgangssubstanz« zur Erdölbildung sorgte.

1777 wurde die Chemie erstmals in eine »anorganische« (Chemie der toten Materie) und **organische Chemie** (Chemie der Lebewesen) eingeteilt. Diese Zweiteilung der Chemie, die sich bis heute in großen Zügen noch erhalten hat, wurde zum erstenmal von dem Chemiker Friedrich Wöhler 1828 in Frage gestellt. Ihm war es gelungen, zum erstenmal einen organischen Stoff, den Harnstoff, synthetisch herzustellen. Vor Wöhler hatte man geglaubt, daß nur lebende Materie organische Substanzen mit Hilfe einer geheimnisvollen »Lebenskraft« aufbauen könnte. Drei Jahre später konnte Justus von Liebig zeigen, daß die Gesetze der anorganischen Chemie auch für die organischen Verbindungen ihre Gültigkeit haben. Trotzdem spricht man auch heute noch von organischen Stoffen, denn sie haben als Stoffgruppe eine wichtige Gemeinsamkeit: Alle organischen Verbindungen enthalten das Element Kohlenstoff. Man hat den historischen Begriff beibehalten, obwohl man heute sicher besser von der Chemie der Kohlenstoffverbindungen sprechen würde. Alle diese Verbindungen haben darüber hinaus noch eine Reihe weiterer auffallender Eigentümlichkeiten, die ihnen einen besonderen Charakter verleihen. Die Stoffe Kohlenmonoxid, Kohlendioxid, Kohlensäure und ihre Salze, die Carbonate werden aus Zweckmäßigkeitsgründen der anorganischen Chemie zugerechnet.

Aber selbst diese Zahlen geben uns nicht die richtige Vorstellung von der Erdölentstehung. Wir wollen deshalb in Minutenschnelle eine Reise durch die Erdgeschichte unternehmen, die in Wirklichkeit viele Millionen Jahre gedauert hat. Vor etwa 135 Millionen Jahren existierte das Jurameer, das weite Teile Nord- und Südeuropas überflutet hatte. Dieses Meer war sehr flach und bildete die idealen Voraussetzungen für die Bildung von Plankton. Für die in der Erdgeschichte kurze Dauer von »nur« 35 Millionen Jahren entstanden und starben jährlich Milliarden und aber Milliarden von winzigen Tieren und setzten sich mit Pflanzenüberresten und toten Fischen, Sauriern, Walen und anderem Meeresgetier auf dem Meersboden ab. Das für die Erdölbildung Entscheidende geschah aber, als dieses Meer immer flacher wurde und damit immer weniger Sauerstoff enthielt. Die vielen Tierleichen konnten nicht mehr verwesen, und es bildete sich durch Fäulnis ein Schlamm, Faulschlamm genannt, der sich schließlich zum Rohmaterial des Erdöls umbildete. Diese Bildung von Bitumen konnte sich über 5, 10, 20 oder mehr Millionen Jahre hinziehen. Irgendwann verlandete schließlich das Meer, und der Bitumen wurde im Laufe der Zeit unter einer Hunderte von Metern dicken Gesteinsschicht begraben. In den folgenden 130 Millionen Jahren wurde die Gesteinsschicht immer dicker, erreichte vielerorts mehrere tausend Meter und übte einen gewaltigen Druck auf die Ablagerungen des Jurameeres aus. Druck und sehr hohe Temperaturen führten zu einer Umbildung des Bitumens zu Erdöl. Die Erdöllager entstanden durch Verwerfungen und Auffaltungen der Gesteinsschichten zu Gebirgen. Es bildeten sich dabei Erdölfallen, in denen sich Öl in größeren Mengen ansammelte.

Erdölvorkommen und ihre Auffindung sind auch heute noch ein Glücksfall. Wir dürfen sicher annehmen, daß durch die Gebirgsbildung ungeheure Mengen von Erdöl in unerreichbaren Tiefen verschwunden sind. Trotz dieser einleuchtenden Theorie – die Erklärung solcher Vorgänge muß immer Theorie bleiben, da sie ja niemand miterlebt hat – gibt es in den letzten Jahren eine Reihe amerikanischer und insbesondere sowjetischer Wissenschaftler, die der Meinung sind, Erdöl könne nicht allein organischer Entstehung sein. Ihre Ergebnisse basieren auf Tiefbohrungen und Laborversuchen. Sie stellten fest, daß sich bei sehr hohen Temperaturen und unter sehr hohem Druck Bestandteile des Erdöls auch aus seinen Elementen bilden können. Sie folgerten daraus: Erdöl sei anorganischen Ursprungs, es würde in mehr als 10000 m Tiefe durch

Erdöl – der Menschheit wichtigster Energielieferant, Ausgangssubstanz zahlreicher wertvoller Produkte! 1859 wurde in Titusville/ Pennsylvania (USA) das erste Öl gebohrt. Edwin L. Drake (linke Seite, mit Zylinderhut vor dem ersten Bohrturm) hatte die Bohrmethode ersonnen. Die Quelle lieferte 37 Faß Rohöl pro Tag. Ständig werden neue Erdölquellen gesucht und auch erschlossen.
Mit Hilfe der modernen Technik ist es möglich, die Lager im Festlandsockel unterm Meer anzuzapfen – da ist es nicht verwunderlich, daß Nationen um ihren Anteil am Küstenschelf streiten.

die Zusammenlagerung der Elemente Wasserstoff und Kohlenstoff gebildet.

Mit dieser Theorie wird die organische Entstehung keineswegs widerlegt. Sie bedeutet lediglich eine Erweiterung der Möglichkeiten, die Erdölentstehung zu erklären. Nach wie vor sind die meisten Wissenschaftler der Meinung, daß durch biochemische Prozesse aus Lebewesen aller Art Erdöl entstanden sein muß.

Erdöl und Erdgas enthalten Kohlenstoff. Bei der Entstehungsgeschichte des Erdöls haben wir Begriffe benutzt, die noch nicht gebraucht wurden, und haben fast so getan, als ob Erdöl eine komplizierte chemische Verbindung sei. Dies ist natürlich nicht der Fall. In Wirklichkeit besteht der »Stoff« Erdöl aus einer Vielzahl verschiedener Verbindungen. Aus der täglichen Erfahrung ist sicher bekannt, daß aus Rohöl die verschiedensten Stoffe gewonnen werden: Gas, Benzin, Dieselöl, Heizöl, Schmieröl und Asphalt. Es wäre jedoch weit gefehlt anzunehmen, daß diese Stoffe einheitliche Verbindungen seien. Auch sie setzen sich wieder aus einer Vielzahl einzelner organischer Verbindungen zusammen. Man nimmt an, daß der »Stoffkomplex« Erdöl aus mehr als hundert einzelnen Verbindungen zusammengesetzt ist. Benzin oder Heizöl bedeuten also nichts als ein Sammelbegriff für eine Vielzahl von Stoffen, die bestimmte Ähnlichkeiten aufweisen und deren wichtigste die Brennbarkeit ist.

Kohlenstoff – ein Element mit vier Armen. Ein Mann im glänzenden feuerfesten Anzug kriecht auf eine riesige, am Horizont lodernde Flamme zu. Er nähert sich der Riesenfackel bis auf wenige Meter. Man sieht eine angestrengte Bewegung des Mannes. In hohem Bogen fliegt etwas auf die Flamme zu. Der Mann kauert sich möglichst dicht an den Boden. Im selben Moment erschüttert eine Explosion die Umgebung. Unmittelbar darauf ist das Feuer erloschen. Aus sicherer Entfernung stürzen ölverschmierte Männer auf den »Feuerwehrmann« zu und beglückwünschen ihn zum Erfolg bei dieser lebensgefährlichen Aufgabe. Aus Film und Fernsehen ist Ihnen sicher diese Situation bekannt.

Es gibt auf der Welt nur ganz wenige Spezialisten, die sich für diesen todesmutigen Job zur Verfügung stellen. Es sind Männer, die sich auf das Löschen von Erdöl- oder Erdgasbränden spezialisiert haben. Bei der Suche nach Erdöl oder -gas kommt es immer wieder vor, daß sich ausströmende Gase entzünden und so eine weitere Arbeit am Bohrloch unmöglich machen. Das Gas strömt oft mit einem so enormen Druck aus dem Bohrloch, daß nur noch das Löschen durch eine Explosion, die dem brennenden Gas den Sauerstoff für kurze Zeit entzieht, aussichtsreich erscheint. Beim Brand einer solchen Erdgasquelle lassen sich zwei Erscheinungen beobachten, die typisch für Brände von Erdöl sind. Erdöl bzw. Erdgas verbrennen unter sehr hoher Hitzeentwicklung, und an der Spitze der viele Meter zum Himmel auflodernden rotgelben Flamme ist eine sehr starke Schwarzfärbung zu beobachten. Das erste ist leicht zu erklären. Erdöl und Erdgas sind sehr energiereiche Stoffe, die mit dem Sauerstoff der Luft unter großer Hitzeentwicklung verbrennen. Untersucht man die Flammenspitze genauer, so sieht man, daß die Schwärzung durch große

Die Bindungen innerhalb eines Methanmoleküls ergeben sich so, daß sich die s-Orbitale des Wasserstoffs mit den vier keulenförmigen q-Orbitalen des Kohlenstoffs überlappen (siehe auch Seite 78).

Mengen von fein verteiltem Ruß hervorgerufen wird. Die Erscheinung des »Rußens« ist aus vielerlei Vorgängen bekannt. Bei schlecht eingstellter Zündung rußen Motoren, Diesellastkraftwagen stoßen bei hoher Belastung am Berg lästige Rußwolken aus, aus dem Kamin unserer Wohnhäuser muß vom Schornsteinfeger von Zeit zu Zeit der Ruß entfernt werden. Es sind, wenn man es sich genau betrachtet, immer die gleichen Bedingungen, unter denen Ruß gebildet wird, nämlich bei der unvollständigen Verbrennung von Kohle oder organischen Stoffen wie Erdöl oder Erdgas. Der Ruß muß also ein Bestandteil dieser Stoffe sein. In der Tat ist Ruß nichts anderes als reiner, fein verteilter Kohlenstoff, das wichtigste Element beim Aufbau aller organischen Stoffe.

Bleiben wir vorerst beim Erdgas. Es besteht zu 80–100% aus einer einzigen organischen Verbindung, dem Methan. Gasfeuerzeuge enthalten einen dem Methan sehr ähnlichen Stoff. Läßt man eine solche Gasflamme in ein kaltes Glas hineinbrennen, so wird man die interessante Feststellung ma-

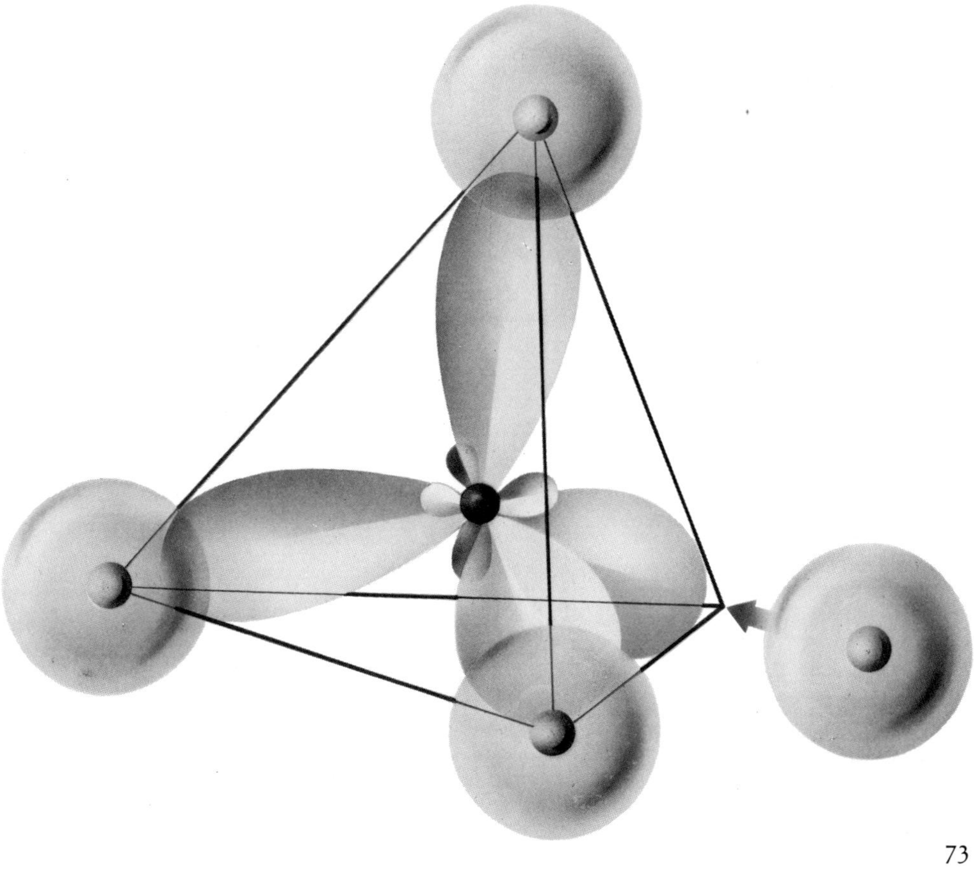

Kohlenstoffatome kommen in der Natur nie einzeln, sondern in zwei – auf den ersten Blick völlig verschieden erscheinenden – Formen vor. Die erheblichen Unterschiede in den Eigenschaften beider Stoffe beruhen auf der verschiedenartigen Anordnung der Kohlenstoffatome (genaue Beschreibung Seite 81). Links im Bild: Graphit – rechts: Diamant.

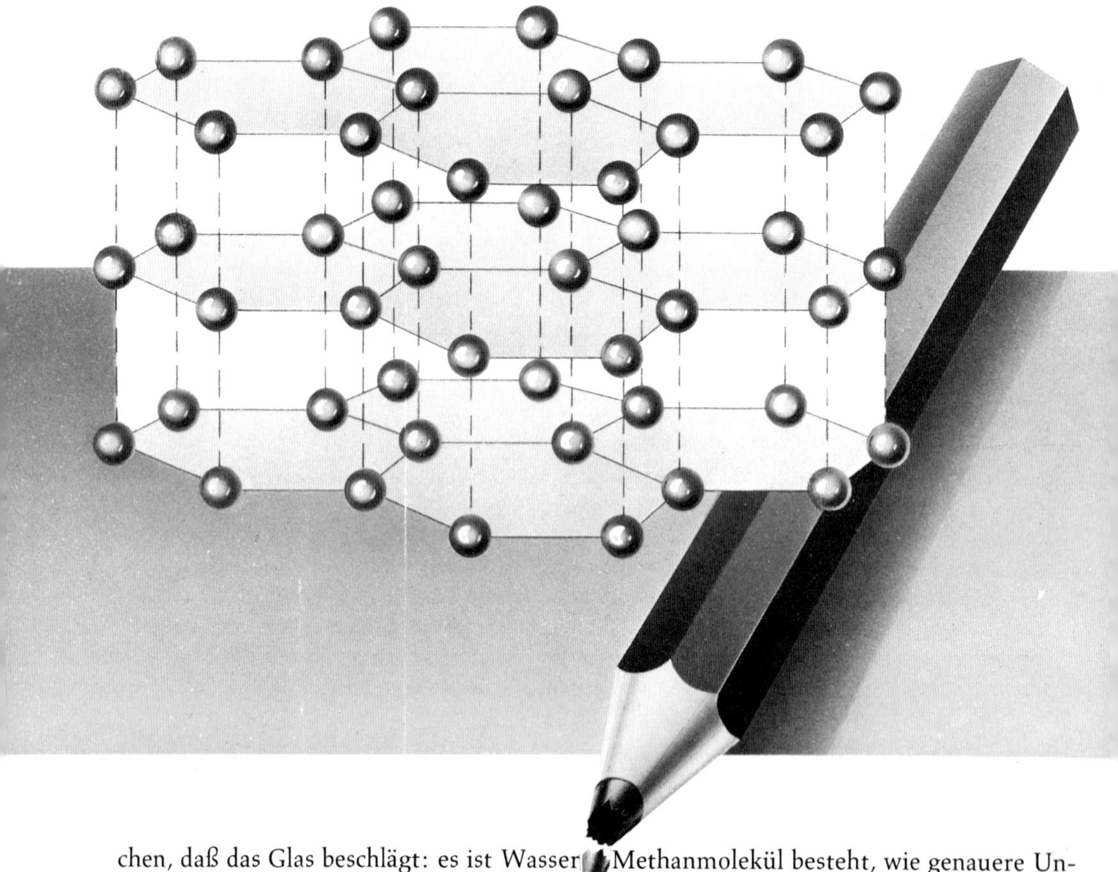

chen, daß das Glas beschlägt: es ist Wasser gebildet worden. Die Luft enthält bekanntlich keinen Wasserstoff. Er muß also in unserem Gas in gebundener Form enthalten und mit dem Luftsauerstoff zu Wasser verbrannt sein. Damit haben wir ein weiteres in der organischen Chemie sehr bedeutendes Element, den Wasserstoff, gefunden. Weiterhin wird sich auf dem Glas Ruß bilden. Das Gas enthält also auch Kohlenstoff. Wir können die Suche nach weiteren Elementen im Methan sofort einstellen, denn es ist nur aus diesen beiden Elementen aufgebaut. Ein Methanmolekül besteht, wie genauere Untersuchungen ergeben, aus einem einzigen Kohlenstoffatom und vier Wasserstoffatomen. Es hat also die chemische Formel CH_4. Könnte man dieses Molekül sichtbar machen, so sähe man, daß das Methanmolekül völlig symmetrisch aufgebaut ist. Im Zentrum des Moleküls steht ein Kohlenstoffatom, das vier Bindungen zu vier in den Ecken eines Tetraeders (im griechischen Vierflächner, eine von vier gleichseitigen Dreiecken begrenzte Pyramide) stehenden Wasserstoffatomen aufweist.

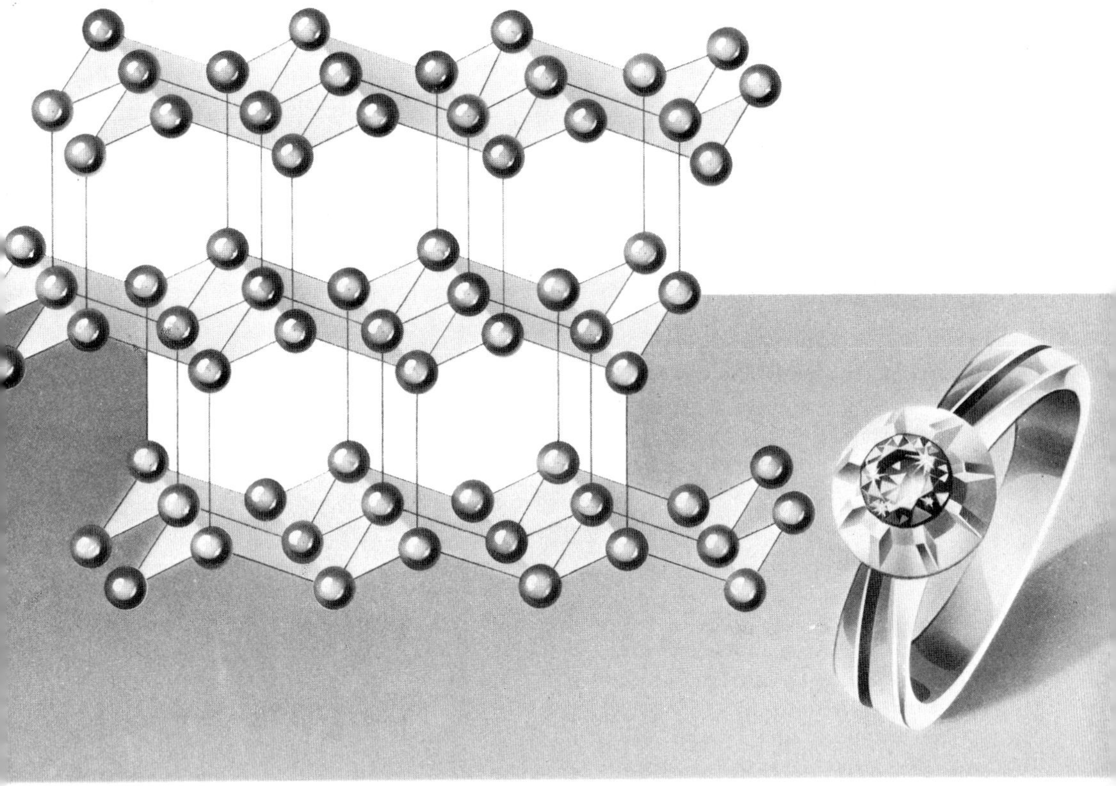

Falls Sie sich noch an das erinnern, was im vorigen Kapitel über die Ionenbindung gesagt wurde, könnte man jetzt von der Annahme ausgehen, daß die Wasserstoffatome ihr einziges Elektron abgeben und so zu positiven Ionen werden, während der Kohlenstoff zu seinen vier Außenelektronen noch vier dazu erhält und zum vierfach negativ geladenen Ion wird. Es wäre auch der umgekehrte Fall denkbar, daß nämlich der Kohlenstoff seine vier Außenelektronen verliert und die Wasserstoffatome mit je einem zusätzlichen Elektron Edelgaskonfiguration erreichen. In Wirklichkeit tritt aber keiner von beiden Fällen ein. Trotzdem wird eine festere Bindung zwischen den Partnern erreicht, als sie durch die Ionenbindung je entstehen könnte. Wir haben es hier mit einer weiteren chemischen Bindungsart zu tun: der Atombindung.

Zur Erklärung dieser Bindungsart soll ein einfaches Beispiel gewählt werden. Wasserstoff tritt normalerweise in molekularem Zustand auf, genauer gesagt, gasförmiger Wasserstoff besteht aus Molekülen, die von jeweils zwei Atomen Wasserstoff gebildet

Der Diamant ist eine der härtesten Substanzen, die wir kennen. In seinem Kristallgitter ist jedes Atom tetraedisch von weiteren vier Kohlenstoffatomen umgeben, und alle Bindungselektronen sind auf einzelne Atombindungen lokalisiert (siehe Seite 81). Im Foto: Natur-Diamant (oben), Diamantfläche (unten).

werden. Atomarer Wasserstoff ist nur für sehr kurze Zeit existent, da er sehr reaktionsfreudig ist. Dies beruht auf der Tatsache, daß ein Wasserstoffatom entweder ein Elektron aufnehmen oder eins abgeben muß, um Edelgaskonfiguration zu erreichen. Bei der Bildung der Wasserstoffmoleküle tritt aber weder der eine noch der andere Fall ein. Es müßten ja sonst aus völlig gleichartigen Atomen verschieden geladene Ionen werden, und dies ist nicht wahrscheinlich. Beide Atome erreichen aber trotzdem Edelgaskonfiguration, und zwar durch einen besonderen »Trick«. Sie lagern sich bei der Molekülbildung so dicht zusammen, daß ihre beiden Elektronen zusammen eine einzige Hülle um beide Atome bilden. Auf diese Weise wird die erste Elektronenschale beider Atome auf die volle Zahl von zwei Elektronen aufgefüllt. Gleichzeitig werden dadurch die Atome in einer festen Verbindung zusammengehalten. Diese Art der Bindung wird also als Atombindung oder auch Elektronenpaarbindung bezeichnet. Wie bereits erwähnt, werden auch im Methanmolekül Kohlenstoff- und Wasserstoffatome durch Atombindung zusammengehalten. Dazu müssen wir uns noch einmal mit dem Aufbau des Atoms beschäftigen und die auf den Seiten 29–33 besprochenen Modelle erweitern.

Das Orbital-Modell des Atoms. Das bereits im zweiten Kapitel dieses Buches erwähnte Kugelwolkenmodell ist eine vereinfachte Form des Orbital-Modells. Beide Modellvorstellungen gehen von der Annahme aus, daß sich die Elektronen der Atomhülle in Form von Ladungswolken um das Atom verteilen. Für beide Modelle gilt

Eine Science-fiction-Stadt steht vor uns, eine verwirrende Zahl silbern glänzender Türme unterschiedlichster Gestalt, mit Rohrleitungen verbunden und nahezu menschenleer: eine Erdölraffinerie (siehe Seite 84).

das Pauli-Prinzip, nach dem eine Ladungswolke nur von maximal zwei Elektronen entgegengesetzten Spins (d.h. entgegengesetzter Eigenrotation) besetzt sein kann. Das Orbital-Modell geht von der Annahme aus, daß die Elektronen einer Schale nicht alle den gleichen Energiezustand aufweisen. Es liefert damit ein besseres Bild von der Ladungsdichteverteilung eines Atoms im Grundzustand. Die Ladungswolken eines Neon-Atoms sind nach dem Orbital-Modell folgenderweise angeordnet: Die erste Schale ist mit zwei Elektronen gesättigt. Für sie wird eine kugelförmige Ladungswolke um den Kern angenommen. Die zweite Schale ist ebenfalls voll besetzt. Sie enthält acht Elektronen. Davon sind zwei auf einem niedrigeren Energieniveau. Sie bilden eine ebenfalls kugelförmige Ladungswolke um den Kern (s-Orbital). Die restlichen sechs Elektronen sind zu je zweien in drei hantelförmigen Ladungswolken, die senkrecht zueinander stehen, untergebracht. Diese drei p-Orbitale sind also entsprechend den drei Achsen eines räumlichen Koordinatensystems angeordnet. Auf der dritten Schale tritt zu den s- und p-Orbitalen noch die d-Orbitale hinzu. Auf die Darstellung ihrer räumlichen Anordnung muß im Rahmen dieses Buches verzichtet werden.

Beim Kohlenstoffatom ist jedoch die zweite Schale nicht voll besetzt, wie dies beim Neon-Atom der Fall war. Im Grundzustand ist hier das s-Orbital mit zwei Elektronen besetzt und damit praktisch abgesättigt. Die beiden übrigen Elektronen der Schale bilden nach dieser Modellvorstellung zwei senkrecht aufeinanderstehende, hantelförmige Ladungswolken, die aber nur je ein Elektron enthalten. Sie sind deshalb besonders reaktionsbereit. Die Fähigkeit des Kohlenstoffs, vier Bindungen einzugehen, ist so nicht erklärt. Deshalb geht man bei dieser Modellvorstellung davon aus, daß das Kohlenstoffatom über einen angeregten Zustand in einen gemischten (»hybridisierten«) Zustand übergeht. Es existieren keine s- und p-Ladungswolken mehr, sondern alle vier Elektronen der zweiten Schale befinden sich auf dem gleichen Energieniveau. Sie bilden vier gleichartige, mit je einem Elektron besetzte keulenförmige Ladungswolken, die im Tetraederwinkel zueinander stehen. Da sie mit nur je einem Elektron besetzt sind, können sie vier völlig gleichartige chemische Bindungen eingehen.

Gut erklärbar sind mit Hilfe eines Orbital-Modells auch die Doppelbindungen zwischen zwei Kohlenstoffatomen.

Daß heute in der wissenschaftlichen Literatur fast ausschließlich das Orbital-Modell und nicht das Kugelwolkenmodell verwendet wird, hat verschiedene Gründe. Es wurde zeitlich früher entwickelt, und es lassen sich mit seiner Hilfe die Bindungsphänomene organischer Moleküle besser beschreiben. Entscheidend ist aber, daß dieses Modell zur Darstellung von angeregten Atom- und Molekülzuständen und ihrer Berechnung sehr gut brauchbar ist.

Durch Atombindung entsteht das Methanmolekül. Das Element Kohlenstoff steht im Periodensystem an sechster Stelle. Das bedeutet: Sein Kern ist aus sechs Protonen und seine Hülle aus sechs Elektronen zusammengesetzt. Da die innere Elektronenschale mit zwei Elektronen abgesättigt ist, kommen für die Bindung nur die vier Außenelektronen in Frage. Nach dem Orbital-Modell befinden sie sich jedoch nicht auf dem gleichen Energieniveau. Erst im hybridisierten Zustand zeigt das Kohlenstoffatom seine charakteristische Vierwertigkeit. Die vier Außenelektronen bilden vier keulenförmige Ladungswolken, die im Tetraederwinkel vom Zentrum des Atoms ausgehen. Jede Ladungswolke wird von einem einzigen Elektron gebildet. Nähert sich nun ein Wasserstoffatom einer solchen Ladungswolke, so kommt es zur Überlappung seiner Ladungswolke mit der des Kohlenstoffs. Auf diese Weise entsteht eine Atombindung zwischen dem Kohlenstoff und dem Wasserstoff. Da der Kohlenstoff über vier solcher Ladungswolken verfügt, können vier Wasserstoffatome an ihn gebunden werden. Auf diese Weise ist sowohl für den Kohlenstoff wie auch die Wasserstoffatome Edelgaskonfiguration erreicht und eine sehr feste Bindung zwischen ihnen hergestellt. Der Beweis für die Richtigkeit der Tetraedervorstellung konnte erst in neuer Zeit durch sehr sorgfältige Strukturuntersuchungen erbracht werden. Es wurden in vielen Kohlenstoffverbindungen die Winkel der vom Kohlenstoffatom ausgehenden Bindungen gemessen. Dabei ergab sich fast ausnahmslos ein Winkel von 109°28′. Dies stimmt mit dem Winkel des regulären Tetraeders völlig überein.

Dieser Fall ist ein sehr schönes Beispiel dafür, daß Modellvorstellungen für die Arbeit des Chemikers sehr fruchtbar sein können, obwohl ihre Richtigkeit erst viel später zu beweisen ist.

Die große Familie der Kohlenwasserstoffverbindungen. Auf die Frage, welches Element die Fähigkeit habe, die größte Anzahl von verschiedenen Verbindungen zu bilden, bekäme man sicher von allen Chemikern die Antwort: der Kohlenstoff. Die Zahl der in der Literatur beschriebenen Verbindungen hat inzwischen die Millionengrenze überschritten. Wir wollen uns jedoch vorerst nur an die Stoffe halten, die in Erdöl und Erdgas vorkommen. Sie werden gleich feststellen, daß wir uns allein damit schon eine riesige Aufgabe gestellt haben.

Fast alle im Erdöl enthaltenen Verbindungen sind Kohlenwasserstoffe. Der Name drückt bereits aus, daß diese Verbindungen aus Kohlenstoff- und Wasserstoffatomen zusammengesetzt sind. Die einfachste Verbindung dieser Art, das Methan, haben wir bereits kennengelernt. In ihm sind alle Bindungen abgesättigt. Neue Atome können deshalb nur dann in das Molekül eingebaut werden, wenn ein oder mehrere Wasserstoffatome dafür austreten. Entscheidend für die Bildung einer sehr großen Zahl verschiedener Kohlenwasserstoffe ist die Fähigkeit der Kohlenstoffatome, Bindungen untereinander einzugehen. Vereinigen sich beispielsweise zwei Kohlenstoffatome miteinander und werden die weiteren freien Bindungen durch Anlagerung von Wasserstoff abgesättigt, so erhalten wir das Äthan (C_2H_6). Es ist ebenfalls gasförmig und ein Bestandteil des Erdgases. Die nächsten Kohlenwasserstoffe lassen sich nach dem Muster des Äthans unschwer »konstruieren«. Das Propan C_3H_8 wird in Flaschen abgefüllt, verkauft und dient als Heizgas. Das Butan (C_4H_{10}) ist als Feuerzeuggas bekannt. Es hat eine Kohlenstoffkette mit vier C-Atomen und ist bereits bei geringem Druck zu verflüssigen. In verflüssigter Form wird es z. B. in den Nachfüllpatronen für Gasfeuerzeuge geliefert. Die nächsten Kohlenwasserstoffe, ihre Namen sind von griechischen Zahlen abgeleitet, sind vom Pentan (C_5H_{12}), Hexan (C_6H_{14}), Heptan (C_7H_{16}) und Oktan (C_8H_{18}) bis zum Hexadekan ($C_{16}H_{34}$) bei Zimmertemperatur flüssig.

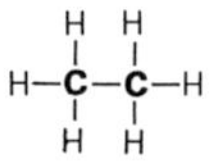
Äthan

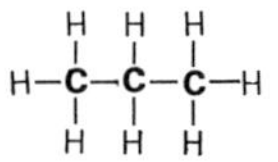
Propan

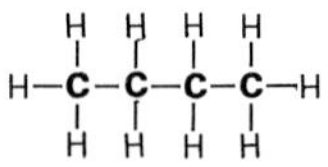
Butan

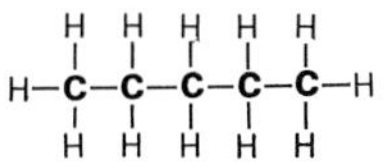
Pentan

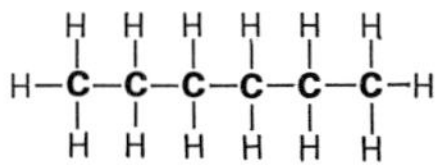
Hexan

Hexan, Heptan und Oktan sind wichtige Bestandteile des Benzins. Kohlenwasserstoffe mit mehr als 17 Kohlenstoffatomen sind bei Zimmertemperatur bereits feste Stoffe. Sie sind im Rohöl zu finden und als Bestandteile der Paraffinkerzen bekannt.

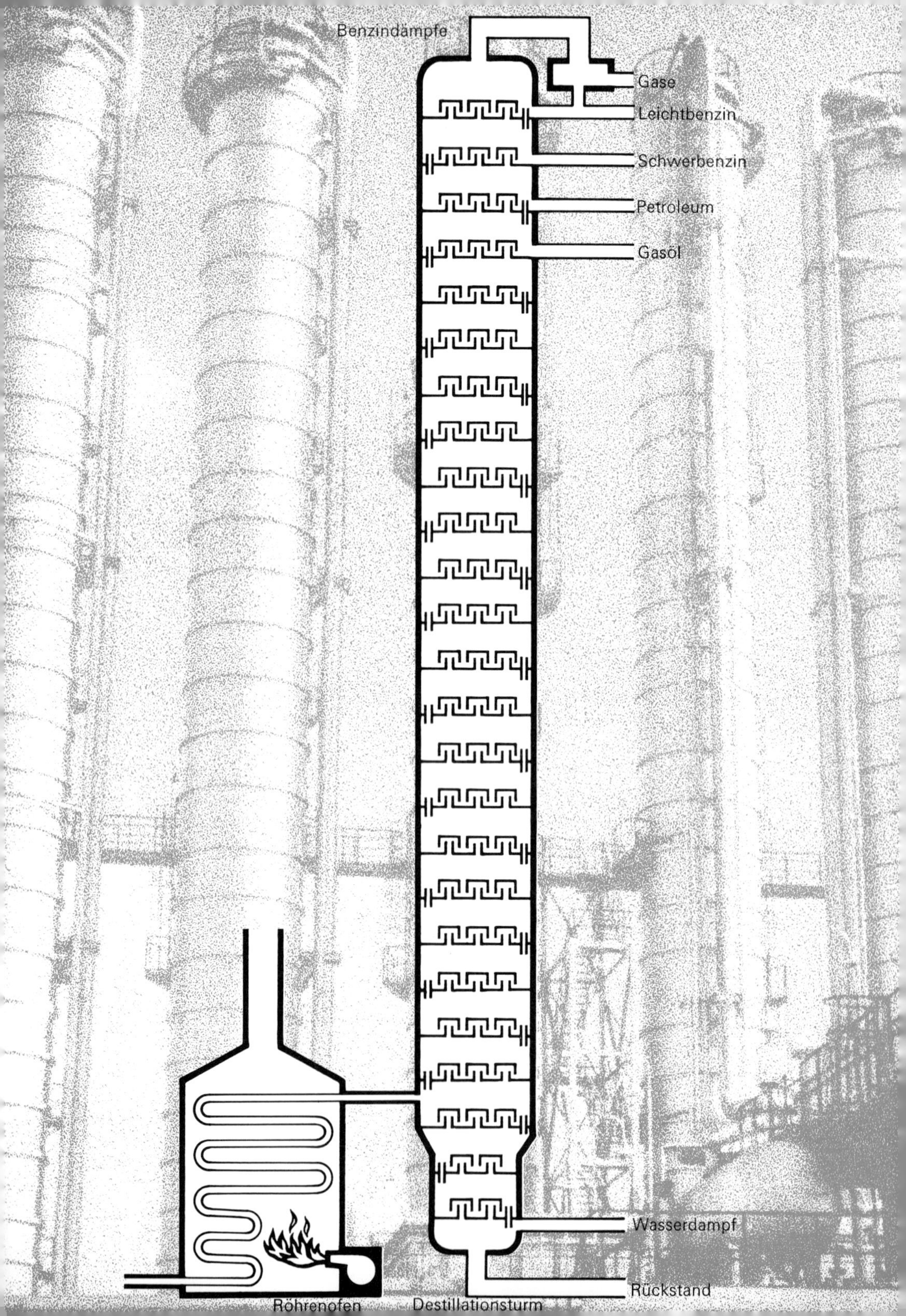
Benzindämpfe
Gase
Leichtbenzin
Schwerbenzin
Petroleum
Gasöl
Wasserdampf
Rückstand
Röhrenofen
Destillationsturm

Das Rohöl ist ein Gemisch verschiedener Kohlenwasserstoffe. Sie müssen voneinander getrennt werden, wenn wir Benzin, Dieselöl und noch viele andere wichtige Produkte gewinnen wollen. Das geschieht in Erdölraffinerien mit Hilfe riesiger Destillationstürme. Genaue Beschreibung der dabei ablaufenden Vorgänge Seite 86).

Wir dürfen uns die Moleküle dieser Kohlenwasserstoffe nicht als starre Gebilde vorstellen. Sie sind in ihren Bindungen zwischen den Kohlenstoffatomen frei drehbar, halten jedoch in ihrer Bindungsrichtung immer den Tetraederwinkel ein.

In diesen Reihen kann man sich jedes folgende Glied aus dem vorhandenen dadurch entstanden denken, daß ein Wasserstoffatom durch den Methylrest $-CH_3$ ersetzt wird. Die allgemeine Formel lautet: C_nH_{2n+2} (n gibt dabei die Zahl der Kohlenstoffatome im Molekül an). Sie ist eine homologe Reihe, da alle Verbindungen nach dem gleichen Schema aufgebaut sind.

Es muß jedoch vollständigkeitshalber gesagt werden, daß das Erdgas außer den gesättigten Kohlenwasserstoffen noch eine ganze Reihe anderer Kohlenstoffverbindungen enthält, über die später noch genauer berichtet werden soll.

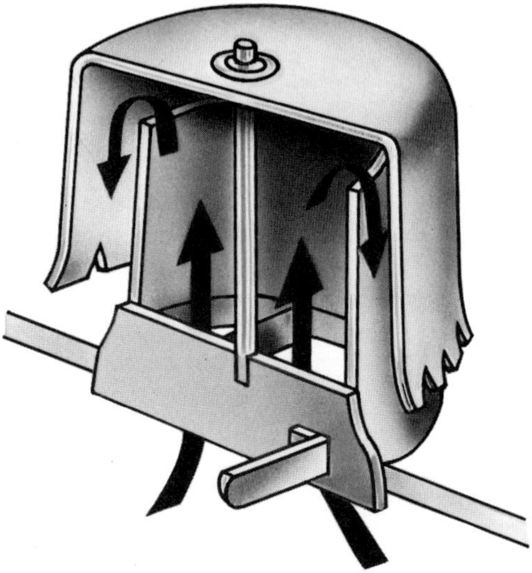

Fraktionierglocke

Der Diamant besteht aus reinem Kohlenstoff. Es ist kaum vorstellbar, daß der wertvolle Diamant am Halse einer Dame, die Bleistiftmine und der lästige schwarze Ruß aus dem gleichen Grundstoff, nämlich Kohlenstoff, bestehen. Wie ist es möglich, daß ein Element in so verschiedenerlei Struktur auftreten kann? Kohlenstoffatome kommen in der Natur nie einzeln vor, sondern in zwei, auf den ersten Blick völlig verschiedenen kristallinen Formen, dem Diamanten und dem Graphit. So unterschiedlich wie die beiden Stoffe auf den ersten Blick auch erscheinen mögen, sind sie in Wirklichkeit nicht. Der Diamant läßt sich nämlich unter Luftabschluß und bei einer Temperatur von über 1500 °C langsam in Graphit umwandeln. Die Umwandlung von Graphit in Diamant ist leider sehr viel schwieriger. Sie ist aber in jüngster Zeit einwandfrei gelungen. Man benötigt dazu allerdings einen Druck von über 70000 atü.

Die großen Unterschiede in den Eigenschaften beider Stoffe beruhen allein auf der verschiedenartigen Anordnung der Kohlenstoffatome in den Kristallgittern von Diamant und Graphit und den verschiedenartigen Bindungen zwischen den Kohlenstoffatomen. Wir haben bereits erwähnt, daß Kohlenstoffatome auch untereinander Bindungen eingehen können. Aufgrund der freien Drehbarkeit ist es ohne weiteres möglich, daß auch ringförmige Verbindungen zustandekommen. Im Graphit liegen solche Ringe aus jeweils sechs Kohlenstoffatomen vor. Wer sich inzwischen mit dem Bau des Kohlenstoffatoms und seinen Bindungsmöglichkeiten vertraut gemacht hat, wird einwenden, daß aber dann nicht alle

1a
Energieniveau
1b
2a
Energieniveau
2b
3a
Energieniveau
3b

vier Bindungen des Kohlenstoffatoms abgesättigt sind. Das ist richtig. Es kommt aber trotzdem beim Graphit zu einem recht stabilen Kristallgitter.

Zur Erklärung müssen wir uns einen einfachen Maschendraht vorstellen, dessen Maschen aus lauter Sechsringen bestehen. In den Ecken des Maschendrahtes denken wir uns je ein Kohlenstoffatom, das in Form von Draht Verbindungen zu dreien seiner Nachbarn eingegangen ist. Es bleibt also im Graphitgitter noch ein freies Bindungselektron pro Kohlenstoffatom übrig. Diese Elektronen sind nun aber im Graphitkristallgitter nicht mehr an ein einzelnes Atom gebunden, sondern sind wie in Metallen innerhalb der ganzen Schicht frei beweglich. Eine einzelne Schicht eines Graphitkristal-

Um eine chemische Reaktion in Gang zu setzen, muß man den Ausgangsstoffen meist so viel Energie zuführen, bis sie eine bestimmte Reaktionstemperatur erreicht haben – so wie in der Zeichnung 1 der Radfahrer erst Energie aufwenden muß, ehe er bergab fahren kann. Bei einer chemischen Reaktion kann man Energie einsparen, wenn man einen Katalysator einsetzt – so wie in der Zeichnung 2 der Radfahrer einen Lkw benutzt, der ihn durch einen Tunnel auf die andere Seite des Berges schleppt.
Die bisher besprochenen Reaktionen sind exotherme Reaktionen, d.h., die Ausgangsstoffe sind energiereicher als das Endprodukt (dargestellt durch die Kurven unterhalb der Zeichnungen). Ist das Endprodukt energiereicher als die Ausgangsstoffe, also bei einer endothermen Reaktion, muß sehr viel Energie zugeführt werden. Zeichnung 3: Der Radfahrer muß lange und mühevoll den Berg hochsteigen und kann nur kurz bergab fahren.

les entspricht also einem flachen »Riesenmolekül« mit metallähnlichen Eigenschaften. Graphit besitzt daher Metallglanz und ist elektrisch leitfähig. Die Schichten werden untereinander nur durch schwache Kräfte zusammengehalten, so daß sich der Graphit leicht in flache dünne Blättchen spalten läßt.

Beim Diamanten dagegen werden alle vier Bindungen des Kohlenstoffs zu Kohlenstoff-Kohlenstoff-Bindungen genutzt. Im Diamantkristallgitter ist jedes Atom tetraedrisch von weiteren vier C-Atomen umgeben. Auf diese Weise kommt ein nach allen Richtungen ausgedehntes räumliches Kristallgitter zustande. Alle Bindungselektronen sind auf einzelne Atombindungen lokalisiert. Deshalb besitzt der Diamant keine Leitfähigkeit für elektrischen Strom und ist gleichzeitig eine der härtesten Substanzen, die wir kennen.

Jetzt bleibt uns nur noch die Erklärung, was Ruß ist. Man hielt ihn früher für eine dritte Modifikation des Kohlenstoffs. Er ist aber nach neueren Erkenntnissen nichts anderes als ein sehr feinkristalliner Graphit.

Besuch in einer Erdölraffinerie. Raffinerien zur Aufbereitung des Rohöls sind in den letzten Jahren überall dort entstanden, wo Pipelines enden, die unter Einsatz enormer finanzieller Mittel gebaut wurden. Auf den unvoreingenommenen Besucher machen Raffinerien stets einen ungeheuer verwirrenden Eindruck. Man steht in einer riesigen Fabrikanlage, die sich aus einer nicht überschaubaren Zahl von silbern glänzenden Türmen verschiedenster Gestalt und einer noch verwirrenderen Zahl von Rohrleitungen zusammensetzt. Die Türme wachsen bis zu 50 m hoch in den Himmel und heißen Fraktionsturm, Regenerator, Crakker (sprich Kräcker) oder Kondensator. Was den Besucher aber sicher am meisten erstaunt, ist die Tatsache, daß diese riesigen Fabrikanlagen fast menschenleer erscheinen. Alles läuft und funktioniert wie von Geisterhand gesteuert.

Die Raffinerie ist eine nach modernsten Gesichtspunkten geplante und von Spezialisten erbaute chemische Fabrik, deren Arbeitsprozesse fast vollautomatisch ablaufen. Besucher, die lärmende Fabrikhallen erwar-

Unter **Destillation** versteht der Chemiker die Verdampfung und anschließende Kondensation (Wiederverflüssigung durch Abkühlen) eines Gemisches von Stoffen verschiedener Siedepunkte. Die einfachste Destillation wird zur Trennung fester von flüssigen Stoffen angewendet. Der flüchtige Anteil verdampft und wird durch Kondensation wiedergewonnen. Der nichtflüssige Bestandteil bleibt zurück. Will man Flüssigkeiten verschiedener Siedepunkte voneinander trennen, so wird das Destillat so lange erhitzt, bis der Bestandteil mit dem niedrigsten Siedepunkt zu sieden beginnt. Er geht als flüchtiger Bestandteil in den Kühler über, kondensiert und kann als Flüssigkeit wieder aufgefangen werden. Der Bestandteil mit dem höheren Siedepunkt bleibt im Siedegefäß zurück. Es bereitet häufig Schwierigkeiten, Stoffe voneinander zu trennen, deren Siedepunkte dicht beisammen liegen. Es werden dann häufig spezielle Destillationsverfahren, wie die fraktionierte Destillation, die Vakuumdestillation oder die Wasserdampfdestillation angewandt. Diese Verfahren werden z.T. später noch erläutert.

ten, sind überrascht von der Ruhe in der Raffinerie. Enttäuscht sind sie aber sicher darüber, daß von den Zwischenstufen der Erdölverarbeitung praktisch nichts zu sehen ist. Der gesamte Prozeß verläuft zwar in vielen Arbeitsgängen, aber unsichtbar für den Zuschauer ab. Zu sehen bekommt er nur die kugeligen oder zylinderförmigen Tanks – Speicher für die Ausgangsstoffe verschiedenster Endprodukte.

Das Prinzip, nach dem eine Raffinerie arbeitet, ist überraschend einfach. Die Auftrennung des Stoffgemisches Erdöl erfolgt durch ein einfaches physikalisches Prinzip, die Destillation. Dies ist ein Verfahren, das schon seit Jahrhunderten in den Schnapsbrennereien angewandt wird. Dort geht es um die Trennung des Alkohols vom Wasser. Da der Alkohol schon bei 78 °C, das Wasser aber erst bei 100 °C siedet, erhitzt man alkoholhaltige Lösungen, z. B. Wein, auf etwa 80 °C, um den Alkohol zum Sieden zu bringen. Er verdampft und braucht nur an einem wassergekühlten Rohr unter seine Siedetemperatur abgekühlt zu werden. Der übergegangene Alkohol ist aber noch nicht völlig rein. Da die Siedepunkte von Wasser und Alkohol sehr dicht beisammen liegen, reißt der siedende Alkohol auch Wasserdampf mit, so daß man zwar einen hochprozentigen, aber immer noch wasserhaltigen »Sprit« erhält. Destilliert man ihn ein zweites Mal, kommt wiederum ein Alkohol-Wasser-Gemisch heraus, das aber jetzt nur noch ganz geringe Mengen an Wasser enthält. Weitere Destillationsvorgänge führen dann zu einem immer reineren Alkohol.

In der Raffinerie macht man im Prinzip nichts anderes. Da das Erdöl aus einer großen Menge von Verbindungen verschiedener Siedepunkte zusammengesetzt ist, kann man auch dieses Gemisch durch fraktionierte Destillation, d. h. mehrmalige Destillation, in seine Bestandteile zerlegen. Der Siedepunkt ist weitgehend abhängig von der Größe der Moleküle des jeweiligen Stoffes. Kleine Moleküle im Erdöl sind schon bei niedrigerer Temperatur in gasförmigen Zustand überzuführen als große Moleküle. Die Destillation ist also im Prinzip ein Aussortieren nach Molekülgröße. Das Stoffgemisch, das bei einer bestimmten Temperatur überdestilliert, wird als Fraktion bezeichnet. Es wäre für die Technik ein zu zeitraubender Prozeß, wenn man mehrere Destillationen durchführen müßte, um halbwegs reine Fraktionen zu erhalten. Man baut deshalb Anlagen, bei denen in einem Destillationsvorgang mehrere Fraktionen gleichzeitig gewonnen werden können. Die

Cracken von Kohlenwasserstoffen. Man unterscheidet drei verschiedene Verfahren, die alle dasselbe bewirken: Höhersiedende Kohlenwasserstoffe werden in niedrigsiedende Kohlenwasserstoffe umgewandelt. Das Zerkleinern der Moleküle kann auf verschiedenen Wegen bewirkt werden. Welches Verfahren zur Anwendung gelangt, ist abhängig von den Anforderungen, die man an das Endprodukt stellt. Beim thermischen und katalytischen Cracken werden in erster Linie leichte Heizöle und Benzine aus schweren Heizölen und Schmierölen gewonnen. Jede Form des Crackens führt zu einem Gemisch aus gesättigten und ungesättigten Kohlenwasserstoffen. Es gibt in der Chemie häufig viele Möglichkeiten, auf verschiedenen Wegen gleiche oder ähnliche Ergebnisse zu erzielen.

Fraktioniertürme, in denen das möglich ist, sind die auffallendsten Anlagen in einer Raffinerie, denn sie überragen alle anderen Gebäude. Sie sind im Innern durch sogenannte Glockenböden (siehe Graphik Seite 80) vielfach unterteilt. Jeder dieser Böden hat Durchlässe (Glocken) für die aufsteigenden Dämpfe. Diese Durchlässe sind so angelegt, daß die auf etwa 360 °C erhitzten Öldämpfe durch das Kondensat in den Glokkenböden aufsteigen müssen. Dabei werden die leichteren Fraktionen, die sich bereits abgesetzt haben, erneut in gasförmigen Zustand übergeführt. Die zurückbleibenden Fraktionen sind dann so rein, als wäre der Stoff mehrmals destilliert worden. Jeder Raum zwischen den Glockenböden stellt also eine kleine Destillation dar. Je höher die Zahl der Glockenböden, um so reiner ist auch das erhaltene Destillat.

Beim Hochsteigen im Destillierturm kühlen sich die Dämpfe ab. Da die Temperaturen im unteren Teil des Fraktionsturmes am höchsten sind, werden dort fast alle Stoffe des Erdöls noch gasförmig sein. Bei leichtem Abkühlen setzen sich dann schon bald die ersten schwersiedenden Substanzen ab. Nur die Stoffe mit dem geringsten Siedepunkt steigen in den Türmen fast ganz nach oben. In der Reihenfolge ihrer Siedepunkte sammeln sich daher von unten nach oben die entsprechenden Fraktionen in den jeweiligen Glockenböden an. Man braucht jetzt nur noch in verschiedener Höhe des Turmes Überläufe anzubringen und die Fraktionen aufzufangen.

Der Rückstand, der im Fraktionierraum unverdampft zurückbleibt, ist das zähflüssige, schwere Heizöl. Sein Siedepunkt liegt über 360 °C. Bei Temperaturen von 250 bis

Fast alle im Erdöl enthaltenen Verbindungen sind Kohlenwasserstoffe. Entscheidend für die große Zahl verschiedener Kohlenwasserstoffe ist die Fähigkeit der Kohlenstoffatome, Bindungen untereinander einzugehen. Vereinigen sich z.B. 4 Kohlenstoffatome und werden ihre weiteren freien Bindungen durch Anlagerung von Wasserstoff abgesättigt, so ergibt sich das gasförmige Butan, das als Brennstoff für Gasfeuerzeuge dient. Kohlenwasserstoffe mit Ketten von 6, 7 und 8 Kohlenstoffatomen – Hexan, Heptan und Oktan – sind wichtige Bestandteile des Benzins. Kohlenwasserstoffe mit Ketten von mehr als 17 Kohlenstoffatomen sind bei Zimmertemperatur feste Stoffe. Sie dienen zur Herstellung von Lederpflegemitteln, Schmiermitteln und Wachspapier, oder es werden Paraffinkerzen daraus gemacht, die erheblich preiswerter sind als Bienenwachskerzen.

300 °C kondensieren Heizöle, Dieselöle, Schmieröle und andere. Zwischen 150 und 250 °C erhält man Petroleum, das zur Beleuchtung in Lampen und als leichtes Heizöl dient. Schwerbenzine (Kerosin = Kraftstoff für Düsenflugzeuge) und Benzin für Otto-Motoren erhält man bei einem Siedepunkt zwischen 50 und 200 °C. Unter 50 °C erhält man die Petroläther, die als Lösungsmittel und Reinigungsmittel dienen. Alle diese Produkte können nicht so, wie sie bei der Destillation gewonnen werden, auf den Markt kommen, sondern müssen in weiteren Arbeitsgängen noch aufbereitet werden.

In der Crackanlage werden Moleküle zerkleinert. Das Erdöl besteht, wie wir bereits gehört haben, aus einer Vielzahl verschiedener Kohlenwasserstoffe. Leider richtet sich aber die Nachfrage nach bestimmten Fraktionen der Erdöldestillation nicht danach, wieviel davon im Erdöl vorhanden ist. So hat die Motorisierung in den fünfziger Jahren einen sehr hohen Bedarf an Benzin entstehen lassen. Wollte man diesen Bedarf allein mit Hilfe der fraktionierten Destillation decken, so müßten die Raffinerien Riesenmengen von unverkäuflichem Heizöl und Schmieröle produzieren. Solche unrationellen Produktionsweisen kann sich aber kein Industriezweig erlauben. Man suchte also nach Verfahren, die weniger begehrten hochsiedenden Bestandteile verwertbar zu machen. Dazu benutzte man einen relativ einfachen Prozeß. Wenn Erdöl über 350 °C erhitzt und dann destilliert wird, weist es einen höheren Anteil an niedrigsiedenden Kohlenwasserstoffen auf. Dieser Vorgang ist leicht zu erklären. Mole-

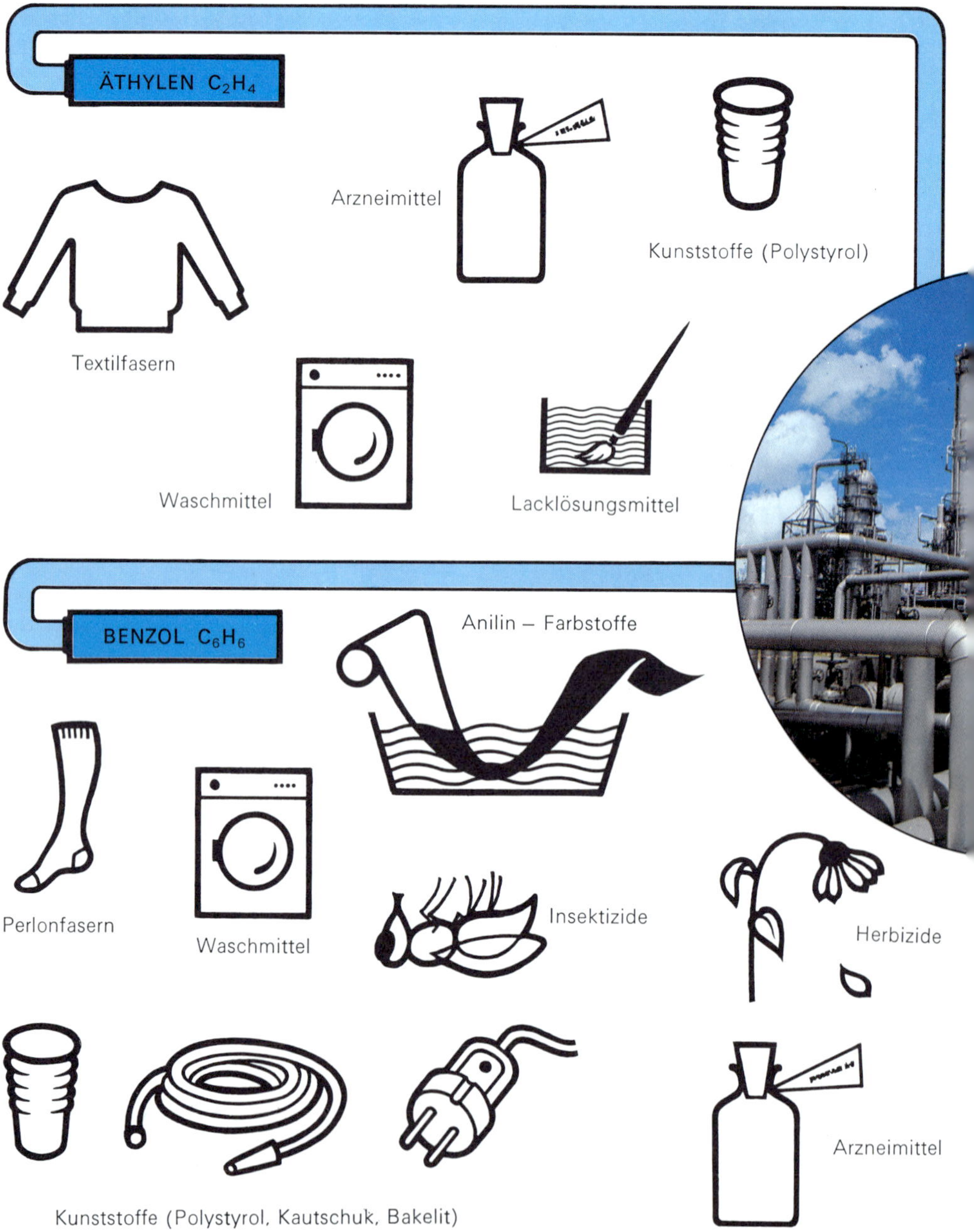

ÄTHYLEN C_2H_4
Arzneimittel
Kunststoffe (Polystyrol)
Textilfasern
Waschmittel
Lacklösungsmittel
BENZOL C_6H_6
Anilin – Farbstoffe
Perlonfasern
Waschmittel
Insektizide
Herbizide
Arzneimittel
Kunststoffe (Polystyrol, Kautschuk, Bakelit)

Aus nur wenigen Grundstoffen, die bei der Aufbereitung von Erdöl anfallen, stellt die chemische Industrie eine breite Palette von Produkten her, von der in dieser Abbildung nur ein kleiner Ausschnitt gezeigt werden kann.

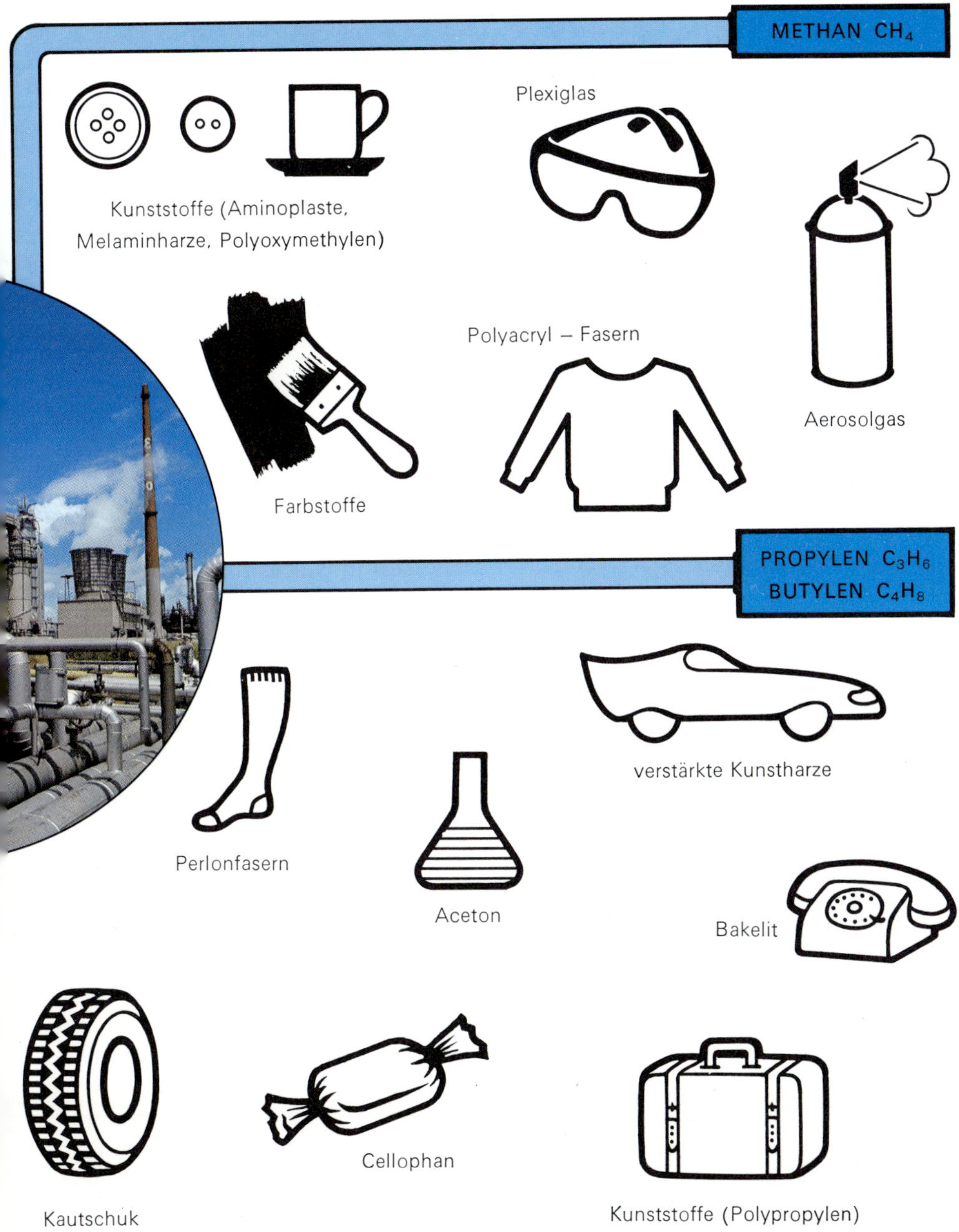

Isomerie. Für die ersten drei Glieder der gesättigten Kohlenwasserstoffe ist nur eine einzige Anordnung der Kohlenstoffatome im Molekül denkbar. Beim Butan (4 Kohlenstoffatome) sind jedoch bereits zwei Möglichkeiten der Anordnung denkbar. Einmal stehen alle vier Kohlenstoffatome in einer Reihe, im anderen Fall bilden drei Atome eine Kette und das vierte Kohlenstoffatom ist als Seitenkette an dem mittleren der drei Atome gebunden. Der erste Stoff wird als normal-Butan (n-Butan) bezeichnet, der zweite als isomeres Butan (iso-Butan). Der Begriff Isomerie kommt aus dem Griechischen und bedeutet frei übersetzt »gleiche Teilchen«. Es soll damit ausgedrückt werden, daß beide Stoffe über die gleiche Zahl von Kohlenstoff- und Wasserstoffatomen verfügen, sich aber durch die Anordnung der Atome zueinander unterscheiden. Sie haben die gleiche Summenformel, aber verschiedene Strukturformeln.

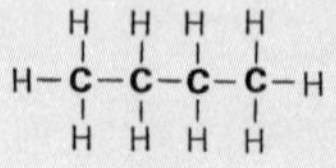

n-Butan

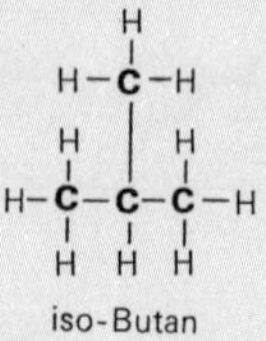

iso-Butan

Solche isomeren Stoffe weichen in ihren physikalischen und chemischen Eigenschaften oft recht erheblich voneinander ab. Mit der Zahl der Kohlenstoffatome wächst die Zahl der möglichen isomeren Verbindungen ganz erheblich. So besitzt das Pentan (5 C-Atome) bereits drei isomere Verbindungen, beim Hexan sind es schon fünf. Ein Kohlenwasserstoff mit 20 C-Atomen hat rein mathematisch 366319 isomere Verbindungen, von denen aber nur ein Bruchteil bekannt ist.

küle sind in dauernder Bewegung. Je höher die Temperatur, um so heftiger ist auch die Bewegung der Moleküle. Die Kohlenwasserstoffmoleküle befinden sich bei Normaltemperatur in nicht all zu starker Bewegung. Erhitzt man sie jedoch, so werden ihre Bewegungen immer heftiger. Beim Erreichen des Siedepunktes ist ihre Bewegungsenergie so groß, daß die ursprünglich miteinander in Kontakt stehenden Moleküle sich voneinander lösen und als freibewegliches Gas einen sehr viel größeren Raum einnehmen. Aber auch Gase lassen sich noch weiter erhitzen. Führt man beispielsweise einem Schweröl mit Molekülketten von 20 und mehr Kohlenstoffatomen Wärme zu, so gerät das Molekül in immer stärkere »Schlingerbewegungen«, so daß es schließlich auseinanderbricht. Dem Chemiker kommt es aber nicht nur darauf an, aus großen irgendwelche kleine Moleküle zu machen, sondern er möchte diesen Vorgang auch so lenken können, daß er ganz bestimmte kleinere Moleküle erhält. Dies erfordert in der Praxis einen recht großen, aber lohnenden Aufwand. Es würde zu weit führen, alle technischen Einzelheiten zu beschreiben. Wichtig ist für uns der Effekt: Ausreichend hohe Wärmeenergie zerschlägt wirtschaftlich uninteressante Kohlenwasserstoffketten in kleinere wirtschaftlich wichtige Kohlenwasserstoffmoleküle.

Durch Tonerde bessere Erdölprodukte. Aber damit gaben sich die Forscher noch längst nicht zufrieden. Die Qualität der im thermischen Crackverfahren gewonnenen Produkte ließ noch zu wünschen übrig. Man wollte hochwertige Benzine für die immer anspruchsvolleren Motoren und bessere

August von Kekulé wurde am 7. 9. 1829 in Darmstadt geboren und gilt als einer der Begründer der modernen theoretischen Chemie. Er war Professor für Chemie in Heidelberg, Gent und Bonn. Kekulé schuf zum erstenmal den Begriff der Wertigkeit (er sprach allerdings noch von Atomigkeit). Eine bedeutende Rolle spielte bei seinen Forschungen der Kohlenstoff. Er erkannte dessen Vierwertigkeit und entdeckte, daß sich Kohlenstoffatome in langen Ketten selbst miteinander verbinden können. Erst dadurch wurde die Vielzahl organischer Stoffe erklärlich. Seine berühmteste Erkenntnis war wohl die Vorstellung vom Benzol als ringförmigem Kohlenwasserstoff. Kekulé starb 1896 in Bonn als hochgeachteter Wissenschaftler. Von Kekulés Arbeiten profitierte auch die chemische Industrie, die nun erst in der Lage war, die für uns alle so wichtigen Farbstoffe und Heilmittel in großem Umfang herzustellen (synthetisieren).

Crackgase für die Industrie. Den »Stein der Weisen« zur Befriedigung dieser Wünsche fand man im wahrsten Sinn des Wortes in einem gesteinsartigen Gemisch aus Aluminiumsilikat (Al_2O_3/SiO_2). Leitet man nämlich das zu spaltende Kohlenwasserstoffgemisch auf solche staubfein gemahlene Tonerde, so brechen längere Kohlenwasserstoffmoleküle, anders als beim thermischen Cracken, vorzugsweise in der Mitte auseinander und man erhält ein einheitlicheres Gemisch. Ein weiterer Vorteil besteht darin, daß sich die Spaltvorgänge sehr viel schneller, innerhalb weniger Sekunden, abspielen. Als unliebsames Nebenprodukt erhält man festen Kohlenstoff, der sich auf dem Aluminiumsilikatgemisch absetzt und es nach einiger Zeit unwirksam macht. Er muß daher von Zeit zu Zeit abgebrannt werden.

Wir wissen zwar, daß es den Stein der Weisen nicht geben kann, trotzdem erscheint es auf den ersten Blick doch sehr rätselhaft, daß ein so gewöhnlicher Stoff wie Tonerde eine so großartige Wirkung bei der Erdölspaltung hat. Stoffe, die chemische Reaktionen steuern, beschleunigen oder sogar erst möglich machen, heißen Katalysatoren. Daher nennt man diese Methode, Kohlenwasserstoffe zu zertrümmern, katalytisches Cracken. Man könnte die Katalysatoren fast als die Wunderwaffen der Chemie bezeichnen, denn ohne sie wären viele Reaktionen undurchführbar oder nur sehr schwer zu bewerkstelligen. Ohne Katalysatoren wäre auch jegliches Leben unmöglich, denn die Biokatalysatoren beispielsweise – Enzyme genannt – sind praktisch an allen Reaktionen in unserem Körper beteiligt. Darüber soll auf den Seiten 252, 253 berichtet werden (siehe auch Grafik S. 83).

Der schöpferische Traum des Herrn Kekulé. Beim Platforming-Verfahren wurde bereits darauf hingewiesen, daß es noch eine weitere Gruppe von Kohlenwasserstoffen gibt, die sich als besonders klopffest erwiesen hat: die Ringkohlenwasserstoffe. Ihr bekanntester Vertreter ist zweifellos das Benzol. Es hat die Summenformel C_6H_6 und ist folglich pro Molekül aus je sechs Kohlenstoff- und Wasserstoffatomen zusammengesetzt. Die Aufklärung seines Molekülbaues bereitete den Chemikern des letzten Jahrhunderts große Sorgen. Die Vierwertigkeit des Kohlenstoffs schloß es aus, daß es sich um einen gesättigten Kohlenwasserstoff handelte. Ebenso schieden Olefine aus. Die Lösung des Problems gelang dem Chemiker Kekulé auf eine seltsame Weise. Ihm fiel die Strukturformel dieses Stoffes im Traum ein. So unglaublich das klingt, aber es war so. In den »Berichten der Deutschen Chemischen Gesellschaft« von 1865 erzählt nämlich August von Kekulé selbst diese seltsame Begebenheit: »Da saß ich und schrieb an meinem Lehrbuch. Aber es ging nicht recht, mein Geist war bei anderen Dingen. Ich drehte den Stuhl nach dem Kamin und versank in Halbschlaf. Wieder gaukelten die Atome vor meinen Augen. Kleinere Gruppen hielten sich diesmal bescheiden im Hintergrund. Mein geistiges Auge, durch wiederholte Geschichten ähnlicher Art geschärft, unterschied jetzt Gebilde von mannigfaltiger Gestaltung. Lange Reihen, vielfach zusammengefügt, alles in Bewegung, schlangenartig sich windend und drehend. Und siehe, was war das? Eine der Schlangen erfaßte ihren eigenen Schwanz, und höhnisch wirbelte das Gebilde vor meinen Augen. Wie durch einen Blitzstrahl erwachte ich, auch diesmal verbrachte ich den Rest der Nacht, um die Konsequenzen dieser Hypothese auszuarbeiten.« Die Konsequenzen waren epochemachend. Durch die Strukturaufklärung des Benzols wurde die Wissenschaft Chemie ein ganz bedeutendes Stück weitergebracht. Kekulé erkannte das Benzolmolekül als ringförmiges Gebilde. Er nahm an, daß die Kohlenstoffatome einen Sechserring bilden und abwechselnd durch Doppel- und Einfachbindungen miteinander verknüpft sind. Die an jedem Atom freie Bindung ist durch Wasserstoff abgesättigt.
Strukturformel:

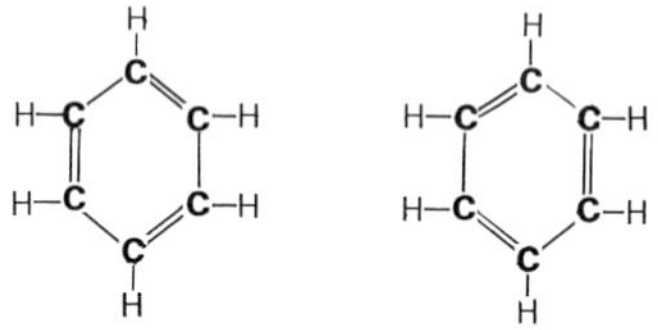

Benzol

Die Idee Kekulés erwies sich als richtig. Das Orbitalmodell des Benzols zeigt zwar, daß es keine alternierenden Doppelbindungen gibt, sondern zwei Elektronenwolken, die über den gesamten Ring verteilt sind. Trotzdem ist die Strukturformel, wie sie Kekulé entwickelt hat, auch heute nicht aus der organischen Chemie wegzudenken. Ringkohlenwasserstoffe bilden einen wichtigen Anteil des Erdöls, und auf ihnen basieren ganze chemische Industriezweige.

Seife, mit der die Waschfrauen ehemals in Bächen, Flüssen und Seen Wäsche wuschen, wurde rasch von den Bakterien der Gewässer abgebaut – nicht so synthetische Waschmittel, die seit den 50er Jahren das Wasser verschmutzen (Erklärung siehe Seite 93–97).

Erdöl macht Wäsche weiß

Am Anfang war die Seife. An dieser Stelle sind wir wieder an einem Punkt angelangt, wo man die enormen Fähigkeiten unserer Vorfahren als angewandte Chemiker loben muß. Die Seife ist nämlich beileibe kein Naturprodukt, sondern ein Kunstprodukt, zu deren Herstellung mehrere voneinander unabhängige chemische Reaktionen durchgeführt werden müssen. Wir wollen uns nicht in Spekulationen ergehen, wie die ersten »Seifensieder« wohl auf die Idee zur Seifenherstellung gekommen sind, sondern gleich das chemische Problem Seifenherstellung zu erklären versuchen. Im Prinzip hat sich seit dem Altertum bis heute nichts geändert, wenn man von der produzierten Menge und der Technologie absieht.

Seifen sind Salze von Fettsäuren. Sie enthalten eine lange Kohlenwasserstoffkette mit meist 15 oder 17 Kohlenstoffatomen. Das Ende dieser Kette bildet ein Säurerest, der die Fähigkeit hat, ein Wasserstoffatom abzuspalten und so zum Ion zu werden.

Dieses negativ geladene Ion ist in der Seife mit einem Natriumion verbunden. Beim Lösen in Wasser zerfällt die Seife in ihre Ionen. Das Natriumion spielt für die Waschwirkung keine unmittelbare Rolle

Im Gegensatz zu reinem Wasser können Waschmittellösungen – bedingt durch ihren polaren Bau – fettartige Substanzen benetzen. Der fettlösliche Teil der Moleküle dringt in die Schmutzpartikeln ein und umgibt sie mit einer dichten Hülle. Die wasserlöslichen Teile der Moleküle ragen aus dem Schmutz, der dadurch löslich geworden ist, heraus.

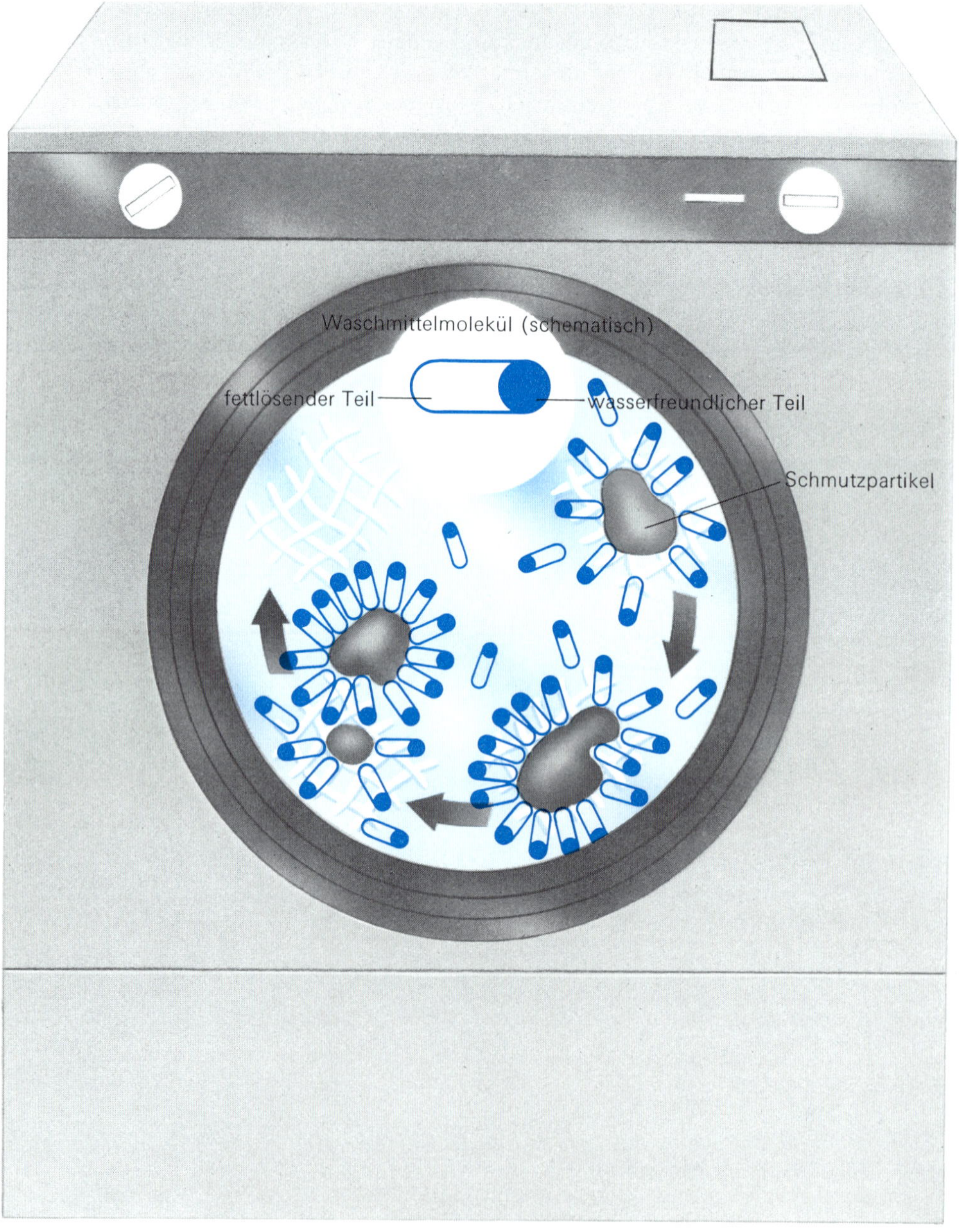

und kann im folgenden unterschlagen werden. Interessant ist nur das in Wasser gelöste Seifenrest-Ion. Der Kohlenwasserstoffrest dieses Ions ist, wie alle Stoffe dieser Gruppe, in Wasser absolut unlöslich und wird nicht einmal von ihm benetzt. Das Säurerest-Ion, das viel kleiner als der lange Kohlenwasserstoffrest ist, löst sich sehr gut im Wasser. In fettartigen Stoffen ist es mit der Löslichkeit der Seifenionen genau umgekehrt. Darin liegt das ganze Geheimnis der Seifenwirkung begründet.

Beide Enden des Seifenmoleküls verhalten sich im Wasser genau entgegengesetzt. Die Säurerestenden versuchen in Lösung zu gehen und tauchen mit ihren Enden tief in die Wasseroberfläche ein. Die langen Kohlenwasserstoffreste werden dagegen wegen ihrer Nichtbenetzbarkeit aus der Wasseroberfläche herausgedrängt. Dies läßt sich recht gut beobachten. Wenn man z. B. flüssige Seife auf eine Wasseroberfläche kippt, ist sie in Sekundenbruchteilen von einem gut sichtbaren Seifenfilm überzogen. Dies hat für die Wasseroberfläche wichtige Folgen. Sie ist durch die Oberflächenspannung normalerweise von einer recht kräftigen »Haut« überzogen, die durch die vielen Seifenmoleküle jetzt »durchlöchert« wird und dadurch an Festigkeit verliert. Seifen führen also zu »entspanntem« Wasser. Diese Entspannung wirkt sich aber nicht nur an der Oberfläche, sondern überall dort aus, wo das Wasser mit einem anderen Stoff, z. B. einem Wäschestück, in Berührung kommt. Durch das Herausragen der fettartigen Kohlenwasserstoffreste befinden sich an der Wasseroberfläche nur noch gut fettlösliche Moleküle. Die Oberflächen der Seifenlösungen verhalten sich also wie typische Fettoberflächen. Seifenlösungen können deshalb im Gegensatz zu reinem Wasser fettartige Substanzen benetzen. Sie können Fette sogar mit einer dichten Hülle von Seifenmolekülen umgeben, aus denen der wasserlösliche Teil herausragt. So ist es möglich, Fette in Form feinster Tröpfchen (Emulsion) mit in die Lösung zu nehmen.

Auf die Wäsche oder andere Stoffe, die gewaschen werden sollen, übertragen heißt das: Die Seifenmoleküle übernehmen eine »Mittlerrolle« zwischen Fett-(Schmutz-) Oberfläche und der Wasseroberfläche und sorgen so dafür, daß die fetthaltigen Schmutzteilchen mit Hilfe des Wassers ausgeschwemmt werden. Hieraus wird bereits deutlich, daß die Seife eine ausgezeichnete Waschwirkung auf allen fetthaltigen Schmutz hat. Ihre Wirkung versagt jedoch bei Verschmutzung mit eiweißhaltigen Stoffen. Blutflecken lassen sich beispielsweise mit Seife nicht entfernen.

Die Generation der neuen Waschmittel. So ziemlich alle Markenwaschpulver enthalten die gleichen Bestandteile und sind demnach auch gleich gut. Sollte jedoch einmal eine Firma der anderen um eine Nasenlänge in der Entwicklung voraus sein, seien Sie getrost, die anderen werden das nicht lange hinnehmen und in kurzer Zeit wieder gleichgezogen sein.

Wesentliche Bestandteile aller Waschmittel sind die sogenannten Detergentien, das sind oberflächenaktive Stoffe, die im Grunde nach dem gleichen Bauprinzip wie die Seifen aufgebaut sind. Sie verfügen über einen hydrophoben (wasserabweisenden) »Schwanz« und einen hydrophilen (wasserlöslichen) »Kopf«. Wenn das so ist, wird

Am Prinzip der Seifenherstellung hat sich seit dem Jahr 1698, aus dem diese Darstellung eines Seifensieders stammt, bis heute nichts geändert (siehe auch Seite 93–95).

man sich sofort sagen, warum ist man dann nicht bei der guten alten Seife geblieben? Es gibt zwei Gründe dafür. Als Rohstoff für die Seife dienen Fette, die bei der Nahrungsmittelknappheit auf der Welt immer teurer werden, und die Seifen haben gewisse Nachteile, die man den synthetischen Waschmitteln sozusagen »abgewöhnt« hat. Die Werbung hat insofern recht, als es wirklich noch nie bessere Waschmittel gab.

Die Seife ist aufgrund ihrer Herstellung ein leicht alkalischer Stoff, der Wolle und andere alkaliempfindliche Stoffe angreift. Dies läßt sich ohne Schwierigkeiten vermeiden, wenn man den nur schwach sauren Carbonsäurerest der Seifen durch einen stärkeren Säurerest ersetzt. Die neueren Waschmittel enthalten daher zu einem Teil lange Kohlenwasserstoffketten, die mit dem Rest einer starken Säure verbunden sind. Die Salze dieser Substanzen reagieren nun neutral und sind so der Seife überlegen. Sie spielen heute eine überragende Rolle, da es inzwischen gelungen ist, den langen Kohlenwasserstoffrest aus Äthylen künstlich zu erzeugen. Dieser Rest kann nun verzweigt oder unverzweigt sein. Für die Wirkung als Waschmittel ist dies weitgehend bedeutungslos. Trotzdem bereitete dieser »Schwanz« den Chemikern einige Sorgen. In den fünfziger Jahren begannen unsere Flüsse in zunehmendem Maß zu schäumen. Dies war aber nicht allein durch den vergrößerten Verbrauch an Waschmitteln bedingt, sondern hatte seine Ursache im molekularen Bau der modernen Waschmittel. Die Seifen waren, wie man bald erkannte, durch Bakterien in den Flüssen leicht abzubauen, synthetische Waschmittel dagegen nicht. Als Grund dafür hatte man bald herausgefunden, daß die Bakterien nur unverzweigte Alkylreste (Kohlenwasserstoffreste) abbauen können. Aufgrund dieser Erfahrungen wurde 1962 ein Waschmittelgesetz erlassen, in dem den Herstellern untersagt wurde, Waschmittel mit verzweigten Ketten herzustellen. Trotzdem bereiten die Waschmittel den Umweltschützern auch heute noch beträchtliche Sorgen. Doch darauf soll in einem anderen Kapitel (Seite 313) dieses Buches noch eingegangen werden.

Es muß jedoch noch einmal das »weißeste Weiß« angesprochen werden, das die Vollwaschmittel wirklich hervorrufen. Man verwendet dazu einen relativ einfachen

Die Oberflächenspannung verschafft dem Wasser eine Art »Haut«, auf der ein Wasserläufer sich gut und flink bewegen kann. Seifenmoleküle durchlöchern diese Haut und »entspannen« das Wasser – hier gut zu sehen beim Abwasch einer Gabel ohne (links) und mit Waschmittel (rechts).

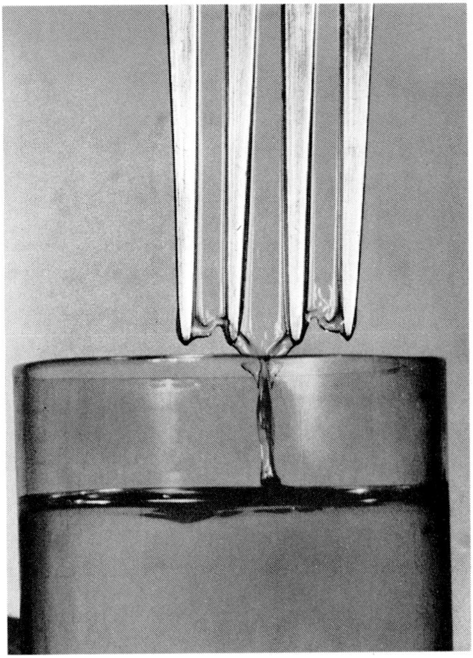

Trick, indem man ihnen sogenannte »optische Aufheller« zusetzt, Farbstoffe, die unsichtbares UV-Licht in sichtbares Licht umwandeln, und zwar hauptsächlich in blaues Licht. Dadurch wird der natürliche Gelbstich der Wäsche aufgehoben.

Eine weitere wichtige Rolle spielt bei den Waschmitteln der Zusatz von Enzymen, mit deren Hilfe es möglich ist, auch die von der Seife nicht angreifbaren Eiweißstoffe aus der Wäsche zu entfernen. Sie sind in allen »bioaktiven« Vollwaschmitteln enthalten und stellen einen großen Fortschritt dar. Aber auch in diesem Fall ist der Fortschritt mit Nachteilen verbunden. Seit Einführung der biologisch-aktiven Waschmittel ist die Zahl der Allergie-Erkrankungen bei Hausfrauen sprunghaft angestiegen.

Vom 4. April 1969 an hielt 64 Stunden lang erstmals ein Kunststoffherz aus Epoxidharz mit Pumpenkammern aus Silikonkautschuk den Kreislauf eines Menschen aufrecht, ein bisher einzigartiges Ereignis.

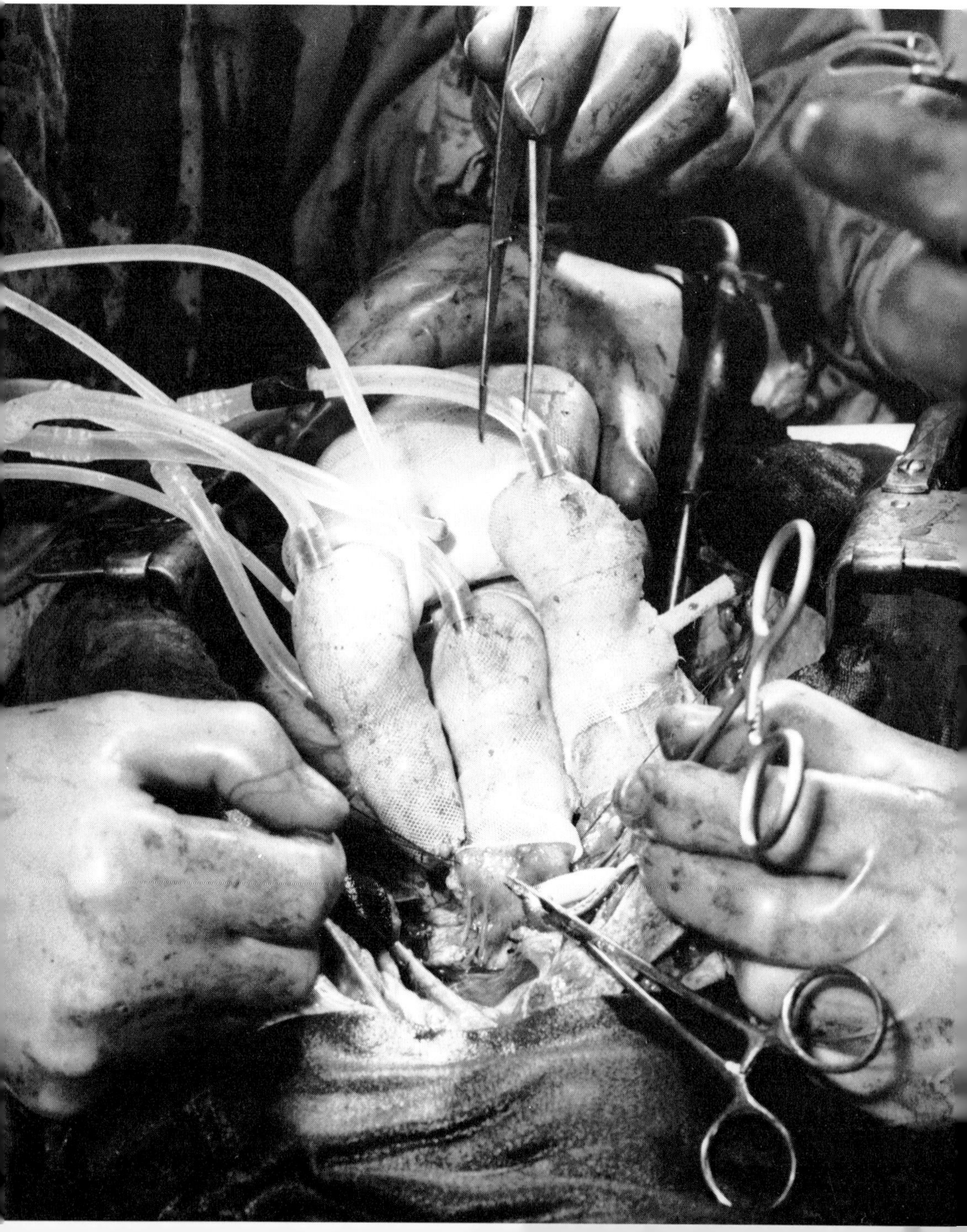

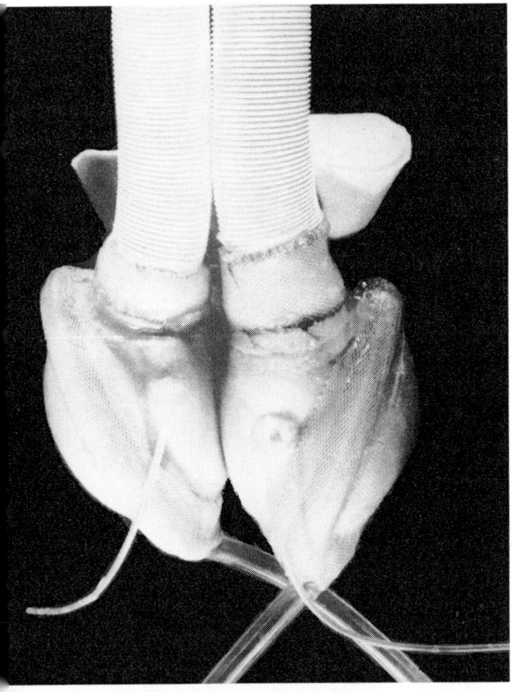

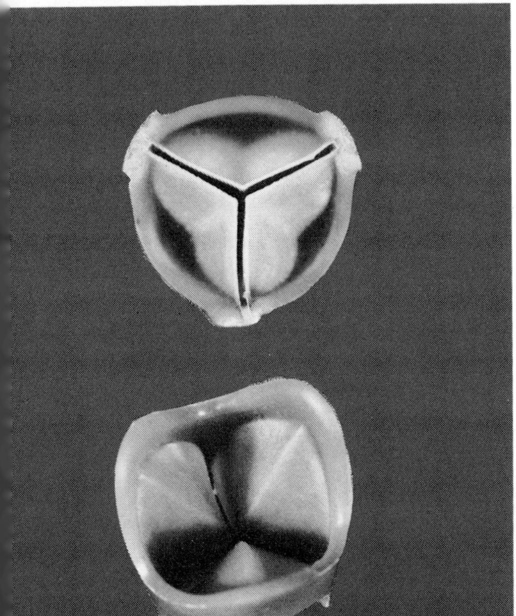

Das Zeitalter der Kunststoffe

Es stand schlecht um Mr. Karp. Mr. Karp, 47, Druckereiangestellter aus Skookie, Illinois, litt an einer tödlichen Herzkrankheit. Die Ärzte gaben ihm nur noch wenige Tage, vielleicht auch nur Stunden bis zum endgültigen Versagen der linken Herzkammer. Eine Chance gab es allerdings noch! Die Ärzte im St. Lukas Hospital von Houston, Texas, wo Mr. Karp behandelt wurde, versuchten verzweifelt ein gesundes Herz zu finden, um es gegen Karps krankes Organ austauschen zu können. Aber kein Spender war aufzutreiben.

Am 4. April 1969 trafen die behandelnden Ärzte Dr. Cooley und Dr. Liotta eine folgenschwere Entscheidung. Sie wollten versuchen, Mr. Karp ein vollkommen künstliches Herz zu implantieren, das Dr. Liotta in der Arbeitsgruppe von Dr. De Bakey und Dr. William Hall zu entwickeln geholfen hatte. Es war ein Herz aus Epoxidharz mit Pumpenkammern aus Silikonkautschuk – ein Herz aus Kunststoff. Die Operation verlief erfolgreich. Dr. Cooley entfernte Mr. Karps Herz und ersetzte es durch das 250 Gramm schwere künstliche Organ. Dieses künstliche Herz hielt Mr. Karp tatsächlich am Leben. Zuerst einen Tag, dann noch einen Tag. Inzwischen versuchten die Chirurgen fieberhaft, doch noch einen Spender für ein lebendes Herz zu finden, um es Mr. Karp anstelle des künstlichen Organs zu überpflanzen. Schließlich konnte eine Frau gefunden werden, die kurz zuvor an einem

Gehirnschaden verstorben war und ihr Herz zur Transplantation freigegeben hatte. Nachdem das Kunststoffherz Mr. Karp 64 Stunden am Leben gehalten hatte, wurde es gegen das lebende Organ der Spenderin ausgetauscht. 38 Stunden später war Mr. Karp tot. Alle Anstrengungen, sein Leben zu retten, waren vergebens gewesen.

Bis heute ist die Operation einzigartig geblieben. Aber sie hat ein Zeichen gesetzt. An vielen Stellen der Welt wird heute an der Entwicklung künstlicher Herzen gearbeitet – Herzen, die im wesentlichen aus Kunststoffteilen gefertigt sind und nun im Tierversuch gründlich getestet werden.

Das Kunststoffherz ist nur ein besonders dramatisches Beispiel für die Bedeutung, die die Kunststoffe für uns erlangt haben. Die Kunststoffe gehören zu den Fundamenten eines Industriestaates und sind aus dem Wirtschaftsleben nicht mehr wegzudenken. Nicht nur der Lebensstandard, sondern das Überleben einer Massengesellschaft ist von ihnen abhängig. Tatsächlich ist es schwer, sich ein Leben ohne Gebrauch von Kunststoffen vorzustellen, so sehr haben wir uns in den letzten zwanzig Jahren an diese »Werkstoffe nach Maß« gewöhnt, die uns die Chemie der Riesenmoleküle, die makromolekulare Chemie, beschert hat.

Man stelle sich vor, es gäbe keine Kunstfasern mehr, keine bügel- und knitterfreien Kleider, Anzüge und Hemden, keine Strumpfhosen und Nylondessous. Welche Probleme für die Hausfrauen, wenn wieder die alten Fichtenplanken oder Steinholzfußböden an die Stelle der modernen Fußbodenbeläge und Teppichböden träten! Wie sähen die Küchen aus, wenn es keine praktischen Kunststoffbeläge auf Tischen, Herden und Elektrogeräten gäbe? Ohne Isoliermaterialien wären keine Elektrogeräte, kein Fernsehen und kein Radio zu entwickeln gewesen. Man denke sich alle Kunststoffbestandteile aus dem Auto entfernt einschließlich des Autolacks, der ein Meisterstück der hochgezüchteten Kunststoffchemie ist. Das Auto als Symbol der individuellen Unabhängigkeit und Freiheit wäre unerschwinglich teuer für den Normalverdiener. Das wird besonders deutlich

Dank billig herzustellender und außerordentlich strapazierfähiger, harter Kunststoffe – PVC und glasfaserverstärkte Polyesterharze – beginnt die Chemie das Baugewerbe zu revolutionieren.

an der Bereifung. Die Reifen sind ein kompliziert aufgebautes System aus Kunstfasern und synthetischem Kautschuk, das für hohe Geschwindigkeiten und wechselnde Belastungen konstruiert wurde. Reifen, die den heutigen Anforderungen der Geschwindigkeit und Verkehrssicherheit gewachsen wären, ließen sich aus natürlichen Rohstoffen überhaupt nicht herstellen.

Als Isoliermaterial verwendet, erlauben aufgeschäumte Kunststoffe ein behagliches Wohnen im Winter, trotz größerer Fenster und dünner, billiger Wände. Der Flugzeugbau ist auf die leichten Baumaterialien aus den chemischen Fabriken angewiesen, denn mit Ausnahme der Außenhülle und der Motoren besteht ein modernes Verkehrsflugzeug fast völlig aus leichten Kunststoffteilen. Schließlich wäre eine ausreichende und schnelle Versorgung der Bevölkerung durch Supermärkte ohne die modernen Möglichkeiten der Verpackung in Folien und Behältern aus Kunststoff kaum zu bewerkstelligen. Selbst wenn die Kunststoffe einige Probleme aufgeworfen haben, zum Beispiel bei der Abfallbeseitigung, so haben sie doch die Qualität unseres Lebens so entscheidend verbessert, daß sie nicht mehr ersetzbar sind. Es gehört deshalb zu einer modernen Allgemeinbildung, über ihre Herstellung, Eigenschaften und Bedeutung ein fundiertes Wissen zu besitzen.

Die **Makromolekulare Chemie** gilt heute als selbständiges Gebiet innerhalb der Chemie. Sie umfaßt die Herstellung und Umwandlung synthetischer und natürlicher Makromoleküle sowie die Anwendung und Entwicklung von Methoden zur Messung der physikalischen und chemischen Eigenschaften von Polymeren. Im angelsächsischen Sprachbereich wird dieses Gebiet auch als **Polymerwissenschaft** bezeichnet. Viele makromolekular orientierte Chemiker arbeiten über Biopolymere; darunter versteht man Makromoleküle, die in lebenden Organismen vorkommen, beispielsweise die Proteine (Eiweißstoff) oder die Träger der Erbinformation, die Polynucleotide (DNS).

Mit Regenmänteln in die Kunststofftechnik

Kunststoffe – ein Problem für Wissenschaft und Politik. Kunststoffe sind eine Gruppe von Werkstoffen, die hauptsächlich aus den Elementen Kohlenstoff, Wasserstoff, Sauerstoff, gelegentlich auch noch aus Chlor, Fluor oder Stickstoff bestehen. Im Gegensatz zu Glas, Porzellan oder Stahl werden sie deshalb als »organische« Werkstoffe bezeichnet. Man erhält sie entweder durch Abwandlung natürlich vorkommender Rohstoffe – beispielsweise wird die Cellulose aus Holz gewonnen – oder durch chemische Synthese aus den Elementen und Bestandteilen des Erdöls. Die wichtigste Rohstoffquelle für die Erzeugung der Kunststoffe ist deshalb heute das Erdöl.

Die Kunststoffe sind ein Kind unseres Jahrhunderts, obwohl auch früher schon einige natürlich vorkommende Substanzen mit typischen Kunststoffeigenschaften verwendet wurden. Kolumbus brachte die ersten Gummibälle aus Westindien mit. Das Interesse an diesem außergewöhnlichen Material war aber in Europa nur gering. Auch als der französische Gelehrte Charles Marie de la Condamine im Jahr 1735 der französischen Akademie der Wissenschaften vortrug, daß Eingeborene des Amazonasgebietes den Saft von Gummibäumen dazu verwendeten, wasserdichte Kleidungsstücke zu verfertigen, wurde der Bericht mit ungläubigem Staunen aufgenommen. Die Eingeborenen stellten aus dem Saft der Gummibäume, der heute »Latex« genannt wird, »Kau-utschu« – Kautschuk – her. Sie gossen den Latex beispielsweise auf ihre Beine und Füße und ließen ihn dort zu wasserundurchlässigen Gummischuhen trocknen.

Es dauerte aber noch bis zum Jahre 1823, bis die erste bedeutende Nutzanwendung des Kautschuks in Europa entwickelt wurde. Ein Schotte namens Charles Mackintosh (1766–1843) ließ sich ein britisches Patent auf die Herstellung von wasserdichten Regenmänteln geben. Er löste Kautschuk in Erdöl auf, goß die Lösung zwischen zwei Lagen aus Stoff ein und erhielt so ein wasserdichtes Gewebe. Der Name »Mackintosh« hat sich bis heute für einen bestimmten Typ von Regenmantel erhalten.

Durch Zufall entdeckte der Amerikaner Charles Goodyear im Jahre 1839 die Vulkanisation und erzielte damit den eigentlichen technologischen Durchbruch für die Anwendung des Kautschuks. Es wird erzählt, daß Goodyear sich zehn Jahre lang vergeblich bemüht hatte, eine Methode zu erfinden, mit der Kautschuk unabhängig von der Temperatur fest und gleichzeitig biegsam gehalten werden konnte. Natürlicher Kautschuk hat nämlich den Nachteil, bei üblichen Sommertemperaturen weich und klebrig zu werden. Im Januar 1839, so wird berichtet, schüttete Goodyear unabsichtlich eine Mischung von Latex und Schwefel auf einen heißen Ofen. Er kratzte die entstandene Masse ab und entdeckte, daß das Material nach dem Abkühlen gebogen und gestreckt werden konnte, ohne zu brechen. Auch nach mehrmaligem Verstrecken schnappte es immer wieder in seine ursprüngliche Form zurück. Wärme machte es nicht mehr klebrig und Kälte nicht mehr spröde. Außerdem war es widerstandsfähig gegen Chemikalien geworden und löste sich auch nicht mehr in den Lösungsmitteln für Rohkautschuk auf, ein Meilenstein in der Geschichte der Chemie.

Der von Goodyear erfundene Prozeß wurde unter dem Namen »Vulkanisation« rasch bekannt und ermöglichte ein schnelles Wachstum der Gummiindustrie. Der größte Aufschwung erfolgte, als um die Jahrhundertwende die beginnende Automobilindustrie nach einer geeigneten Federung für die Räder der neuen Gefährte suchte. Die Geburtsstunde der Reifenindustrie hatte geschlagen.

Bis zur Jahrhundertwende hatte sich der Kautschuk zu einem vielseitigen und wichtigen industriellen Werkstoff entwickelt. Aber noch niemand war in der Lage, die wissenschaftlichen Fragen zu beantworten, die Goodyear und andere Erfinder aufgeworfen hatten. Das erste Ziel der Chemiker war es, die wahre Natur des Kautschuks herauszufinden. Woraus bestanden seine Moleküle, wie waren sie aufgebaut? Was war der Zusammenhang zwischen der Molekülstruktur und den charakteristischen physikalischen Eigenschaften des Kautschuks? Welche Vorgänge spielten sich bei der Vulkanisation ab?

Kautschuk für die Aufrüstung. Erste Erfolge in der Lösung dieser Fragen konnte der englische Chemiker Tilden zwischen 1882 und 1907 aufweisen. Er stellte fest, daß bei der Zersetzung von natürlichem Kautschuk Isopren entsteht, ein kleines organisches Molekül aus fünf Kohlenstoff- und acht Wasserstoffatomen mit zwei Kohlenstoff-Kohlenstoff-Doppelbindungen. Isopren ließ sich auch umgekehrt wieder in eine kautschukähnliche Masse zurückverwandeln. Dieser Vorgang wurde »Polymerisation« genannt. Tilden vermutete daher, daß die Moleküle des Kautschuks aus vielen hundert Isopreneinheiten aufgebaut sind. Allerdings blieb ihm ein tieferer Einblick und damit auch ein Zugang zur technischen Herstellung von Kautschuk aus synthetischen Vorstufen versagt. 1907 schrieb er deprimiert: »Ich habe alles versucht, was ich für geeignet halte, um die Umwandlung von Isopren in Kautschuk zu beschleunigen – aber ohne Erfolg. Die (natürliche) Polymerisation geht sehr langsam vonstatten; sie dauert nach meiner Beobachtung mehrere Jahre, und alle Versuche, sie zu beschleunigen, enden nicht mit der Erzeugung von Kautschuk, sondern einem dicken, klebrigen Öl, das für Zwecke, für die man Kautschuk verwendet, völlig nutzlos ist.« Er war zu dem Schluß gekommen, daß das synthetische Produkt niemals kommerziellen Wert haben würde, und glaubte, daß auch in Zukunft die Industrie auf den Anbau des Gummibaumes angewiesen sein würde.

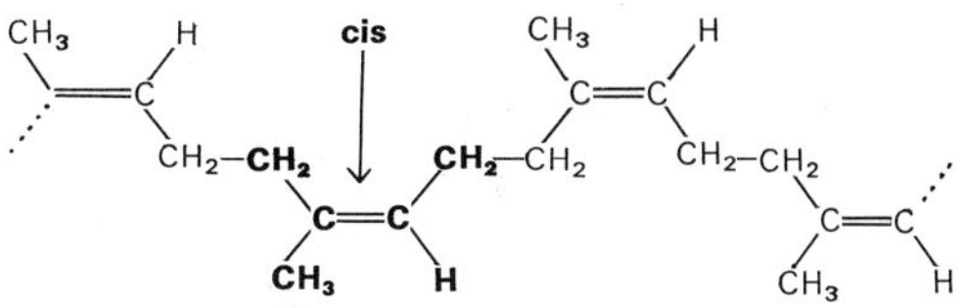

Kautschuk (cis 1,4 Polyisopren)

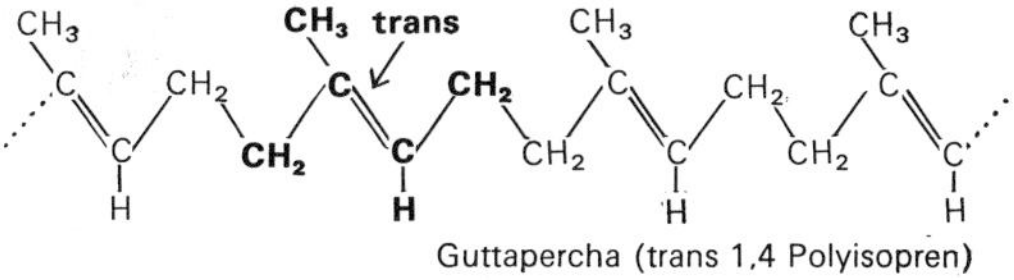

Guttapercha (trans 1,4 Polyisopren)

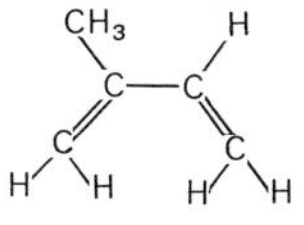

Isopren

Von solchen Argumenten waren aber die Industrieunternehmer und noch weniger die Militärs zu überzeugen. Vor allem die Qualität der militärischen Ausrüstung hing nämlich in zunehmendem Maß von den gummibereiften Rädern des Fahrzeugparks ab. Beunruhigt über die gewaltigen Preisschwankungen und die Abhängigkeit von den entlegenen Anbaugebieten des Naturkautschuks, drängten Deutschland, Rußland und England ihre besten Chemiker, die Synthese des Kautschuks oder eines genügend ähnlichen Produktes bis zur technischen Reife voranzutreiben. Im Jahre 1910 gelang es tatsächlich dem russischen Chemiker S. V. Lebedew, aus Butadien, einem Erdölderivat, das ein farbloses Gas darstellt und wie das Isopren zwei Doppelbindungen besitzt, ein kautschukähnliches Material herzustellen. Bei den Farbwerken Hoechst fand der Chemiker Fritz Klatte 1913 einen Ausgangsstoff für neuartige Kleb- und Anstrichstoffe durch Polymerisation von Vinylacetat im Sonnenlicht. Vinylacetat ist ebenfalls ein Molekül mit einer Kohlenstoff-Doppelbindung. Während des Ersten Weltkrieges gelang es dann auch in Leverkusen, einige tausend Tonnen »Methylkautschuk« aus Dimethylbutadien herzustellen, der als Kautschukersatz dringend von

Amazonasindianern hatte der Schotte Charles Mackintosh die Methode abgelauscht, aus Kautschuk, dem Saft des Gummibaumes, wasserundurchlässige Kleidungsstücke zu fertigen, als er 1823 ein Patent auf Regenmäntel beantragte. Der Amerikaner Charles Goodyear entdeckte 1839 eine Methode, Kautschuk formbeständig zu halten.
1910 gelang es dem Russen S. V. Lebedew, ein kautschukähnliches Material herzustellen.

der deutschen Heeresführung benötigt wurde. Kurzum, in der Zeit bis 1920 häuften sich die Berichte darüber, wie man aus kleinen organischen Molekülen durch »Polymerisation« Materialien mit wertvollen technischen Eigenschaften herstellen konnte. Aber noch immer wußte niemand, was hinter dem Begriff »Polymerisation« steckte und was mit den Molekülen während der Polymerisation geschah.

Staudingers revolutionierende Ideen. Man sollte annehmen, daß in dieser Situation die Erkenntnisse von Hermann Staudinger wie ein Blitz hätten einschlagen müssen. Staudinger war Professor für Organische Chemie an der Universität Freiburg im Breisgau. Im Jahre 1920 veröffentlichte er in den renommierten »Berichten der deutschen chemischen Gesellschaft« eine später berühmt gewordene Arbeit, in der er behauptete, daß es »Riesenmoleküle« geben müsse, die aus vielen Zehntausenden von Atomen zusammengesetzt seien und durch Polymerisation aus kleinen Molekülen aufgebaut werden könnten. Er nannte solche Riesenmoleküle nach dem griechischen Wort für »groß« Makromoleküle und den Teil der Chemie, der sich mit Herstellung und Untersuchung dieser Moleküle

beschäftigt, »Makromolekulare Chemie«. Da die Makromoleküle aus vielen Untereinheiten aufgebaut sind, werden sie auch in Anlehnung an das Griechische als »Polymere« bezeichnet, was frei übersetzt »Vielfache« heißt.

Staudinger erläuterte, wie aus einzelnen, kleinen Molekülen, die deshalb auch als »Monomere« (Einfache) bezeichnet werden, die Polymeren oder Makromoleküle entstehen, indem sie wie die Glieder einer Kette über kovalente Bindungen zusammengefügt werden.

Staudinger stieß jedoch mit seiner Theorie auf Unverständnis. Kaum jemand glaubte damals wirklich, daß man durch Aneinanderfügen kleiner Moleküle mit den üblichen Techniken der Organischen Chemie Moleküle von enormer Größe und Länge erzeugen könne, die dann die Eigenschaften von Kautschuk oder ähnlichen Produkten besitzen sollten. Die Ideen Staudingers wurden von der wissenschaftlichen Welt als Spintisiererei abgetan, weil man Moleküle dieser Größe für so instabil hielt, daß sie angeblich sofort nach ihrer Erzeugung wieder in ihre kleinen Einheiten zerfallen mußten. Doch Staudinger gab sich nicht geschlagen. Zusammen mit seinen Schülern und Studenten entwickelte er Verfahren, mit denen aus kleinen Molekülen Schritt für Schritt immer größere und schließlich Makromoleküle erzeugt wurden. Er entwarf Methoden zur Untersuchung von Makromolekülen und ihren Eigenschaften. Daher konnte er bald beweisen, daß beispielsweise die typischen Eigenschaften von Kautschuk im wesentlichen auf die ungeheure Größe der Moleküle zurückzuführen waren und nicht auf neuartige Bindungstypen oder Wechselwirkungen zwischen den Molekülen.

Die Struktur des Kautschuks. Aufgrund seiner Arbeiten und der des Berliner Professors Carl Dietrich Harries (1866–1923) kennen wir heute die Struktur des Kautschuks ganz genau. Isopren wird von der Pflanze selbst hergestellt und mit Hilfe von Biokatalysatoren (Enzymen) zu Kautschuk polymerisiert. Bei der Polymerisation bleibt eine der beiden Doppelbindungen des Isoprens erhalten und verschiebt sich zur Mitte des Grundbausteins des Makromoleküls. Die Doppelbindung verhindert die Drehbarkeit um die Verbindungsachse zwischen benachbarten Kohlenstoffatomen. Daher gibt es zwei Möglichkeiten, wie die CH_2-Gruppen relativ zur Doppelbindung angeordnet sein können. Befinden sie sich auf der gleichen Seite der Doppelbindung, so spricht man von »cis-Stellung«. Die andere Möglichkeit wird als »trans-Stellung« bezeichnet. Zwei Moleküle, die sich lediglich durch die Anordnung dieser Gruppen relativ zur Doppelbindung unterscheiden, werden als »cis-trans-Isomere« bezeichnet.

Kautschuk ist ein Poly-cis-Isopren. Auch Poly-trans-Isopren kommt als Guttapercha im Saft gewisser tropischer Bäume vor. Im Gegensatz zu Kautschuk ist Guttapercha ein hartes sprödes Material, das für elektrische Isolationen Verwendung findet.

Die Technik nimmt sich der neuen Werkstoffe an. Wenn die Wissenschaft die Erkenntnisse Staudingers auch nur zögernd aufnahm – erst im Jahre 1953 erhielt er den Nobelpreis für seine grundlegenden Arbeiten –, fielen sie doch bei der Industrie auf fruchtbaren Boden. Sie ermöglichten den Aufbau einer Kunststoffindustrie, eine Entwicklung, die hauptsächlich in Deutschland und den USA vorangetrieben wurde.

Bereits im Jahre 1927 warb der damals größte chemische Konzern der Welt, die deutsche IG-Farbenindustrie, einen Stab von mehr als zwanzig fähigen und für die makromolekulare Chemie begeisterten Wissenschaftlern an. Sie sollten bahnbrechende Arbeit für die Theorie der Makromoleküle und ihre industrielle Fertigung und Anwendung leisten. Bereits 1929 wurde der erste wirklich planvoll entwikkelte Kunststoff »Polystyrol« fabrikmäßig hergestellt und vertrieben. Es war ein voller wirtschaftlicher Erfolg. Polystyrol erwies sich als glasklares, festes und glänzendes Material, das uns heute vor allem als Verpackungs- und Isoliermaterial tagtäglich begegnet. Der Name »Kunststoffe« begann zu dieser Zeit populär zu werden. Auch in Amerika fiel die Entscheidung zugunsten von Staudingers Theorien aus. Im Jahre 1928 begann der damals zweiunddreißigjährige Chemiker Wallace Hume Carothers im Auftrag des größten Chemiekonzerns der Vereinigten Staaten, der Firma Du Pont de Nemours, an der Spitze eines Teams von ausgesuchten Wissenschaftlern mit der planvollen Suche nach neuen Polymeren. Es gelang diesem Team, die erste vollsynthetische Faser zu entwickeln. Die Arbeiten gipfelten 1934 in der Entdeckung des Nylon, eines synthetischen Polyamids. Es wurde 1937 durch Patent geschützt und während des Krieges in den USA auf den Markt gebracht. In Deutschland wurde es bekannt, als in den Nachkriegsjahren die von den Amerikanern mitgebrachten Nylonstrümpfe ein begehrtes Tauschobjekt und Zahlungsmittel wurden.

Es ist interessant, die Entwicklung der Kunststoffindustrie in Deutschland und den USA zu vergleichen. In den Vereinigten Staaten wurden zunächst hauptsächlich Kunststoffe entwickelt, die zur Herstellung von Konsumgütern, wie Strümpfen, Wäsche und Anzügen, gedacht waren. In Deutschland lag der Schwerpunkt der Entwicklungsarbeiten dagegen auf der Erzeugung von Werkstoffen. Ein erklärtes Hauptziel war die Herstellung von künstlichem Kautschuk, ein Gebiet, das in den USA zunächst völlig vernachlässigt wurde.

Synthese-Kautschuk ist kriegsentscheidend. Im Jahre 1935 wurde in Deutschland die industrielle Produktion von künstlichem Kautschuk, sogenanntem »Buna S«, aufgenommen. Damit war das Deutsche Reich unabhängig von der Einfuhr des natürlichen Kautschuks, die im Kriegsfall leicht abgeschnitten werden konnte. Flugzeug- und Autobereifung für die militärische Ausrüstung konnten nun vollständig im eigenen Land erzeugt werden. Im Jahre des Kriegsausbruchs, 1939, wurden bereits mehr als 20000 t erzeugt, und bis 1943 wurde die Erzeugung auf mehr als 100000 t pro Jahr gesteigert. Das entspricht dem Jahresertrag von mehr als 40 Millionen Gummibäumen! Eine wesentliche Voraussetzung für Hitlers Aggressionspläne war geschaffen worden.

Für die Vereinigten Staaten sollte sich die Vernachlässigung dieses Gebietes bitter rächen. Nach dem japanischen Überfall auf Pearl Harbor im Jahre 1941 waren die USA von ihren Rohstoffquellen in Hinterindien und Indonesien abgeschnitten. Die Vorräte an Naturkautschuk reichten noch nicht einmal für den Friedensbedarf eines Jahres. Die Niederlage im Konflikt mit Japan und Deutschland schien unvermeidlich, wenn es nicht gelang, synthetischen Kautschuk in großem Umfang herzustellen. In einer unerhörten Kraftanstrengung gelang dies den Vereinigten Staaten tatsächlich. Zunächst wurden alle deutschen Patente und Verfahren enteignet, mit denen einige kleinere Niederlassungen deutscher Firmen in den Vereinigten Staaten den künstlichen Kautschuk Buna S hergestellt hatten. Sie wurden einer nationalen Behörde übertragen, die alle Anstrengungen auf diesem Gebiet koordinieren und leiten sollte. Eine riesige und komplexe neue Industrie wurde innerhalb von zwei Jahren buchstäblich aus dem Boden gestampft. 1942, kurz nachdem die Vereinigten Staaten in den Krieg eingetreten waren, betrug die Jahresproduktion nur wenig mehr als 20000 t. Im folgenden Jahr war die Produktion in 50 neuen Fabriken bereits auf mehr als das Zehnfache gestiegen.

Die Lösung des unter Umständen verhängnisvollen Kautschukproblems hatte die Vereinigten Staaten mehr als eine Milliarde Dollar gekostet, hatte sie aber gleichzeitig zum führenden Produzenten dieses technisch so wichtigen Werkstoffes werden lassen. Sie waren daher nach dem Krieg hauptsächlich am Verkauf dieses Produktes und an der Auslastung der großen Industrieanlagen interessiert. Aus naheliegenden Gründen wurde daher nach dem Krieg die Produktion von Synthesekautschuk in Deutschland durch die Siegermächte verboten. Das Verbot wurde erst im Jahre 1954 mit Abschluß des Deutschlandvertrages aufgehoben. Heute gehört die Bundesrepublik nach den USA und Japan wieder zu den führenden Produzenten dieses begehrten Kunststoffes.

Vom Fadenmolekül zur molekularen Strickleiter. Makromoleküle entstehen aus kleinen organischen Molekülen, den Monomeren. Durch Polymerisation werden die Monomeren chemisch miteinander zu langen Molekülketten verknüpft. Nicht jedes Molekül ist zur Polymerisation fähig. Die Monomeren müssen bestimmte chemische Strukturen aufweisen. Zur Polymerisation eignen sich viele chemische Verbindungen, die Kohlenstoff-Kohlenstoff-Doppelbindungen enthalten. Man bezeichnet solche Verbindungen als »ungesättigt«, weil Doppelbindungen im allgemeinen sehr reaktionsfreudig und bereit sind, sich durch Addition weiterer Gruppen in Einfachbindungen umzuwandeln.

Am Beispiel der Polymerisation des Äthylens läßt sich der Vorgang der Polymerisation leicht veranschaulichen. Äthylen besteht aus nur zwei Kohlenstoffatomen und vier Wasserstoffatomen. Die Doppelbindung des Äthylens kann durch geeignete Maßnahmen, zum Beispiel durch hohen Druck und hohe Temperatur in Gegenwart von etwas Sauerstoff, dazu gezwungen werden, sich zu öffnen. Es bilden sich »freie Valenzen« oder »Radikale«, die unter allen Umständen versuchen, sich wieder abzusättigen, indem sie miteinander reagieren. Man könnte das mit dem bekannten Muster von Volkstänzen vergleichen, wo sich Paare – im Fall des Äthylens die beiden durch eine Doppelbindung verknüpften Kohlenstoffatome – zunächst an Händen halten und

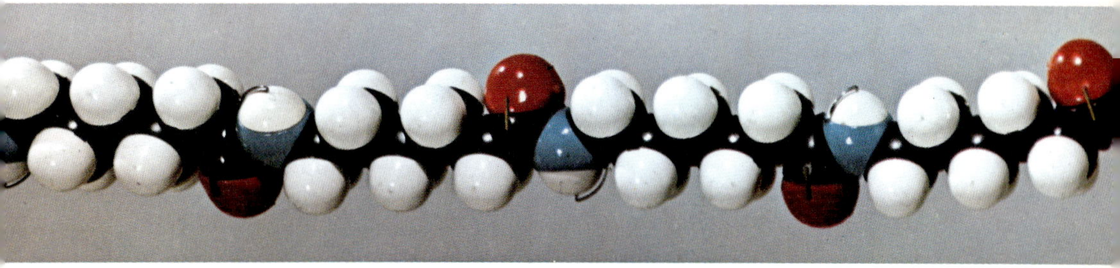

umeinandertanzen. Auf ein gegebenes Zeichen fügt sich jedes Paar in einen großen Reigen ein, ohne daß die Partner getrennt werden. An den Enden des Reigens können sich stets neue Partner anfügen, indem sie die freie Hand des letzten Paares in der Kette ergreifen. Auf ganz ähnliche Weise kommt es bei der Polymerisation zu einem Wachstum der Makromoleküle zu immer länger werdenden Ketten.

Polyäthylen, das auf diese Weise entsteht, ist übrigens einer der wichtigsten Kunststoffe. Im Jahre 1970 wurden allein in der Bundesrepublik 745 000 t von diesem Material hergestellt. Es ist das »Arbeitspferd« unter den Kunststoffen. Aufgrund seines geringen Gewichts, seiner Beständigkeit gegen Witterungseinflüsse und Chemikalien und wegen seines günstigen Preises wird es für viele Anwendungszwecke eingesetzt. Unter den Markennamen Hostalen, Lupolen, Alkathene oder Marlex werden daraus Flaschenkästen, Spielzeug, Haushaltsartikel, Plastikbeutel, Kabelisolierungen, Abdichtfolien und Einwegflaschen hergestellt. Da es, ohne Rückstände zu hinterlassen, wie eine Paraffinkerze verbrennt, bildet es für Müllverbrennungsanlagen keine Probleme.

Radikale lösen Reaktionen aus. Polymerisationen unter hohem Druck und bei hohen Temperaturen sind technisch unbequem. Wann immer es geht, versuchen die Ingenieure und Anwendungstechniker ihre Kollegen von der chemischen Forschung

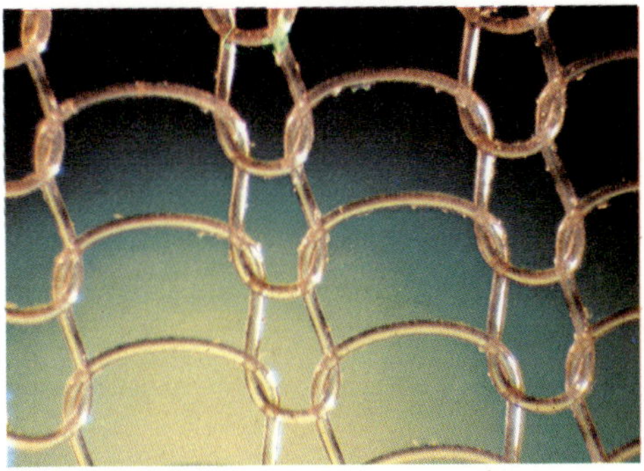

Hermann Staudinger (siehe Kästchen Seite 148) legte 1920 das Fundament für die Makromolekulare Chemie, und damit entwickelte sich die Kunststoffindustrie in unerhörtem Ausmaß. Während man sich in Deutschland vor allem der Erzeugung von künstlichem Kautschuk widmete, für die Bereifung von Autos und Flugzeugen, schuf man in den USA zur selben Zeit eine Bekleidung für Damenbeine. Im Bild das Modell eines Perlon-Moleküls (oben) und die Maschen eines Nylonstrumpfes.

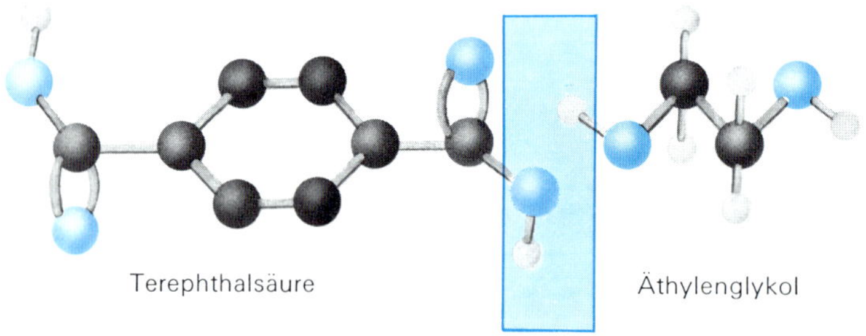

davon zu überzeugen, daß es doch noch andere Lösungsmöglichkeiten für eine gewünschte Polymerisation geben müsse, die eine technische Durchführung unter normalen Bedingungen ermöglicht. Tatsächlich gelingt es, viele Polymerisationen unter Verwendung von Katalysatoren bei niedrigen Temperaturen und bei Normaldruck durchzuführen. Eine der zahlreichen Möglichkeiten, die Polymerisation von ungesättigten Verbindungen auszulösen, besteht darin, den Monomeren in geringer Menge Verbindungen zuzumischen, die schon bei niedriger Temperatur spontan in Radikale zerfallen. Unter Radikalen versteht der Chemiker instabile Verbindungen, die ein Kohlenstoffatom besitzen, in dem nur drei der vier möglichen Bindungen abgesättigt sind. Diese Radikale lagern sich unter Weitergabe der Radikalstelle an Monomermoleküle an, wie es in der Illustration für die Äthylenpolymerisation gezeigt ist. Dabei entsteht ein um eine Monomereinheit größeres Radikal. Und so geht das Wachstum Schritt für Schritt weiter, bis sich entweder zwei Radikale treffen und unter Ausbildung einer Kohlenstoff-Kohlenstoff-Einfachbindung miteinander reagieren oder bis eine Verunreinigung das wachsende Radikal zerstört.

Aus dieser Vorstellung ergibt sich eine wichtige Folgerung. Die Kettenlänge, das heißt die Größe der Makromoleküle, von der die Eigenschaften des Kunststoffs entscheidend abhängen, kann geregelt werden. Das geschieht beispielsweise durch Veränderung der Menge der Radikalbildner. Dadurch beginnen mehr oder weniger Moleküle gleichzeitig zu wachsen, weil jedes Radikal nur eine Kette startet. Eine andere Möglichkeit besteht im gezielten Zusatz von Verunreinigungen, die das Wachstum mit einer gewissen Wahrscheinlichkeit stoppen, nachdem die Ketten die gewünschte Länge erreicht haben.

Die Wichtigkeit der Größenregelung soll das folgende Beispiel veranschaulichen: Polyäthylen, das nach dem Hochdruckverfahren hergestellt wurde und aus Molekülen mit durchschnittlich 75 Kettengliedern (Grundbausteinen) besteht, ist ein weiches Wachs, das bei 76 °C schmilzt. Ein nach dem gleichen Verfahren hergestelltes Polyäthylen, das aber aus durchschnittlich 1300 Kettengliedern besteht, ist ein zähes, biegsames Material von guter Reißfestigkeit, das zur Herstellung von Verpackungsfolien oder Plastikflaschen geeignet ist. Es schmilzt erst bei 112 °C und verfügt über ausgezeichnete elektrische Isoliereigenschaften.

Durch Polykondensation entsteht aus Terephthalsäure und Äthylenglykol der Polyester, »Polyäthylenterephtalat«. Er wird unter den Namen Trevira®, Terylen®, Dacron® oder Diolen® auf den Markt gebracht. Bei der Veresterung wird aus einer Säuregruppe (–COOH) und einer Alkoholgruppe (–OH) unter Abspaltung von Wasser die feste Esterbindung geknüpft (siehe auch Seite 112).

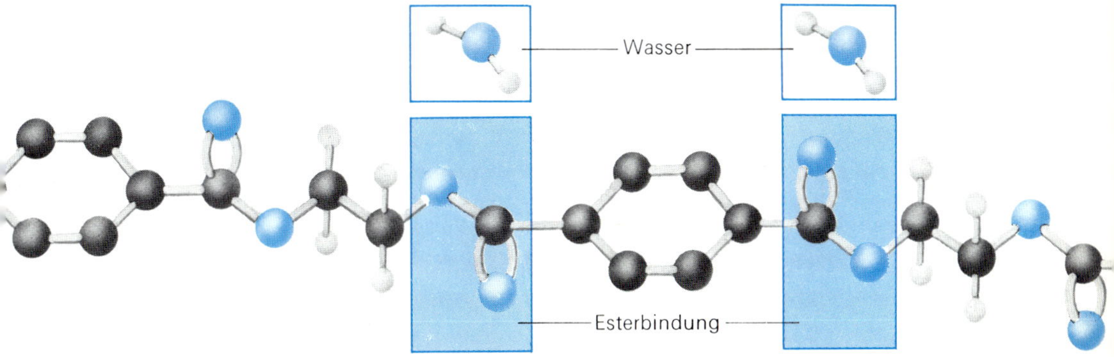

Polyäthylenterephthalat

Die Beschreibung einer chemischen Reaktion, wie sie gerade für die Polymerisation von Äthylen durchgeführt wurde, nennt man »chemische Kinetik«. Eine solche Darstellung erlaubt es, den ganzen Vorgang mathematisch zu erfassen und beispielsweise einen quantitativen Zusammenhang zwischen der Menge der zugefügten Radikalbildner, der mittleren Kettenlänge der Makromoleküle und der Zeit, die für die Polymerisation benötigt wird, aufzustellen. Man kann sich leicht vorstellen, daß bei der ungeheuren Menge von Kunststoffen, die täglich produziert werden, jeder Zufall bei der Produktion ausgeschlossen werden muß. Daher werden die Produktionsanlagen weitgehend durch Computer gesteuert. Das aber ist nur möglich, weil jede Einzelheit der chemischen Reaktion genau bekannt und mathematisch erfaßbar ist.

Bügelfalten für die Ewigkeit. Die Möglichkeiten zur Herstellung fadenförmiger, »linearer« Makromoleküle sind fast unbegrenzt. Von besonderer Wichtigkeit ist eine Methode, die nicht von Monomeren mit ungesättigten Bindungen ausgeht, die Polykondensation. Durch Polykondensation werden die vielseitig verwendbaren Stoffklassen der Polyamide und Polyester hergestellt. Zu ihnen gehören die bekannten Textilfasern, die unter den Namen Nylon, Perlon, Trevira oder Diolen gehandelt werden.

Um die Polykondensation zu verstehen, müssen wir etwas weiter ausholen. Wenn eine organische Säure, beispielsweise Essigsäure, mit einem Alkohol, beispielsweise Äthylalkohol, reagiert, so entsteht ein »Ester«. In unserem Beispiel entsteht der Essigsäureäthylester. Alkohol und Säure sind nun fest über die Esterbindung, eine Kohlenstoff-Sauerstoff-Kohlenstoff-Brücke miteinander verbunden. Bei dem Vorgang wird ein Molekül Wasser abgespalten und die Reaktion deshalb als »Kondensation« bezeichnet. Die Ester sind eine häufig anzutreffende Substanzklasse. So zählen beispielsweise die vom menschlichen Körper aufgenommenen Fette zu den Estern, und zwar zu denen des Glycerins.

Schon Carothers hatte die ersten Polyester hergestellt. Er ging dabei von dem einleuchtenden Gedanken aus, daß die Reaktion von Molekülen, die zwei Säuregruppen enthalten, mit solchen, die zwei Alkoholgruppen enthalten, zu linearen Makromolekülen führen müsse, in denen sich Alkohol- und Säurereste, über Esterbindungen verknüpft, in regelmäßiger Abfolge anordnen. Wähend aber Carothers seine Polyester aus geraden Kohlenstoffketten, sogenannten Aliphaten, aufgebaut hatte, benutzten zwei englische Chemiker namens John R. Whinfield und James R. Dickson kurz vor dem Zweiten Weltkrieg eine Verbindung mit einem Benzolring zu diesem Zweck. Sie taten dies in der Absicht, dadurch die ungenügende Stabilität der aliphatischen Polyesterfasern bei Waschvorgängen und bei mechanischer Beanspruchung zu verbessern. Als aromatische Säure diente die Terephthalsäure, als Alkohol das Äthylenglykol. Die Terephthalsäure trägt an ihrem Benzolring zwei Säuregruppen (-COOH), plastisch ausgedrückt, zwei Haken, die sich bei der Esterbildung mit den Alkoholgruppen des zweiwertigen Glykols als Ösen außerordentlich fest verbinden.

Die Erfindung der beiden Chemiker wurde von dem großen englischen Chemiekonzern ICI sofort übernommen und erwies sich alsbald als der große Schlager in der Parade der Kunstfasern.

Die Faser, deren wissenschaftlicher Name »Polyäthylenterephthalat« lautet, wurde nach dem Krieg zunächst unter dem Namen »Terylene-Faser« auf den Markt gebracht. Aus ihr wurden erstmals Textilien hergestellt, die knitterfest, pflegeleicht, farbecht und allen modischen Veränderungen in der Struktur des Gewebes leicht anpaßbar waren. Diese Eigenschaften verhalfen ihr zu einem Siegeszug ohnegleichen. Geradezu Berühmtheit hat ein Anzug erlangt, der von der ICI monatelang in Wasser eingeweicht wurde, ohne daß er seine Bügelfalten einbüßte.

Alsbald bewarben sich die führenden Chemieunternehmungen der ganzen Welt bei der ICI um Lizenzen für die Herstellung dieser Faser; so auch die große deutsche Firma »Farbwerke Hoechst«. Sie brachte Polyäthylenterephthalat in den fünfziger Jahren unter dem Namen »Trevira« auf den deutschen Markt.

Auf dem Wege zur Kunstfaser. Um die Polyesterfasern herzustellen, kann man freilich nicht einfach Äthylenglykol und Terephthalsäure zusammengeben; denn Terephthalsäure widersetzt sich dem Versuch zur Polykondensation. Ein technisch realisierter Weg zur Faser führt über den Dimethylester der Terephthalsäure, der bei der Umesterung mit Glykol den Terephthalsäure-bis-glykolester liefert. Der nächste Schritt ist dann die Kondensation dieses Zwischenproduktes durch eine genau festgelegte und sorgfältig überwachte Temperaturbehandlung in Gegenwart bestimmter Katalysatoren, deren genaue Zusammensetzung streng gehütetes Geheimnis jeder Firma ist. Schauplatz dieses Vorgangs sind mehrere Meter hohe Kessel, die Standard-Polymerisations- und -Polykondensationsapparaturen. Aus den Schmelzkesseln fließt das Polykondensat als breites Band durch ein Wasserbad, in dem es gekühlt und gewaschen wird, direkt in den Schlund riesiger »Fleischwölfe«. Sie spucken das Polykondensat in Form von Zehntausenden von kleinen Schnitzeln auf Förderbänder, die sie zu Trockenanlagen bringen. Nach dem

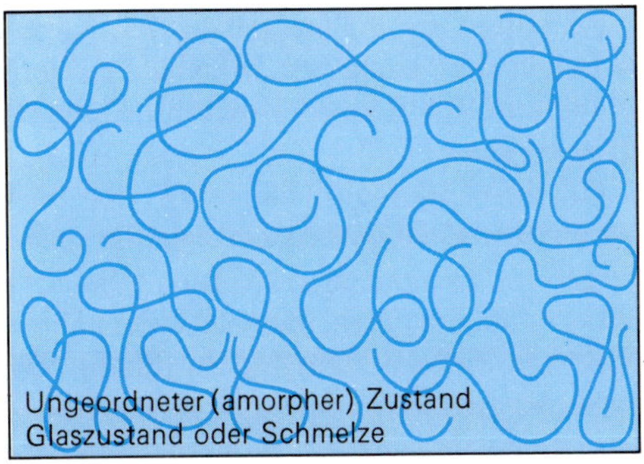

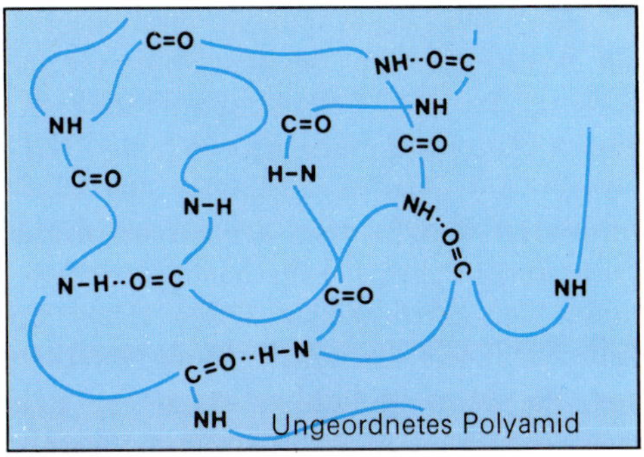

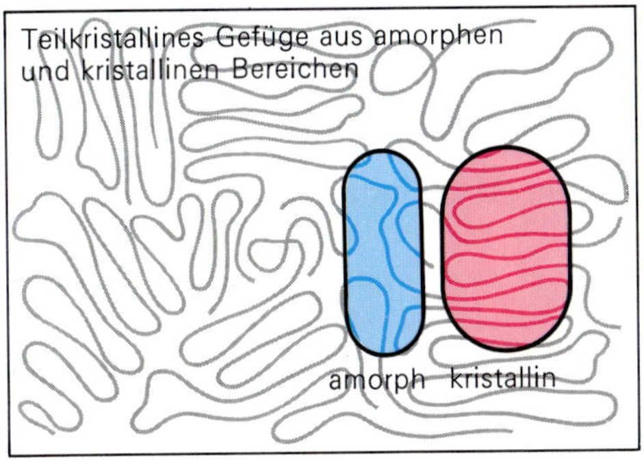

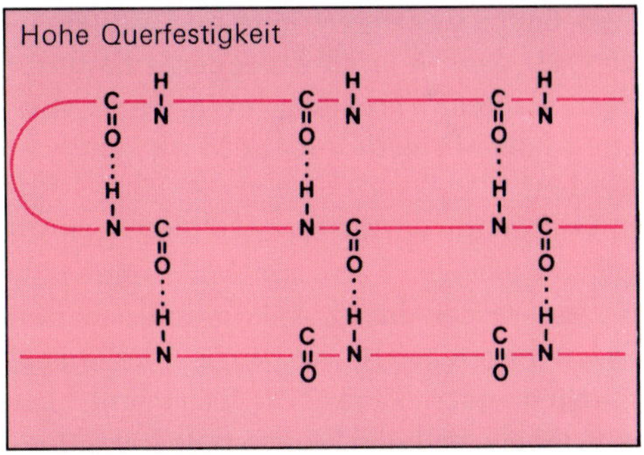

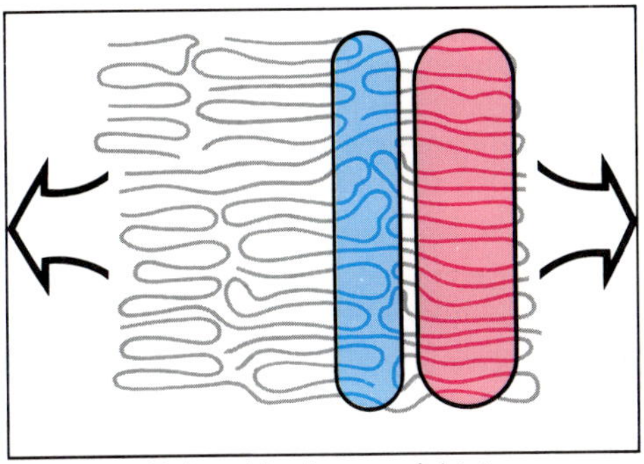

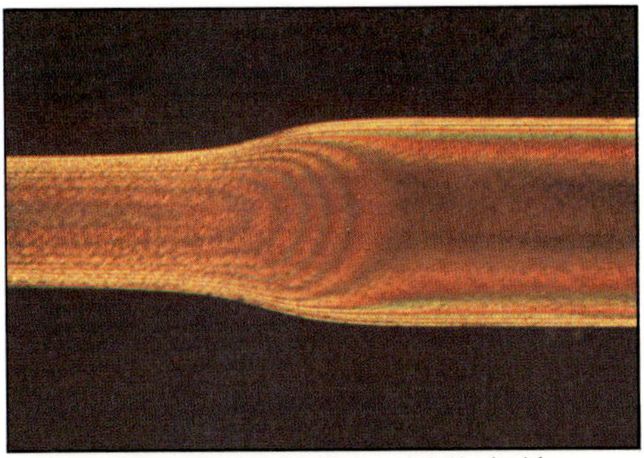

Kristallines Polyamid mit ausgerichteten Wasserstoffbrücken

Die Ausrichtung der Makromoleküle in Verstreckungsrichtung wird bei der Durchleuchtung mit polarisiertem Licht sichtbar

Die Eigenschaften eines Kunststoffs hängen nicht nur von der chemischen Struktur ab. Die räumliche Anordnung der Makromoleküle in einem amorph-kristallinen Gefüge ist die Ursache für die technisch bedeutsamen Eigenschaften. Kunststoffe können gleichzeitig zäh und elastisch, biegsam und fest sein (siehe auch Seite 114–117).

Trocknen folgt der wichtigste Produktionsakt, das Verspinnen. Bei dem Polyester geschieht das im Schmelzspinnverfahren. Durch Düsen mit mehr als 250 feinen Öffnungen pro Quadratzentimeter, die Wasserbrausen ähneln, wird der geschmolzene Polyester in einen Fallschacht hineingepreßt. Die entstehenden Fäden sehen im Fallschacht wie unendlich dünne Strahlen aus, die beim Abkühlen erstarren. Erst wenn mehrere von ihnen zusammengefaßt sind, bilden sie das vertraute Bild weißer Fäden, die dann je nach Erzeugerfirma unter dem Namen »Trevira«, »terylen«, »Dacron« oder »Diolen« auf den Markt gebracht werden.

Vorher müssen die Fasern allerdings noch gequält werden. Denn die Makromoleküle im Innern der durch Abkühlen erstarrten Fäden liegen noch wie wirre Wollknäuel durcheinander. Eine Textilfaser soll aber eine möglichst hohe Reißfestigkeit und Elastizität in Faserrichtung besitzen. Um das zu erreichen, werden sie auseinandergezogen und in einem Temperaturbad auf das Vierfache ihrer Länge versteckt. Obwohl dabei die Fäden in der geheizten Apparatur dünner werden, nimmt ihre Stärke doch außerordentlich zu. Nur mit größter Kraftanstrengung kann man sie noch auseinanderreißen.

Die Erklärung für diesen Vorgang ist einfach. Durch den Verstreckvorgang wurden die Moleküle aufgefaltet und vorzugsweise parallel zur Verstreckrichtung ausgerichtet. Wenn man jetzt versucht, eine Faser zu zerreißen, so muß man tatsächlich einzelne chemische Bindungen innerhalb der Molekülketten zerreißen, während man bei unverstreckten oder niedermolekularen Werkstoffen nur die viel geringeren Kräfte zwischen den einzelnen Molekülen überwinden muß, um einen Bruch im Material zu erzeugen.

Polyäthylenterephthalat wird übrigens bei weitem nicht nur in der Textilbranche eingesetzt. Es kann auch zu dünnen Schichten vergossen werden, die nach einem komplizierten Verstreckvorgang zu zähen, völlig transparenten und nahezu unzerreißbaren Filmen erstarren. In Streifen zerschnitten und mit einer magnetischen Schicht bedeckt, dient das Material als Ton- und Videoband.

Warum ist Gummi elastisch? Wenn man über die Eigenschaften von Kunststoffen nachzudenken beginnt, dann ist es nützlich, von einem bereits angedeuteten Modell Gebrauch zu machen. Die Schmelze oder Lösung eines Polymeren besteht aus fadenförmigen, ineinander verknäuelten Makromolekülen. Bei Abkühlung oder Entfernung des Lösungsmittels, beispielsweise beim Schmelz- oder Lösungsspinnen, wird dieser Zustand »eingefroren«. Das Material verhält sich also ganz ähnlich wie eine sehr viskose Flüssigkeit, ähnlich wie Honig, der ja auch bei tiefer Temperatur erstarrt und bei hoher Temperatur flüssig wird, ohne daß er dabei notwendigerweise kristallisiert. In diesem Zustand versuchen die Moleküle die wahrscheinlichste, energieärmste Gestalt anzunehmen. Für eine Flüssigkeit ist dies die Form eines Tröpfchens, weil sie von allen möglichen Formen die geringste Oberfläche besitzt. Unterwirft man ein Plastikmaterial aus solchen Molekültröpfchen mechanischer Beanspruchung, so werden die Molekülknäuel zunächst einmal bis zu einem gewissen Grade verzerrt. Die Plastikstoffe – oder, genauer gesagt, die Thermoplaste unter ihnen – sind deshalb geschmeidig und zäh. Wenn die mechanische Beanspruchung nicht allzu hoch war, schnappen sie elastisch wieder in ihre ursprüngliche, weil wahrscheinlichere Form zurück. Ein Teil der Moleküle wird aber auch der Beanspruchung nachgeben und an den anderen Molekülen vorbeigleiten. Man bezeichnet das als »viskoses Fließen« und die Thermoplaste deshalb als »viskoelastisch«. Bei hoher Belastung richten sich die Moleküle mehr oder weniger parallel aus und gleiten, wenn der Verstreckvorgang bei hoher Temperatur erfolgt, vollständig aneinander ab, das heißt, der Stoff zerfließt. Erfolgt der Verstreckvorgang unter sorgfältiger Temperaturkontrolle wie beim Polyäthylenterephthalat, so läßt sich die Anordnung der parallelisierten Ketten einfrieren, und der Stoff gewinnt dann bei Normaltemperatur eine hohe mechanische Stabilität.

Nun ist es auch ein leichtes, einzusehen, wie die hohe Elastizität des Kautschuks als Folge der Vulkanisation zustande kommt. Reiner Naturkautschuk wird bekanntlich

Bei der Polymerisation werden viele einzelne Moleküle, die »Monomeren«, zu Riesenmolekülen, den »Polymeren«, zusammengefügt. So entsteht aus Äthylen, dem einfachsten Molekül mit einer Kohlenstoff-Doppelbindung, das Polyäthylen. Eine der beiden Bindungen zwischen den Kohlenstoffatomen des Äthylens wird zur Verknüpfung mit den Nachbareinheiten benützt. Polymerisation erfolgt nur in Gegenwart von Katalysatoren. Der Katalysator – hier ein Wasserstoffradikal – erzeugt eine Monomereinheit mit Radikalstelle. Unter Weitergabe der Radikalstelle wächst die Molekülkette durch Anlagerung weiterer Monomerer.

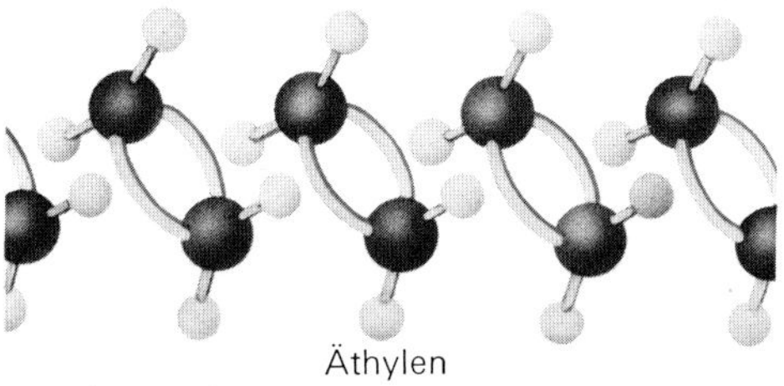

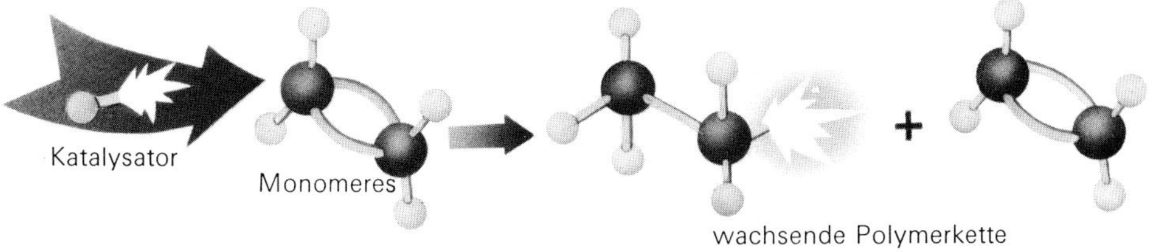

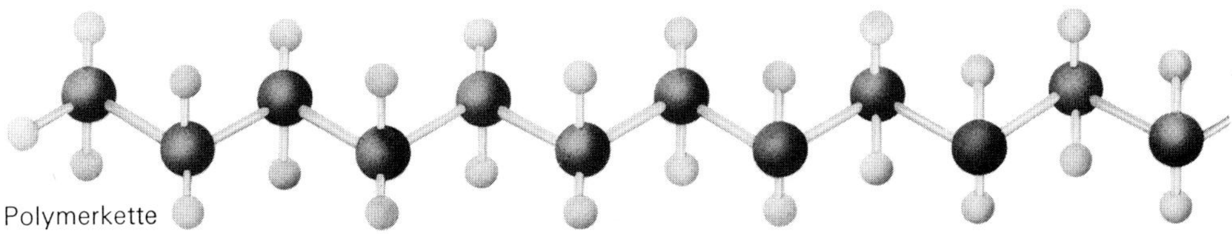

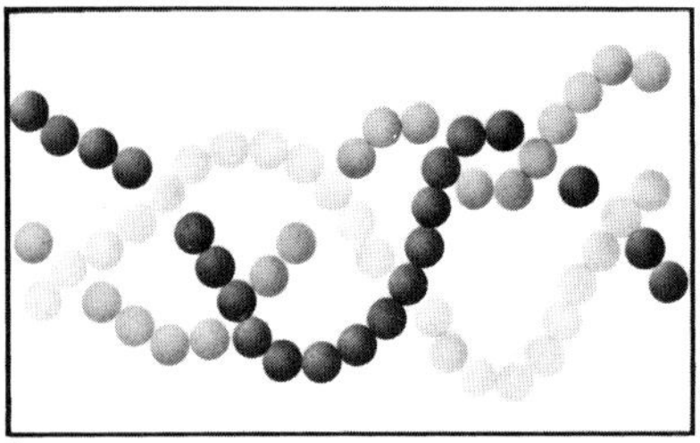
1

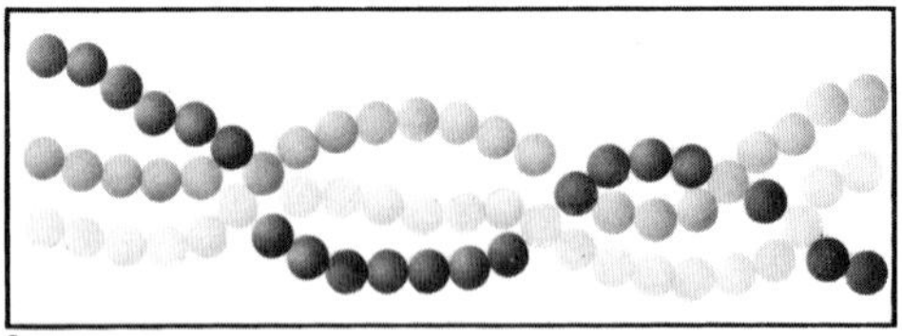
2

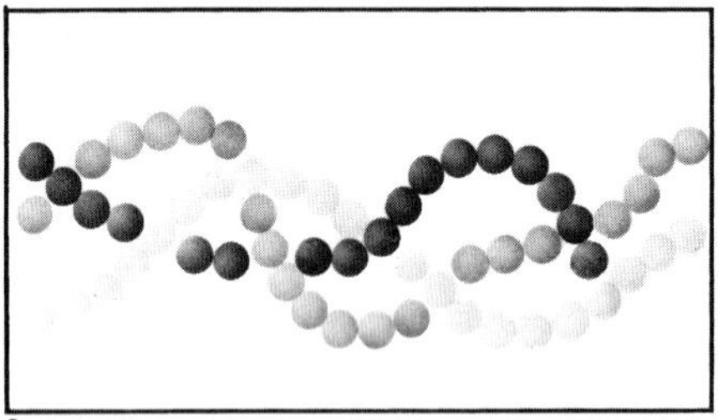
3

Bei nichtvulkanisiertem Kautschuk sind die Molekülketten nicht miteinander verbunden und deshalb frei gegeneinander beweglich. Sie strecken sich, wenn der Kautschuk gedehnt wird (Grafik 2), und gleiten aneinander vorbei, nehmen aber nach der Entspannung nicht mehr ihre ursprüngliche Lage ein (Grafik 1 und 3). Der Kautschuk bleibt zäh und biegsam, weist außer hoher Elastizität beachtliche Widerstandsfähigkeit und Zerreißfestigkeit auf, wenn durch das Vulkanisieren Schwefelbrücken zwischen die Molekülketten geknüpft werden. Sie springen nach dem Dehnen in ihre Ausgangsstellung zurück (Grafik 1 und 3; siehe auch Seite 114, 115).

bei Erwärmung zäh und klebrig. Bei der Vulkanisation – dem Erhitzen des Kautschuks mit Schwefel – werden zahlreiche Schwefelbrücken zwischen den einzelnen Makromolekülen erzeugt. Das gesamte Material ist nach dem Erhitzen ein einziges Netzwerk. Jetzt können die Moleküle nicht mehr aneinander vorbeigleiten, wenn das Material mechanisch beansprucht wird, sondern sie werden lediglich plastisch verzerrt. Nach Ende der Beanspruchung springen sie genau in ihre Ausgangsstellung zurück, und der Kautschuk bleibt elastisch und biegsam.

Allerdings wird die neue vorteilhafte Eigenschaft durch einen Nachteil erkauft. Die bei der Vulkanisation festgelegte Form des Körpers ist ein für allemal festgelegt, denn die äußere Form des Körpers ist ja ebenfalls durch die molekularen Netzbrücken fixiert. Man bezeichnet deshalb solche Stoffe, die bei der Herstellung mit Netzbrücken versehen wurden, als Duroplaste. Sie lassen sich durch erneutes Erhitzen nicht mehr erweichen und in ihrer Form verändern.

Der Chemiker als Architekt. Auch durch andere Maßnahmen können die Eigenschaften von makromolekularen Stoffen verändert werden. Durch Anhängen von kleinen Seitenzweigen an die große Hauptkette von Makromolekülen entstehen »Pfropfcopolymere«. In ihnen vereinigen sich die Eigenschaften der Hauptkette mit denen der Seitenkette. Bei einer Textilfaser kann beispielsweise die Hauptkette die Strapazierfähigkeit der Faser bedingen, während die kleinen Seitenketten für ein gutes Waschvermögen oder für Hautfreundlichkeit sorgen. Ein anderes Prinzip zum Aufbau von Kunststoffen mit geplanten Eigenschaften ist die Copolymerisation. Bei der Copolymerisation werden zwei oder mehrere verschiedene Monomertypen gleichzeitig zu Makromolekülen zusammengefügt. Man erhält statistische oder Blockcopolymere, die »Legierungen« der Kunststoffchemie. So ähnlich wie man durch Mischen von zwei Farben eine neue erhält, wird durch Copolymerisation von verschiedenen Monomeren ein neuer Kunststoff mit neuen Eigenschaften gebildet. Das bekannteste Beispiel ist der Synthesekautschuk, bei dem das spröde Polystyrol durch Einpolymerisieren von Butadien elastisch wird.

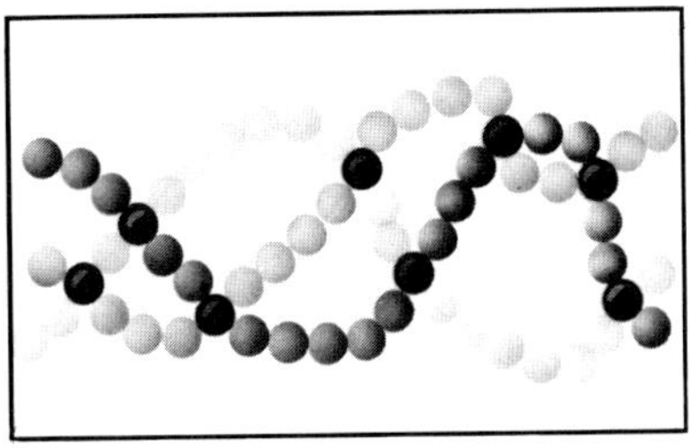
1

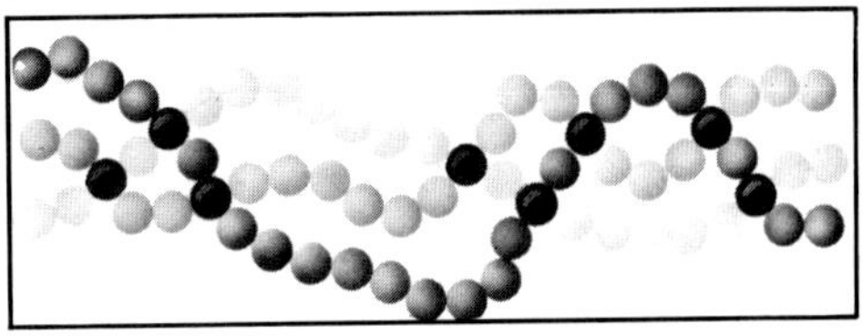
2

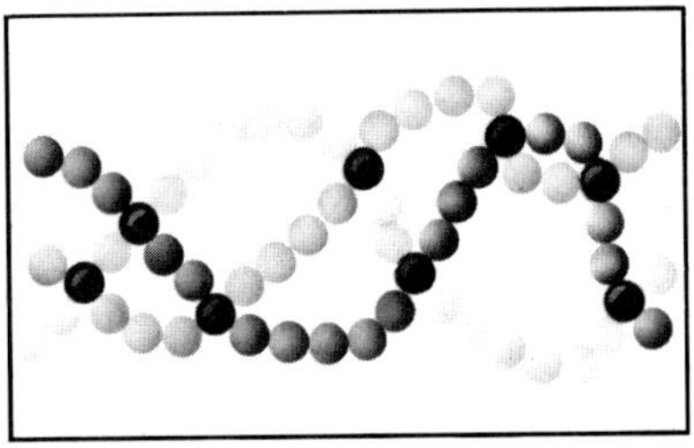
3

Natur als Vorbild und Produzent. Heute leben auf allen Kontinenten rund eine Milliarde Schafe. Wollte man sie dazu bringen, wesentlich mehr als 1,5 Millionen t Wolle jährlich herzugeben, würde man auf unüberwindliche Schwierigkeiten stoßen. Auch die Erhöhung ihrer Kopfzahl wäre schwerlich möglich, ebenso wie die Steigerung der Anbaufläche für Baumwolle, Flachs oder Jute. Schon der Versuch wäre ein zweifelhaftes Unternehmen, denn das zur Schafzucht benötigte Land wird für die Ernährung der immer stärker anwachsenden Menschheit dringend gebraucht. Doch die Menschen müssen ausreichend gekleidet werden. Nur die Chemiefasern können eine Lösung dieses Problems bringen.

Im Jahre 1970 wurden aus Cellulose, also aus dem Rohstoff Holz, 3,5 Millionen t Zellulosefasern hergestellt. Ihnen standen bereits 4,9 Millionen t rein synthetischer Fasern gegenüber, die für diesen Siegeszug nur knapp vierzig Jahre gebraucht hatten, während die Naturfasern Wolle, Baumwolle und Seide schon viele Tausende von Jahren dem Menschen dienen.

Alle Naturfasern unterscheiden sich wesentlich von den Synthesefasern. Die Industrie kann sie in stets gleichbleibender Qualität und ohne Produktionsschwankungen liefern. Je nach Verwendungszweck werden sie glatt oder gekräuselt, dick oder dünn, seidig oder matt hergestellt. Die Gebrauchseigenschaften weichen stark von denen herkömmlicher Materialien ab. Sie besitzen hohe Reißfestigkeit und Formbeständigkeit, sind schmutzabweisend und können leicht gewaschen werden. Überdies sind sie mottensicher. Diese Eigenschaften sind auch für die Textilindustrie von großer Bedeutung. Die gewaltige Produktionssteigerung in diesem Industriezweig ist unter anderem darauf zurückzuführen, daß die stärker beanspruchbaren Chemiefasern wesentlich schnellere Laufgeschwindigkeiten der Wirk- und Webmaschinen ermöglichen.

Trotzdem haben die Naturfasern noch lange nicht ausgespielt. Im Jahre 1970 wurden immerhin auf der ganzen Welt 11,6 Millionen t Baumwolle und 1,6 Millionen t Wolle erzeugt. Während heute noch über 60% des Textilfaserbedarfs durch reine Naturfasern gedeckt werden, besagen die Prognosen, daß der Anteil der Naturfasern im Jahre 1980 bereits auf 44% gesunken sein wird, weil der bis dahin nötige Zuwachs praktisch vollständig durch Synthesefasern gedeckt werden muß.

Trotz mancher Verschiedenheit zwischen Natur- und Synthesefasern haben die beiden doch eine wichtige Gemeinsamkeit. Beide sind aus Makromolekülen aufgebaut, die ihnen die typischen Fasereigenschaften verleihen. Überhaupt spielen Makromoleküle in der belebten Natur eine große Rolle. Alle Stoffe, mit denen die Natur ihre Strukturen schafft, sind makromolekulare Stoffe. Da ist die Cellulose, die Gerüstsubstanz der Pflanzen und Hauptbestandteil des Holzes. Die Formen der tierischen Lebewesen werden durch die Proteine (Eiweißstoffe) aufgebaut – Makromoleküle, die aus mehr als zwanzig verschiedenen Monomereinheiten in wechselnder Vielfalt zusammengesetzt sind. Aus ihnen bestehen die Knochen, Muskeln, Haare und Sehnen. Schließlich müssen die Polynucleotide erwähnt werden – Makromoleküle, die als Träger der Erbinformation dienen. Schon Staudinger stellte eine Theorie auf, die damals verlacht, heute von vielen ernsthaften Wissenschaftlern geteilt wird, daß nämlich das Leben selbst spontan aus Makromolekülen entstanden ist, die sich in den Urmeeren unter der Einwirkung der damals intensiven Sonnenstrahlung gebildet haben mögen. Die Natur ist also in vieler Hinsicht Vorbild und Produzent zugleich.

Eine Naturfaser aus Traubenzucker. Der Wert der Baumwolle als Textilfaser ist unbestritten. Ganze Kolonialkriege wurden um den Besitz von Baumwollgebieten ausgefochten. Trotzdem hat es ziemlich lange gedauert, bis die chemische Struktur der Baumwolle bekannt war.

Lineare Polymere nehmen wie Fäden am liebsten eine knäuelartige Gestalt an. Polymere, die aus chemisch verschiedenen Einheiten aufgebaut sind, heißen Copolymere. Durch Variation der Zusammensetzung können die Eigenschaften gezielt eingestellt werden. Zur Verbesserung der Gebrauchseigenschaften »pfropft« man gerne Seitenzweige eines anderen Polymeren auf bereits vorhandene Makromoleküle auf; z. B. wird Wolle durch Aufpfropfen von Acrylnitril waschfest. Blockpolymere aus harten und weichen Segmenten besitzen hohe Schlagzähigkeit. Leiterpolymere werden wegen ihrer hohen Temperaturbeständigkeit in Weltraumfahrt und Motorenbau eingesetzt. Hier sind je zwei Molekülfäden planmäßig verbunden. Wenn alle Molekülfäden durch chemische Bindungen miteinander verknüpft sind, entsteht ein Netzwerk mit hoher chemischer und mechanischer Stabilität (Duroplaste).

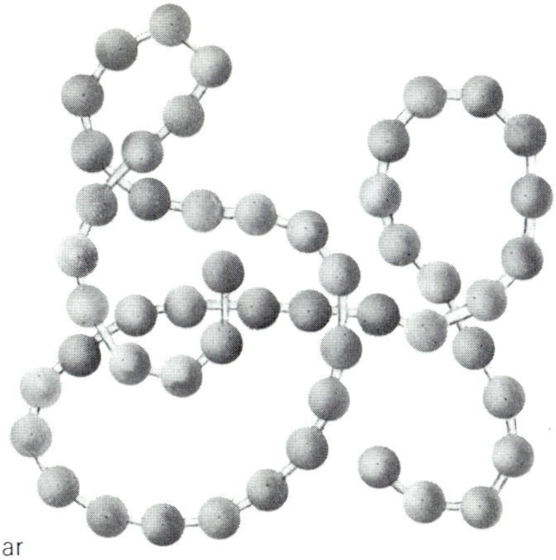

linear

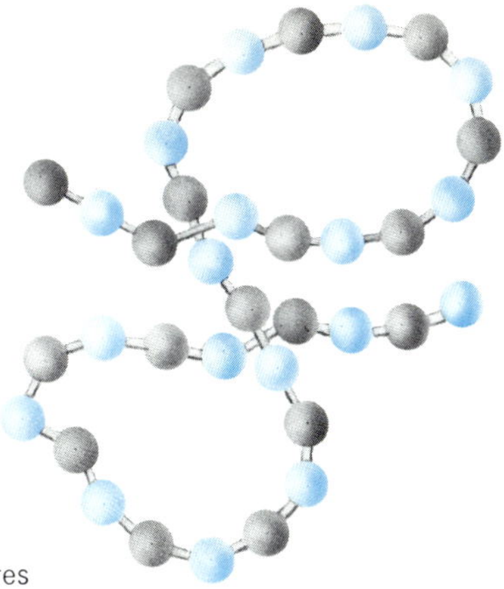

Copolymeres

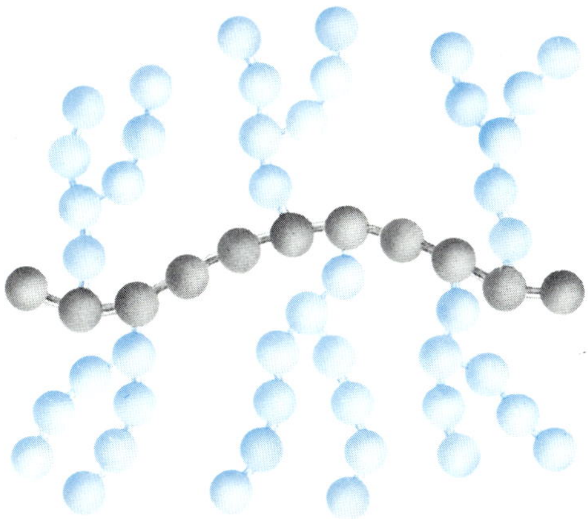

verzweigt-Pfropfcopolymeres

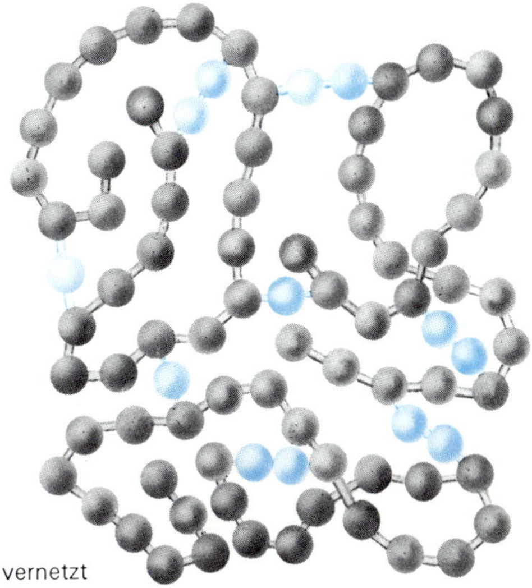

vernetzt

Leiterpolymeres

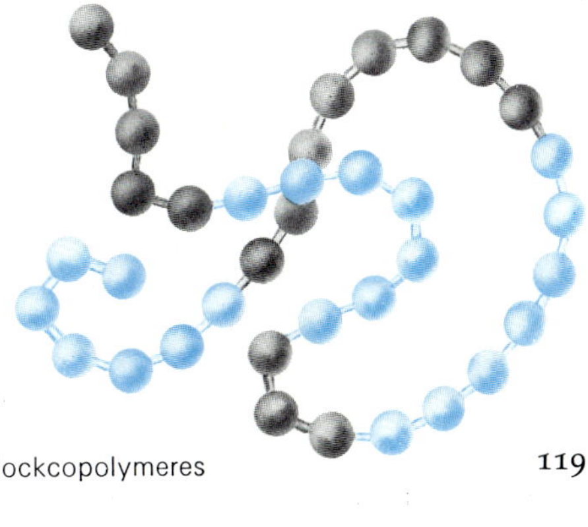

Blockcopolymeres

Den ersten Anstoß zur wissenschaftlichen Untersuchung der Cellulose gab merkwürdigerweise nicht die seit Tausenden von Jahren betriebene Verwendung von Baumwolle als Textilfaser, obwohl bereits seit Beginn des letzten Jahrhunderts bekannt war, daß Baumwolle nichts anderes als reine Cellulose ist. In den sechziger Jahren des vergangenen Jahrhunderts begannen in Amerika die Zeitungsunternehmungen, sich nach billigeren Rohstoffquellen für Papier umzusehen. Dort wurden die ersten Verfahren entwickelt, um aus dem reichlich zur Verfügung stehenden Holz, so wie es heute noch geschieht, die Cellulose herauszulösen und sie zu Zeitungspapier zu verarbeiten.

Etwa zur gleichen Zeit beschrieb der Engländer John Mercer, daß man Cellulose zunächst in kupfersalzhaltigem Ammoniak auflösen und dann durch Zugabe von Säure wieder ausfällen kann. Die technische Nutzung dieses Vorgangs, bei dem die sogenannte Kupferseide hergestellt wird, die außer ihrem seidigen Glanz nichts mit der natürlichen Seide zu tun hat, wird aber vor allem E. Schweizer zugeschrieben. Große Bedeutung hat dieser Prozeß nie erlangt; denn die Engländer Cross, Bevan und Beadle erfanden 1892 den »Viskose-Prozeß«, der bis heute aktuell geblieben ist. Die drei Forscher untersuchten den Einfluß verschiedener Chemikalien auf die sogenannte Alkalizellulose, die durch Behandlung der Baumwolle mit konzentrierter Lauge gewonnen wird. Dabei entdeckten sie, daß Schwefelkohlenstoff (CS_2) mit der Alkalicellulose eine körnige, leuchtend orangefarbene Substanz ergibt, die sich in verdünnter Natronlauge unter Bildung einer sirupartigen, viskosen Flüssigkeit auflöst. Es entsteht das sogenannte Cellulosexanthat. Wenn man diese viskose Lösung durch Spinndüsen in ein Fällbad von Säure einpreßt, dann wird die Cellulose regeneriert, und es bilden sich die Fasern der sogenannten »Viskose-Seide«, die unter dem Namen »Rayon« in der Textilindustrie vielseitig verwendet wird.

Wenn die Viskoselösung jedoch durch einen engen Schlitz in das Fällbad abgegeben (extrudiert) wird, dann entsteht ein dünner, glasklarer Film aus regenerierter Cellulose, das Cellophan. Cellophan wird hauptsächlich in der Verpackungsindustrie als Folie zum Schutz und Versand von Lebensmitteln benutzt. Erstaunlicherweise dauerte es bis zum Jahre 1913, bis die genaue Zusammensetzung der Cellulose bekannt wurde. Die Analyse ergab die Formel $C_6H_{10}O_5$, und

Eine **chemische Reaktion** verläuft im allgemeinen über mehrere instabile Zwischenstufen. Ein Beispiel für solche Zwischenstufen sind die bei der Polymerisation auftretenden freien Radikale. Die Beschreibung einer Reaktion unter Einbezug dieser Zwischenstufen bezeichnet man als **Reaktionsmechanismus** und die darauf beruhende mathematische Erfassung der Reaktion bezüglich ihres zeitlichen Verlaufs als **Reaktionskinetik.** Die Reaktionskinetik erlaubt es, Reaktionsabläufe zu berechnen, großtechnische Anlagen ingenieurmäßig zu planen und mit Hilfe von Computern zu steuern. Die Reaktionskinetik ist aber auch von großem Interesse für die chemische Theorie. Sie erlaubt einen Einblick in die molekularen Vorgänge bei chemischen Reaktionen. Als solche ist sie ein Teilgebiet der physikalischen Chemie.

wenige Jahre später wurde u.a. von Staudinger die Vermutung geäußert, daß Cellulose ein Makromolekül ist, das aus sehr vielen Einheiten des Traubenzuckers (Glucose) aufgebaut ist. Dieser einfache Zucker mit der Summenformel $C_6H_{12}O_6$ wird überall im Pflanzenreich und im Blut der Tiere gefunden. Er entsteht in den Pflanzen durch Photosynthese aus Kohlendioxid und Wasser. Umgekehrt liefert die Verbrennung dieser Substanz im tierischen Körper die Hauptmenge der zum Leben benötigten Energie. Die 24 Kohlenstoff-, Wasserstoff- und Sauerstoffatome der Glucose sind in einer geschlossenen sechsseitigen Struktur angeordnet, einem »Sechsring«, wie er häufig bei organischen Verbindungen angetroffen wird.

Staudinger konnte tatsächlich beweisen, daß die Cellulose ein Makromolekül ist. Er benutzte seine Arbeiten über die Cellulose sogar als wesentliche Stütze für seine Theorien. Heute wissen wir, daß beispielsweise in der Baumwolle, so wie sie aus den Samenkapseln des Baumwollstrauches gewonnen wird, genau 14000 Glucoseeinheiten pro Cellulosemolekül miteinander verknüpft sind. Ein solches Molekül ist 7/1000 mm lang. Wegen seines geringen Durchmessers kann es aber selbst im Elektronenmikroskop nicht sichtbar gemacht werden.

Ihrem Verhalten nach unterscheidet man **thermoplastische** und **duroplastische Kunststoffe.** Kennzeichen der Thermoplaste ist, daß sie bei höherer Temperatur erweichen und bei Abkühlung wieder erhärten. Duroplaste härten dagegen bei der Formgebung aus. Dabei werden Netzbrükken zwischen den einzelnen Makromolekülen gebildet, die das Material unlöslich, unschmelzbar und formstabil machen.
Wichtige Thermoplaste: Polyolefine wie Polyäthylen und Polypropylen, Polyvinylchlorid (PVC), Polystyrol.
Wichtige Duroplaste: Phenolharze und Preßmassen, Polyesterharze, Epoxidharze, Aminoplaste, Hartgummi.

Im Cellulosemolekül sind die einzelnen Glucosemoleküle über Sauerstoffbrücken, sogenannte Acetalbindungen, miteinander verknüpft. Bei der Bildung der Cellulose in der Pflanze werden die Zuckereinheiten mit Hilfe von Enzymen zusammengefügt, wobei pro Verknüpfungsschritt ein Molekül Wasser abgespalten wird – ein Beispiel für eine Polykondensation im biochemischen Bereich. Bis heute ist es völlig unklar, wie die Pflanzen es schaffen, diesen Vorgang zu bewerkstelligen.

Angeregt durch seine Arbeiten über die Cellulose, versuchten Staudinger und sein Schüler W. Kern, Makromoleküle nach dem

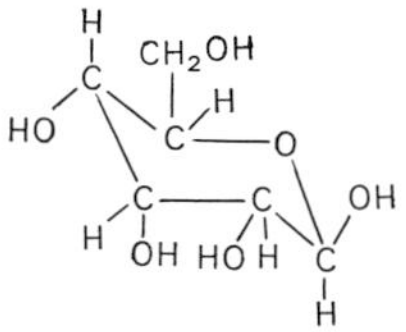

Traubenzucker (β-Glucose)

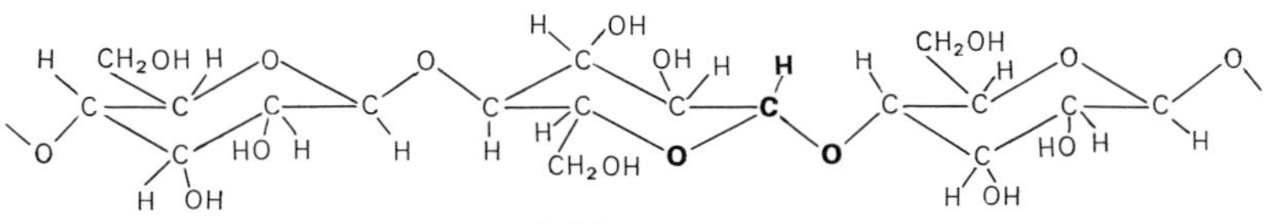

Cellulose

Acetalbindung

Die Bundesrepublik ist führend in Entwicklung und Produktion von Kunststoffen. Ihr Anteil an der Weltproduktion beträgt 15 Prozent. Sie liegt damit hinter USA und Japan an dritter Stelle.

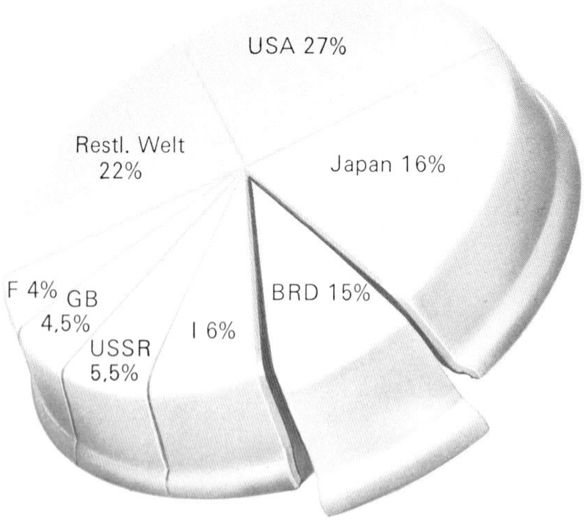

Prinzip der Cellulose künstlich aufzubauen. Dabei entdeckten sie einen wertvollen Kunststoff, das Polyoxymethylen. Es entsteht durch Polymerisation von Formaldehyd (CH_2O) und stellt das einfachste mögliche Polyacetal dar. Seine Grundbausteine sind genauso wie die der Cellulose über Acetalbindungen miteinander verknüpft. Es wird beispielsweise unter den Handelsnamen »Delrin« oder »Hostaform« vertrieben. Infolge seiner hohen Festigkeit und völligen Resistenz gegenüber organischen Stoffen ist es zur Herstellung von Gebrauchsgegenständen aller Art, insbesondere aber als Behälter von Lebensmitteln, sehr geeignet.

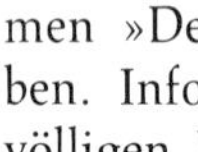

Formaldehyd

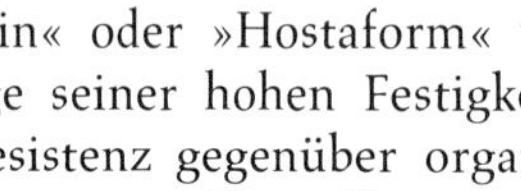

Polyoxymethylen

Die zwanzig Bausteine der Wolle. Wolle ist ein anderes Beispiel für einen makromolekularen Stoff, den uns die Natur liefert. Textilien aus Wolle sind bekannt, so weit wir die Geschichte der Menschheit zurückverfolgen können. Der römische Feldherr Cäsar nahm beispielsweise auf alle seine Eroberungszüge stets seinen Landwirtschaftsexperten Lucius Junius Columella mit, der in den eroberten Landstrichen Galliens, Germaniens und Englands sofort die Schafzucht einführte; denn Cäsars Legionen brauchten die Wolle zur Anfertigung wärmender Uniformen in diesen kalten Klimazonen.

Auch bei der Wolle hat es bis in dieses Jahrhundert gedauert, bis ihre chemische Struktur aufgeklärt werden konnte. Durch die Arbeiten des berühmten deutschen Chemikers Emil Fischer (1852–1919, Nobelpreis 1902) wissen wir, daß Wolle ein faserförmiges Protein ist, das aus Polypeptidketten aufgebaut ist. Als Polypeptide werden Makromoleküle bezeichnet, die aus den natürlich vorkommenden Aminosäuren aufgebaut sind. In der Natur gibt es etwas mehr als 20 verschiedene Aminosäuren, die sogenannten »essentiellen« Aminosäuren, aus denen alle bekannten Eiweißstoffe aufgebaut sind. In der Wolle sind alle diese Aminosäuren in wechselnder Menge enthalten. Wollte man die Wolle heute synthetisch herstellen, so würde man auf schier unüberwindliche Schwierigkeiten stoßen. Die Eigenschaften der Wolle hängen nämlich wesentlich davon ab, wie die zwanzig verschiedenen Aminosäuren einander abwechseln und in welchem Abstand sie einander folgen, wenn man sie entlang der Kette eines einzigen Makromoleküls abzählen würde. Die zwanzig verschiedenen Bausteine müssen sich innerhalb eines Makromoleküls einige hundertmal in regelmäßiger Weise wiederholen. Man besitzt heute Möglichkeiten, die es erlauben, etwa fünfzig solcher Bausteine nach einem vorgegebenen Plan zu einem derartigen Molekül zusammenzufügen. Aber ein einziges Gramm eines solchen Stoffes würde einige zehntausend Mark kosten! So ist es nicht verwunderlich, daß man lieber auf die Wolle aus Tierhaaren zurückgreift, wenn man sich nicht mit Baumwolle begnügen will.

Synthetische Polymere finden als Kunststoffe weiterhin steigende Anwendung und ersetzen Metalle, Glas, Holz und andere herkömmliche Materialien. Ihre Verarbeitung durch Spritzguß oder Extrusion erfordert weniger Arbeitszeit und ist billiger als die Verarbeitung traditioneller Werkstoffe. Die Kunststoffproduktion verdoppelt sich etwa alle 5 Jahre. Wurden im Jahr 1950 nur weniger als 5 Mill. Tonnen Kunststoff auf der ganzen Welt hergestellt, so rechnet man im Jahr 1975 mit einer Weltproduktion von mehr als 60 Mill. Tonnen. Heute werden allein in Deutschland etwa 5 Mill. Tonnen im Jahr produziert (1971 BRD 4,82 Mill. t).

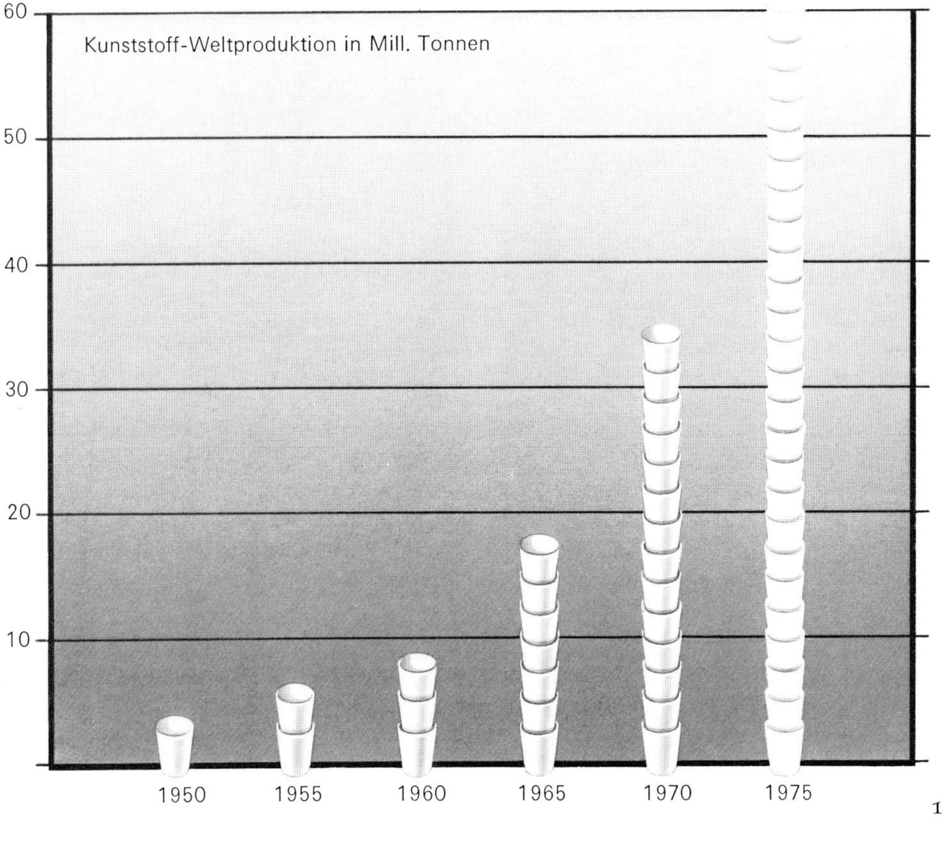

Rechts Spinnwarzen einer Spinne – links Spinndüse für eine Kunststoff-Faser. Der Faden der Spinne entsteht aus dem Sekret mehrerer hundert Drüsen, das durch winzige Öffnungen in die Spinnwarzen abgesondert wird. – Bei der Herstellung eines Kunstfaser-Fadens wird flüssiger Kunststoff durch feinste Düsen gepreßt und dann verfestigt (siehe Seite 124–127).

Nylon: Name für einen Verkaufsschlager gesucht! Der Versuch, Polypeptide aus leicht zugänglichen Monomeren herzustellen, wurde bereits zu Beginn der Kunststoffchemie in den Vereinigten Staaten durchgeführt. Dabei entstand allerdings keine wollähnliche Faser, sondern ein Textilrohstoff mit völlig neuartigen Eigenschaften. Durch Polykondensation von Diaminen mit Dicarbonsäuren erhielt der bereits erwähnte Wallace Hume Carothers faserbildende Kunststoffe, die später unter dem Namen Nylon bekannt wurden. Unter anderem entwickelte er eine Faser, die zunächst den Namen »Faser 66« erhielt. Die erste Sechs bezieht sich auf die Zahl der Kohlenstoffatome im Diamin, die zweite Sechs auf die Zahl der Kohlenstoffatome in der Dicarbonsäure, aus denen die Faser zusammengesetzt ist.

Der Name »Nylon« wurde der Faser schließlich am 28. Oktober 1938 gegeben. Ursprünglich sollte sie eigentlich »Norun« heißen, was frei übersetzt »Nielauf« bedeutet. Denn Carothers Firma hielt die Faser für ein ideales Ausgangsprodukt für Strumpf-

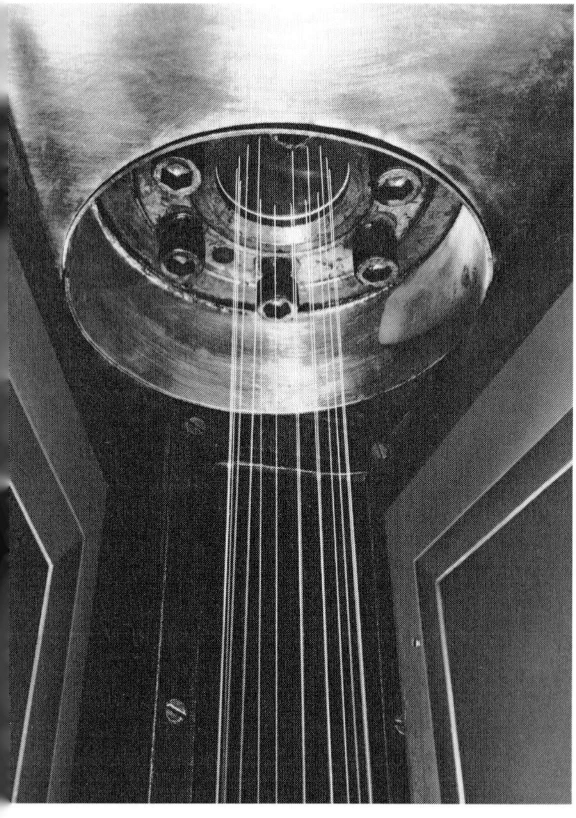

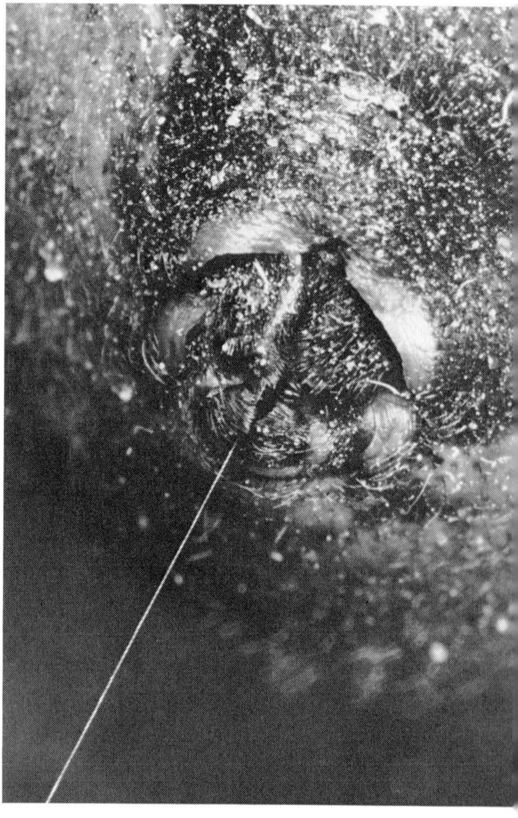

und Wirkwaren. Der Name »Norun« erwies sich aber als unglücklich, weil sich gezeigt hatte, daß probeweise getragene Strümpfe doch Laufmaschen bekamen. Deshalb entschied man sich für den wohlklingenden, aber unsinnigen Namen »Nylon«. Am 15. Mai 1940 wurden 4 Millionen Paar der neuen »aus Kohle, Luft und Wasser hergestellten« Strümpfe in allen größeren Städten der Vereinigten Staaten zum Kauf angeboten. Die Frauen standen Schlange vor den Geschäften, um die modische Neuheit zu erwerben. Binnen vier Tagen war der erste Vorrat ausverkauft, selbst erfahrene Geschäftsleute waren verblüfft. Im gleichen Jahr wurden die ersten Unterröcke und Hemden aus Nylon angeboten. Das Material wurde bald so populär wie früher die Begriffe Baumwolle, Zellwolle oder Acetatseide.

Für die Entwicklung von Nylon hatte es 13 Jahre schwieriger Forschungsarbeiten bedurft. Die Firma Du Pont hatte 27 Millionen Dollar in diese Entwicklung investiert. Der geschäftliche Erfolg rechtfertigte dieses Risiko. Noch heute ist Nylon eine der wichtigsten Kunstfasern, wird aber auch in massiver Form zum Bau von widerstandsfähigen Kunststoffteilen und Chassis von Elektrogeräten und Motoren verwendet.

Die Tatsache, daß die Öffentlichkeit das Nylon in so großem Umfang und ohne Zögern akzeptierte, hatte eine weitreichende Wirkung. Vorher hatten die Hausfrauen die Kunstfasern im Grunde als einen billigen Ersatz für die viel besseren, aber teureren natürlichen Stoffe betrachtet. Nach der Einführung des Nylons waren sie aber bereit, Kunstfasern als ebenbürtiges und oftmals wegen ihrer Eigenschaften den natürlichen

Fasern überlegenes Material hinzunehmen. Die Polymeren hatten auf dem Textilgebiet allgemeine Anerkennung gefunden.

In Deutschland wurde Nylon erst nach dem Kriege eingeführt. Doch die alliierten Offiziere, die bei der Besetzung von Leverkusen als erste die dortigen Bayerwerke betraten – übrigens ausnahmslos Chemiker –, waren sehr überrascht, als man ihnen eine Kunstfaser vorführte, die genau die gleichen Eigenschaften wie Wolle besaß, jedoch wesentlich leichter und viel wasserabstoßender war. Es war dies das Polyacrylnitril, das um das Jahr 1940 dort entwickelt worden war und heute unter dem Namen »Dralon«,

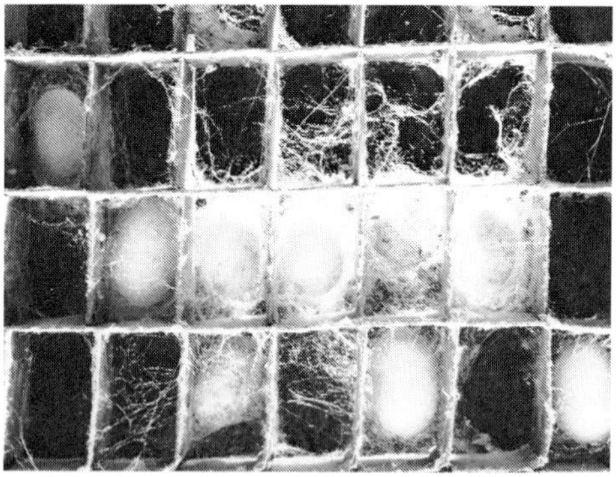

»Orlon« oder »Acrilan« entweder in reiner Form oder im Gemisch mit natürlicher Wolle sehr populär geworden ist.

Heute versucht nicht mehr die Kunstfaser Polyacrylnitril der Wolle, sondern umgekehrt die Wolle der Kunstfaser Konkurrenz zu machen. So wurden vor allem von Australien, dem Hauptlieferanten von Wolle, große Anstrengungen unternommen, um durch Aufpfropfen von kurzen Seitenzweigen aus Polyacrylnitril auf die Makromoleküle der Wolle dieser die guten Wascheigenschaften der Kunstfaser zu verleihen.

Neben den vielen Kunstfasern hat die Seide als der dritte klassische Textilrohstoff

Seide, ein Material, aus dem jahrtausendelang die vornehmsten Gewänder gefertigt wurden, hat ihren Rang verloren. Vollsynthetische Textilien haben sie an Glanz, Leichtigkeit und vor allem Beständigkeit übertroffen. Außerdem ist die Herstellung der Seide aus den Kokons der seit 2600 v. Chr. in China gezüchteten Seidenspinnerraupen viel zu kompliziert und teuer.

praktisch keine Bedeutung mehr. Seide ist ähnlich wie Wolle ein kompliziert aufgebautes Polypeptid. Aber längst haben die vollsynthetischen Textilien die Seide an Glanz, Leichtigkeit und vor allem Beständigkeit übertroffen. Die komplizierte Herstellung der Seide aus den Kokons der Raupen des plumpen, schmutzigweißen Seidenspinnerfalters, eine Kunst, die im alten China schon 2600 v. Chr. entwickelt wurde und seither kaum Änderungen erfahren hat, trug ein übriges dazu bei, um die Naturseide zu einer immer seltener werdenden Rarität ohne eigentliche wirtschaftliche Bedeutung werden zu lassen.

Bahnbrechend: die Ziegler-Natta-Katalysatoren. Im Jahre 1963 erhielten zwei Kunststoffchemiker den Nobelpreis für Chemie. Es waren die Professoren G. Natta von der Technischen Hochschule in Mailand und der Direktor des Max-Planck-Instituts für Kohleforschung in Mülheim/Ruhr, Karl Ziegler. Professor Ziegler hatte spezielle Katalysatoren entdeckt, mit denen Monomere mit ungesättigten Bindungen in Makromoleküle mit regelmäßigen räumlichen Strukturen umgewandelt werden konnten. Mit Hilfe solcher Katalysatoren, die ihren Erfindern zu Ehren »Ziegler-Natta-Katalysatoren« heißen, ist es beispielsweise gelungen, die Moleküle des Naturkautschuks vollsynthetisch herzustellen.

Während Ziegler und seine Mitarbeiter die Katalysatoren für solche Polymerisationen entwickelten, wendete sein Kollege Natta in Mailand die Methode der Röntgenstrukturanalyse auf die neu gewonnenen Polymeren an. Er konnte alsbald den genauen räumlichen Aufbau der neuen Makromoleküle angeben. Es war also gerecht, den Nobelpreis des Jahres 1963 an beide Forscher zu gleichen Teilen zu vergeben.

Ein Zufall mit großen Folgen. Wie so oft in der Chemie, beruhte die Entdeckung der neuen Katalysatoren auf einem Zufall, dessen Ursachen aber von einem genialen Chemiker aufgedeckt und zu einer gewaltigen Erweiterung des chemischen Wissens genutzt wurden. Ziegler und seine Mitarbeiter wollten eigentlich Äthylen mit Hilfe von Aluminiumverbindungen in andere kleine organische Verbindungen umwandeln. Sie führten die Reaktion in einem Reaktionsgefäß aus einer Nickel-Titan-Legierung durch. Als sie nach Beendigung der Reaktion das Gefäß öffneten, stellten sie überrascht fest, daß sich statt der erwarteten öligen Flüssigkeit ein fester, pulverförmiger Stoff gebildet hatte: Polyäthylen von hohem Molekulargewicht und mit wesentlich besseren Eigenschaften als das bis dahin ausschließlich nach dem Hochdruckverfahren erzeugte Polyäthylen. Das neue Material besaß höhere Kristallinität, höhere Erweichungstemperatur und geringere Flexibilität als das zu dieser Zeit bereits seit zehn Jahren bekannte Hochdruckpolyäthylen. Das neue Material war nämlich sehr viel regelmäßiger gebaut als das herkömmliche. Bei dessen Herstellung kommt es zur Bildung von »Fehlstellen« in der Kette, die zu zahlreichen kurzen und langen Verzweigungen in den Makromolekülen führen.

Eine systematische Untersuchung des Vorfalls ergab alsbald, daß sich aus dem Metall der Gefäßwand und der aluminiumorganischen Verbindung der neue Katalysator gebildet hatte. Dieser Katalysator erlaubte es, nicht nur Äthylen und andere Olefine unter Normaldruck zu polymerisieren, sondern ließ sich auch mit leichten Abwandlungen dazu verwenden, Olefine, die nach bisherigen Methoden nur weiche, gummiartige, wenig brauchbare Polymere geliefert hatten, in kristalline, hochschmelzende Polymerisate mit interessanten technischen Eigenschaften zu verwandeln.

Professor Natta erkannte sehr bald, daß die neuen Katalysatoren »taktische« Polymere erzeugten. Was versteht man unter taktischen Polymeren? Das läßt sich am besten an der Skizze auf S. 139 erklären,

Bei der Polymerisation von Olefinen, zum Beispiel von Propylen, Vinylchlorid

Aus vielen kleinen Molekülen (Monomeren) machen Chemiker Riesenmoleküle (Polymere). Im Bild wird die Anordnung der Atome in einem solchen Makromolekül gezeigt.

usw., entstehen Makromoleküle, die an jedem zweiten Kohlenstoffatom eine Seitengruppe tragen. Im Fall des Polypropylens ist dies eine Methylgruppe, bei Polyvinylchlorid (PVC) ein Chloratom. Legt man nun die Kohlenstoffatome der Hauptkette wie eine Zickzackkette in eine Ebene, so erkennt man unschwer, daß es mehrere Anordnungsmöglichkeiten der Seitengruppen geben muß. Besitzen alle Kohlenstoffatome die gleiche Anordnung oder »Konfiguration«, wie der Chemiker sagen würde, dann spricht man von isotaktischen Polymeren. In unserer Skizze wirkt sich das so aus, daß alle Seitengruppen oberhalb der Zickzackebene der Hauptkette zu liegen kommen. Haben die Kohlenstoffatome mit Substituenten abwechselnd verschiedene Konfiguration, so spricht man von »syndiotaktischen« Polymeren. Die Substituenten liegen nun regel-

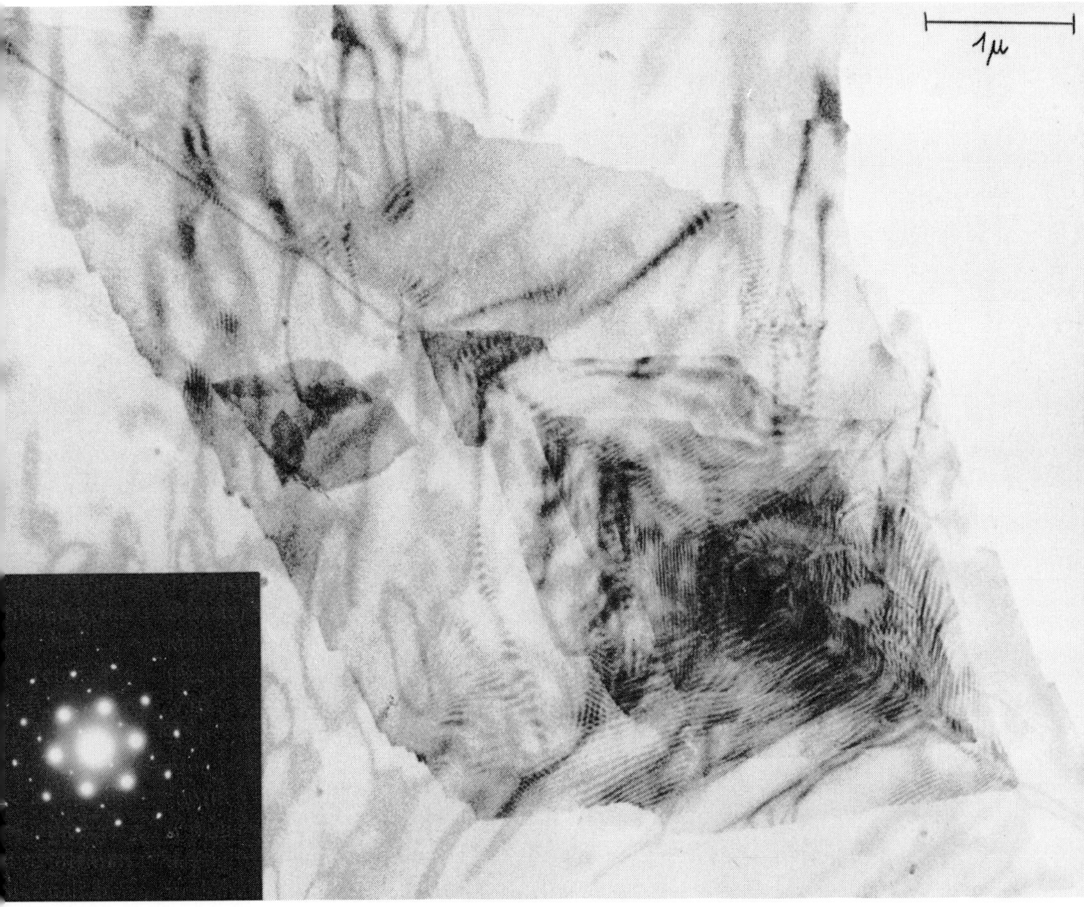

Thermoplastische Kunststoffe können beliebig oft durch Temperaturerhöhung erweicht, bearbeitet (im Foto eingefärbt) und durch Abkühlung wieder verfestigt werden. Unten: Kunstfaser im Elektronenmikroskop.

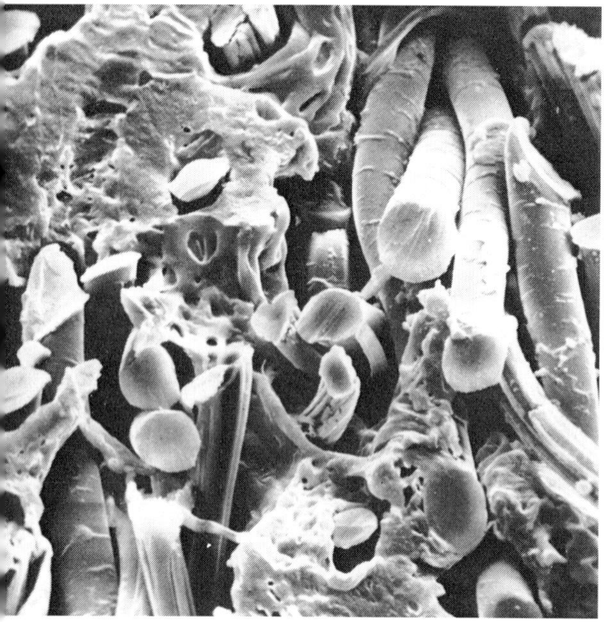

mäßig abwechselnd oberhalb und unterhalb der Ebene der Hauptkette. Im »ataktischen« Material gibt es dagegen keine regelmäßige Anordnung. Die Substituenten liegen wahllos entweder oberhalb oder unterhalb der durch die Hauptkette festgelegten Ebene.

Es grenzt fast ans Wunderbare, daß es mit Hilfe der Ziegler-Natta-Katalysatoren gelingt, solche räumlichen Anordnungen über viele hundert Bausteine eines Makromoleküls hinweg zu erreichen.

Diese Unterschiede im räumlichen Bau haben beträchtliche Folgen für die Anwendung der Materialien als Werkstoffe. Wie bereits erwähnt, stellt ataktisches Polypropylen ein weiches, gummiartiges und wenig temperaturbeständiges Material von geringem Interesse dar. Isotaktisches Polypropylen ist dagegen ein hochkristallines Produkt, das erst bei 178 °C erweicht und aufgrund seiner Festigkeit hohen Beanspruchungen gewachsen ist. Ungefähr eine Million t dieses Materials werden jährlich hergestellt. Ein Beispiel soll verdeutlichen, wo die Anwendungsgebiete für solche Materialien liegen.

In der Schweiz werden gegenwärtig beim Bau von Autobahnstrecken Rohre aus diesem Kunststoff mit einem Außendurchmesser von 630 mm verlegt. Sie sollen Straßenflächen im Mergelfelsgelände entwässern; diese Bodenart hat nämlich die unangenehme Eigenschaft, zu quellen. Rohre aus starren, traditionellen Werkstoffen würden durch den entstehenden Druck zu Bruch gehen. Rohre aus isotaktischem Polypropylen verformen sich zwar, sie bleiben aber dicht und verhindern dadurch, daß die Böschungen und Erdaufschüttungen abrutschen.

Heute werden Rohre aus Polypropylen mit großen Durchmessern für alle Arten von Trinkwasserversorgung und Abwassersystemen geliefert. Sie genügen den Anforderungen, die die Sicherheitsorgane an solche Rohrleitungssysteme stellen müssen, und haben den Vorteil, daß sie wegen ihres geringen Gewichts leicht zu verlegen, leicht zu transportieren sind und, falls notwendig, auch erst an Ort und Stelle aus dem Rohstoff hergestellt werden können. Sie tragen dadurch mit dazu bei, die Versorgungsprobleme der Bevölkerung zu lösen.

Geordnete Unordnung, das Geheimnis der Kunststoffe. In den vorangehenden Abschnitten war häufig davon die Rede, daß gewisse Polymerisate infolge ihrer chemi-

Verbundwerkstoffe haben die Einsatzmöglichkeiten der Kunststoffe noch erweitert: Glasfaserverstärkte Polyesterharze revolutionierten den Bootsbau, Glasfiberstäbe den Stabhochsprung. Mit dem Thiokol ist ein Werkstoff für Rohre und Kabelverkleidungen entstanden, der allen Chemikalien trotzt. Einlagerungen von Styropor im Straßenbelag verhindern Frostaufbrüche.

schen Struktur und Herstellungsmethode kristallin sind und daher besonders gute Eigenschaften als Fasern oder Werkstoffe aufweisen. Wenn man die Eigenschaften dieser Werkstoffe wirklich verstehen will, dann lohnt es sich, dieser Behauptung etwas nachzugehen.

Zunächst ist die räumliche Anordnung der Bausteine des Polymeren in der Kette des Makromoleküls von großer Wichtigkeit. Wenn die Ketten selbst regelmäßig aufgebaut und in Bündeln angeordnet vorliegen, dann können Kristallgitter entstehen, die sich hinsichtlich ihrer geometrischen Eigenschaften kaum von den Gittern der Metalle unterscheiden. Es sind nach den drei Raumrichtungen angeordnete, regelmäßige Gebilde. Allerdings liegt ein wesentlicher Unterschied zwischen Metallen und Kunststoffen darin, daß es fast unmöglich ist, alle Makromoleküle aus ihren Knäueln auszuwickeln und in genügend regelmäßiger Weise so anzuordnen, daß sich

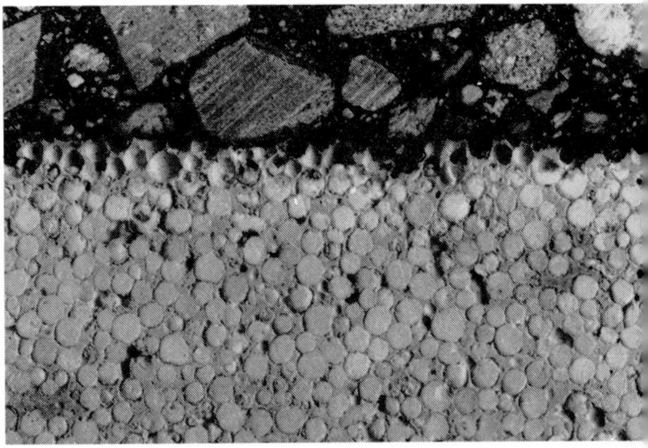

ein kristallines Gefüge ausbilden kann. Durch das Verstrecken wird bei den faserbildenden Polymeren dieser Vorgang zwar erleichtert, aber doch nie vollständig eine perfekte Ausrichtung der Ketten erreicht. Es bleiben also immer Bereiche übrig, in denen keine Kristallisation möglich ist.

Dort, wo die Molekülstränge dicht gepackt liegen, haften sie aneinander. Zwischen ihnen wirken Anziehungskräfte. Diese Querkräfte sind eine der Ursachen für die Festigkeit der Synthesefasern. Wenn auf die Fasern ein Zug ausgeübt wird, setzen sie ihm Widerstand entgegen und verhindern, daß die Stränge aneinander vorbeigleiten. Die Querkräfte bewirken auch, daß die Fäden bei Beanspruchung elastisch zurückfedern, indem sie wie die Vernetzungsstellen in vulkanisiertem Kautschuk wirken.

Statt durch Verstreckung kann die Bildung geordneter Bereiche von Kettenmolekülen auch durch eine termische Nachbehandlung von festem Material erreicht werden.

Der Grad der Kristallinität ist also durch gezielte physikalische Behandlung in weiten

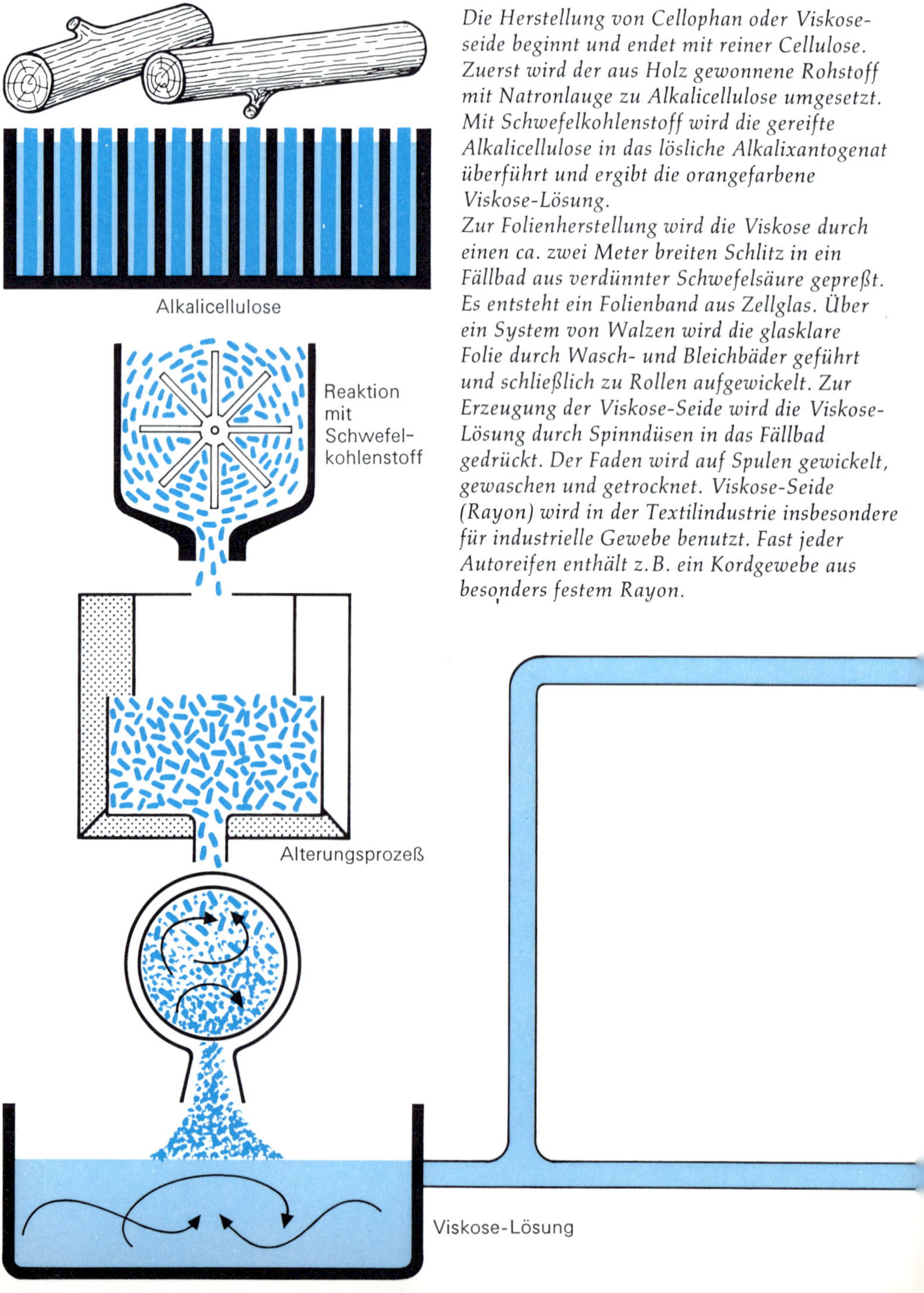

Die Herstellung von Cellophan oder Viskoseseide beginnt und endet mit reiner Cellulose. Zuerst wird der aus Holz gewonnene Rohstoff mit Natronlauge zu Alkalicellulose umgesetzt. Mit Schwefelkohlenstoff wird die gereifte Alkalicellulose in das lösliche Alkalixantogenat überführt und ergibt die orangefarbene Viskose-Lösung.
Zur Folienherstellung wird die Viskose durch einen ca. zwei Meter breiten Schlitz in ein Fällbad aus verdünnter Schwefelsäure gepreßt. Es entsteht ein Folienband aus Zellglas. Über ein System von Walzen wird die glasklare Folie durch Wasch- und Bleichbäder geführt und schließlich zu Rollen aufgewickelt. Zur Erzeugung der Viskose-Seide wird die Viskose-Lösung durch Spinndüsen in das Fällbad gedrückt. Der Faden wird auf Spulen gewickelt, gewaschen und getrocknet. Viskose-Seide (Rayon) wird in der Textilindustrie insbesondere für industrielle Gewebe benutzt. Fast jeder Autoreifen enthält z.B. ein Kordgewebe aus besonders festem Rayon.

Grenzen verschiebbar. Hoher Kristallinitätsgrad bedeutet große Festigkeit, hohe Erweichungstemperatur und geringe Neigung zur Quellbarkeit und Auflösung. Umgekehrt heißt geringer Kristallisationsgrad eine leichte Verformbarkeit und niedrige Erweichungstemperatur des betreffenden Materials.

Die amorphen Bereiche, das heißt die Bereiche, wo die Ketten zwischen den einzelnen Kristalliten wirr durcheinanderliegen, wirken wie Gelenke, da sie mit ihren Wirrlagen die Fasern beweglich und schmiegsam halten. So begünstigen die amorphen, nicht kristallinen Bereiche einer Faser auch, daß sie sich anfärben läßt; denn in diese Lockerstellen können die Farbstoffmoleküle leicht eindringen.

Die kristallinen Bereiche gehen mehr oder weniger stufenlos in die amorphen über. Hierbei können einzelne Makromoleküle oder ganze Gruppen von ihnen sowohl mehreren kristallinen als auch amorphen Bereichen angehören, so daß die einzelnen physikalisch unterschiedlichen Gebiete fest miteinander verknüpft sind.

Da ein Makromolekül im Mittel aus einigen hundert Monomereinheiten besteht, bewegen sich die Moleküle nicht als Ganzes. Molekülbewegungen erfolgen vielmehr in einzelnen Segmenten, die ganz unabhängig voneinander vibrieren, rotieren und hin und her schwingen. Das Ausmaß dieser Bewegungen hängt von der Temperatur ab. Bei niedriger Temperatur ist die Segmentbeweglichkeit so weit eingefroren, daß die nicht kristallinen Polymeren den Charakter von Glas haben. Sie sind spröde und hart. Wenn das Material einen gewissen Anteil von kristallinen Bereichen hat, dann wirken diese, wie Stahlträger in Betonwänden, verstärkend auf den an sich spröden Stoff.

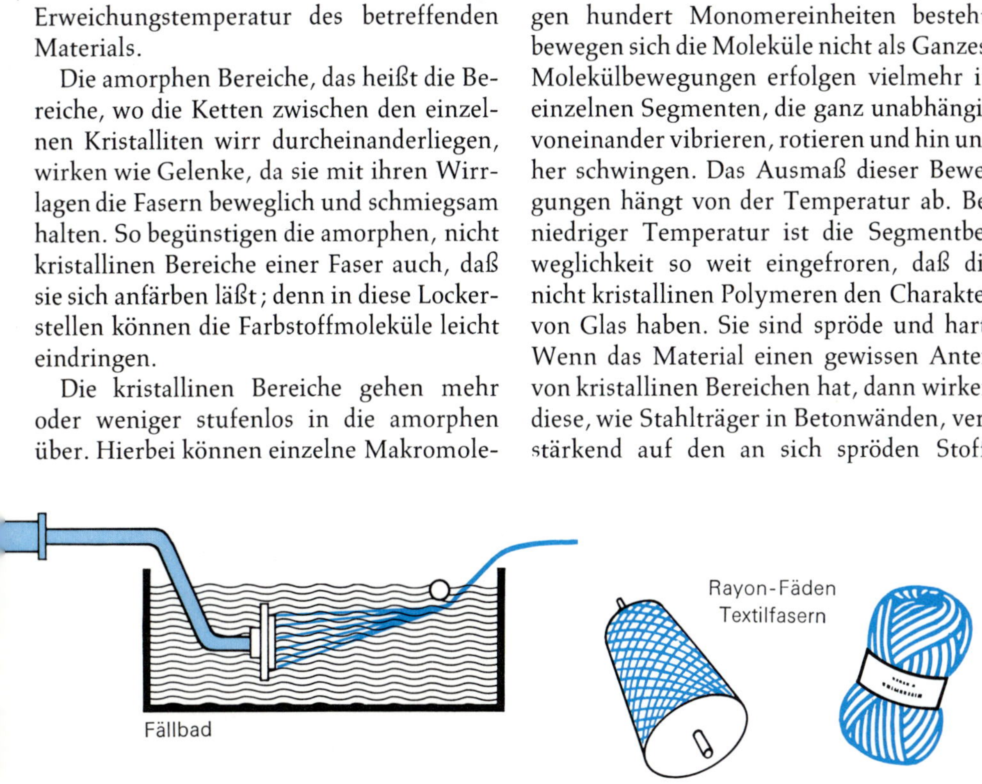

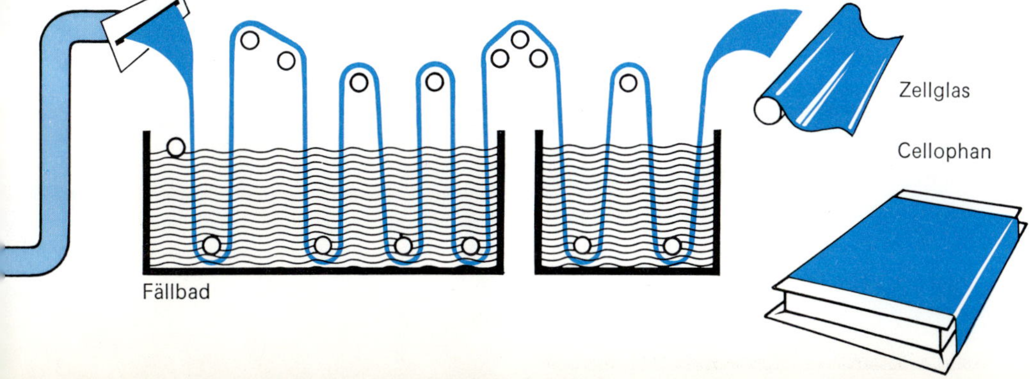

Wenn man ein amorphes Polymerisat erwärmt, dann wird die Bewegung der Molekülsegmente beschleunigt. In einem bestimmten Temperaturbereich werden die Bewegungen so heftig, daß sich der Stoff aus einem harten, spröden Glas in ein weiches, plastisches Material verwandelt. Dieser Vorgang wird »Glasübergang« genannt und die Temperatur, bei der er stattfindet, »Glastemperatur«. Bei einem teilkristallinen Material geschieht dieser Glasübergang nur in den amorphen Bereichen. Die kristallinen Bereiche werden infolge der Querkräfte zwischen den geordneten Molekülen nicht davon berührt. Die Fasern oder Probestücke eines solchen Materials werden daher oberhalb der Glastemperatur biegsamer und elastischer. Sie werden aber nach wie vor durch die kristallinen Bereiche wie durch Klammern zusammengehalten. Bei weiterer Erwärmung eines solchen Materials wird schließlich auch der Schmelzpunkt der kristallinen Bereiche überschritten. Oberhalb dieser Temperatur benimmt sich der Stoff wie die Schmelze und ähnelt einer sehr viskosen, honigartigen Flüssigkeit.

Die thermischen und mechanischen Eigenschaften von Polymeren werden deshalb durch zwei charakteristische Stoffgrößen bestimmt: Die Glastemperatur des amorphen Polymeren und die Schmelztemperatur des kristallinen Materials.

Auch die optischen Eigenschaften der Kunststoffe werden nun verständlich. Von glasklar bis undurchsichtig farblos können sie alle Zwischenzustände annehmen. Alle amorphen Polymeren sind völlig durchsichtig, denn sie verhalten sich ja wie Flüssigkeiten. Teilkristalline Materialien sind je nach Kristallisationsgrad leicht trübe bis

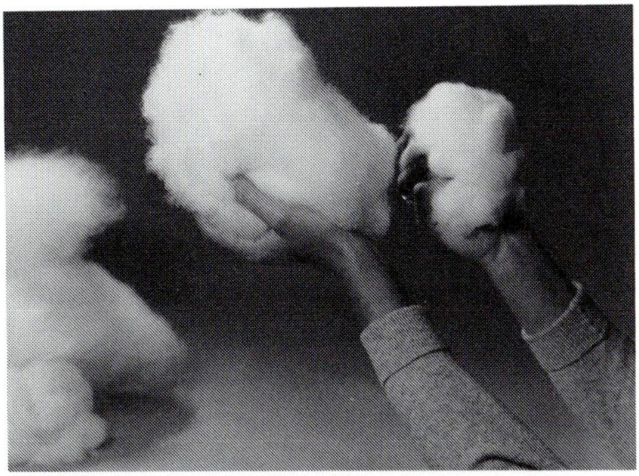

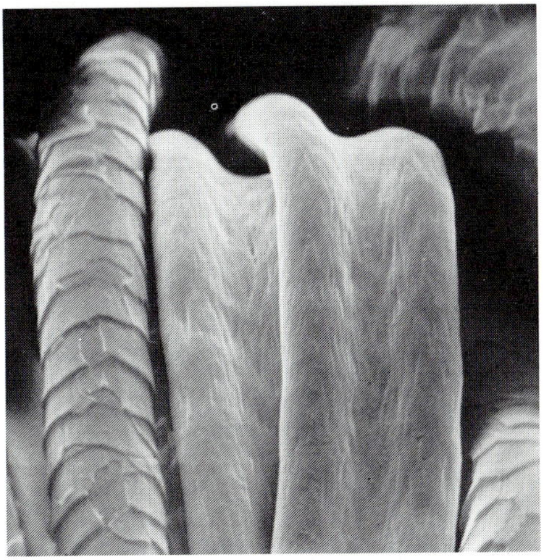

Wolle, ein jahrhundertelang genutztes Naturprodukt, ist so außerordentlich kompliziert aufgebaut (siehe S. 122, 123), daß man es nicht nachmachen kann. Das ist auch gar nicht nötig, denn mit der Kunstfaser Polyacrylnitril haben deutsche Chemiker bereits 1940 ein Material entwickelt, das heute als »Dralon«, »Orlon« oder »Acrilan« der Wolle erfolgreich Konkurrenz macht. Denn diese Stoffe sind unempfindlicher und beständiger – sie bleiben nach dem Waschen knitterfrei und sind wetterbeständig.

undurchsichtig; denn an der Oberfläche der kleinen kristallinen Bereiche wird das Licht wie die Sonnenstrahlen an den feinen Nebeltröpfchen einer Wolke gestreut und kann das Material daher nicht durchdringen.

Zusammenfassend läßt sich sagen, daß die wesentlichsten Eigenschaften eines Kunststoffs durch folgende fundamentale Wesensmerkmale bestimmt werden: Durch den Charakter der Monomereinheiten und ihre räumliche Anordnung im Makromolekül, durch die mittlere Zahl der Bausteine pro Makromolekül (Polymerisationsgrad) und durch die Eigenschaften des amorphkristallinen Gefüges.

Alle drei Minuten ein Eimer. Die Verarbeitung der Polymeren zu Gebrauchsgegenständen, Fasern oder technischen Produkten muß sich natürlich nach diesen charakteristischen Merkmalen der einzelnen Kunststoffe richten. Die faserbildenden Polymeren können entweder aus der Lösung oder aus der Schmelze gesponnen werden und durch physikalische Nachbehandlung ihre endgültigen Eigenschaften erlangen. Die thermoplastischen Kunststoffe, die nicht so weit vernetzt sind, daß sie nicht mehr aufgeschmolzen werden könnten, werden beispielsweise durch Extrusion verarbeitet. Der Kunststoff wird pulverförmig in einen geheizten Behälter gegeben, wo er teilweise aufschmilzt. Eine Schraubenpresse transportiert das Material von dort wie durch einen Fleischwolf durch eine Öffnung mit der gewünschten Form, aus der es je nach Wunsch als Folie, Platte, Röhre oder massiver Zylinder herauskommt. Ein Luftstrom kühlt das Material, sobald es den Extruder verläßt. Es wird dann auf die erforderliche Länge zugeschnitten.

Die einfachste und schnellste Methode, um Gegenstände auch mit sehr komplizierter Gestalt herzustellen, ist das Spritzgußverfahren. Es hat durch seine Einfachheit und den geringen Aufwand an Arbeitszeit und Arbeitskräften, die pro gefertigtes Stück benötigt werden, ganz wesentlich zum Siegeszug der Kunststoffe beigetragen. Der in Form kleiner Schnitzel vorliegende Kunststoff wird in einem geheizten Vorratsgefäß aufgeschmolzen. Das flüssige Material wird durch eine Düse in eine kalte Hohlform hineingepreßt. Der dabei angewendete Druck zwingt das Material dazu, die ganze Hohlform auszufüllen. Der Kunststoff kühlt in der Form rasch ab und wird dabei wieder fest. Die Form öffnet sich dann automatisch und stößt das fertige Werkstück aus. Die Herstellung eines Putzeimers aus Kunststoff dauert beispielsweise kaum länger als drei Minuten!

Die Kunststoffe der achtziger Jahre. Bei all den stürmischen Erfolgen, die Kunstfasern und Kunststoffprodukte in den vergangenen 30 Jahren gehabt haben, fragt man sich mit Recht: Sind noch weitere Überraschungen zu erwarten und wo geht der Weg hin? Die Antwort auf diese Frage ist auch für den Fachmann nicht ganz einfach. Denn es ist schwer vorauszusagen, ob und wann eine neue Erfindung neue Materialien von nie gekannten Eigenschaften hervorbringen wird. Die Struktur unserer Industrie und Wirtschaft läßt aber die Vermutung zu, daß ganz neue Materialien wahrscheinlich nicht in größeren Mengen produziert werden können. Denn die Entwicklungskosten, die zu den gewaltigen

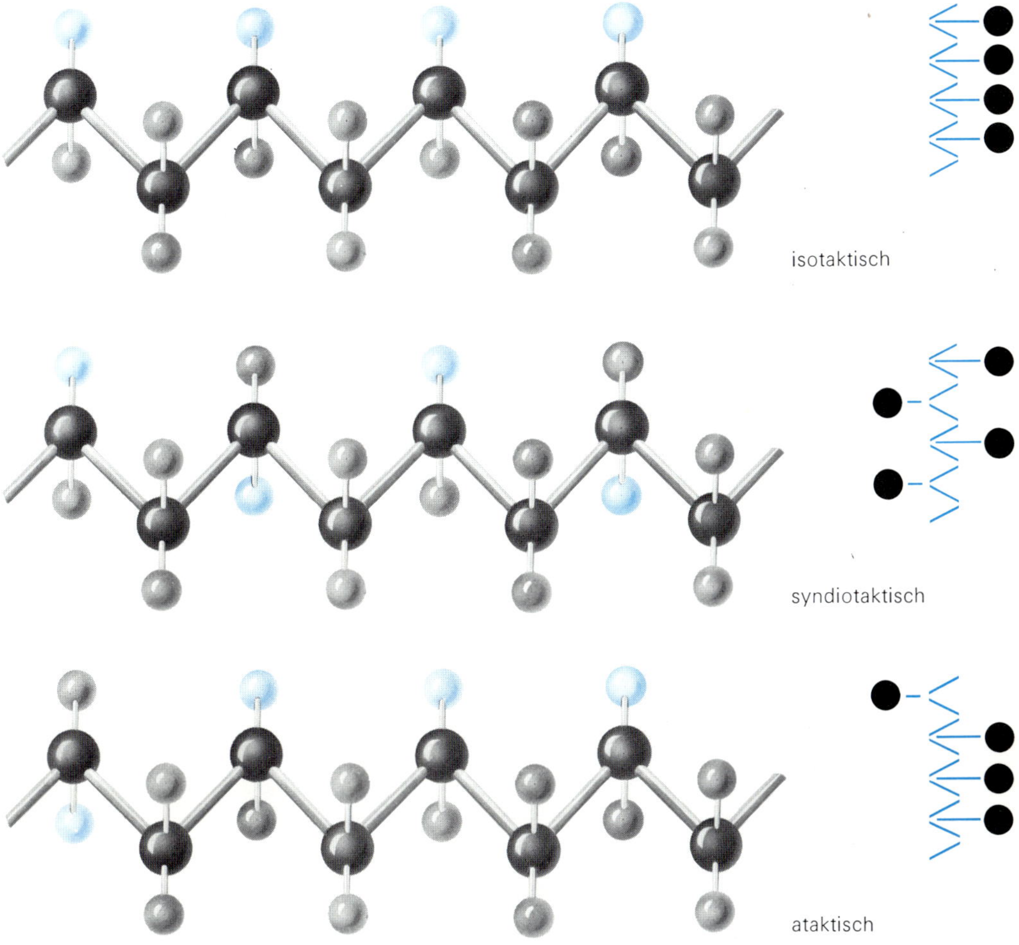

Der deutsche Professor K. Ziegler und sein italienischer Kollege G. Natta erhielten den Nobelpreis für die Entdeckung von Katalysatoren, mit denen die räumliche Anordnung der Seitengruppen bei der Polymerisation beeinflußt werden kann.
Hier ist die Kette des Polyvinylchlorids (PVC) dargestellt. In der isotaktischen Form sitzen alle Chloratome oberhalb, beim syndiotaktischen PVC abwechselnd unterhalb und oberhalb der Ebene der Kohlenstoffatome. Im ataktischen PVC besteht dagegen eine statistische Anordnung (siehe auch Seite 128).

Dank billiger und einfach herzustellender Kunststoffe sind heute alle Nahrungsmittel hygienisch verpackt. Zu einem Problem wurde allerdings die Beseitigung des jetzt massenhaft anfallenden Kunststoffmülls.

Kapazitäten der gegenwärtigen Kunststofferzeugung geführt haben, müssen sich erst einmal auszahlen, bis weitere Investitionen für neue Technologien gewagt werden können. Das stürmische Tempo der Entwicklung kann aus menschlichen und geschäftlichen Gründen nicht so weitergehen, wie wir es in den vergangenen Jahren gewöhnt waren.

Kunststoffchemie und Technik werden daher in den achtziger Jahren im wesentlichen nicht auf die Entwicklung ganz neuer Produkte ausgerichtet sein. Ihr Ziel wird vielmehr die Eroberung neuer Märkte für die jetzt schon bekannten und bewährten Polymeren sein. In zweiter Linie werden sich die Forschungsarbeiten damit beschäftigen, durch Kombination bereits bekannter Produkte Eigenschaften für neue Technologien in Raumfahrt, Städtebau und Meeresforschung »maßzuschneidern«. Die dritte Zielrichtung wird es sein, durch Anwendung an sich bekannter Prinzipien Fertigprodukte in noch weniger Arbeitsgängen herzustellen und dadurch Arbeitskräfte für wichtigere Aufgaben freizusetzen. Alle drei Marschrichtungen zeichnen sich bereits heute ab.

Revolution auf dem Bausektor. Der Einsatz von Kunststoffen auf einem neuen Markt läßt sich deutlich auf dem Bausektor

studieren. Holz, Beton, Eisen und Stahl, Gips und andere traditionelle Baumaterialien erfüllen seit langer Zeit völlig ihren Zweck. Sie sind billig und verläßlich. Warum also sollte man ausgerechnet auf diesem Gebiet nach neuen Materialien Ausschau halten? Im wesentlichen gibt es zwei Gründe dafür. Erstens ist es für die Hersteller von Kunststoffen ein Anreiz, in einen großen Markt einzudringen, in dem sie gewaltige Mengen von bereits entwickelten Kunststoffen unterzubringen hoffen, ohne daß teure Investitionen zur Entwicklung neuer Verfahren zu tätigen sind. Aber auch für die Bauherren ist die Sache interessant. Der Trend geht dahin, fertige Wohneinheiten in Fabriken vorzufertigen, dann in Einzelteilen oder noch besser als Einheiten wie Küche, Bad, Wohnraum an den Bauplatz zu bringen und dort zum Haus zusammenzusetzen. Die aktuelle, teure Arbeitszeit auf der Baustelle wird dadurch reduziert und auf die witterungsunabhängige, serienmäßige Herstellung von Fertigteilen in Fabrikhallen verlegt. Man darf zwar nicht erwarten, daß alle Teile aus Kunststoff gefertigt sein werden, aber die Vorteile des Kunststoffs, wie leichtes Gewicht und rationelle Fertigung durch Spritzguß und Extrusion, werden ihm einen hohen Anteil gewährleisten.

Der größte Kunststoffhersteller auf dem europäischen Festland, die Ludwigshafener BASF, hat ein bahnbrechendes Experiment in dieser Richtung unternommen. Sie hat einen Forschungsauftrag an das Berliner Architektenteam Schüler/Witte vergeben, das prüfen sollte, wie Kunststoffe in neuen Bausystemen sinnvoll verwendet werden können. Das Ergebnis dieser Arbeiten ist ein

System, dessen tragende Konstruktion aus vorgefertigten Stahl- und Betonelementen besteht und dessen Ausbau mit leichten, schnell montierbaren Sandwichelementen aus Kunststoff durchgeführt wird. Hierdurch ist es möglich, den Wohnraum allen wechselnden Notwendigkeiten und Wünschen anzupassen. Das neue System soll in Großserien zur industriellen Fertigung ausgelegt werden. Mit dieser Forschungsarbeit soll offenbar erreicht werden, daß ein Weltunternehmen der Chemie und Großunternehmen der Bauindustrie gemeinsam in Aktion treten, um dadurch der Bauwirtschaft revolutionierende Anstöße zu geben.

Beiträge zum vollsynthetischen Haus. Als Material kommt hauptsächlich das billige Polyvinylchlorid (PVC) in Frage. Zur Isolation werden bereits heute bei fast allen Neubauten großflächige Platten aus aufgeschäumtem Polystyrol oder Polyurethan

Übersicht über einige wichtige Kunststoffe

Bezeichnung	Chemische Bestandteile	Verbrauch 1970 (1000 t)	Einsatz und Anwendungsbeispiele
Aminoplaste »Kaurit«, »Resopal«	C, H, O, N	400	Leime, Textilhilfsmittel, Elektrozubehör, Campinggeschirr, kratzfeste Tischbeläge, Maschinengehäuse
Cellulose »Rayon«, »Vistra« Vulkanfiber »Cellophan« Celluloseacetat	C, H, O	300	Fäden und Fasern für Textilien, Reifencord, Watte, Platten, Koffer, Wursthüllen Brillengestelle, Federhalter, Zaponlack. Faser: Acetatseide
Phenolharze Phenoplaste »Bakelit«	C,H,O	200	Technische und elektrische Kleinteile, Schaltgeräte, Verteilerkästen, Gehäuse, Schreibwaren, Preßschichtholz, Lacke, Leime
Polyamide »Nylon«, »Perlon« »Ultramid«	C, H, O, N	155	Fäden und Fasern für Strumpf- und Wirkwaren, Hemden und Unterwäsche, Folien für Regenmäntel, Zahnräder, Kunstborsten
Polyester, gesättigte »Diolen«, »Terylen«, »Trevira«	C, H, O	150	Fäden und Fasern für hochwertige Textilien, auch im Gemisch mit Schurwolle (45%), Seile, technische Gewebe
Polyurethane »Perlon U«, »Moltopren«, »Lycra«	C, H, O, N	120	Kupplungen, Dichtungen, Schuhsohlen, Isolierungen, Lacke, Möbelteile, Schaumstoffe, Matratzen, Polstermöbel
Polyacrylnitril »Dralon«, »Orlon«	C, H, N	100	Strickwaren, Seile, Autoverdecke, Segeltuch
Acrylharze »Plexiglas«	C, H, O	100	Lacke; als Acrylglas für hochwertige Gegenstände mit besonders guter Transparenz, wie z. B. Salatbestecke, Brillengläser, optische Linsen, Lichtkuppeln, durchsichtige Dächer (Olympiazelt)
Ungesättigte Polyesterharze »Palatal«	C, H, O	70	Mit Glasfasern zusammen: Boote und Behälter, Verkleidungen, Sportgeräte Fahrzeugteile

Polycarbonate »Makrolon«	C, H, O	25	Stark beanspruchte Gebrauchsgegenstände, Schüsseln, Bestecke, Lichttechnik
Epoxidharze	C, H, O	15	Klebstoffe, Vergußmassen, Klebeverbindungen von Metallen, Lacke
Polytetrafluoräthylen »Teflon«, Hostaflon	C, F	1	Technische Teile, Dichtungen, Drucklager für Brücken, Topf- und Pfannenbeschichtung
Thiokol	C, H, S	1	Chemikalienbeständige Auskleidungen, Kabelumhüllungen, Öl- und Benzinleitungen, Dichtungen

C = Kohlenstoff; H = Wasserstoff; O = Sauerstoff; N = Stickstoff; Cl = Chlor; F = Fluor.

benutzt. Sie besitzen bei sehr geringem Gewicht eine ausgezeichnete Wärme- und Schalldämmung. Die Polyurethanschäume haben den Vorteil, daß sie an Ort und Stelle beim Zusammengeben der Monomeren und der Polymerisationskatalysatoren aus Spritzpistolen aufgeschäumt werden können. Bei der Polymerisation entsteht als Nebenprodukt Kohlendioxid, das mit seinen feinen Gasbläschen den entstehenden Kunststoff schaumig aufbläht, bevor er zu einer festen Masse erstarrt. Polystyrol wird dagegen zusammen mit einem Lösungsmittel durch Temperaturerhöhung zu »Styropor« aufgeschäumt. Dies ist ein Vorgang, der nur in der Fabrik selbst vorgenommen werden kann. PVC taucht ebenfalls bereits heute an vielen Stellen in modernen Häusern auf. Regenrinnen, Fensterrahmen, Rolläden, Dispersionsfarben zum Außenanstrich und Fußbodenbeläge werden gewöhnlich aus diesem Material gefertigt. PVC ist eines der ganz großen Kunststoffprodukte. Da es zu 56 Prozent aus dem billigen Chlor besteht, das eigentlich ein Abfallprodukt anderer chemischer Prozesse ist, liegt PVC preislich so gut, daß es alle herkömmlichen Materialien bei gleichen oder besseren Gebrauchseigenschaften übertrifft.

Leichter als Glas und fester als Stahl. Auch die sogenannten Verbundwerkstoffe werden nicht nur im Bausektor eine große Zukunft haben. Sie bestehen aus an sich bekannten Materialien, die durch geschickte Kombination zu neuen Stoffen geplanten Eigenschaften gemacht wurden. Im täglichen Leben begegnet uns häufig ein Verbundwerkstoff, ohne daß wir uns seiner außerordentlichen Eigenschaften bewußt werden. Es sind die glasfaserverstärkten Polyesterharze gemeint. Sie begegnen uns in den Möbelgeschäften und Wohnungen als farbenfrohe, kühn geschwungene Sitzmöbel, als Karosserieteile und ganze Karosserien von Freizeitautos und Campingwagen, als Sportgeräte und profane Öltanks. Besonders bekannt sind die eleganten und preiswerten Sportboote aus diesem Material.

Die glasfaserverstärkten Kunstharze haben auf dem Kunststoffsektor das gleiche bewirkt wie das Nylon 25 Jahre früher auf dem Fasergebiet. Der Verbraucher erkennt, daß Gegenstände aus diesem Material einen hohen Gebrauchswert haben und Bequemlichkeit, Sicherheit und Schönheit besitzen. Sie verknüpfen mit dem Begriff »glasfaserverstärkter Polyester« alles das, was zum »modernen Leben« gehört und »progressiv« ist. Damit verliert sich die einstmals vorherrschende Meinung, daß Kunststoffe nur billiger Ersatz für die traditionellen und daher »besseren« natürlichen Werkstoffe sind. Tatsächlich bieten die neuen Verbundwerkstoffe erstaunliche Eigenschaften, die von keinem der traditionellen Materialien erreicht werden. Das hat die folgende Ursache: In die an sich weiche und nachgiebige Kunststoffmasse, die sogenannte Matrix, werden faserförmige Verstärkungselemente eingelegt und mit der Matrix verklebt. Die Verstärkung kann aus Glas, Asbest, faserförmigen Metallkristallen, Kohlefasern oder Keramikfasern bestehen. Materialien in Faserform zeigen nämlich überraschenderweise oft eine sehr viel größere Stärke als der gleiche Stoff in Form eines massiven Blocks. Eine dünne Glasfaser besitzt zum Beispiel die erstaunlich hohe Zugfestigkeit von über 60000 kg pro cm^2 und ist damit genauso fest wie ein dünner Stahldraht. Massives Glas bricht dagegen schon bei einer Belastung von einigen wenigen Kilogramm pro cm^2. Ähnliches gilt für eine Reihe anderer Materialien, und zwar unabhängig davon, ob es sich um organische, metallische oder keramische Werkstoffe handelt.

Noch steifer und stärker als Glasfasern sind die sogenannten »Whisker«, faserförmige Metallkristalle mit weniger als $^1/_{100}$ mm Durchmesser. Bei Whiskern aus Saphir (Al_2O_3) oder Graphit wurden Stärken von fast 200000 kg pro cm^2 gemessen. Es sind die stärksten Materialien, die bis jetzt bekannt sind. Diese feinen Fasern sind aber als solche ungeeignet für technische Anwendungen. Sie müssen ja irgendwie festgehalten werden. Dies wird durch die bereits erwähnte Einbettung in eine Matrix aus Kunststoff erreicht. Die Matrix hält die Fasern an ihrem Platz, verhindert Verdrillungen und Kollaps der Verstärkungselemente und überträgt die mechanischen Kräfte von Faser zu Faser. Verbundwerkstoffe sind sozusagen Stahlbeton in Miniaturausführung. Die Matrix ist natürlich erheblich weicher und unelastischer als die Fasern. Wenn aber Matrix und Faser im Verbundwerkstoff vereinigt sind, dann resultiert daraus ein Werkstoff von großer Stärke, Elastizität, Zähigkeit und leichtem Gewicht.

Eine Kriegsflotte aus Kunststoff? Solche Materialien haben aufgrund ihres günstigen Verhältnisses von Eigenschaften zu Gewicht die Metalle Stahl und Aluminium in vielen Bereichen längst verdrängt. Beispielsweise werden Verbundmaterialien aus Polyester mit Einlagen von Kohlenfasern in der einen Richtung und Glasfasern in der anderen Richtung zum Bau von Überschallflugzeugen und Raketen benutzt. Ja, ganze Hüllen von Feststoffraketen bestehen vollständig aus mit Kohlefasern verstärkten,

Leicht, strapazierfähig und preiswert sind die kühn geschwungenen Sitzmöbel aus glasfaserverstärktem Polyesterharz, einem sogenannten Verbundwerkstoff (siehe auch S. 143, 144).

temperaturbeständigen Kunststoffen. Raketenmotoren wären ohne diese Materialien nicht zu bauen gewesen. Auch der bekannte Hitzeschild der Raumkapseln besteht aus Verbundwerkstoffen. Hier tritt bekanntlich das Problem auf, wie die beim Eintritt in die Erdatmosphäre entstehende Reibungswärme abgeführt werden kann. Der mit Kohlenfasern verstärkte, hochtemperaturbeständige Hitzeschild beginnt sich bei Temperaturen über 1000 °C unter Bildung von Gasen zu zersetzen. Diese Gase bauen eine dünne, aber sehr wirkungsvolle Isolierschicht zwischen der Umgebung und dem Hitzeschild auf. Die bei der Zersetzung entstehenden Kohlerückstände haben eine so hohe Schmelzwärme, daß durch ihr Aufschmelzen zur Rotglut bereits der größte Teil der zugeführten Wärme verbraucht wird. Da der angewendete Verbundwerkstoff eine geringe Wärmeleitfähigkeit besitzt, bleiben diese Vorgänge auf eine sehr dünne Oberflächenschicht des Hitzeschildes beschränkt, und die darunterliegende Raumkapsel bleibt unversehrt.

Die Verbundwerkstoffe stehen in ihrer Anwendung erst am Anfang. Wir dürfen erwarten, daß sie im Bausektor sowie im Automobil- und Schiffbau noch Erstaunliches leisten werden. In welche Größenordnungen die Entwicklung fortschreitet, läßt sich unschwer erkennen. Im Frühjahr 1972 hat die königlich-britische Marine bekanntgegeben, daß das bisher größte, völlig aus glasfaserverstärktem Kunststoff gebaute Boot in Southampton von Stapel gelassen worden ist. Es ist das 51 m lange Minensuchboot »HMS Wilton« mit einer Wasserverdrängung von 450 t. Der Vorzug dieses Schiffes, zu dessen Bau ca. 100 t Polyester und 65 t Glasfasern verarbeitet wurden, liegt klar auf der Hand. Neben der Stärke

des Materials und seiner vergleichsweise raschen Bauzeit spielt es vor allem eine Rolle, daß die Kunststoffhülle nicht magnetisch ist – ein vitaler Punkt für ein Schiff, das auf die Suche nach Minen gehen soll.

Ungewebte Kleider. Der dritte Zukunftsaspekt der Kunststoffe läßt sich ebenfalls bereits heute in seinen Anfängen erkennen. Im Spätherbst des Jahres 1969 gab der große deutsche Chemiekonzern BASF auf einer Pressekonferenz bekannt, daß die beiden Forschungschemiker Dr. Krauch und Dr. Sanner ein neues Verfahren entwickelt haben, mit dem man Textilien in einem einzigen Verfahrensschritt direkt durch Polymerisation der Monomeren herstellen kann.

Die Herstellung von Textilien ist ja bisher ein recht umständliches Verfahren mit zahlreichen Einzelschritten und Arbeitsgängen. Zunächst muß die Rohfaser synthetisch hergestellt oder von ihren natürlichen Quellen gesammelt werden. Der nächste Schritt ist das Verspinnen, die Herstellung brauchbarer Fäden und ihre Nachbehandlung wie Färben, Recken und Kräuseln. Sodann folgt das Verweben zu Stoffen, und schließlich müssen die Stoffe noch zugeschnitten und genäht werden, um endlich ein fertiges Kleidungsstück zu ergeben.

Im Gegensatz dazu läßt sich die Herstellung von »nicht-gewebten Textilien« in Anlehnung an das von Krauch und Sanner angegebene Verfahren folgendermaßen vorstellen. In ein Gemisch aus Monomeren

In der Fabrikhalle, unabhängig von der Witterung, werden heute ganze Wohnungselemente aus Kunststoff serienmäßig hergestellt und an der Baustelle einmontiert.

Eine ausgezeichnete Schall- und Wärmeisolation bieten Platten aus Polyurethan, die an der Baustelle mit Spritzpistolen aufgeschäumt werden (siehe auch Seite 141–143).

und Wasser wird ein Vlies aus ungewebten Fasern eingelegt. Das Gemisch wird zusammen mit dem Vlies auf einer gekühlten Unterlage in dünner Schicht eingefroren. Das Lösungsmittel Wasser erstarrt zu Kristallplättchen, die senkrecht auf der Unterlage stehen. Sie bilden eine kristalline Matrix. In den winzigen Zwischenräumen lagern sich die Monomeren ab. Dort wird die Polymerisation durch ultraviolettes Licht oder Elektronenstrahlen in Minutenschnelle ausgelöst und vollendet.

Dann wird die Unterlage erwärmt; dabei schmilzt das Lösungsmittel und wird weggeschwemmt. Zurück bleibt ein »Kunststoff« im wahrsten Sinn des Wortes. Die einzelnen Polymerteilchen sind durch das Faservlies miteinander verbunden und bilden mit ihm zusammen ein textilartiges Gebilde, ein sogenanntes »Poromerfell«. Nach dem Waschen und Trocknen kann es bedruckt und weiterverarbeitet werden.

Wählt man die Monomeren verschieden, so kann man dem Gebilde die verschiedensten Eigenschaften geben. Man kann es wasseraufsaugend oder -abweisend, wärmespeichernd oder -isolierend machen. Durch geeignete Wahl der gekühlten Unterlage scheint es möglich zu sein, auch ganze Kleidungsstücke in einem Verfahrensschritt herstellen zu können. Es ist nicht zu erwarten, daß sie in allernächster Zukunft für andere Zwecke als für Wegwerfkleider in den Handel gebracht werden. Aber der erste Schritt zur Revolutionierung der Bekleidungs- und Modeindustrie ist getan.

Heute ist die Herstellung von Textilien noch ein umständlicher Vorgang mit zahlreichen Verfahrensschritten. Einige wichtige Einzelschritte sind links vereinfacht dargestellt.

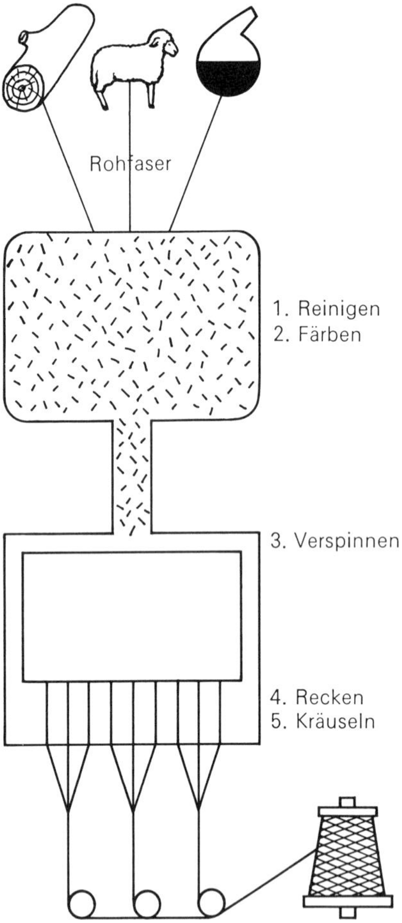

Hermann Staudinger (1881–1965) gilt als Begründer der Makromolekularen Chemie, der wissenschaftlichen Grundlage der Kunststoffindustrie. Mit seinen Arbeiten bewies er, daß es Riesenmoleküle gibt, die aus Tausenden von Atomen bestehen. Er fand Methoden, um solche Riesenmoleküle gezielt herzustellen. Sie werden aus kleinen Molekülen, den **Monomeren**, zu Makromolekülen, den **Polymeren**, zusammengefügt. Wie Glieder einer Kette sind die Grundbausteine des Polymeren im Makromolekül über kovalente Bindungen miteinander verknüpft. Staudinger erkannte, daß die typischen Eigenschaften der Polymeren auf die ungeheure Größe der Moleküle zurückzuführen ist. Für seine grundlegenden Arbeiten wurde er im Jahre 1953 mit dem Nobelpreis für Chemie ausgezeichnet.

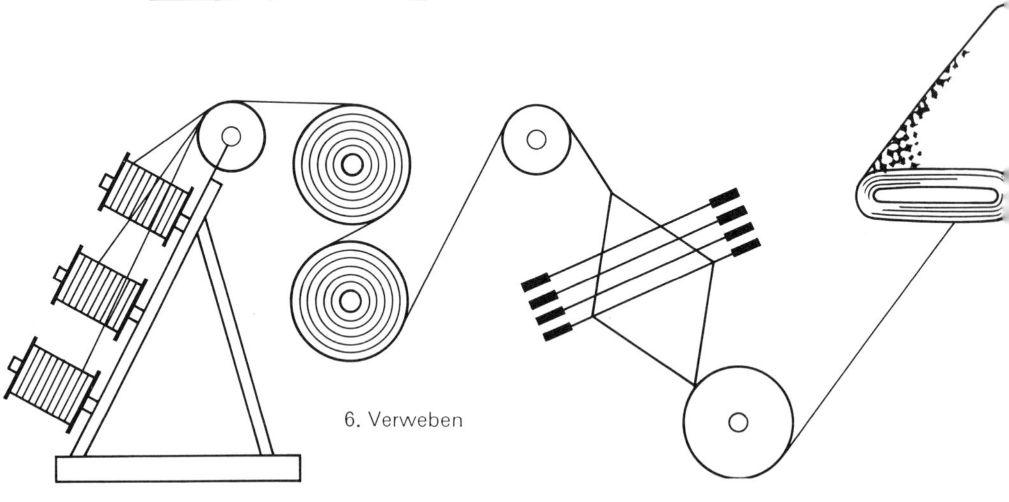

Die Zukunft wird den »ungewebten Textilien« gehören. Ein Verfahren, mit dem man in einem einzigen Schritt fertige Stoffe oder sogar Bekleidungsstücke herstellen kann, ist rechts dargestellt. Die Einzelheiten des Verfahrens, das heute schon technisch durchführbar ist, sind auf den vorigen Seiten beschrieben.

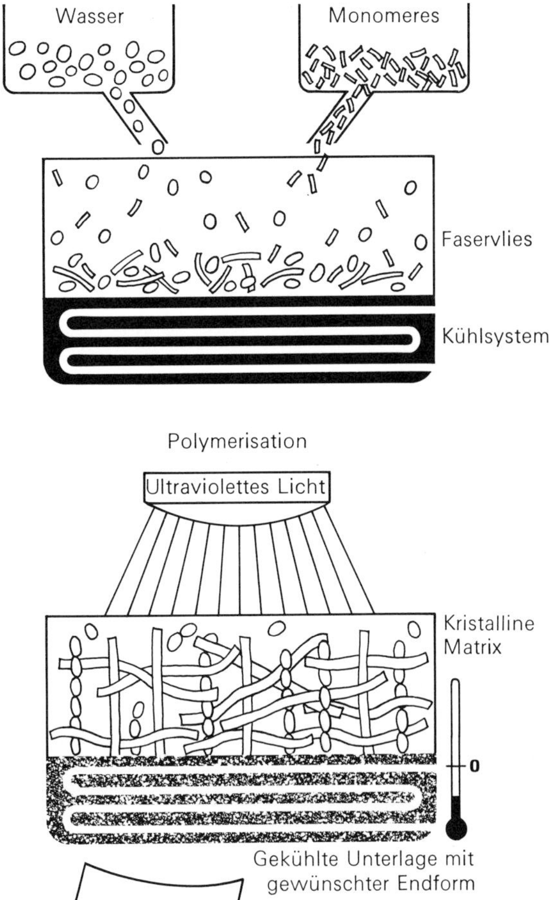

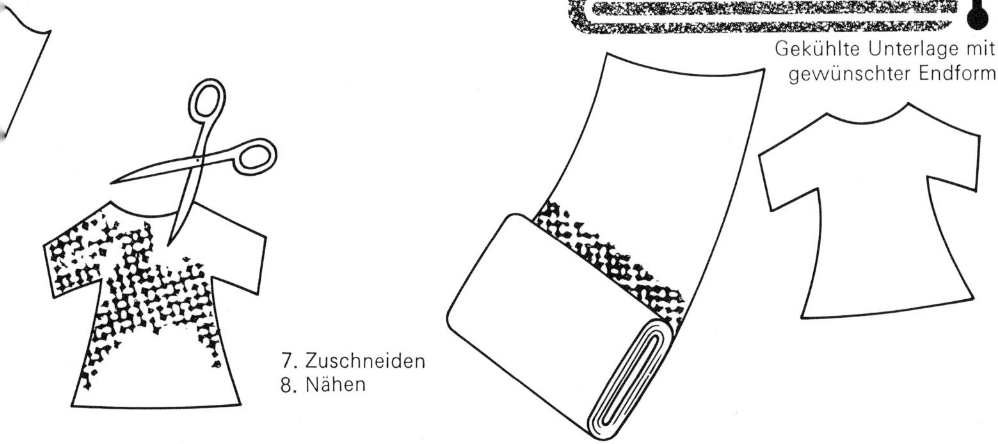

Gegen die Bleivergiftung durch Benzin

Wie kommt Blei in das Benzin? Zu Beginn des Jahres 1972 hatten viele Autofahrer Ärger mit den Motoren ihrer Wagen. Bei scharfem Gasgeben aus niedrigen Motordrehzahlen begann der Motor zu »klopfen«, beziehungsweise zu »klingeln«. Beim Abschalten der Zündung blieben manche Motoren nicht stehen, sondern liefen mit polternden Geräuschen noch einige Takte weiter. Sie »dieselten« nach, wie das im Fachjargon heißt. Beschwerden bei der Autowerkstatt fruchteten nichts. Schuld an dieser unangenehmen Sache hatte das »neue« Benzin. Ab 1. 1. 1972 wurde nach einer Verordnung der Bundesregierung der zulässige Bleianteil im Benzin von zuvor 0,63 g pro Liter auf 0,4 g gesenkt.

Das Blei wird dem Benzin in den Raffinerien in Gestalt von organischen Bleiverbindungen zugesetzt, um die Klopffestigkeit der Treibstoffe zu erhöhen. Aus diesem Grund ist das Benzin in Europa und Amerika seit mehr als dreißig Jahren »verbleit«. Soll der Bleigehalt, wie das gesetzlich vorgesehen ist, vom Januar 1976 auf 0,15 g/l gesenkt werden, so wird das eine enorme Umstellung der Raffinerien zur Folge haben. Grobe Schätzungen sprechen von 1,5 bis 3 Milliarden DM Umstellungskosten allein für den Bereich der Bundesrepublik.

Die große Frage ist, ob es eine Möglichkeit gibt, auch ohne giftige Bleizusätze das Benzin klopffest zu machen. Es gibt sie in der Tat. Aber auch sie hat ihre Tücken, wie wir später noch sehen werden.

Chemische Prozesse im Benzinmotor

Die Energiegewinnung im Benzinmotor erfolgt durch die Verbrennung von Kraftstoffen in einem speziellen Verbrennungsraum, dem Zylinder. Diese Verbrennung erfolgt explosionsartig und treibt dabei einen Kolben an, der wiederum über die Kurbelwelle seine Bewegungsenergie zum Antrieb des Fahrzeugs weitergibt. Zur Verbrennung des Benzins muß Sauerstoff zugeführt werden, der aus der Luft der Umgebung des Motors stammt. Die leicht brennbaren Bestandteile des Benzins – die Kohlenwasserstoffe – werden im Idealfall, der leider praktisch nie eintritt, zu Kohlendioxid und Wasser oxidiert. Bei diesem Vorgang wird eine ganz enorme Menge an Wärmeenergie frei, die zu einer Ausdehnung der Gase im Verbrennungsraum führt. Damit ein besonders hoher Wirkungsgrad des Motors erreicht wird, verdichtet man das Benzin-Luft-Gemisch vor der Verbrennung. Normalerweise wird das Luft-Treibstoff-Gemisch durch den Zündfunken der Zündkerze zur Explosion gebracht. Einige der Kohlenwasserstoffe, die im Benzin enthalten sind, wie das Hexan und das Heptan, können aber durch die Temperaturerhöhung, die beim Komprimieren auftritt, bereits entzündet werden. Die Folge ist ein vorzeitiges Entzünden des Benzin-Luft-Gemischs. Hierdurch wird auf den Kolbenboden vor Erreichen des Höchststandes im Zylinder ein Druck ausgeübt, der die Fortsetzung der Aufwärtsbewegung hemmt. Dies verursacht das »Klopfen« des Motors. Seine Leistung wird dadurch geringer und der Verschleiß ganz wesentlich erhöht. Will man nun mit besonders kleinvolumigen Motoren eine große Leistung erreichen, so ist man darauf angewiesen, die Verdichtung der Motoren zu erhöhen. Gerade in Europa wurde aufgrund der in den meisten Ländern geltenden Hubraumsteuern die Leistung der Motoren bei gleichbleibendem Hubraum auf Kosten höherer Verdichtung immer mehr gesteigert. Die direkte Folge davon ist, daß diese Wagen immer höhere Ansprüche an die Klopffestigkeit des Benzins stellen.

Das Klopfen und die Oktanzahl. Bevor wir uns aber über die Möglichkeiten unterhalten, wie dies erreicht werden kann, soll kurz auf das Maß für die Klopffestigkeit eingegangen werden, die sogenannte Oktanzahl. Man fand heraus, daß der Kettenkohlenwasserstoff Heptan in reiner Form besonders klopffreudig ist. Als besonders klopffest erwies sich dagegen das Isooktan, ein Kohlenwasserstoff mit einer verzweigten Kohlenstoffkette.

Dieses Isooktan hat die gleiche Summenformel wie das Oktan (C_8H_{18}), das aus einer unverzweigten Kette besteht. Es unterscheidet sich aber von diesen in seinen physikalischen und chemischen Eigenschaften, was sich u.a. in seiner Klopffestigkeit ausdrückt. Das Isooktan wird in der Fachsprache als Isomeres des Oktans bezeichnet.

Zur Eichung von Benzin auf seine Klopffestigkeit verwendet man genormte Einzylindermotoren, die unter ganz genau definierten Bedingungen arbeiten. Dem Isooktan kommt dabei die Oktanzahl 100 zu, dem Heptan dagegen die Oktanzahl 0. Es ist natürlich nicht möglich, Benzin herzustellen, das nur aus Isooktan besteht. Deshalb vergleicht man das Benzin, das in der Raffinerie hergestellt wird, in bezug auf seine Klopffestigkeit mit dem Isooktan. Erreicht nun ein Benzin die Oktanzahl 90, dann entspricht es einem Gemisch von 90% Isooktan und 10% Heptan. Normalbezin hat bei uns in der BRD normalerweise eine Oktanzahl von 92, Superbenzin dagegen 98.

Was beim Benzinmotor als unerwünschter Effekt gilt – das Klopfen nämlich –, ist beim Dieselmotor gewollt. Das Dieselöl wird auf 15 : 1 bis 22 : 1 verdichtet und erhitzt sich dabei auf Temperaturen von 550 bis 800 °C. Dadurch entzündet es sich von selbst. Dieselmotoren brauchen aus diesem Grund keine Zündkerzen. Als Bezugsstoff für besonders leistungsfähigen Dieselkraftstoff nimmt man deshalb einen gut entzündbaren Stoff, das Cetan $C_{16}H_{34}$.

Übrigens hat der Mineralölkonzern, der vor einiger Zeit für sein »Benzin mit Platformat« heftig warb, keineswegs ein wertvolleres Benzin entwickelt, sondern nur einen Werbegag erfunden für ein Benzinveredelungsverfahren – das Platforming-Verfahren –, das von allen Mineralölkonzernen zur Gewinnung eines klopffesteren Kraftstoffes angewandt wird.

Nach allem, was wir nun über die Möglichkeiten der Verbesserung des Benzins gehört haben, sollte also ein Bleiverbot durchaus ohne nachteilige Folgen möglich sein. Es stehen dem jedoch zwei Faktoren entgegen. Das Platforming und die übrigen Verfahren können nicht den enormen Bedarf an hochwertigen Treibstoffen zu vernünftigeren Preisen decken. Schlimmer ist jedoch die Tatsache, daß die Verbrennungsprodukte der durch Benzinveredlung gewonnenen Treibstoffe unter Umständen mehr schädliche Stoffe enthalten können und somit gefährlicher für die Gesundheit sind als bleihaltige Abgase. Erfahrungen dieser Art sind fast typisch für Maßnahmen des Umweltschutzes. Man stopft ein Loch und öffnet ein weit gefährlicheres.

Keine Chance mehr für Bildfälscher! Mit einem 0,5 mm großen Farbsplitter aus einem Gemälde können Chemiker die Echtheit dieses Bildes bestätigen bzw. eine Fälschung entlarven.

Die bunte Welt der Farben

Die Kunstliebhaber aller Länder sind freudig erregt. Der Zufall hat wieder einmal ein unersetzliches und längst verlorengeglaubtes Kunstwerk ans Tageslicht gebracht. Eines der wenigen Gemälde Leonardo da Vincis wurde auf dem Speicher eines halb zerfallenen südfranzösischen Schlosses entdeckt, das ein Pariser Geschäftsmann für seine Freundin erworben hatte. Das Gemälde soll bei einer renommierten Londoner Kunsthandlung versteigert werden. Schon munkelt man in Fachkreisen, daß amerikanische Kunstsammler bereits mehrere Millionen Dollar für das seltene Stück geboten haben. Da platzt wie eine Bombe die Mitteilung in die Nachrichtenredaktionen der Zeitungen und Massenmedien, das gefunden geglaubte Bild sei eine geniale Fälschung. Selbst die versiertesten Kunsthistoriker hatten sich täuschen lassen. In Stil, Ausdruck und Erhaltungszustand war es meisterlich den Werken Leonardos angepaßt. Nur die unparteiischen Augen moderner Analysengeräte und die exakten Methoden der chemischen Untersuchung schließen jeden Zweifel aus. Das Gemälde ist eine Fälschung.

Keine Chance für Fälscher. Die Untersuchung hatte sehr schnell ergeben, daß zur Anfertigung des Gemäldes einige Farbpigmente benutzt worden waren, die der angebliche Urheber des Bildes noch gar nicht gekannt haben konnte. Im 19. und 20. Jahrhundert wurden nämlich wesentlich mehr Farbpigmente erfunden, als vorher jemals bekannt gewesen waren. Als Pigment bezeichnet man den feingepulverten, unlöslichen Farbstoff des Malers. Die Farbe des Malers besteht aus Pigment und Bindemittel. Das Pigment ist der eigentliche Farbträger. Das Bindemittel kittet die einzelnen Pigmentteilchen, die einen Durchmesser von etwa $^{1}/_{100}$ mm besitzen, untereinander zusammen und hält sie auf dem Malgrund fest.

Da bei »modernen« Pigmenten im allgemeinen genau bekannt ist, wann sie erstmals hergestellt und in den Handel gebracht wurden, ist eine Datierung eines modernen Gemäldes sehr exakt durchzuführen. Außerdem wurden einige Pigmente von einer bestimmten Zeit an nur noch selten oder überhaupt nicht mehr verwendet. Findet man sie auf einem Gemälde, so kann man mit einiger Sicherheit angeben, daß es vor einem gewissen Zeitpunkt gemalt worden sein muß.

Zur Analyse der Pigmentfarben eines Gemäldes werden kleine Farbproben entnommen, die kaum sichtbar sind und das Kunstwerk in keiner Weise beeinträchtigen. In 50 bis 100 tausendstel g Farbe, also in winzigen Mengen, können heute ohne Schwierigkeiten 20 bis 30 verschiedene Elemente nachgewiesen werden. So ist es beispielsweise möglich, in solchen Farbproben noch 0,001 bis 0,005 tausendstel g von Gold oder Silber nachzuweisen. Aus dem Verteilungsmuster dieser Spurenelemente im Bleiweiß lassen sich dann beispielsweise Rückschlüsse darauf ziehen, ob ein mittelalterliches Gemälde etwa in Italien oder in den Niederlanden entstanden ist, weil das Pigment Bleiweiß in den beiden Ländern nach verschiedenen Methoden erzeugt wurde. Bleiweiß ist ein basisches Bleicarbonat, das schon in der Antike künstlich hergestellt wurde. Da Weiß in der Malerei als Äquivalent für Licht eine beherrschende Rolle spielt, gibt es kaum ein Gemälde, das nicht weiße Farbe enthält. Bis zum 19. Jahrhundert war Bleiweiß das einzige in der europäischen Malerei verwendete Weißpigment. Im 19. Jahrhundert fand man dann das Zinkweiß (ZnO). Das jüngste und zugleich kräftigste weiße Pigment ist das Titanweiß (TiO_2). Bleiweiß wird lange nicht mehr benutzt. Neben der Elementaranalyse spielt auch die Bestimmung von Größe und Form der Pigmentteilchen bei der Altersbestimmung von Gemälden eine große Rolle. Mikroskopische Techniken erlauben eine schnelle Registrierung solcher Details. Die moderne Fertigung von Farbpigmenten bringt eine viel feinere Verteilung und Homogenität der Farbstoffteilchen zuwege, als es die großen Künstler vergangener Zeiten in ihren primitiven Werkstätten mit eigener Hand erreichen konnten. Daher werden bei Altersbestimmungen etwa 0,5–1 mm große Farbsplitter aus den Gemälden entnommen, in Kunstharz eingebettet und so angeschliffen, daß ein Querschnitt durch die Malschichten entsteht. An diesen kann man unter dem Mikroskop nicht nur die einzelnen Pigmentteilchen erkennen, sondern auch einen Eindruck von dem technischen Aufbau der Malschichten gewinnen. Daraus lassen sich Rückschlüsse auf die Malweise eines Künstlers und seines Fälschers ziehen. Für einen Fälscher bestehen kaum noch Chancen, von den wissenschaftlichen Detektiven nicht überführt zu werden.

Von der Höhlenmalerei zum Zebrastreifen

Die Freude an der Farbe ist den Menschen ursprünglich eingegeben. Zu allen Zeiten liebten die Menschen bunte Kleider und bemalte Behausungen. Unsere Welt ist – soweit sie durch den Menschen beeinflußt und gestaltet worden ist – eine bunte. Mit abfälligem Ton sprechen wir vom tristen Grau der Städte. Moderne Städtebauer versuchen daher, mit bunten Fassaden das allzu einheitliche Bild der Häuserzeilen aufzulokkern. Dabei haben sie die Auswahl zwischen allen Farben des Regenbogens, und es kommt lediglich auf den persönlichen Geschmack des Bauherrn oder der Stadtverwaltung an, welcher Farbe der Vorzug gegeben wird. Daß diese Freiheit der Wahl nicht zu allen Zeiten möglich war, ist kaum glaubhaft. Aber die Welt unserer Urgroßväter war tatsächlich viel grauer, nicht nur was die Bemalung der Häuser angeht, sondern auch bezüglich Kleidung und Wohnraumgestaltung. Sie hatten nämlich keineswegs die Auswahl zwischen allen Farben, wie wir sie heute besitzen. Sie mußten sich mit den wenigen Farben zufriedengeben, die die Natur oder die beginnende chemische Technik ihnen lieferte. Bevor im Jahre 1704 das erste künstliche Farbpigment, das Berliner oder auch Preußisch Blau, aus gelbem oder rotem Blutlaugensalz in den Handel kam, war man gänzlich auf die natürlichen Mineralfarben und die wenigen Pflanzenfarben angewiesen, die schon seit vorgeschichtlichen Zeiten bekannt waren.

Unsere prähistorischen Vorfahren benutzten vor mehr als zehntausend Jahren zur Ausführung ihrer bewundernswerten Höhlenzeichnungen lediglich die Materialien, die sie rund um ihre Feuerstätten fanden. Die in Südfrankreich vor mehr als 30000 Jahren entstandenen Höhlenbilder bestehen aus Erdfarben. Zu dieser Gruppe gehören die gelben, roten oder braunen Ocker-Tonböden, die durch Einlagerung von Eisenhydroxiden und Eisenoxiden ihre warmen Farben erlangen. Auch das im Mittelalter von den italienischen Malern bevorzugte Umbra ist ein Tonmineral, das in der Zusammensetzung den Ockern ähnelt, aber zusätzlich noch bis zu 15% Manganoxid enthält. Außer den Erdfarben standen den prähistorischen Malern nur noch die verkohlten Reste aus Holz und Knochen aus ihren Lagerfeuern als Quelle für schwarze Farbpigmente zur Verfügung. Schließlich diente der aus geglühtem Kalkstein gewonnene gebrannte Kalk (CaO) zur Herstellung weißer Farbe. Gebrannter Kalk wird ja auch heute noch, vor allem in südlichen, regenarmen Ländern, zum Weißen der Fassaden benutzt. In unseren Breiten aber erweist sich gebrannter Kalk wegen seiner Löslichkeit in Wasser als ungeeignetes Material für Verschönerungsaktionen.

Kräftige gelbe, rote oder grüne Farben wurden erst langsam im Lauf der Geschichte entdeckt und zu wertvollen Handelsobjekten. Die Fundstätten für entsprechend gefärbte Mineralien sind nämlich beschränkt, und die künstliche Herstellung war aufgrund mangelnder Kenntnisse nur schwer möglich. Immerhin wurde Bleiweiß schon in der Antike künstlich hergestellt, indem man auf metallisches Blei Weinessig und Kohlendioxidgas einwirken ließ.

Ein Preis für blaue Farbe. Die bei weitem teuerste Farbe war bis zum Beginn des 18. Jahrhunderts das Blau. Als die praktisch einzige Quelle für blaue Pigmente stand der

Menschen der Steinzeit malten Höhlen mit Erdfarben aus, z. B. gelbem, rotem oder braunem Ocker, Tonböden, die durch Einlagerungen von Eisenhydroxiden ihre warmen Farben erlangen. Im Bild: australische Höhlenmalerei.

Halbedelstein Lapislazuli zur Verfügung, der nach einem komplizierten Aufbereitungsprozeß das »natürliche« Ultramarin ergab. Die besten Sorten von Lapislazuli waren so viel wert, daß ihr Gewicht während des Mittelalters mit Gold aufgewogen wurde. Kein Wunder also, daß sich die beginnende technische Chemie auf die Herstellung von blauen Farbpigmenten konzentrierte, weil hier gewinnbringende Geschäfte zu machen waren. Der entscheidende Schritt zu künstlichem Ultramarin erfolgte im Jahre 1806. Die französischen Chemiker Clement und Desormes führten als erste eine quantitative Analyse eines »Ultramarins von höchster Güte« aus und kamen zu dem Ergebnis, der Farbstoff müsse die Zusammensetzung $Na_8Al_6Si_6O_{24}S_2$ besitzen. Sie stellten außerdem fest, daß Schwermetalle in dem Stoff nicht enthalten waren. Nachdem nun die Bestandteile des natürlichen Ultramarin bekannt waren, setzte die »Société d'Encouragement pour l'Industrie Nationale« (Gesellschaft zur Förderung der nationalen Industrie) 1824 einen Preis von 6000 Goldfranken für die »Entdeckung eines wohlfeilen Verfahrens zur Bereitung eines künstlichen Ultramarins« aus, das nicht mehr als 300 Franken das Pfund kosten durfte.

Der Preis wurde 1828 an Monsieur Guimet vergeben. Aber unabhängig von Guimet hatten bereits C. G. Gmelin in Tübingen und F. A. Köttig in der königlichen Porzellanmanufaktur zu Meißen brauchbare Herstellungsverfahren gefunden. Letzterer brachte die neue Farbe unter dem Namen »Lasursteinblau« in den Handel.

Der in Paris bei der bereits genannten Gesellschaft bekannte deutsche Kaufmann Dr. C. Leverkus errichtete im Jahre 1834 in Wuppertal ebenfalls eine Ultramarinfabrik, die als Grundstein der nun aufblühenden deutschen Pigmentfarbenindustrie angesehen werden kann. Das Unternehmen wurde 1862 an den Rhein verlegt, wo sich alsbald eine Industrieansiedlung entwickelte. Nach ihrem Gründer wurde sie später »Leverkusen« benannt und ist seither ein Zentrum der chemischen Industrie Deutschlands geblieben.

An dem Herstellungsverfahren für synthetisches Ultramarin hat sich seit jener Zeit nicht viel geändert. Eine Mischung aus dem Porzellanrohstoff Kaolin, Schwefel, Soda, Quarz und Reduktionsmitteln wird bei ca. 800 °C zusammengeschmolzen. Durch leichte Veränderungen des Mischungsrezeptes und der Brennbedingungen lassen sich verschiedene Ultramarine herstellen. Man erhält entweder Ultramarinblau oder Ultramaringrün. Durch teilweise chemische Umwandlung von Ultramarinblau mit Ammoniumchlorid erhält man Ultramarinviolett, das dann weiter mit Chlorgas oder Salzsäure zu Ultramarinrot umgesetzt wird. Es ist in diesem Zusammenhang nicht erstaunlich, daß das erste Patent des kaiserlichen Reichspatentamtes für ein Verfahren zur Herstellung einer roten Ultramarinfarbe vergeben wurde.

Die Palette der gelben Farbtöne wurde ebenfalls im vergangenen Jahrhundert wesentlich erweitert. Im Mittelalter wurde hauptsächlich Bleizinngelb verwendet, ein gemischtes Oxid des Bleis mit dem Zinn. Erfindungen des 19. Jahrhunderts sind das strahlende Chromgelb ($PbCrO_4$) und das warme, mitunter rötlich getönte Cadmiumsulfid. Das seit dem Altertum bekannte,

Der Schwartzferber.

Ich bin der schwartz Farb ein Sücher/
Ferb den Kauffleutn die Schwabnthücher
Grün/graw vnd schwartz/ vñ darzu blaw/
Darzu ich auch ein Mange hab/
Daß ich sie mang fein gell vnd glat/
Auch was man sonst zu ferben hat/
Vnd mangen findt man mich allzeit/
Darzu gutwillig vnd bereit.
N iij Der

aber außerordentlich giftige Auripigment, eine Schwefelverbindung des Arsens, spielt heute keine Rolle mehr. Es ist an dieser Stelle angebracht zu bemerken, daß die heute verwendeten Pigmentfarben, von ganz wenigen Ausnahmen abgesehen, völlig ungiftig sind; denn die Güte und Farbechtheit der modernen Pigmentfarben, wie sie unter anderem auch für die Fingermalfarben der Kinder benützt werden, beruht ja darauf, daß die Farbstoffteilchen extrem unlöslich und daher weder durch Wasser noch durch Chemikalien angreifbar sind. Sie können deshalb vom menschlichen Körper nicht aufgenommen werden und weder Giftwirkung besitzen noch krebsauslösend wirken.

Ein Kind unseres Jahrhunderts ist das strahlende Titanweiß, das heute bei weitem wichtigste Weißpigment. Es wird in ungeheuren Mengen hergestellt; denn Weiß vermittelt dem Betrachter einen geradezu magischen Eindruck von Sauberkeit und ist daher allerorts beliebt. Titanweiß trägt nicht unerheblich zur Verkehrssicherheit bei. Infolge der zunehmenden Motorisierung sah man sich gezwungen, Straßen, Parkplätze, Flughäfen und dergleichen mit deutlich sichtbaren Markierungen zu versehen. Die große Verkehrsdichte stellt hohe Anforderungen an die Haltbarkeit derartiger Straßenmarkierungen. Dabei müssen die Kosten der Herstellung und Aufbringung in vernünftigem Verhältnis zur Haltbarkeit stehen. Ohne das billige und haltbare Titanweiß wäre das kaum möglich. Man verwendet daher zum Pigmentieren hauptsächlich das gut deckende Titandioxid in Verbindung mit speziell zu diesem Zweck entwickelten, schnell trocknenden und abriebfesten Lakken. Zur Erhöhung der Sichtbarkeit bei Nacht werden mitunter noch kleine Glasperlchen beigemischt. Die Glasperlchen von ca. 0,1 mm Durchmesser reflektieren in der Nacht das Licht, wenn sie mit den Autoscheinwerfern angestrahlt werden.

In Zukunft wird es möglicherweise auch Pigmente, Farbstoffe oder Zusatzstoffe geben, die – den Markierungen beigemischt – den Verkehrsteilnehmern bei plötzlichem

Aus dem Halbedelstein Lapislazuli wurde das Ultramarin in einem so komplizierten Verfahren gewonnen, daß Blau bis zum Beginn des 18. Jahrhunderts die teuerste Farbe war. Dann aber gelang es französischen Chemikern, Ultramarin künstlich herzustellen.

PATENT-URKUNDE

№ 1.

GESETZ v. 25. MAI 1877

AUF GRUND DER ANGEHEFTETEN BESCHREIBUNG UND ZEICHNUNG IST DURCH BESCHLUSS DES KAISERLICHEN PATENTAMTES

Johann Zeltner, in Firma Nürnberger Ultramarinfabrik in Nürnberg.

EIN PATENT ERTHEILT WORDEN.

GEGENSTAND DES PATENTES IST:

Verfahren zur Herstellung einer rothen Ultramarinfarbe.

ANFANG DES PATENTES: 2. Juli 1877.

DIE RECHTE UND PFLICHTEN DES PATENT-INHABERS SIND DURCH DAS PATENT-GESETZ VOM 25. MAI 1877 (REICHSGESETZBLATT FÜR 1877 SEITE 501) BESTIMMT.

ZU URKUND DER ERTHEILUNG DES PATENTES IST DIESE AUSFERTIGUNG ERFOLGT.

Berlin, 21. December 1877.

KAISERLICHES PATENTAMT.

Beglaubigt durch [illegible]

Sekretär des Kaiserlichen Patentamtes.

Adolf von Baeyer (1835–1917) gilt als einer der Begründer der modernen organischen Chemie. Er war Schüler von Bunsen und Kekulé. 1872 wurde er Professor in Straßburg, 1875 wurde er als Nachfolger Liebigs nach München berufen. Dort widmete er sich hauptsächlich der Chemie der organischen Farbstoffe. Höhepunkt seiner Forschungen war die Strukturaufklärung und Synthese des Indigo. 1905 erhielt er den Nobelpreis. A. v. Baeyer war ein bedeutender Lehrer und bildete eine ganze Generation von organischen Chemikern aus, die der deutschen chemischen Industrie zu einer weltweiten Führungsrolle verhalfen. Die Farbstoffchemie war in den Jahren zwischen 1860 und 1920 das industriell und wissenschaftlich wichtigste Gebiet der Chemie. Die Vereinigung von wirtschaftlichen und wissenschaftlichen Interessen führte zu einem gewaltigen Anwachsen des Wirtschaftsvolumens und der theoretischen Kenntnisse in der Chemie.

Kälteeinbruch die beginnende Vereisung der Straßenoberfläche durch farbliche Veränderung der Markierung anzeigen. Die Forschung auf dem Gebiet der Farbpigmente gehört zu den ältesten Zweigen der anwendungsorientierten Chemie. Sie steckt noch immer voller zukunftsträchtiger Probleme.

Im Wettbewerb mit der Natur. Heute ist es eine Selbstverständlichkeit, daß jedes Jahr die Mode wechselt und neue Modefarben kreiert werden. Das aber war nicht immer so. Ähnlich wie bei den Pigmentfarben war das Sortiment der Textilfarben noch um die Mitte des vergangenen Jahrhunderts auf wenige Naturprodukte beschränkt, deren färberische Eigenschaften und Lichtechtheit außerdem zu wünschen übrigließen.

Die Germanen und Gallier färbten ihre Gewänder zum Beispiel mit Heidelbeersaft. Daß Heidelbeersaft für diesen Zweck nicht ganz ungeeignet ist, weiß jede Hausfrau, die versucht hat, die Spuren einer Heidelbeersuche wieder aus den Kleidern ihrer Familie zu entfernen. Das in den Heidelbeeren enthaltene »Blumenblau« zählt zu der großen Gruppe von chemisch untereinander verwandten und in der Pflanzenwelt weitverbreiteten Blütenfarbstoffen, den »Anthoxyanen«. Wir finden sie in Trauben und Kirschen, in den Blüten von Klatschmohn und Dahlien, Astern und Stiefmütterchen. Diese Farbstoffe haben allerdings eine unangenehme Eigenschaft. Schon nach kurzer Zeit sind sie im Licht völlig verblichen und alles andere als waschfest.

Bis zum letzten Jahrhundert standen hauptsächlich zwei Farben in größerer Menge zur Verfügung: der aus dem Färberwaid oder den ostindischen Indigofera-Arten gewonnene blaue Indigo und der aus den Wurzeln der Färberröte gewonnene tiefrote Krapp. Daneben gab es noch andere Farbstoffe, zum Beispiel den aus einer Schildlausart gewonnenen Scharlach und das Karminrot oder das Gelb der Färberreseda. Aus Eichenrinde wurde ein schwarzer Farbstoff gewonnen. Exotische Hölzer brachten wiederum andere Farbtöne.

Das Färben war eine schwierige und hochentwickelte Kunst. Weil die Naturfarbstoffe nicht immer die gewünschte Echtheit besaßen, mußten die Färber allerlei Kunstgriffe anwenden, die sie als Familiengeheimnisse vom Vater auf den Sohn weitergaben.

König der Farbstoffe. Indigo ist der älteste uns bekannte, relativ lichtechte Farbstoff. Das Färben mit Indigo ist ein komplizierter Vorgang. Die farbigen Bänder und Gewebe, mit denen die Mumien der ägyptischen Königsgräber geschmückt waren, beweisen aber, daß die Ägypter bereits vor über 4000 Jahren die Kunst des Färbens mit Indigo beherrschten. Das ist um so erstaunlicher, als die Gewinnung des Farbstoffs aus den Pflanzen schon ein mehrstufiger Vorgang ist. Indigo kommt nämlich in den Pflanzen keineswegs als Farbstoff, sondern als die farblose Vorstufe »Indican« an Zucker gebunden vor. Um den Farbstoff zu gewinnen, wurden die blühenden Indigopflanzen zweimal jährlich geschnitten, in Holzkufen mit Wasser bedeckt und 12 bis 15 Stunden lang einer Gärung überlassen. Dabei ging das Indican in Lösung. Es entstand die gelbe Vorstufe des Indigo, der sogenannte Leukofarbstoff. Durch Schlagen mit Reisigbesen wurde Luftsauerstoff zugeführt und Leukofarbstoff zu den wasserblauen unlöslichen Flocken des eigentlichen Indigo oxidiert. Sie wurden abgeseiht und getrocknet. Beim Einfärben von Baumwolltextilien wurde dieser Vorgang in ähnlicher Weise wiederholt. Um den Farbstoff löslich zu machen, wurde er zunächst mit Laugen und einem Reduktionsmittel behandelt. Noch im letzten Jahrhundert wurde dazu ganz einfach Urin benutzt. Die Färbebäder und das Gefäß, worin die Färbung vorgenommen wurde, bezeichnete man als »Küpe«. Man spricht daher heute noch bei indigoähnlichen Farbstoffen von »Küpenfarbstoffen«. Taucht man ein Gewebe in eine solche Küpe, so saugt es die leicht gelbe Lösung des Leukofarbstoffes auf. Beim Trocknen an der Luft wird der reduzierte Farbstoff an der Oberfläche der Textilfaser wieder zu unlöslichem Indigo oxidiert und haftet nun fest auf der Faser.

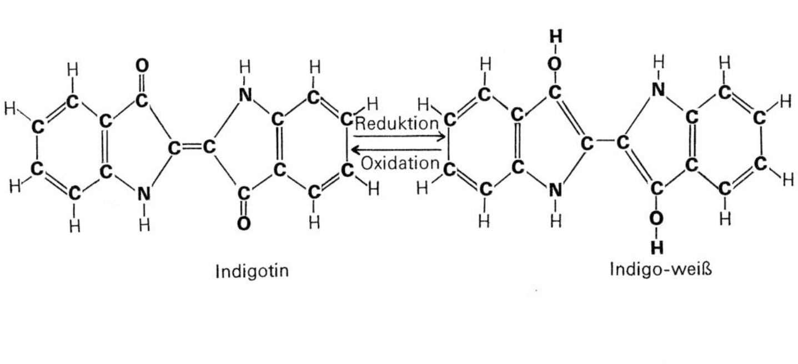

Indigo galt für lange Zeit als der »König der Farbstoffe«. Er besaß eine enorme wirtschaftliche Bedeutung. Rund 100 Millionen Mark betrug um das Jahr 1900 allein der Wert der Produktion Indiens an diesem begehrten Farbstoff. In Indien wurde der Indigo auf großen Plantagen mit Hilfe billigster Eingeborenenarbeit gewonnen und mit beachtlichen Gewinnspannen nach Europa ausgeführt.

Man nehme 12000 Schnecken. Im Vergleich zum Indigo war um diese Zeit ein klassischer Farbstoff längst zur Bedeutungslosigkeit verurteilt. Jahrhundertelang hatte der violette, tyrrhenische Purpur als das Sinnbild höchster Macht und Würde gegolten. Römische Senatoren, Kaiser, Könige und Kardinäle allein durften purpurfarbene Gewänder tragen. Der Purpur wurde aus den Farbdrüsen der kleinen Purpurschnecke Murex brandaris gewonnen, die entlang der Küste des östlichen Mittelmeers gefunden wird. Der deutsche Professor P. Friedländer, der die chemische Struktur des Purpurs aufgeklärt hat, gibt folgende Vorschrift für die Isolierung des Farbstoffes: Die herauspräparierten Purpurdrüsen dünn ausstreichen, kurz an der Sonne belichten, mit dreißigprozentiger Schwefelsäure bei 80 bis 90 °C hydrolysieren, den gewaschenen roten Brei mit Alkohol auskochen, den zurückbleibenden Farbstoff in Benzoesäureäthylester aufnehmen, aus dem er auskristallisiert. Die Ausbeute an Farbstoff ist 1,4 g aus 12000 Schnecken! Es dürfte klar sein, warum der echte Purpur der wertvollste Farbstoff aller Zeiten war.

Ähnliche Bedeutung wie der Indigo besaß der vor allem in Südfrankreich, Belgien und der Türkei angebaute Krapp. Allein das Departement Vaucluse erzeugte im Jahre 1865 für mehr als 25 Millionen Franken Krappwurzeln, aus denen der begehrte rote Farbstoff Alizarin hergestellt wurde. Er diente u.a. dazu, die bekannten roten Hosen der französischen Armee einzufärben, was seinerseits natürlich eine frühe Form von staatlicher Subvention des Krappanbaus war und damit einer Unterstützung der französischen Landwirtschaft gleichkam.

Die Goldgräberzeit der Chemie. Der beginnenden Industrialisierung im 19. Jahrhundert und dem damit verbundenen Anstieg der Bevölkerungszahlen folgte ein starker Ausbau der Textilindustrie. West- und Mitteleuropa konnten nun nicht mehr in genügendem Maße mit Naturfarbstoffen versorgt werden. Kein Wunder, daß die Preise für Farben ins Unermeßliche stiegen. Damit war der Zeitpunkt gekommen, zu dem sich die eben erst als vollwertige Wissenschaft anerkannte Chemie im Bunde mit zielstrebigen Geschäftsleuten der Entwicklung synthetischer Farben zuwendete. Die »Goldgräberzeit« der Chemie hatte begonnen. Es war eine »Goldgräberzeit« nicht nur in finanzieller, sondern auch in wissenschaftlicher Hinsicht. Die Entwicklung synthetischer Farben, die hauptsächlich in Deutschland erfolgte, war nicht nur ein Bombengeschäft für die beteiligten Firmen, sondern verhalf der organischen und theoretischen Chemie zu immer neuen Entdekkungen und Fortschritten. Die Farbenfabrikation bildete bis etwa 1920 die Schlüsselindustrie der gesamten chemischen Industrie. In vielen anderen Gebieten der chemischen Technik mußten neue Erkenntnisse gewonnen und neue Techniken entwickelt werden, um die benötigten Ausgangsstoffe in genügender Menge und preisgünstig zur Verfügung zu haben.

Die Farbenindustrie hat damit die Entwicklung weiterer Gebiete der Chemie gefördert: Elektrolyse, Katalysatorforschung, Lösungsmittel- und Kunstharzindustrie. Fast alle heutigen chemischen Großbetriebe haben ursprünglich als Unternehmen zur Herstellung von Farbstoffen begonnen; heute spielen die Farbstoffe keine zentrale Rolle mehr, da die Produktion von Pharmazeutika und Kunststoffen längst andere Größenordnungen bezüglich Investition und Umsatz erreicht hat. Die Entdeckung des ersten künstlichen Farbstoffes entbehrt übrigens nicht der Komik. Er wurde von dem Gutsbesitzer und Privatgelehrten K. von Reichenbach im Jahre 1832 aus Buchenholzteer gewonnen und nicht etwa aus dem später für die Farbenindustrie so wichtig gewordenen Steinkohlenteer. Von Reichenbach beschäftigte sich mit der chemischen Zusammensetzung des Buchenholzteers. Zu den kleinen Ärgernissen seines Alltags gehörte die allzu häufige Benutzung des Lattenzaunes vor seinem Haus durch die Hunde der Umgebung. Von Reichenbach strich daraufhin den Zaun mit seinem Studienobjekt an und hoffte, daß der penetrante Teergeruch die Hunde vertreiben würde. Doch weit gefehlt, er schien sie zu weiteren Anstrengungen zu ermutigen. Um nun wenigstens den unliebsamen Geruch wieder zu beseitigen, schüttete von Reichenbach Chlorkalk auf seinen Zaun. Zu seinem Erstaunen beobachtete er, wie sich nun auf dem Zaun ein tiefblauer Farbstoff bildete, den er »Pittakal« (schönes Pech) nannte und der, wie erst viele Jahre später festgestellt wurde, der Calciumlack des im Buchenholzteer enthaltenen Triphenylcarbinols war. Die organische Chemie steckte damals noch zu sehr in ihren Kinderschuhen, als daß von Reichenbach diese Entdeckung hätte weiterverfolgen können.

Ein genialer Fehlschlag. Der erste künstliche Farbstoff von wirklichem Wert wurde erst 1855 von dem damals achtzehnjährigen W. H. Perkin entdeckt. Perkin war der Laborant des berühmten August Wilhelm von Hoffmann (1818–1892), eines deutschen Chemikers, der zum Direktor des Londoner »Royal College of Chemistry« berufen worden war. Im Jahre 1849, als die Malaria in den britischen Kolonien Tausende dahinraffte, kam Hoffmann auf den Gedanken, daß viele Menschen gerettet werden könnten, wenn nur genügend Chinin greifbar wäre. Chinin war aber damals nur sehr schwierig zu erhalten, da es aus der Rinde der in unzugänglichen Wäldern wachsenden China-Bäume gewonnen wurde. Von Hoffmann hatte die Idee, das seltene Antimalariamittel synthetisch herzustellen, und hoffte dadurch zahlreiche Menschenleben zu retten. Eine Substanz, die er kurz zuvor aus dem Steinkohlenteer isoliert hatte, das Toluidin, schien eine dem Chinin ähnliche Zusammensetzung zu haben. Er beauftragte deshalb seinen Laboranten Perkin mit dem Versuch, durch Oxidation dieses Teerbestandteiles Chinin künstlich herzustellen. Vom Standpunkt des heutigen Wissens aus betrachtet, war das eine phantastische Idee. Das Chinin ist in Wirklichkeit so kompliziert aufgebaut, daß seine Synthese erst im Jahre 1944 gelang. Hoffmann war aber immerhin der erste, der die chemischen Möglichkeiten des Steinkohlenteers erkannt hatte. Auf dem Steinkohlenteer sollte sich später die gesamte chemische Industrie aufbauen und erst nach dem 2. Weltkrieg auf das Erdöl als Rohstoffquelle umschalten.

Perkin, der achtzehnjährige Laborant Hoffmanns, mußte natürlich bald feststellen, daß die nach den Angaben seines Lehrers durchgeführte Oxidation von Toluidin nur eine schmutzig-rotbraune Verbindung ergab, die keine auch noch so entfernte Ähnlichkeit mit dem Chinin besaß. Trotz des offensichtlichen Mißerfolges interessierte er sich weiterhin für die Reaktion und führte sie auch mit Anilin – ebenfalls ein Bestandteil des Teers – durch. Diesmal erhielt er eine schwarze Masse, aus der er mit Alkohol einen trüb purpurfarbenen Farbstoff herauslösen konnte. Er nannte ihn Mauvein. Die geniale Idee Perkins bestand darin, zu versuchen, ob man mit diesem Farbstoff Textilien anfärben konnte. Tatsächlich zog die Farbe auf Seide auf und hielt Sonnenlicht und Seifenlösung stand.

Perkin quittierte sofort seinen Dienst bei dem berühmten Professor und eröffnete einen kleinen Betrieb, in dem er den Farbstoff in größeren Mengen herzustellen begann. Perkins Farbstoff Mauvein, der Seide färben konnte, fand aber zunächst keinen Absatz in England, weil die traditionsbewußten Färber von dem neumodischen Zeug nichts wissen wollten. Die Lyoner Seidenfärber erkannten hingegen sofort die Bedeutung des Farbstoffes. Sie führten eine neue Modefarbe »mauve« (malvenfarben) ein, und damit war der Bann gebrochen.

Bald wurde der neue Farbstoff zu einem Preis von mehr als 2000 Mark pro Kilogramm gehandelt und war damit teurer als Platin. Perkins Erfolg hatte den entscheidenden Anstoß für eine nun beginnende Entwicklung gegeben. Überall fingen die Chemiker an, sich mit der Synthese von Teerfarben zu beschäftigen, und Farbenfabriken schossen wie die Pilze aus dem Boden. A. W. von Hoffmann begann sich selbst mit der Strukturaufklärung der entstandenen Farben zu beschäftigen. Als Kekulé die Formel des Benzols gefunden hatte, war auch für die Wissenschaft das Eis gebrochen. In rascher Folge wurde die Struktur der Naturfarben Indigo, Alizarin und Purpur aufgeklärt. Auf die Analyse folgte in zäher Arbeit die Synthese.

Ein Geschäft mit der Wissenschaft. Im Jahre 1868 gelang es den deutschen Industriechemikern C. Graebe und C. Liebermann, Alizarin, den Farbstoff der Krapp-Pflanze, synthetisch herzustellen. Es war die erste gezielte Farbstoffsynthese, die aufgrund genauer Kenntnis des chemischen Aufbaus des natürlichen Farbstoffes durchgeführt wurde. Am 26. Juni 1869 erhielten die BASF-Chemiker Caro, Graebe und Liebermann ein englisches Patent auf ein technisches Verfahren zur Herstellung von Alizarin. Sie hatten ihr Verfahren genau einen Tag früher angemeldet als ihr englischer Konkurrent, der bereits durch das Mauvein bekannte Perkin, der haargenau das gleiche Verfahren ausgearbeitet hatte.

Schon 1875 produzierten 12 Fabriken in Deutschland künstliches Alizarin im Wert von 15 Millionen Goldmark. Der Krappanbau lohnte sich nicht mehr, es war eine Katastrophe für die französischen Landwirte. Die Chemie lieferte den Farbstoff um einen

Bruchteil des Preises, den die landwirtschaftlichen Erzeuger forderten. Während beispielsweise um 1870 ein Kilogramm Naturkrapp 90 Mark gekostet hatte, war der Preis im Jahre 1888 auf acht Mark pro Kilogramm gefallen.

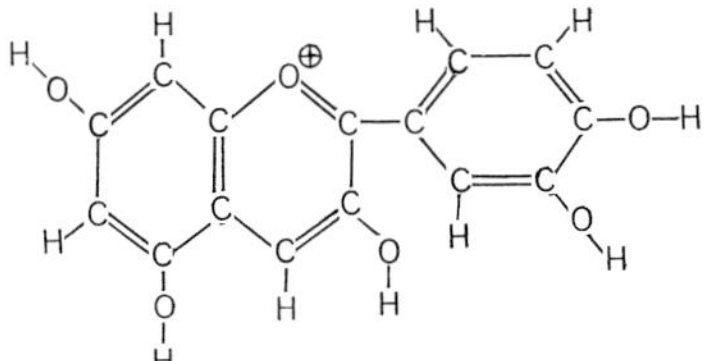

Cyanin

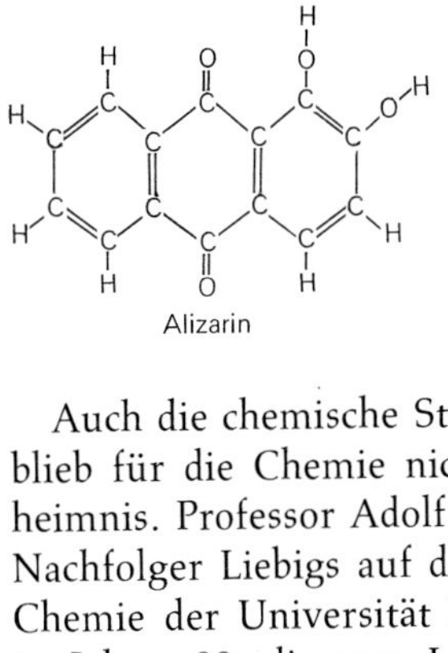

Alizarin

Auch die chemische Struktur des Indigo blieb für die Chemie nicht lange ein Geheimnis. Professor Adolf von Baeyer, dem Nachfolger Liebigs auf dem Lehrstuhl für Chemie der Universität München, gelang im Jahre 1880 die erste Laboratoriumssynthese von Indigo nach über zehnjährigen intensiven Vorarbeiten. Die Baeyersche Synthese von Indigo war für eine industrielle Auswertung zwar viel zu teuer, es gelang aber bald auf einem von K. Heumann gefundenen Wege ein technisches Verfahren für die Produktion von künstlichem Indigo zu entwickeln. Es war wiederum die Ludwigshafener Firma BASF, der es nach Aufwendung großer Mittel (18 Millionen Mark, das war damals das gesamte Betriebskapitel der Firma!) gelang, das synthetische Indigo gegen das Naturprodukt konkurrenzfähig zu machen. Im Jahre 1890 kam der erste synthetische Indigo auf den Markt. Es war ein unmittelbarer Erfolg. Deutschland brachte der Aufbau seiner Indigoindustrie einen außergewöhnlichen volkswirtschaftlichen Nutzen. Der Anbau von Indigo mußte in Indien bald wegen Unwirtschaftlichkeit eingestellt werden. Einige Zahlen können diese Behauptung deutlich belegen.

Indigoeinfuhr nach Deutschland:

Jahr	Wert (Mill. Mark)
1895	21,5
1903	1,2
1913	0,4

Indigoausfuhr von Deutschland

1895	8,2
1903	25,7
1913	53,3

Im Jahre 1913 wurden 86 Prozent der Weltproduktion aller Farbstoffe in Deutschland erzeugt mit einem Wert von 286 Millionen Goldmark. Der Triumph der deutschen Farbenindustrie im Wettstreit mit den natürlichen Rohstoffquellen war ein Triumph folgerichtiger forscherischer Tätigkeit im Bunde mit dem Wagemut progressiver Unternehmer. Heute wären solche Entwicklungen, bei denen die Wirtschaftsstruktur ganzer Landstriche drastisch verändert wird, kaum noch denkbar. Manche der unguten Entwicklungen in Europa, die schließlich mit dem Ausbruch des Ersten Weltkrieges im Jahre 1914 gipfelten, sind sicher mit der stürmischen – heute betrachtet –, vielleicht zu stürmischen Entwicklung der deutschen chemischen Industrie in Verbindung zu bringen.

Das Prinzip der Farbe

Mehr als die Dichtkunst liebte Goethe die Farbenlehre. Der Dichterfürst Goethe hatte ein leidenschaftliches Hobby: die Wissenschaft. Sie liebte er mehr als seine Musen, ihr widmete er fast jede Stunde seiner freien Zeit. Er fühlte sich zum Forscher berufen und schrieb noch im späten Alter: »Auf alles, was ich als Poet geleistet habe, bilde ich mir nichts ein . . . Daß ich aber in der Farbenlehre der einzige bin, der das Rechte weiß, darauf tue ich mir etwas zugute.«

Die (naturwissenschaftlich) gelehrte Welt war allerdings nicht bereit, über seine Thesen zu diskutieren, die er in seinem 1300 Seiten starken Werk »Farbenlehre« niedergelegt hatte und in dem er unter anderem behauptete: »Das Licht ist nicht teilbar. Das Licht ist durch und durch weiß.« Mit diesem Satz leugnete er allerdings die Erkenntnisse, die schon über 150 Jahre vorher von Sir Isaac Newton gewonnen worden waren. Newton hatte entdeckt, daß weißes Licht mit Hilfe eines Prismas in ein Spektrum von leuchtend bunten Farben zerlegt werden kann. Jede dieser Spektralfarben entspricht einer ganz bestimmten Wellenlänge der Lichtstrahlung. Weißes Licht ist demnach ein Gemisch von Lichtstrahlen verschiedener Wellenlängen. Weiß vereinigt alle Farben in sich, ist also gewissermaßen die Summe aller Farben. Goethes Ablehnung der Newtonschen Erkenntnisse erfolgte zu Unrecht; denn Goethe war in den Fehler verfallen, die naturwissenschaftlichen und die ästhetischen, d.h. künstlerischen Aspekte des Themas »Farbe« gemeinsam zu behandeln. Er hatte durchaus richtig erkannt, daß die verschiedenen Farben in den Menschen verschiedene Empfindungen und Stimmungen hervorrufen. Wir sprechen beispielsweise von »warmen« Farben, und Versuche haben ergeben, daß die Arbeitsleistung in Räumen mit grün getönten Wänden höher ist als in ebensolchen mit blau getönten Wänden. Diese Wirkung der Farben auf die menschlichen Sinnesorgane sind in der seelischen Struktur der Menschen begründet und kaum durch nackte Zahlen und Formeln zu erfassen. Die Künstler aller Zeiten haben diese Gesetze meist unbewußt zu nützen verstanden. Heute wenden die Werbepsychologen bewußt solche Effekte an, um mit Hilfe der Farbwirkungen Kaufbereitschaft oder politische Stimmungen zu erzeugen.

Ein Ausflug in die Physik. (Siehe auch in dieser Reihe *Aktuelles Wissen* »Physik – die uns angeht«.) Die naturwissenschaftlichen Experimente beweisen hingegen in nüchternen Gleichungen, daß Licht eine elektromagnetische Schwingung ist – im Prinzip genau das gleiche wie Radiowellen. Vom Radio ist bekannt, daß es unterschiedliche Wellenlängen gibt: Lang-, Mittel-, Kurz- und Ultrakurzwellen. Aber »ultrakurz« sind sie nur als Radiowellen; denn die Skala der elektromagnetischen Strahlung enthält auch noch sehr viel kürzere Wellenlängen. Unser Auge stellt in der Tat einen Empfänger für einen sehr kleinen Teilbereich dieser großen Skala dar und nimmt innerhalb dieses Bereichs die Strahlung als »Licht« wahr. Es handelt sich um den Wellenlängenbereich zwischen 400 und 700 nm; nm heißt Nanometer und bezeichnet den millionstel Teil eines Millimeters. Das ist unvorstellbar klein. Nur mit Hilfe eines Vergleichs kann man diese Größenordnung noch verdeutlichen; ein menschliches Haar wächst beispielsweise pro Sekunde um 10 Nanometer.

Der Eindruck, eine Farbe zu sehen, kommt nun folgendermaßen zustande: Das menschliche Auge verfügt über Empfänger, die die einzelnen Wellenlängen des einfallenden Lichtes unterscheiden, aufnehmen und einen Reiz an das Gehirn weitermelden. Erst dort entsteht dann der Eindruck »Farbe«. Physikalisch gesehen ist es daher wenig sinnvoll, von Farbe zu sprechen; es ist besser, von Licht mit einer bestimmten Wellenlänge zu reden.

Wie bereits erwähnt, wird weißes Licht durch ein Prisma in seine Bestandteile aus Licht verschiedener Wellenlängen zerlegt. Man erhält ein Spektrum. Am Rande des Spektrums sieht man links das Violett mit der kürzesten und rechts das Rot mit der längsten noch sichtbaren Wellenlänge. Über diese Grenzen hinaus geht das Spektrum natürlich noch weiter. Unmittelbar an das violette Gebiet schließt das Gebiet der Ultravioletten (UV) Strahlung an. Und rechts folgt auf das Rot das Gebiet der »infraroten« Strahlung. Diese Strahlungen können wir zwar nicht sehen, aber doch fühlen. Die UV-Strahlung macht sich als schmerzhafter Sonnenbrand und die Infrarotstrahlung als angenehme Wärme bemerkbar.

Farbstoffe sind nun nichts anderes als Stoffe, die einen bestimmten Anteil der elektromagnetischen Strahlung des sichtbaren Bereichs »verschlucken« oder, wie der exakte Ausdruck dafür lautet, »absorbieren« können. Schicken wir beispielsweise einen weißen Lichtstrahl durch ein blaues Glas, so werden die Grün-, Gelb- und Rotanteile des Lichtes zurückgehalten und nur die blauen Anteile hindurchgelassen. Bei einer roten Glasscheibe sind es die Blau-, Grün- und Gelbanteile, die absorbiert werden. Bei undurchsichtigen Körpern geschieht etwas ganz Ähnliches. Wenn weißes Licht auf eine Fläche auftrifft, die die blauen und roten Anteile verschluckt oder hindurchläßt, so können nur die grünen Anteile reflektiert werden. Sie werden vor unseren Augen als die grüne Farbe des

Nicht alle farbigen Stoffe können als **Farbstoffe** verwendet werden. Nur solche Stoffe werden als Farbstoffe bezeichnet, die sich aus der Lösung oder aus einer Aufschwemmung von Teilchen fest an ein bestimmtes Material (Textilfaser, Papier, Leder, Kunststoffe) binden.
Man unterscheidet **organische Farbstoffe** und **Mineralfarben**. Letztere werden in fein verteilter Form als Pigmente zusammen mit Binde- oder Klebemitteln auf die Unterlage gebracht. Im Gegensatz dazu lösen sich die organischen Farbstoffe homogen in dem zu färbenden Material oder bedecken beispielsweise die Oberfläche einer Textilfaser gleichmäßig als molekulare Schicht, wobei sie mit der Oberfläche chemische oder physikalische Bindungen eingehen (Adsorption).
Die hauptsächlich zum Färben von Kunststoffen und Kunstfasern sowie für den Farbdruck auf Papier (Offsetdruck) verwendeten Pigmentfarben werden der zu färbenden Masse vor der Verarbeitung (also zum Beispiel vor dem Verspinnen einer Kunstfaser) zugesetzt. Die Färbung geschieht in der Masse und die Farbstoffe sind in den Kunststoffen, Kunstfasern oder Lackschichten in Form unlöslicher, kleiner Partikel vorhanden.

Gegenstandes wahrgenommen. In diesem Sinn bedeutet Weiß völlige Reflexion und Schwarz vollkommene Absorption des einfallenden Lichtes.

Die einzelnen Wellenlängenbereiche, die wir als Farbe eines Gegenstandes wahrnehmen, werden durch Wechselwirkung der einfallenden Lichtstrahlung mit der Materie des Gegenstandes aussortiert. Nun ist aber Licht nicht gleich Licht. Jede Hausfrau besitzt diese Erfahrung und wendet sie an, wenn sie im Konfektionsgeschäft vor dem Kauf eines neuen Kleides dies erst einmal bei »Tageslicht« sehen will. Gewöhnliches Glühlampenlicht oder das Licht von Leuchtstoffröhren hat nämlich eine andere spektrale Zusammensetzung als das Sonnenlicht. Lampenlicht enthält normalerweise nicht so intensive kurzwellige, also blaue und violette Strahlung wie Sonnenlicht. Ein violetter oder blauer Gegenstand wirkt daher im Licht einer Lampe viel trüber, und Blau- und Grüntöne lassen sich nur sehr schwer voneinander unterscheiden; Gelbtöne wirken dagegen viel kräftiger als im Sonnenlicht.

Übrigens hängen keineswegs alle Farberscheinungen, die wir in der Natur beobachten, mit der Absorption und Reflexion von Licht zusammen. Die Farbe des blauen Himmels und des Abendrots kommt durch Streuung des Lichts an kleinen Staubteilchen, Wassertröpfchen und Dichteschwankungen innerhalb der Atmosphäre zustande. Rauch sieht zum Beispiel oft bläulich aus, wenn die Rauchteilchen klein genug sind, um nur den blauen Anteil des Sonnenlichtes zu streuen. Schnee, Salz oder Zucker sehen weiß aus, weil das Licht an den vielen Oberflächen der kleinen Kristalle gestreut und zurückgeworfen wird. An und für sich sind diese Stoffe völlig farblos, wie sich leicht feststellen läßt, wenn man zum Beispiel Schnee in einen festen Eisklumpen verwandelt.

Auch die Farben dünner Ölfilme auf der Oberfläche von Wasserpfützen oder von Seifenblasen beruhen ebenso wie die Farben vieler Vögel und Insekten nicht auf den Eigenschaften von Farbstoffen, sondern werden durch einen physikalischen Effekt, der »Interferenz« genannt wird, hervorgerufen. Dieser Effekt hat etwas mit der Lichtbrechung zu tun. Wir wollen uns aber im folgenden nur mit der durch Absorption verursachten Farbwirkung beschäftigen.

Ein Gerät zum Empfang von Lichtwellen. Die Tatsache, daß ein Farbstoff nur einen ganz bestimmten, kleinen Teil des sichtbaren Lichtes absorbiert und dadurch eine wohldefinierte Farbe besitzt, läßt sich am leichtesten mit dem Begriff »Resonanz« erklären. Der Begriff Resonanz erscheint in der Physik immer dann, wenn eine Situation beschrieben werden soll, bei der auf einen Gegenstand in regelmäßigen, periodischen Abständen Energie auftrifft, der Gegenstand aber nur auf ganz bestimmte Energiebeträge reagieren kann, die zum Beispiel in Form von Wellen ankommen. So ist beispielsweise die Antenne eines Fernsehgerätes ständig einem Strom der verschiedensten Wellen ausgesetzt. Wenn das Gerät auf einen bestimmten Kanal abgestimmt wird, dann bedeutet das für das Gerät, daß es nunmehr nur noch eine einzige aus den zahlreich angebotenen Wellenlängen auswählen und zu einem Bild verarbeiten kann. Ganz ähnlich empfängt ein Farb-

stoff, wenn er vom Licht der Sonne beschienen wird, Licht vieler verschiedener Wellenlängen. Wenn der Farbstoff gelb ist, kann er nur die kurzen »blauen« Wellenlängen empfangen (absorbieren). Die Antennen der Farbstoffe sind die Moleküle selbst, aus denen die Farbstoffe bestehen. Farbstoffe besitzen meist ziemlich große, flächenhaft ausgedehnte Moleküle, in denen ganz bestimmte Unterstrukturen – sogenannte Chromophore – nur ganz bestimmte Wellenlängen empfangen können. So wie eine kleine Änderung in der Abstimmung des Fernsehgerätes den Empfang verschiedener Wellenlängen und damit verschiedener Sender erlaubt, so bringen auch relativ kleine Veränderungen in der chemischen Struktur eines Farbstoffes große Veränderungen in der Farbwirkung hervor, indem die »Abstimmung« des Chromophors geändert wird. Der Vorgang des chemischen Bleichens beruht beispielsweise in vielen Fällen auf der Anlagerung eines einzigen Sauerstoffatoms an ein Farbstoffmolekül aus einigen hundert Atomen. Dabei wird die Resonanz (»Abstimmung«) des Farbstoffes so gestört, daß er nunmehr farblos erscheint, weil er das ankommende Licht nicht mehr »empfangen« kann. Auch lassen sich aus einer Grundstruktur durch kleine Änderungen verschiedene Farbtöne erzeugen.

Das Anmalen des Gesichtes hat bei den Primitiven (hier Neuguinea) noch kultische Bedeutung, unseren Frauen dient es zur Steigerung der Schönheit. Die rote Lippenstiftfarbe wird aus den Weibchen der Scharlachschildlaus Coccus cacti gewonnen (siehe Seite 179).

Gibt es farblose Farben? Natürlich gibt es auch »farblose« Farben, nämlich solche Stoffe, die ihren Absorptionsbereich im ultravioletten oder infraroten Teil des Spektrums haben. Bei der Absorption werden die in den Bindungen zwischen den einzelnen Atomen enthaltenen Elektronen angeregt und auf höhere Energieniveaus gebracht. Zu diesem Zweck ist es eine Voraussetzung, daß das Molekül über geeignete Bindungselektronen verfügt, die angeregt und somit als »Antenne« wirksam werden können. Der Zusammenhang zwischen Molekülstruktur und Farbwirkung ist heute so gut erforscht, daß die Chemiker in der Lage sind, gezielt ein »blaues« oder ein »rotes« Molekül herzustellen. So absorbieren beispielsweise die Paraffin-Kohlenwasserstoffe nur im fernen, energiereichen Ultraviolett, weil alle Elektronen in den Kohlenstoff-Kohlenstoff- und Kohlenstoff-Wasserstoff-Bindungen festgelegt sind. Sie können nur durch sehr energiereiche Strahlung angeregt werden. Die Elektronen in ungesättigten Gruppen, die sogenannten Pi-Elektronen der Doppelbindungen, lassen sich jedoch leichter in höhere Energiezustände befördern. Die erwähnten Gruppen absorbieren daher bereits längerwellige ultraviolette Strahlung. Die regelmäßige Aneinanderfügung von Doppelbindungen in konjugierten Systemen führt ebenso wie die Mesomerie in aromatischen Ringen zu ausgedehnten Pi-Elektronen-Wolken, die so leicht angeregt werden können, daß sie sichtbares Licht absorbieren. Daher sehen Stoffe mit solchen Gruppen farbig aus, und Farbstoffe sind daher stets ungesättigte Verbindungen. Mit der Größe des Pi-Elektronensystems, d.h. mit der Zahl der konjugierten Doppelbindungen pro Molekül, nimmt die Farbtiefe von Gelb über Rot nach Schwarz zu. So besitzt beispielsweise das in den Karotten enthaltene Vitamin A, das Carotin, elf konjugierte Doppelbindungen und ist daher orangerot. Die Struktur eines Moleküls ist also dafür verantwortlich, an welcher Stelle des Spektrums Licht absorbiert wird. Man kann daher umgekehrt bei Stoffen mit unbekannter Struktur aus der Lichtabsorption bestimmte Schlüsse auf die Molekülstruktur ziehen. Man geht dabei so vor, daß man mit Hilfe eines sogenannten Spektrographen genau mißt, wie stark die Absorption der verschiedenen Wellenlängen durch den unbekannten Stoff ist. Man erhält so das Spektrum einer Substanz, d.h. also eine Kurve, in der die Stärke der Absorption oder Reflexion in Abhängigkeit von der Wellenlänge aufgezeichnet ist. Mit Hilfe eines solchen Spektrographen gelingt es beispielsweise, noch Mengen von einigen millionstel Gramm organischer Verbindungen exakt nachzuweisen und zu identifizieren. Sie spielen daher eine wichtige Rolle bei der Spurenanalyse der Rückstände von Pflanzenschutzmitteln in Obst und Gemüse, in der Kriminalistik und bei der Erforschung von biochemischen Vorgängen.

Eine grundsätzliche Frage ist bis jetzt noch offengeblieben: Wo bleibt die Energie, die wir zur Anregung des Pi-Elektronensystems in die Farbstoffmoleküle hineingesteckt haben? Das hängt etwas vom Zustand der Probe ab. Wenn sich der Farbstoff in Lösung befindet oder in einer Textilfaser molekular verteilt vorliegt, dann können sich die Farbstoffmoleküle nicht gegenseitig beeinflussen. Sie sind viel zu weit voneinander entfernt. In diesem Fall wird die vom Molekül aus dem Licht aufgenommene Energie wieder portionsweise an die umgebenden Nachbarmoleküle abgegeben. Ein angeregtes Molekül kehrt daher so schnell wie möglich wieder in seinen Grundzustand zurück. Es benötigt dazu in der Regel weniger als den tausendstel Teil einer millionstel Sekunde (10^{-10} Sekunden). Dabei regt es seine Nachbarmoleküle zu Schwingungen an, die sich als eine Temperaturerhöhung der Stoffe messen lassen. Lichtenergie wird also durch Absorption schließlich in Wärmeenergie umgewandelt. Gelegentlich kommt es vor, daß ein angeregtes Farbstoffmolekül so heftig zu schwingen beginnt, daß es buchstäblich zerplatzt. Dieser Vorgang gibt sich beispielsweise als das »Verschießen« von Textilien im Sonnenlicht zu erkennen.

Noch eine weitere Möglichkeit gibt es, wie ein angeregtes Molekül seine Energie loswerden kann. Es kann selbst wieder zu einer Lichtquelle werden und Licht von etwas geringerer Wellenlänge aussenden, als es selbst zur Anregung aufgenommen hat. Man bezeichnet diesen Vorgang als Fluoreszenz. Dieser Vorgang wird mit offensichtlich großem Erfolg eingesetzt, um das »weißeste Weiß Ihres Lebens, weißer geht's nicht mehr« zu erzeugen. Man setzt den Textilien und Waschmitteln Farbstoffe zu, die ultraviolettes Licht absorbieren und blau-violettes Fluoreszenzlicht aussenden. Dieses Fluoreszenzlicht läßt Wäsche strahlend weiß erscheinen, hat aber mit Sauberkeit nicht das geringste zu tun!

Ein Körper erscheint farbig, wenn von ihm Licht des Wellenlängenbereiches zwischen 800 und 400 Nanometern (nm) ausgeht. Bei den Farbstoffen geschieht das dadurch, daß von dem auffallenden weißen Tageslicht mit kontinuierlichem Spektrum ein bestimmter Wellenlängenbereich absorbiert und der Rest des Spektrums reflektiert wird. Reflektierte und absorbierte Strahlung ergänzen sich wieder zu Weiß, die zugehörigen Farben sind Komplementärfarben. Die Absorption von Licht erfolgt im Molekül durch Anregung der Pi-Elektronen von Doppelbindungen (ungesättigte Bindungen), die dadurch auf ein höheres Energieniveau angehoben werden. Die aufgenommene Lichtenergie wird durch Überführung in Wärme, durch Abstrahlung als Licht anderer Wellenlänge (Fluoreszenz) oder durch photochemische Folgereaktionen (z. B. »Verschießen«) wieder abgeführt.

Der Regenbogen aus der Retorte. Nicht jede gefärbte Verbindung ist auch ein Farbstoff. So ist beispielsweise das in der Karotte vorkommende und intensiv gelb gefärbte Carotin keineswegs ein gelber Farbstoff. Damit eine farbige Verbindung gleichzeitig ein Farbstoff ist, muß sie geeignet sein, farblose Stoffe zu färben. Flecken von Karottensaft lassen sich mit warmem Wasser und Seife leicht wieder aus Textilien entfernen. Das Carotin wäre also als Textilfarbstoff ungeeignet.

Läßt sich ein Farbstoff gut auf die Faser aufbringen, so ist damit noch lange nicht gesagt, daß er als technischer Farbstoff brauchbar ist. Wir sind sehr anspruchsvoll geworden bezüglich dessen, was wir von unseren Textilfarben verlangen. Ein Farbstoff muß deshalb einer stattlichen Zahl von Prüfungen standhalten, bis er tatsächlich auf den Markt kommen kann. So wird beispielsweise geprüft: Widerstandsfähigkeit gegen Einwirkung von Sonnenlicht, Schweiß, Meerwasser, Abgasen, Chlor und dessen saure Verbindungen (gechlortes Leitungswasser!), Beständigkeit bei Einwirkung von Säuren, Laugen, organischen Lösungsmitteln, mit denen die gefärbte Textilie bei der chemischen Reinigung in Berührung kommen könnte. Aber es geht noch weiter: Geprüft wird das Verhalten bei extremen Bedingungen, wie sie beispielsweise bei der Nachbehandlung der Textilien auftreten, wenn diese bügelfrei (no iron), dauer-formbeständig (permanent press) oder schmutzabweisend gemacht werden. Schließlich sollen die Farben noch gegen Waschen, Reiben, Bügeln, Dämpfen und manche andere Behandlung unempfindlich sein. Alle diese Anforderungen müssen erst einmal erfüllt sein, damit eine farbige Verbindung als Farbstoff angewendet werden kann.

Wie geschieht das Färben einer Textilfaser? Zunächst einmal wird ein Färbebad hergestellt. Zu diesem Zweck wird der Farbstoff in Wasser gelöst oder mit Zusatz von Hilfsmitteln zu einer wäßrigen Dispersion verarbeitet, das heißt, er wird in eine sehr verteilte Form von winzig kleinen Farbstoffteilchen überführt. Es kommt nun darauf an, den in der Färbeflotte enthaltenen Farbstoff auf oder in die Faser fest einzubetten. Er darf nach der Färbung nicht mehr auswaschbar sein und darf auch nicht »ausbluten«.

Viele Textilfasern erleichtern das Färben, weil sie selbst chemische Verbindungen sind, die unter gewissen Voraussetzungen mit einem Farbstoff unter Bildung einer festen Bindung reagieren können. Das ist beispielsweise bei den Naturfasern Wolle und Seide der Fall. Als Faserproteine besitzen sie saure und basische Gruppen. Man färbt sie deshalb mit Farbstoffen, die selbst saure oder basische Gruppen enthalten. Dabei entstehen salzartige Bindungen zwischen Farbstoff und Faser. Der Farbstoff haftet aufgrund elektrischer Anziehungskräfte zwischen den positiven und negativen

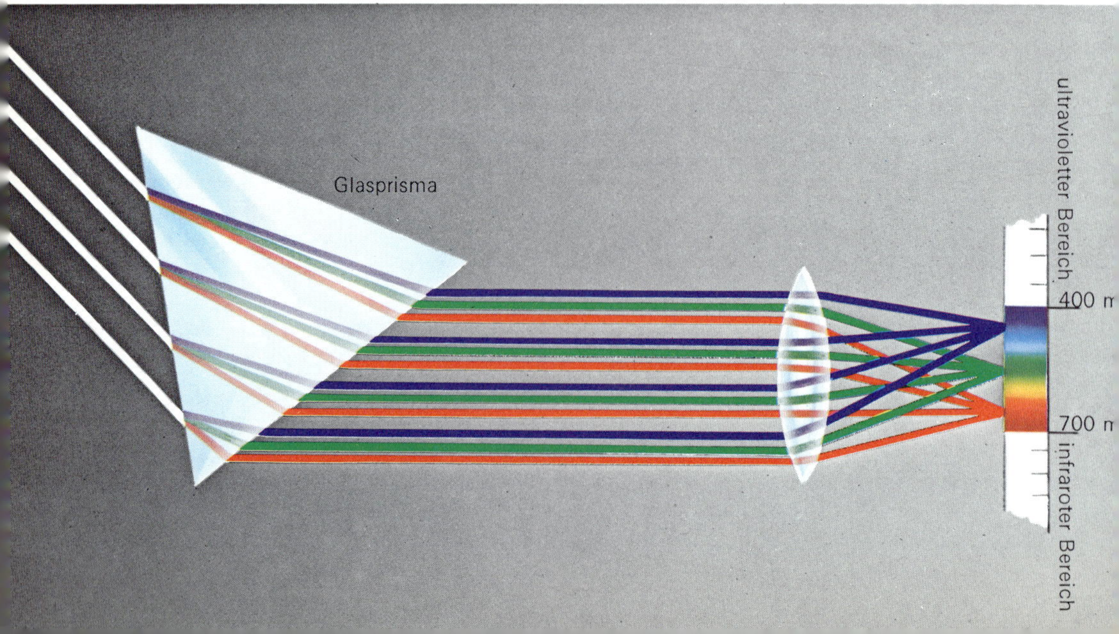

Das in den Karotten enthaltene Carotin besitzt elf konjugierte Doppelbindungen und ist daher orangerot. Durch Messung der Farbtiefe (Absorption) einer Verbindung im Licht verschiedener Wellenlängen erhält man eine Kurve, die als »Spektrum« der Verbindung bezeichnet wird. Spektren dienen – wie Fingerabdrücke – zum Nachweis von Verbindungen.

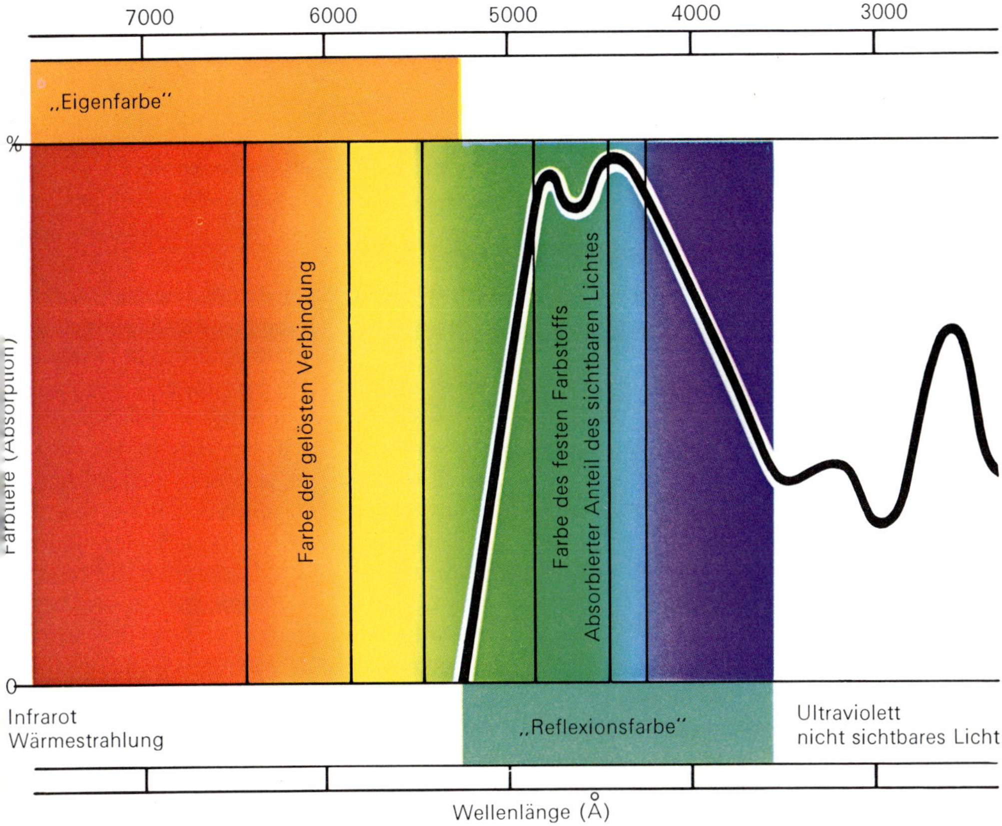

Sir Isaac Newton wies bereits 1669 mit Hilfe des hier abgebildeten Versuchs nach, daß weißes Licht ein Gemisch von Lichtstrahlung verschiedener Farben ist. Newton ließ einen Strahl weißen Sonnenlichts durch ein Glasprisma fallen. Auf einem dahintergestellten weißen Schirm erschien ein breites, ununterbrochenes Lichtband, das alle Farben des Regenbogens zeigte. Jeder dieser Spektralfarben entspricht eine bestimmte Wellenlänge der Lichtstrahlung. Elektromagnetische Strahlung im Wellenlängenbereich zwischen 400 und 700 Nanometer (nm) empfindet das menschliche Auge als Licht.

Zentren der sauren und basischen Gruppen der Faserproteine und Farbstoffe.

Auf der Suche nach Baumwollfarbstoffen. Ganz anders sind die Verhältnisse bei der Baumwolle. Baumwolle besteht bekanntlich aus Cellulose, die wir als natürlich vorkommenden makromolekularen Stoff bereits im Kapitel über die Kunststoffe kennengelernt haben. Lange Zeit schlugen alle Bemühungen fehl, Baumwolle echt zu färben. Der Grund dafür ist leicht einzusehen. Cellulose verfügt über keine sauren oder basischen Gruppen. Die Hydroxylgruppen der Cellulose sind nicht sehr reaktiv. Man versuchte daher zunächst gar nicht, Farbstoffe durch chemische Reaktion an die Baumwollfaser zu bringen. Statt dessen wandte man ein Verfahren an, das auch heute noch Bedeutung hat und bei dem der Farbstoff innerhalb der Faser unlöslich ausgefällt und dann physikalisch festgehalten wird.

Das Musterbeispiel für diese Art der Färbung, die Küpenfärbung, wurde bereits im Zusammenhang mit der Geschichte des Indigo erwähnt. Man reduziert den Farbstoff zunächst zu einer in verdünnten Laugen löslichen, sogenannten Leukoform. Mit dieser Lösung tränkt man das Gewebe gleichmäßig und läßt es anschließend an der Luft trocknen. Der Luftsauerstoff oxydiert nun die Leukoform der farbigen Verbindung wieder zum Farbstoff, der jetzt fest in der Faser haftet.

Kurz nachdem die Herstellung des synthetischen Indigo technisch realisiert war, wurden um 1900 bereits die »Indanthren«-Küpenfarbstoffe auf den Markt gebracht, die sich bis heute erhalten haben. Der Ludwigshafener Chemiker René Bohn erfand diese Farbstoffe samt dem neuen Namen »Indanthren«. Dieser Name wurde zum ersten Gütezeichen der Welt für eine echte Färbung der Baumwolle. In rascher Folge wurden nach der ersten grundlegenden Entdeckung Bohns noch zahlreiche weitere Farbstoffe dieser Art gefunden. Baumwollfärbungen und Drucke wurden erstmals wasch-, licht- und wetterecht. Als kaufmännischer Trick wurde ein kleines Etikett mit dem bunten Aufdruck »indanthren« erfunden und der gefärbten Ware mitgegeben. Es sollte dem Käufer höchste Farbechtheit garantieren. Obwohl über 40 Jahre alt, besitzt dieses Zeichen noch heute eine weltweite Bedeutung.

Die substantive Färbung der Baumwolle, bei der der Farbstoff direkt aus der Flotte auf die Faser aufziehen soll, stößt wegen der geringen Reaktivität der Baumwolle auf Schwierigkeiten. Erst als man Farbstoffe gefunden hatte, die sich in den ungeordneten, amorphen Bereichen der Baumwollfasern durch Absorption an die Cellulosebausteine besonders gut lösen, war die substantive Färbung möglich. Solche Farbstoffe wurden bereits vor 1870 in den sogenannten Azofarben entdeckt. Peter Grieß, ein in England lebender Schüler des bereits mehrfach erwähnten A. W. von Hoffmann, hatte die zu diesen Farbstoffen führende Reaktion, das Diazotieren, zum ersten Mal im Jahre 1857 erfunden. Von den etwa 15000 patentierten Farbstoffen, die um die Jahrhundertwende in den deutschen Farbenfabriken hergestellt wurden, war weitaus die Mehrzahl der Klasse dieser Azofarbstoffe zuzuordnen. Sie bilden auch heute noch den wesentlichen Teil des zur Verfügung stehenden Farbstoffsortiments.

Die Azofarbstoffe enthalten stets eine oder auch mehrere Azogruppen (–N=N–). Mit diesem Fachausdruck wird ein Strukturelement gekennzeichnet, das zwei durch Doppelbindungen verknüpfte Stickstoffatome enthält. Die Azogruppe ist ein typischer Chromophor. Der erste substantive Farbstoff, der in der Lage war, Baumwolle zu färben, erhielt den schönen Namen »Kongorot«. Wie man sich die Haftung des Farbstoffmoleküls auf der Cellulosefaser vorzustellen hat, ist in der Grafik auf Seite

161 erläutert. Der Farbstoff haftet aufgrund physikalischer Anziehungskräfte zwischen Teilen des Farbstoffmoleküls und der Cellulose.

Die Azofarbstoffe entstehen stets aus mindestens zwei Komponenten, einer aromatischen Ringverbindung und einer Aminoverbindung, die vorher mit salpetriger Säure in ein Diazoniumsalz umgewandelt worden ist. Durch »Kupplung« dieser beiden Komponenten entsteht der Farbstoff. Da man in der Lage ist, die chemische Struktur der beiden Kupplungskomponenten in sehr weiten Grenzen zu variieren, läßt sich eine große Vielfalt von Farbstoffen herstellen. Sie lassen sich durch Einführung weiterer Gruppen so weit verändern, daß sie sich praktisch zur Färbung jeder gewünschten Faser eignen. Deshalb sind weitaus die meisten in der färberischen Praxis verwendeten Farbstoffe Azofarbstoffe.

Eine moderne Variante dieser Farbstoffklasse sind die sogenannten »Entwicklungsfarbstoffe«. Sie werden in Form löslicher Bestandteile auf die Faser aufgetragen und erst dort durch Reaktion ihrer Komponenten gebildet. Das geschieht in bestimmten Fällen beispielsweise dadurch, daß die Faser erst mit einer Lösung einer Kupplungskomponente imprägniert und anschließend in ein Bad eines geeigneten Diazoniumsalzes gebracht wird. Der unlösliche Farbstoff bildet sich dann direkt in und auf der Faser.

Dieses uralte Prinzip der Färbereitechnik, nämlich den Farbstoff in löslicher Form in die Faser eindringen zu lassen, um ihn dort in eine schwer lösliche Form zu überführen, wandte man früher auch bei der »Türkischrot-Färberei« von Baumwollstoffen an. Es war der klassische Färbevorgang für Baumwolle, der große handwerkliche Erfahrung erforderte. Der angewendete Farbstoff war das Alizarin, dessen Bedeutung für die Entwicklung der Farbstoffchemie bereits erwähnt wurde. Um den Farbstoff auf der Faser zu fixieren, wurde das Gewebe zunächst mit einer wäßrigen Lösung von Aluminiumsalzen (essigsaurer Tonerde) behandelt. Auf der so gebeizten Faser haftete der Farbstoff fest, da er mit den Aluminiumionen ein schwer lösliches Komplexsalz bildet. Dieses Verfahren hat heute bei der Baumwolle keine Bedeutung mehr, doch werden eine Reihe von Wollfarbstoffen auch heute noch durch Komplexbildung mit Chromsalzen farbecht gemacht.

Aktuelle Probleme der Färbetechnik. Die neueste Entwicklung auf dem Gebiet der Farbstoffe sind die »Reaktivfarbstoffe«. Auch sie spielen bei der Färbung von Baumwolltextilien eine besondere Rolle. Die Reaktivfarbstoffe bestehen aus einem Chromophor und einem reaktiven »Anker«. Der reaktive Anker ist ein Teil des Farbstoffmoleküls, das in der Lage ist, mit den Hydroxylgruppen der Cellulose eine echte chemische Reaktion einzugehen und damit den Farbstoff unwiderruflich an die Textilfaser festzuketten. Unter den angewandten Färbebedingungen bildet sich zwischen der Cellulose und dem Farbstoff eine stabile Atombindung aus, die alle Beanspruchungen bei der Wäsche und im Gebrauch aushält. Die eigentliche Bedeutung dieser neuen Farbstoffe – sie wurden erst 1956 eingeführt – liegt darin, daß man mit ihnen Cellulosefasern direkt aus wäßriger Lösung färben kann, was vorher nicht möglich war. Die Baumwolltextilien mußten für die Fär-

Das Färben von Textilien war eine hochentwickelte Kunst, die in den Färberfamilien als Geheimnis gehütet wurde. Und es gab nur wenige geeignete Naturfarbstoffe, vor allem den aus dem Färberwaid gewonnenen blauen Indigo und den aus Färberröte gewonnenen tiefroten Krapp. Im Foto: Garnfärber im 17. Jahrhundert und Färber in Marokko.

bung erst umständlich vorbereitet werden. Jetzt kann man große Mengen von Stoff sehr rasch färben. Im Zuge allgemeiner Rationalisierungen mußten, durch Arbeitskräftemangel und steigende Personalkosten bedingt, kontinuierliche Färbeverfahren eingeführt werden. Bei diesem Verfahren tränkt man in großen Bottichen – sogenannten Foulards – zunächst das Textilmaterial mit einer konzentrierten Lösung oder Dispersion des Farbstoffs, wobei ein Walzensystem, ähnlich wie bei einer Wäschemangel, die überschüssige Farbstofflösung abquetscht. Nach einer Zwischentrocknung wird der Farbstoff in einem besonderen Verfahrensschritt heiß fixiert. Zum Schluß werden etwa vorhandene, nicht fixierte Anteile mit Wasser ausgewaschen. Durch Veränderung der Konzentration des Farbstoffs in der Flotte oder durch Regulation der Verweilzeit des Färbegutes in der Flotte kann die gewünschte Farbtiefe genau reguliert werden. Die Fixierung dauert in manchen Fällen bei Temperaturen bis zu 220 °C nur etwa eine Minute lang. Daher gibt es heute Anlagen, bei denen bis zu 200 m Stoff pro Minute gefärbt werden können.

Die modernen Textilfasern auf Polyamid- und Polyesterbasis haben den Farbstoffchemikern natürlich neue Probleme und Aufgaben gestellt. Wir hatten ja bereits gesehen, daß jede Faserart ihren eigenen Farbstoff benötigt, weil die Echtheit der Farbe durch die besonderen Wechselwirkungen zwischen den Bausteinen der Faser und dem Farbstoffmolekül bedingt ist. Bei den Polyamid- und Polyesterfasern macht man sich nun den Umstand zunutze, daß die Makromoleküle, aus denen diese Fasern bestehen, Endgruppen besitzen können, die

Die Ansprüche an Textilfarben sind sehr hoch; sie müssen widerstandsfähig sein gegen Sonnenlicht und Schweiß, gegen Säuren und Laugen, gegen Waschen, Reiben, Bügeln und Dämpfen (siehe ab Seite 171).

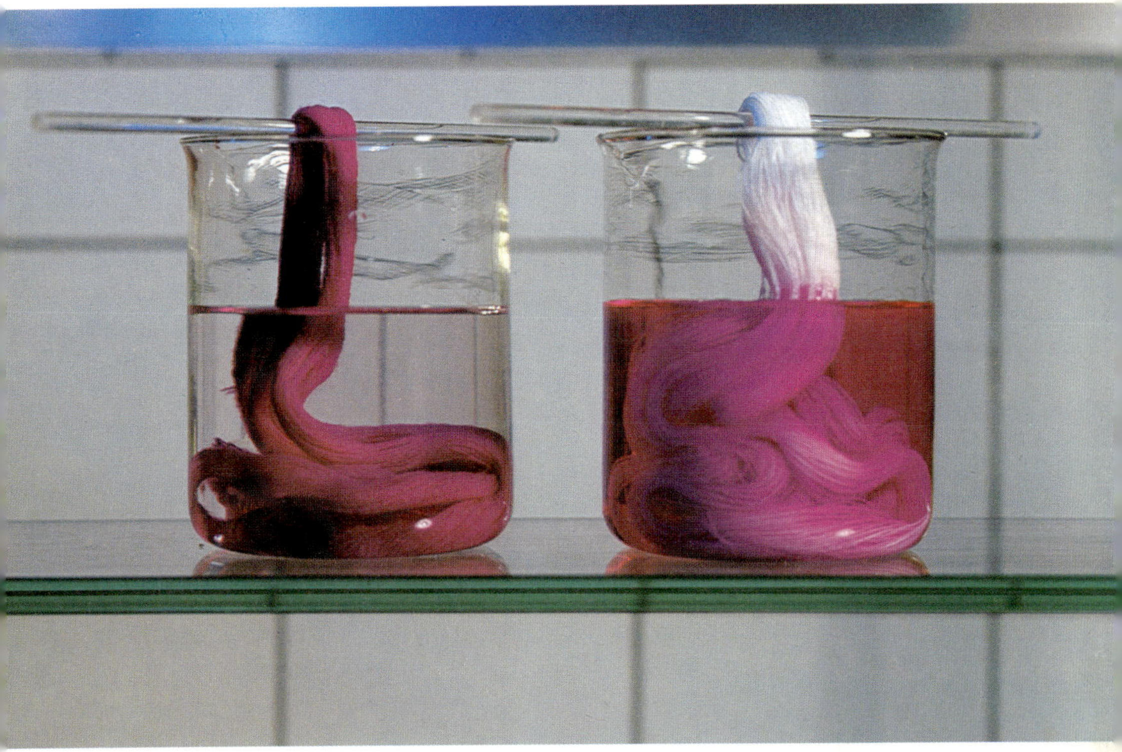

den Charakter einer organischen Säure oder Base haben. Man kann diese Kunstfasern daher mit sauren oder basischen Farbstoffen anfärben. Ein anderer, gern angewandter Trick besteht darin, durch Copolymerisation schon bei der Herstellung dafür zu sorgen, daß solche Gruppen in die Textilfaser mit eingeführt werden, die zur Bindungsbildung mit den später gewünschten Farbstoffmolekülen fähig sind.

Daneben finden für die Kunstfasern auch Dispersionsfarbstoffe in weitem Umfang Verwendung. Bei diesen Farbstoffen beruht die Farbechtheit einfach darauf, daß der Farbstoff eine sehr große Löslichkeit in dem Material der Kunstfaser besitzt, in Wasser dagegen praktisch unlöslich ist. Solche Farbstoffe können daher beim Waschen mit Wasser kaum ausgelaugt werden. Eine chemische Reinigung würden so gefärbte Textilien allerdings nicht ohne weiteres überstehen.

Ein harter Konkurrenzkampf. Um allen Wandlungen der Mode gerecht werden zu können und um alle Bedürfnisse der Textilindustrie und des Verbrauchers zu befriedigen, muß heute eine Farbstoffirma über etwa 2000 verschiedene Präparate verfügen; denn es muß auch speziellen Wünschen und

Färbetechniken Rechnung getragen werden, z.B. dann, wenn Mischgewebe aus Baumwolle und Kunstfasern gefärbt werden sollen. Dazu kommt der ständige Zwang zu Verbesserungen und Neuentwicklungen, denn die Konkurrenz auf diesem Gebiet ist groß und unerbittlich.

Es ist ein langwieriger Prozeß, bis ein neuer Farbstoff marktreif ist. Zunächst werden im Forschungslabor einige wenige Gramm der neuen Substanz hergestellt, die unter verschiedenen Gesichtspunkten geprüft wird. Dann folgt die Herstellung von einigen Kilogramm für größere Reihen von Versuchsfärbungen, wenn die ersten Tests erfolgversprechend verlaufen sein sollten. Eine Beschreibung aller Arbeitsgänge und Versuche, die mit einem neuen Farbstoff in diesem Stadium angestellt werden, einschließlich der Berechnung, ob eine Herstellung für die Firma rentabel ist, würde hier zu weit führen. Es genügt zu sagen, daß vom ersten Laborversuch bis zur Aufnahme der Produktion im Durchschnitt zwei Jahre vergehen. Im Verlauf eines Jahres werden bei einer großen Firma etwa tausend neue Farbstoffe in den Labors hergestellt. Davon werden 90% schon bei der ersten Prüfung als ungenügend aussortiert. Von den verbleibenden 10% bestehen wiederum 90% nicht die folgenden Großversuche. Es bleiben daher pro Jahr nur sehr wenige wirkliche Neuentwicklungen übrig, die dann zu Handelsmarken werden.

Aus diesen Gründen sind nur noch ausgesprochene Großbetriebe mit ausgedehnten Fertigungsanlagen und zugehörigen Forschungslabors in der Lage, auf dem Markt konkurrenzfähig zu sein. Natürlich soll damit keineswegs geleugnet werden, daß die Farbstoffe immer noch ein gutes Geschäft sind. Im Jahre 1968 wurden beispielsweise auf der ganzen Welt größenordnungsmäßig 600000 t Farbstoffe im Wert von 6 Milliarden Mark produziert. Der Preis der einzelnen Farbstoffe schwankte dabei sehr stark und lag, je nach Herstellungsbedingungen und Marktlage, zwischen einigen wenigen und einigen hundert Mark pro Kilogramm. Die Entwicklung neuer Farbstoffe wird daher nach wie vor in allen großen Firmen vorangetrieben.

Safran macht den Kuchen gehl. Man könnte annehmen, daß die natürlich vorkommenden Farbstoffe heute keine Bedeutung mehr haben und bestenfalls noch in Kinderreimen oder als Museumsstücke eine Rolle spielen. Wenn die vorangehenden Abschnitte diesen Eindruck vermittelt haben sollten, dann muß das im folgenden etwas korrigiert werden.

Mit der Entwicklung licht- und waschechter synthetischer Farbstoffe wurde lediglich die ursprüngliche textilfärberische Bedeutung der Naturfarbstoffe beschränkt. Zunehmende Bedeutung gewinnen dagegen die Naturfarbstoffe zur Lebensmittelfärbung und als Farbbestandteile kosmetischer Artikel. Zu dieser Entwicklung hat vor allem die Erkenntnis beigetragen, daß manche der nach ihrer Entwicklung reichlich benutzten synthetischen Farbstoffe krebserregend wirken können. Diese Wirkung entfalten sie natürlich nur dann, wenn sie mit der Nahrung oder z. B. über den Lippenstift vom Körper aufgenommen werden. Von den natürlichen Farbstoffen ist eine krebserregende Wirkung bisher nicht bekanntgeworden. Manche unter ihnen, z. B. die gelben bis tiefroten Carotinoide, sind sogar als Vorstufen des Vitamin A so nützlich, daß sie Nahrungsmitteln bewußt zur Vitaminisierung zugesetzt werden. Jedenfalls macht es auf den Kunden einen besseren Eindruck, wenn er auf einer Margarinepakkung liest, daß dem Inhalt einige tausend Einheiten Vitamin A zugesetzt wurden, als wenn man ihm sagen würde, daß dem Fett ein gelber Naturfarbstoff zugesetzt wurde, um der Margarine das Aussehen von Butter zu verleihen.

Die große Familie der Carotinoide. Die Carotinoide sind im Pflanzen- und Tierreich weit verbreitet. Sie stellen fettlösliche, orangerote Farbstoffe dar, deren Molekülstruktur durch eine lange Folge einander regelmäßig abwechselnder Doppel- und Einfachbindungen gekennzeichnet ist. Die meisten Carotinoide, von denen etwa 50 verschiedene bekannt sind, enthalten ein Kohlenstoffgerüst von 40 C-Atomen. Das Carotin selbst, das Provitamin A genannt wird, kommt vor allem in den Karotten vor. Sie enthalten bis zu 0,1 g dieses Farbstoffes pro Kilogramm Frischgemüse. Eine andere Hauptquelle ist das Palmöl, das pro Liter bis zu 3 g Carotin enthält. Heute wird das Carotin bzw. das Vitamin auch in großen Mengen synthetisch hergestellt. Das synthetische Material unterscheidet sich natürlich in keiner Weise von der aus den Pflanzen selbst hergestellten Verbindung und kann deshalb unbedenklich an deren Stelle eingesetzt werden. Wie bereits angedeutet, wird Carotin hauptsächlich zum Färben von Fetten und Ölen, zum Vitaminisieren von Margarine, Nähr- und pharmazeutischen Präparaten, als Zusatz zu Kraftfutter von Jungtieren und Legehühnern (gelbe Farbe des Eidotters!) angewendet.

Auch der aus dem Kinderlied vom Kuchenbacken wohlbekannte Safran wird heute noch benutzt. Sein Hauptbestandteil, der gelbe Farbstoff Crocin, ist chemisch gesehen ein naher Verwandter des Carotins. Übrigens tritt dieser Farbstoff gelegentlich als das färbende Prinzip einiger Blütenpflanzen auf. So stammt beispielsweise die gelbe Farbe der Königskerzen von diesem Farbstoff. Der Name Crocin wurde dem Farbstoff gegeben, weil der Safran aus einer Krokusart gewonnen wird. Sie wird in Spanien, Südfrankreich, Niederösterreich und Indien angebaut. Um ein Kilogramm reine Safrandroge herzustellen, müssen etwa 75000 Krokusblüten gepflückt und eingesammelt werden. Die Droge von würzigem und angenehm bitterem Geschmack wird nach wie vor zum Färben von Backwaren, Parfüms und Arzneimitteln benutzt.

Ebenfalls mit dem Carotin verwandt, erfreut sich das Bixin bei uns großer Beliebtheit. Rohes und reines Bixin, das aus den Früchten des tropischen Rocou-Baumes (Bixa orellana) gewonnen wird, erfreut unser Auge auf den wohlgedeckten Abendbrottischen als roter Überzug auf dem Edamer Kugelkäse. Es ist übrigens auch der bevorzugte Farbstoff zur Herstellung roter Wachsartikel wie Advents- und Christbaumkerzen und dient u.a. auch dazu, Nudeln und anderen Teigwaren eine »gesunde« Eierfarbe zu verleihen.

Lippenstift und Blütenfarben. Eine gewisse Bedeutung besitzt auch heute noch in der kosmetischen Industrie die Karminsäure. Dieser in Form seiner Metallsalz-

Komplexe angewendete Farbstoff, der je nach metallischem Bestandteil eine karminrote bis kräftig violette Farbe annehmen kann, wird gern als färbender Bestandteil von Lippenstiften verwendet. Karminsäure kommt als hauptsächlicher Farbstoff in der Cochenille vor, den getrockneten, flügellosen Weibchen der Scharlachschildlaus Coccus cacti, die in Mittelamerika ihre Heimat haben und dort besonders gern Kakteen der Sorte Opuntia befallen.

Es ist ein mühsames Geschäft, bis die kleinen Tierchen zu Lippenstiftfarbe verarbeitet sind. Der Farbstoff findet sich vor allem in den Fettkörpern und Eierstöcken der Tiere. In eigens zu diesem Zweck angelegten Pflanzungen werden die Tiere kurz vor der Eiablage zwei- bis dreimal jährlich gesammelt und durch Wasserdampf oder trockene Hitze getötet. Man erhält etwa 300 kg Cochenille je Hektar, wobei etwa 140000 Tiere 1 kg ausmachen. Die Cochenille wird in getrockneter Form ausgeführt, und in den kosmetischen Firmen Europas oder der Vereinigten Staaten wird dann der Farbstoff isoliert und aufbereitet.

Die umständliche Gewinnung der natürlichen Farbstoffe, die aus den angeführten Beispielen deutlich erkennbar ist, hat ein übriges dazu getan, sie durch synthetische Farbstoffe zu ersetzen, wo immer das möglich ist. Ein Typ von natürlichen Farbstoffen läßt sich allerdings auf keine Weise ersetzen, hat aber auch keinerlei praktische Bedeutung. Gemeint sind hier die bunten Farben der Rosen und Nelken, der Geranien und Petunien, der wilden und der hochgezüchteten Blütenpflanzen. Trotz ihrer Bedeutungslosigkeit sind die Blütenfarbstoffe untersucht und auf ihre chemische Zusammensetzung geprüft worden.

Bereits im Jahre 1910 erhielt der deutsche Professor R. Willstätter den Nobelpreis für seine grundlegenden Arbeiten, die zur

Die Welt unserer Ahnen war längst nicht so bunt wie die unsrige, denn es standen ihnen nur wenige Naturfarben zur Verfügung. Wir können heute in die Farbtöpfe der Chemie greifen und darangehen, unsere tristen Städte farbenfroher zu gestalten, wie es der Vorschlag des Malers Hundertwasser hier im Foto beweist.

Strukturaufklärung dieser Pflanzenfarbstoffe führten. Er gab ihnen den wohlklingenden Namen »Anthocyane« und entdeckte, daß die verschiedenen Farben der einzelnen Blütenpflanzen nach einem ziemlich einheitlichen Bauplan aufgebaut sind. So unterscheidet sich zum Beispiel der rote Farbstoff der Rosen und des Mohns keineswegs von dem dunkelblauen Farbstoff der Kornblumen. Die verschiedenartigen Farben und Farbtöne sind durch die Bildung von Komplexen mit verschiedenen Metallionen oder durch verschiedenen Säuregehalt des Pflanzensaftes bedingt (Seite 165).

Die Anthocyane sind relativ kompliziert aufgebaute chemische Verbindungen. Ganze Generationen von Chemikern haben sich bemüht zu verstehen, wie es die Pflanzen fertigbringen, solch komplizierte chemische Strukturen zustande zu bringen, ohne daß diesen Bemühungen bis jetzt ein voller Erfolg beschieden gewesen wäre.

Das eingefangene Licht

Mit dem Foto die Vergangenheit gegenwärtig machen. Fotografieren kann jeder, der einen Fotoapparat und einen Film besitzt. Einige Milliarden Schnappschüsse werden jedes Jahr von Amateuren aufgenommen, und etliche Millionen Rollen Schmalfilme werden jährlich in der ganzen Welt verknipst. Fotografieren ist das Musterbeispiel eines volkstümlichen Steckenpferdes geworden. Seriöse Künstler interessieren sich für die Fotografie als moderne Ausdrucksform. Natürlich spielt die Fotografie auch eine wichtige Rolle bei der Aufzeichnung von technischen und wissenschaftlichen Sachverhalten und Vorgängen und dient der allgemeinen Information in Büchern und Zeitschriften. Offenbar kommt die Technik der Fotografie einem natürlichen Bedürfnis des Menschen entgegen, die Vergangenheit unvergänglich und die Gegenwart länger zu machen, indem man sie im Bilde so naturgetreu wie möglich festhält. Längst sind jene Zeiten vorbei, in denen man sich mit einer grauen Ablichtung der Wirklichkeit auf schwarzweißen Fotos begnügen mußte. Die Welt der Farben ergibt sich uns durch den Druck auf den Auslöser des Fotoapparates, und wir können getrost nach Hause tragen, was wir nun bunt als Diapositiv oder als Sofortbild aus der Polaroid-Kamera besitzen.

Normalerweise macht man sich kaum klar, wieviel physikalisches und chemisches Wissen, Forschungstätigkeit und Erfindergenie hinter der Fotografie stecken. Die Technik der Fotografie wird uns mit Kassettenkamera, Sicherheitsfilmen und automatischen Filmapparaten so kinderleicht angeboten, daß man die Kompliziertheit des eigentlichen Vorgangs dabei vergißt.

Farbstoffe für die Schwarzweiß-Fotografie. Der fotografische Prozeß beginnt damit, daß das Bild eines Gegenstandes mit Hilfe eines geeigneten Linsensystems auf einen lichtempfindlichen Film projiziert wird. Die lichtempfindliche Substanz des Films besteht bei Schwarzweiß-Filmen ebenso wie bei Farbfilmen aus Silberhalogenid-Körnchen, die in eine Gelatineschicht eingebettet sind. Hier tritt bereits das erste Problem auf. Silberhalogenid zerfällt unter der Einwirkung von Licht zu metallischem Silber, das die Schwärzung des Films verursacht. Die Lichtempfindlichkeit der Silberhalogenide hängt aber von der Wellenlänge des einfallenden Lichtes ab. Die Empfindlichkeit des Silberchlorids endet bei etwa 450 nm, die des Silberbromids bei 520 nm. Normale Silberhalogenide sind also unempfindlich gegenüber grünen und roten Farbtönen. Hier hilft ein Trick weiter, der sich die Eigenschaften gewisser organischer Farbstoffe zunutze macht, die wir schon früher erwähnt haben. Man mischt der fotografischen Schicht geringe Mengen eines Farbstoffes zu, der sich auf der Oberfläche der feinen Silberhalogenidkörnchen absetzt und das Licht des roten oder grünen Spektralgebietes absorbiert. Der Farbstoff ist nun in der Lage, die eingestrahlte Lichtenergie des grünen oder roten Spektralbereiches auf die Silbersalze zu übertragen. Man nennt diesen Trick »optische Sensibilisierung«. Die dazu verwendeten Substanzen gehören zur Klasse der Polymethinfarbstoffe und sind außerordentlich kostbar. Sie sind teurer als jedes Edelmetall. Sie sind noch in so großer Verdünnung wirksam, daß sie nicht farbgebend in Erscheinung treten. Mit diesem Trick der optischen Sensibilisierung erreicht man hauptsächlich, daß die fotografische Schicht auf alle Farbtöne gleichmäßig anspricht. Man hat also einen panchromatischen Film hergestellt, der alle Farben in entsprechende Grautöne übersetzen kann.

Fotografische Filme enthalten als lichtempfindliches Silbersalz meistens Silberbromid (AgBr), Kopierpapiere enthalten auch Silberchlorid (AgCl). Bei der Belichtung werden in den Silbersalzkörnchen je nach der auffallenden Lichtmenge ein oder mehrere Silberionen zu Silberatomen reduziert, wobei die Ordnung des Kristallgitters der Silbersalze gestört wird. Die winzig kleine Lichtmenge, die beim Öffnen des Verschlusses der Kamera auf den Film auftrifft, genügt jedoch nicht, um ein sichtbares Bild hervorzurufen. Es entsteht zunächst ein latentes, d.h. verborgenes Bild, das zu gegebener Zeit durch einen Entwicklungs- und Fixierprozeß in ein richtiges Bild umgesetzt wird. Der Entwickler, der ein organisches Reduktionsmittel wie z.B. Hydrochinon enthält, entwickelt bevorzugt die bereits angegriffenen Körner des Silbersalzes zu schwarzem, metallischem Silber. Auf dem Film erhält man nun ein Negativ. Die Stellen, wo am meisten Licht auf die Schicht gefallen ist, sind am stärksten geschwärzt.

Das unbelichtete Silbersalz wird im Fixierbad aus der fotografischen Schicht herausgelöst. Hierzu dient eine Lösung von Natriumthiosulfat. Die Thiosulfationen bilden mit Silberhalogenid einen wasserlöslichen Silberkomplex, ohne das metallische Silber des Negativs anzugreifen. Nach dem Fixieren muß der Film gut gewässert werden, um alle chemischen Reagentien aus der empfindlichen Gelatineschicht zu entfernen.

Ein sehr kompliziertes »einfaches« Verfahren. Bei der Farbfotografie steht man vor dem Problem, die Information für drei farbige Teilbilder auf einem einzigen Film in drei Teilschichten statt auf drei getrennten lichtempfindlichen Trägern unterbringen zu müssen. Die Farbfotografie arbeitet nämlich nach dem Prinzip der »subtraktiven Farbmischung«. Es werden drei Teilbilder in den Farben Gelb, Purpur und Blaugrün erzeugt. Das farbige Gesamtbild ergibt sich bei der Betrachtung im weißen Licht durch dekkungsgleiches Übereinanderlegen der drei farbigen Teilbilder; denn ähnlich, wie der Maler durch Mischen von wenigen Grundfarben alle Farben seiner Palette erhält, so lassen sich durch Kombination der drei Grundfarben alle Farbtöne erzeugen.

Da die Farbfotografie nicht wesentlich komplizierter als die Schwarzweiß-Fotografie sein darf, müssen die drei Teilbilder auf dem gleichen Film erzeugt und dann durch einen Entwicklungsprozeß in getrennten Schichten, aber möglichst gleichzeitig, hervorgerufen werden.

Wie man im Prinzip dabei vorgehen muß, wurde bereits im Jahre 1911 von dem deutschen Chemiker Rudolf Fischer angegeben. Fischer erfand das Prinzip der »chromogenen Entwicklung«, auf dem auch heute noch jede Farbfotografie beruht. Trotzdem hat es von der Auffindung des Prinzips im Jahre 1911 noch bis zum Jahre 1936 gedauert, bis von der deutschen Firma Agfa der erste brauchbare Farbfilm der Welt auf den Markt gebracht werden konnte. Bei der chromogenen Entwicklung wird genau an der Stelle in der lichtempfindlichen Schicht, an der metallisches Silber entwickelt wird, auch ein Farbstoff erzeugt. Es war nämlich die ge-

Moleküle mit Doppelbindungen stellen »Empfänger« für die Wellenlängen des sichtbaren Lichtes dar. Durch regelmäßiges Aneinanderfügen von Doppelbindungen entstehen farbige Verbindungen. Je größer die Zahl der Doppelbindungen, desto tiefer ist die Farbe. Verantwortlich für den Farbeffekt sind die Bindungselektronen der Doppelbindungen.

niale Idee Fischers, solche Entwickler zu benutzen, deren Umsetzungsprodukte durch eine Folgereaktion mit gewissen der Schicht zugesetzten organischen Substanzen einen Farbstoff ergeben.

Benutzt man beispielsweise als Entwickler eine vom para-Phenylendiamin abgeleitete Verbindung, so entsteht bei der Entwicklung im alkalischen Bad in Gegenwart von Phenol, das als Farbkuppler benutzt wird, ein blauer Indophenolfarbstoff.

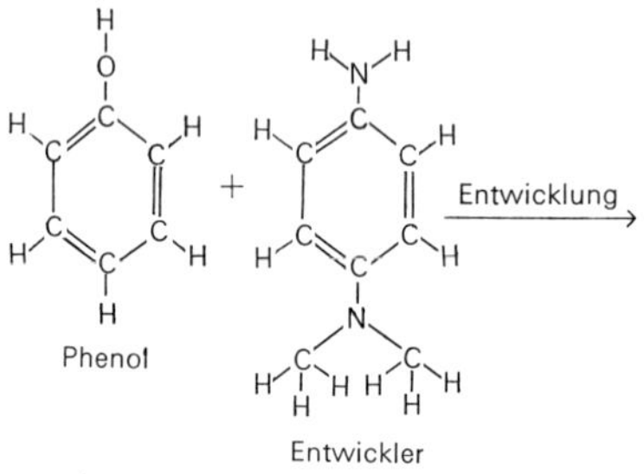

Um die Farben der Teilbilder in fotografisch einwandfreier Form und ohne Beeinträchtigung der Farbwirkung erhalten zu können, müssen sie in drei übereinanderliegenden Schichten erzeugt werden, von denen jede nicht dicker als 5/1000 mm sein darf. Ein einwandfreies Bild erhält man aber nur dann, wenn keiner der Farbkuppler aus seiner Schicht in eine Nachbarschicht hineinwandert, weil sonst die falschen Farben erzeugt werden. Es hat, wie gesagt, 25 Jahre gedauert, bis derartig wanderungsfeste Farbkuppler entwickelt waren.

Die Lösung des Problems gelang durch Verknüpfen der Farbkupplermoleküle mit langkettigen Kohlenwasserstoffresten. Diese langen Reste wirken wie die Eisenkugel mit der langen Kette am Bein des Sträflings. Sie behindern die Bewegungsfreiheit des Moleküls und sorgen dafür, daß der Farbkuppler in der Gelatineschicht der Filmemulsion fest hängenbleibt.

Im einzelnen ist also ein Farbfilm wie folgt aufgebaut: Auf den Schichtträger aus Kunststoffolie oder Papier sind mehrere Schichten übereinandergegossen, von denen jede nur wenige tausendstel Millimeter dick ist. Die oberste Schicht ist im allgemeinen die blauempfindliche Schicht mit ein-

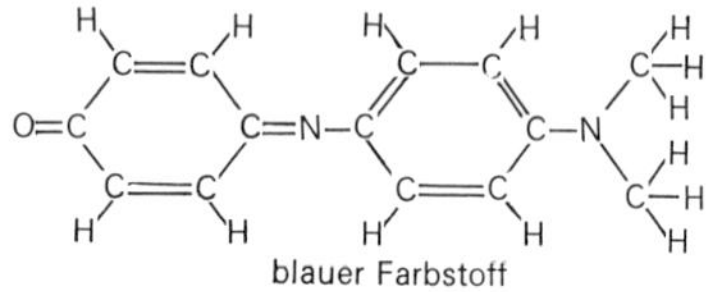
blauer Farbstoff

gelagertem Gelbkuppler. Dieser Farbkuppler liefert mit dem Oxidationsprodukt des Entwicklers einen gelben Farbstoff. Dann folgt eine Sperrschicht für blaues Licht, die sogenannte Gelbfilterschicht. Sie besteht in der Regel aus feinverteiltem Silber. Anschließend folgt die grünempfindliche Schicht mit eingelagertem Purpurkuppler, und zuletzt kommt die Schicht, bei der das Silberhalogenid durch geeignete Sensibilisatoren rotempfindlich gemacht wurde. Sie enthält außerdem den Blaugrünkuppler. Die einzelnen Schichten müssen in ihrer Empfindlichkeit natürlich gut aufeinander

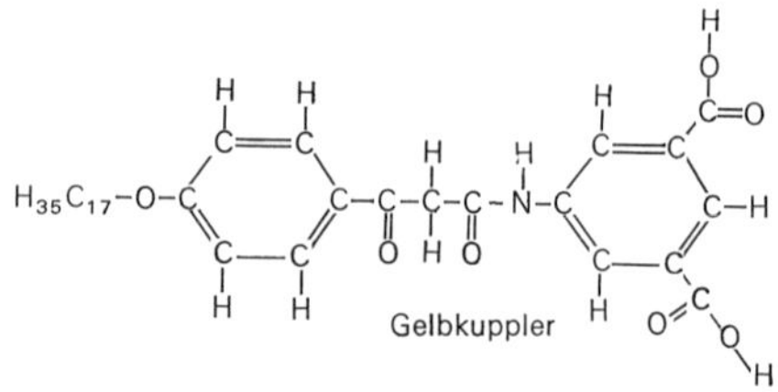

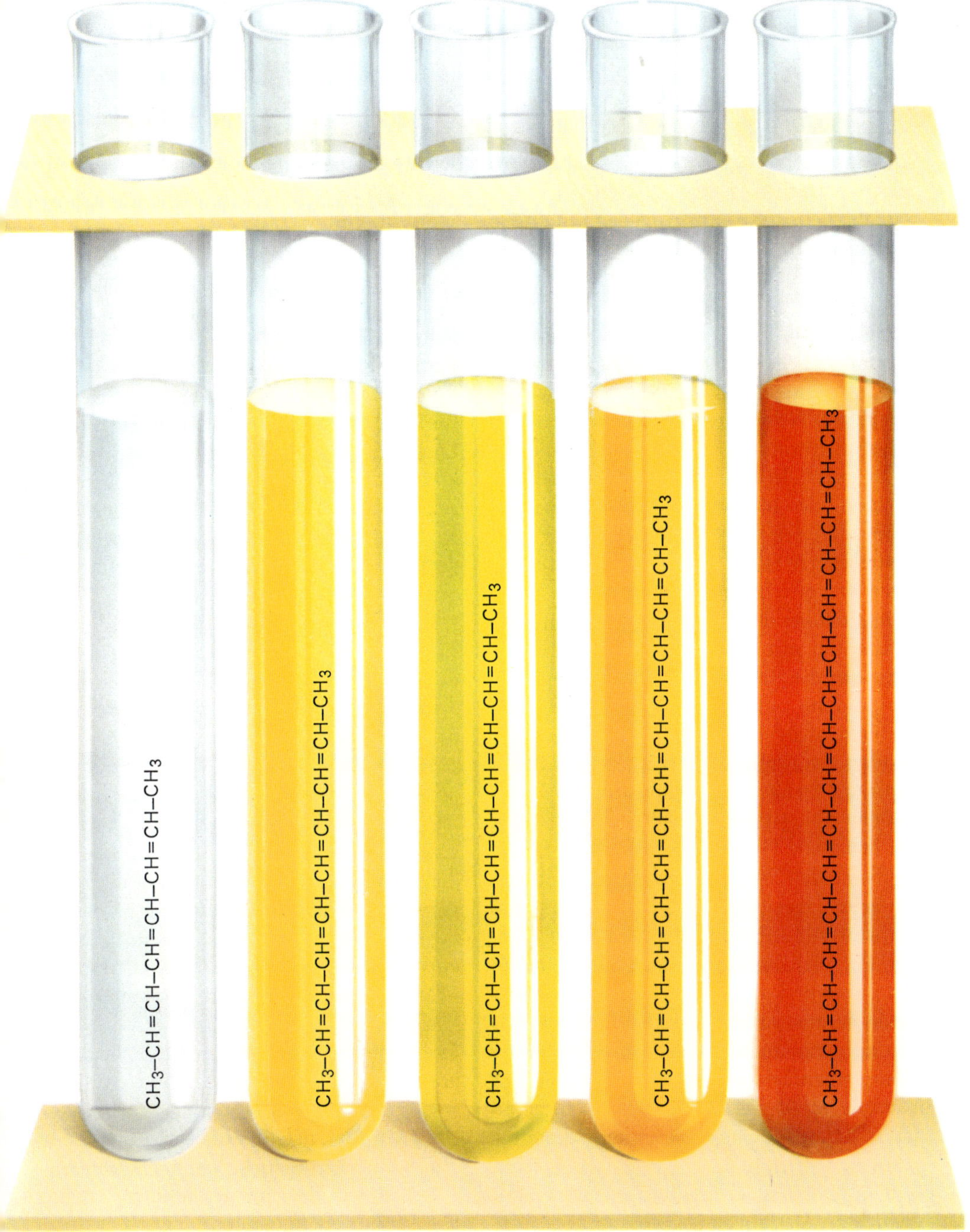
$CH_3–CH=CH–CH=CH–CH_3$
$CH_3–CH=CH–CH=CH–CH=CH–CH_3$
$CH_3–CH=CH–CH=CH–CH=CH–CH=CH–CH_3$
$CH_3–CH=CH–CH=CH–CH=CH–CH=CH–CH=CH–CH_3$
$CH_3–CH=CH–CH=CH–CH=CH–CH=CH–CH=CH–CH=CH–CH_3$

abgestimmt und für das betreffende Spektralgebiet optimal sensibilisiert sein.

Die Entwicklung des belichteten Films ist relativ einfach. Bei dem Umkehrverfahren wird der belichtete Film zunächst mit einem gewöhnlichen Entwickler, beispielsweise Methylhydrochinon, schwarzweiß entwikkelt. Dabei wird das belichtete Silberbromid in metallisches Silber umgewandelt. Es wird aber anschließend sofort in einem zweiten Bad mit einem Oxidationsmittel wieder weggelöst. Nun belichtet man das verbliebene Silberbromid im diffusen weißen Licht völlig durch. In der nun folgenden Farbentwicklung des so entstandenen Positivs benutzt man den Farbentwickler. Dabei wird das belichtete Silberbromid zu Silber umgesetzt, und gleichzeitig entstehen die Oxidationsprodukte des Entwicklers. Sie ergeben zusammen mit den entsprechenden Farbkupplern die drei farbigen Teilbilder. Das entstandene Silber, das ja für das fertige Farbbild nicht nötig ist, wird wieder mit Oxidationsmitteln entfernt, und es bleibt dann das fertige Farb-Diapositiv.

Beim Negativ-Positiv-Verfahren wird der belichtete Film sofort mit Farbentwickler behandelt. An den belichteten Stellen entsteht dabei Silber und gleichzeitig ein Farbstoffbild aufgrund des bekannten Prinzips der Farbstoffkupplung. Löst man nun das Silber und das unbelichtete Silberhalogenid heraus, so bleibt ein Bild zurück, das den aufgenommenen Gegenstand in seinen Komplementärfarben zeigt. Man hat ein »Farbnegativ« erhalten. Von ihm kann man jetzt Kopien und Papierbilder herstellen, die dann die Farben in den richtigen Tonwerten zeigen. Sie sind ebenfalls nach dem Drei-Schichten-Verfahren aufgebaut.

Das Kodachrome-Verfahren, das gleichzeitig mit dem Agfa-Verfahren eingeführt wurde und auch heute noch große Bedeutung besitzt, arbeitet nach ähnlichen Prinzipien. Im Unterschied zum Agfa-Verfahren werden die Farbkuppler aber nicht wanderungsfest in die einzelnen Schichten eingelagert, sondern den Entwicklungsbädern in löslicher Form zugesetzt. Daher können die Farbstoffe in den einzelnen Schichten der Teilbilder nicht gleichzeitig erzeugt werden. Sie werden vielmehr nacheinander in einem komplizierten und nur mit Hilfe von Spezialmaschinen durchführbaren Verfahren schrittweise erzeugt. Die Bedeutung des Kodachrome-Verfahrens liegt vor allem darin, daß Farbbilder von großer Schärfe erzeugt werden können.

Ein Farbbild in 50 Sekunden. Die modernste Entwicklung der Farbfotografie ist die farbige Sofortfotografie nach dem von den Amerikanern E. H. Land und H. Rogers entwickelten Verfahren der Polaroid Corporation. Auch dieses Verfahren arbeitet nach dem Dreifarbenprinzip. Aber die Verbraucherfreundlichkeit und die Einfachheit der Anwendung wurden hier auf die Spitze getrieben. Eine Verarbeitung im bisherigen Sinne gibt es nicht mehr. Das farbige Bild entsteht in der Kamera nach dem Prinzip der »Farbdiffusion«. Werden nach dem herkömmlichen Agfa-Verfahren gerade solche Farbstoffe benutzt, die in ihren Schichten besonders festsitzen, so arbeitet das Polaroid-Verfahren mit besonders gut beweglichen (diffusionsfähigen) Farbstoffen, die von Schicht zu Schicht wandern können.

In kurzen Worten geschildert, arbeitet das Verfahren folgendermaßen: Die ferti-

Blick in ein Labor von anno dazumal. Joseph von Fraunhofer leistete hier um 1820 wichtige Vorarbeiten zur Spektralanalyse, wobei er im Sonnenspektrum die als Fraunhofersche Linien bekannten dunklen Linien entdeckte. Als erster bestimmte er auch ziemlich genau die Wellenlänge einiger Spektrallinien (siehe auch Seite 166–168).

gen Farbstoffe werden von vornherein den einzelnen Schichten zugesetzt, sie entstehen also nicht erst beim Entwickeln des belichteten Silbersalzes. Die Farbstoffe sind jedoch chemisch fest an die Moleküle des Entwicklers gebunden. Die zunächst gut löslichen Farbstoffe werden an den belichteten Stellen im Verlauf des Entwicklungsvorganges unlöslich. An den unbelichteten Stellen bleiben sie jedoch löslich und wandern in eine zweite Schicht, die sich später leicht abtrennen läßt. Dort werden sie als positives Bild des aufgenommenen Gegenstandes festgehalten. Die entscheidende Idee, die zu diesem erfolgreichen und bereits außerordentlich populären Verfahren geführt hat, liegt darin, Entwickler und Farbstoff fest aneinanderzukoppeln und von

Durch »additive« Farbmischung entsteht aus Licht der drei Grundfarben Rot, Grün und Violett weißes Licht. Die drei »subtraktiven« Farben Gelb, Purpur und Blaugrün vereinigen sich dagegen zu Schwarz. Durch geeignete Mischung subtraktiver Grundfarben lassen sich alle Farben erzeugen. Darauf beruht die Farbfotografie.

vornherein dem Film zuzusetzen. Es werden sogenannte Entwicklerfarbstoffe benutzt, bei denen ein Schwarzweiß-Entwickler wie Hydrochinon über eine Kohlenstoffkette mit einem Farbstoffmolekül verknüpft ist. Die Hydroxylgruppen (OH-Gruppen) im Hydrochinonteil des Moleküls sorgen für die Löslichkeit der Verbindung in verdünnter Lauge (Alkali). Sobald der Farbstoff mit belichtetem Silbersalz in Berührung kommt, setzt die Entwicklung des latenten Bildes ein. Hydrochinon wird dabei oxidiert und infolgedessen unlöslich in Alkali. Es reagiert außerdem sofort mit der Gelatine der Emulsion. Das führt dazu, daß der Farbstoff nicht mehr von der belichteten Stelle wegwandern kann.

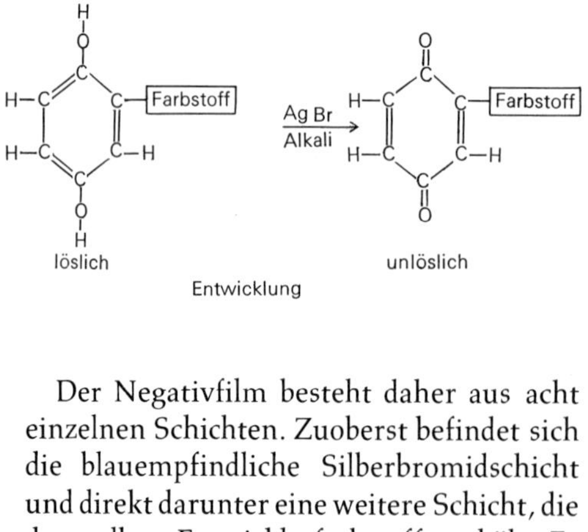

Entwicklung

Der Negativfilm besteht daher aus acht einzelnen Schichten. Zuoberst befindet sich die blauempfindliche Silberbromidschicht und direkt darunter eine weitere Schicht, die den gelben Entwicklerfarbstoff enthält. Es folgt eine Trennschicht. Als nächstes kommt die grünsensibilisierte Silbersalzschicht in direktem Kontakt mit einer Schicht des Purpurentwicklers. Auf eine weitere Trennschicht folgt die rotempfindliche Schicht mit der zugehörigen Schicht des Blaugrün-Entwicklers. Das Ganze sitzt auf dem Negativträger fest.

Zur Entwicklung und Bildübertragung hat die für dieses Verfahren nötige Spezialkamera eine eigene Entwicklungskammer. Wenn das Negativ belichtet worden ist, wird es durch zwei Stahlwalzen hindurchgeführt und dort mit Alkalipaste und der Bildempfangseinheit in Kontakt gebracht. Die Entwickler in der Negativschicht wandern nun in die zugehörigen Silbersalzschichten und wandeln dort belichtete Silberhalogenidkörnchen in metallisches Silber um. Alle Farbstoffteilchen in der Nähe der belichteten Körnchen werden dabei unlöslich, während der Farbstoff von den unbelichteten Stellen in die Empfängerschicht hineinwandert und dort das positive Farbbild liefert.

Die Bildempfangseinheit besteht selbst auch wieder aus drei Schichten. Oben liegt eine Kunststoffschicht, welche die einwandernden Farbstoffe bindet und dadurch ein Verlaufen der Farben verhindert. Sie sorgt dafür, daß ein scharfes Bild entstehen kann. Auf eine Zwischenschicht folgt schließlich eine Schicht, die organische Säure enthält. Sie bindet das mit den Farbstoffen in die Empfängereinheit einwandernde Alkali. Das auf der Empfangseinheit entstehende Bild ist daher chemisch neutral und benötigt keine Nachbehandlung und kein Wässern mehr.

Die Entwicklungsdauer hängt etwas von der Temperatur ab und liegt bei etwa 50 Sekunden. Negativ und Positiv lassen sich nach dem Abschluß des Entwicklungsvorganges aus der Kamera herausziehen. Negativ und Empfangseinheit werden sodann getrennt. Auf der letzteren befindet sich das farbige, positive Bild der Vorlage.

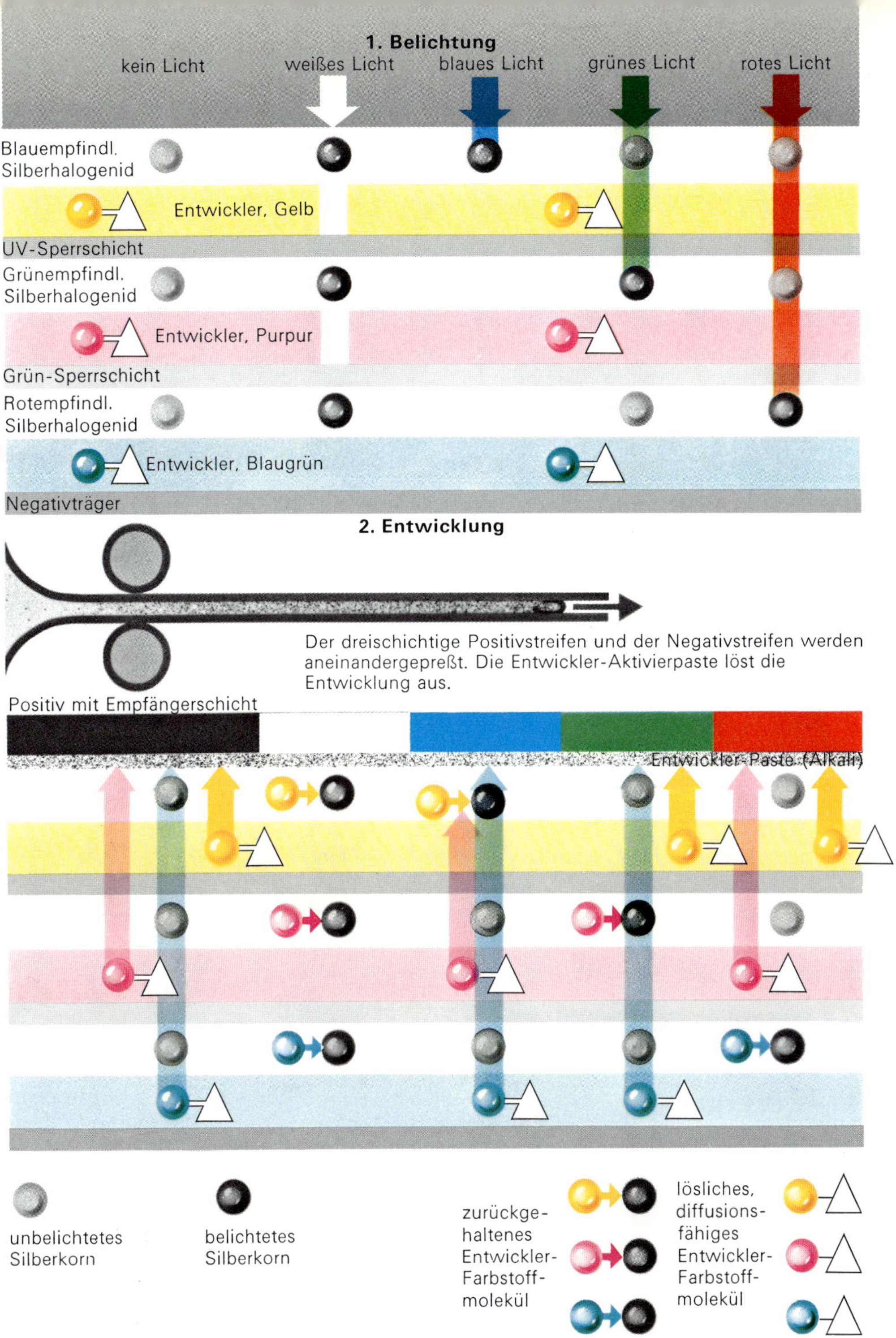

1. Belichtung
kein Licht
weißes Licht
blaues Licht
grünes Licht
rotes Licht
Blauempfindl. Silberhalogenid
Entwickler, Gelb
UV-Sperrschicht
Grünempfindl. Silberhalogenid
Entwickler, Purpur
Grün-Sperrschicht
Rotempfindl. Silberhalogenid
Entwickler, Blaugrün
Negativträger
2. Entwicklung
Der dreischichtige Positivstreifen und der Negativstreifen werden aneinandergepreßt. Die Entwickler-Aktivierpaste löst die Entwicklung aus.
Positiv mit Empfängerschicht
Entwickler-Paste (Alkali)
unbelichtetes Silberkorn
belichtetes Silberkorn
zurückgehaltenes Entwickler-Farbstoffmolekül
lösliches, diffusionsfähiges Entwickler-Farbstoffmolekül

Die Fotografie beruht auf der Lichtempfindlichkeit der Silbersalze. Das zunächst bei Belichtung entstehende »latente Bild« (1) wird chemisch entwickelt (2) und der Film anschließend durch Entfernen des unbelichteten Silbersalzes im Fixierbad (3) fixiert. Weitere Erklärungen siehe Text Seite 183.

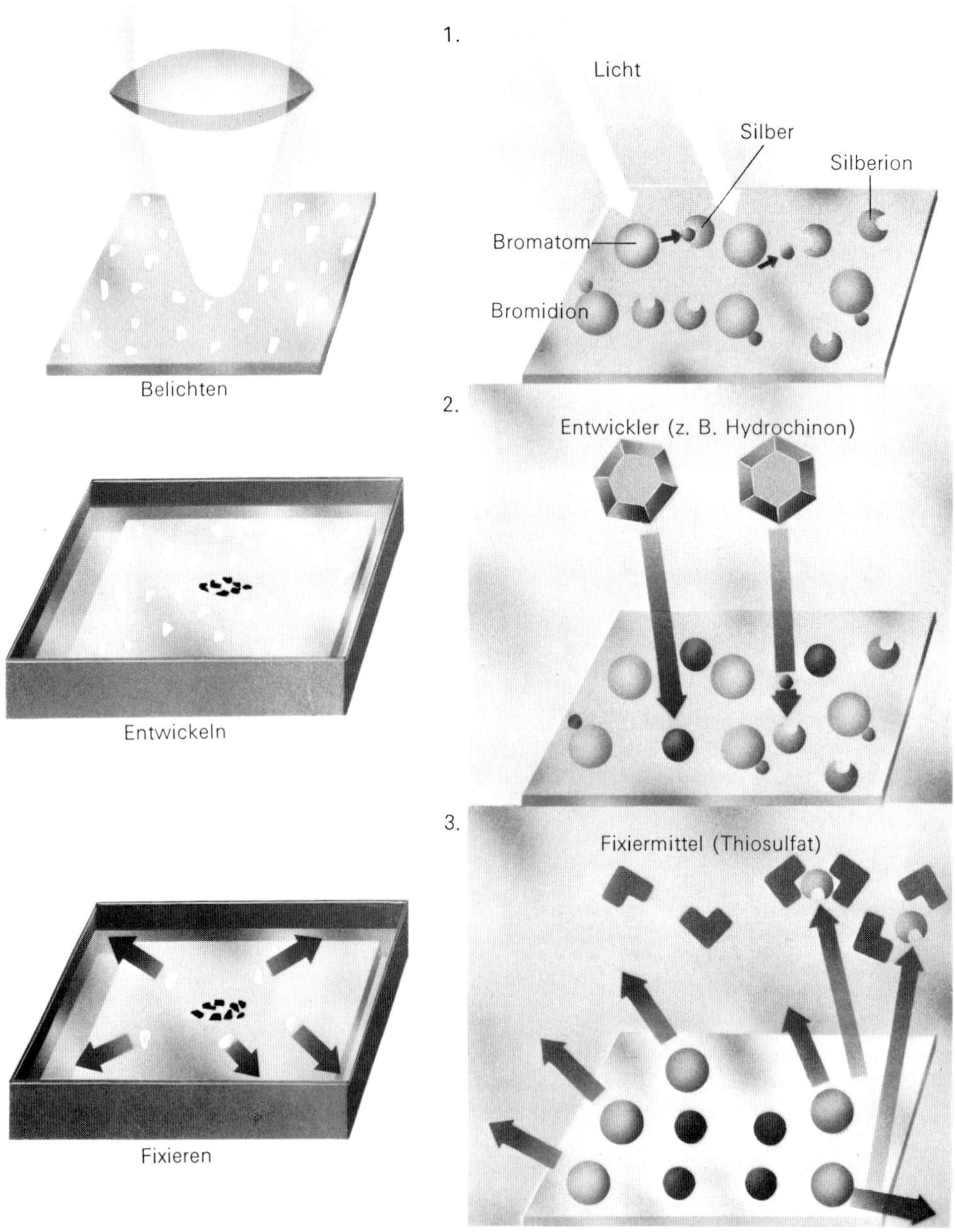

Übersicht über einige wichtige Kunststoffe

Bezeichnung	Chemische Bestandteile	Verbrauch 1970 (1000 t)	Einsatz und Anwendungsbeispiele
Polyolefine Polyäthylen »Hostalen«, »Lupolen«, »Vestolen«	C, H	745	Haushaltsartikel, Verpackungsfolien, Plastikbeutel und -säcke, Abdichtfolien, Flaschen, Spielzeug, Kabelisolierungen, elektrotechnische Teile, Flaschenkästen, Transportbehälter.
Polypropylen	C, H		Hochbeanspruchte Teile für Technik, Elektrogeräte und Fahrzeuge, Haushaltsartikel, Schuhabsätze.
Polyvinylchlorid (PVC)	C, H, Cl	725	Fassadenverkleidungen, Rohre, Dachschindeln, Türen, Rolläden, Fußbodenbeläge, Klebefolien, Kunstleder, Tischtücher, Wäscheleinen, Schläuche, Schuhmaterialien, Polyesterbezüge, Innenauskleidung für Kraftfahrzeuge, Metallbeschichtungen, Schallplatten.
Polystyrol	C, H	420	Massenartikel für Werbung, Verpackung, Büro- und Zeichenbedarf, Telefonapparate, Plattenspieler, Radiogehäuse, Fotoapparate. Geschäumt als Isoliermaterial für Kühlschränke, stoßfeste Verpackung, Wärme- und Schalldämmung in Bauten, Möbelteile.
Polyester »Palatal«	C, H, O		Mit Glasfasern verstärkt für landwirtschaftliche Großbehälter wie Jauchefässer und Weintanks – Autokarosserien, Bootskörper – Lacke für Tischplatten.
Aminoplaste »Kaurit«, »Resopal«	C, H, N, O		Kaltleime und Appreturen – gehärtet: Beläge für Küchenmöbel, Laboreinrichtungen, Gehäuse für Küchengeräte und elektrisches Handwerkszeug, widerstandfähiges Küchengeschirr – geschäumt: zur Bodenverbesserung im Gartenbau (sogenannter Hygromüll, der die Erde lockert und die Feuchtigkeit speichert).

Werden sich unsere Nachkommen ihr Wissen genauso mühsam aneignen müssen wie wir, oder wird eines Tages Wissen chemisch übertragbar sein?

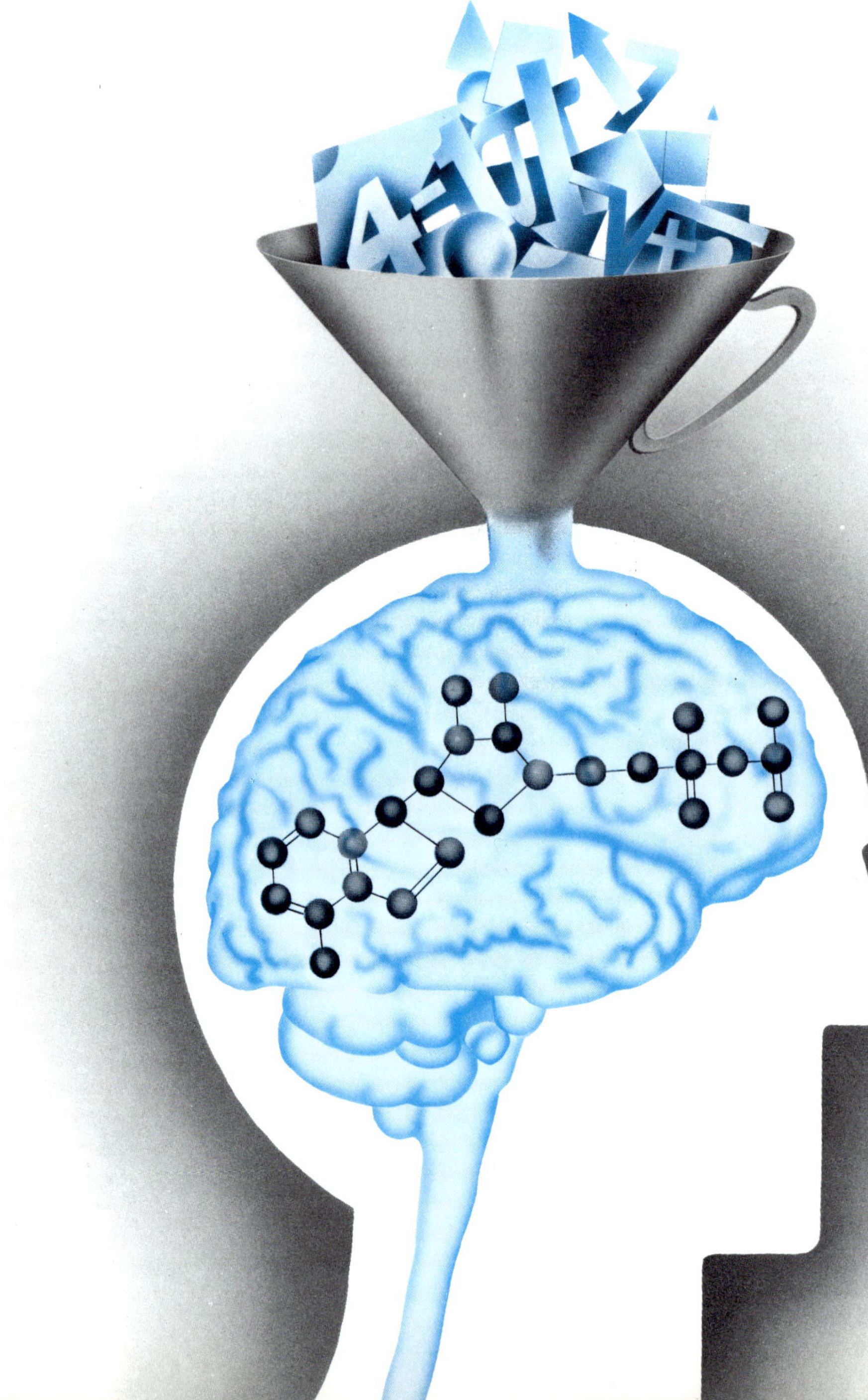

Chemie des Lebendigen

»Die Schule der Zukunft wird keine Klassenzimmer mehr enthalten, sondern viel eher der chirurgischen Abteilung eines Krankenhauses ähneln. Die Schüler werden anstelle eines vieljährigen Schulbesuchs nur für einige Tage diese Abteilung aufsuchen. Man wird ihnen einige Spritzen verabreichen, die in Form von Gedächtnisstoffen den gesamten Lernstoff einer langen Schulzeit enthalten. Das Erlernen von Fremdsprachen wird so zu einem medizinischen Eingriff, und die babylonische Sprachverwirrung der Menschheit wäre ein für allemal gelöst.« Diese Zukunftsvisionen könnten einem Science-fiction-Roman entstammen. Sie haben immerhin einen realen Hintergrund. Die Wissenschaft ist Gedächtnismolekülen auf der Spur. Aber trotzdem ist es sehr unwahrscheinlich, daß das Problem der Wissensübermittlung eines Tages in der oben dargestellten Weise gelöst wird. Eine solche Vorstellung einmal auszuspinnen, ist jedoch recht reizvoll.

Alle Hoffnungen auf eine mögliche Gedächtnisübertragung gehen auf Experimente zurück, über die von dem amerikanischen Physiologen James McConnell 1962 zum erstenmal berichtet wurde. Er brachte kleinen Plattwürmern namens Planaria Verhaltensweisen bei, die sie normalerweise nicht zeigen. Nur so konnte er sicher sein, daß die Tiere wirklich etwas gelernt hatten. Die Würmer wurden einem kurzen Lichtreiz ausgesetzt und erhielten gleich im Anschluß daran einen elektrischen Schlag, der sie zu schnellem Zusammenziehen veranlaßte. Diesen Versuch wiederholte McConnell so lange, bis sich die Würmer auf den Lichtreiz hin auch ohne elektrischen Schlag zusammenzogen. Sie hatten gelernt, das Licht als einen Reiz für einen unmittelbar bevorstehenden Elektroschock aufzufassen. Als die Würmer diese Lektion gut beherrschten, wurden sie halbiert. Nachdem sich beide Hälften regeneriert hatten, konnte man feststellen, daß nicht nur die regenerierte Kopfhälfte, sondern auch die Schwanzhälfte schneller lernte als eine untrainierte Planarie. Auch nach dem Vierteilen der Tiere erhielt man vergleichbare Ergebnisse. Auf welche Weise wurde das Erlernte gespeichert?

Vor wenigen Jahren noch betrachtete man das Gehirn als eine computerartige Maschine, in der, ähnlich der elektronischen Datenspeicherung, Informationen gespeichert würden. Rätselhaft mußte aber die ungeheure Kapazität des menschlichen Gehirns bleiben. Ein Computer, der mit der Gedächtnisleistung eines menschlichen Gehirns nur konkurrieren sollte, würde dazu eine so ungeheure Menge an Magnetbändern benötigen, daß sie die gesamte Erdoberfläche bedecken würden. Es kommt daher eigentlich für die Gedächtnisspeicherung nur eine Möglichkeit auf molekularer Ebene in Frage.

Diese Vorstellung wird von der Tatsache gestützt, daß unser Gedächtnis nicht verlorengeht, wenn auch die Gehirnströme zeitweilig unterbrochen werden. Die Versuche McConnells schienen eine Bestätigung der Annahme, daß die Speicherung letztlich eine chemische Angelegenheit ist. Die Frage ist nur, ob sich Gedächtnisspuren in Form irgendwelcher Moleküle nachweisen lassen.

Professor Holger Hyden von der Universität Göteborg war der erste, der die Meinung vertrat, daß ein Stoff mit dem fast zungenbrecherischen Namen Ribonukleinsäure dafür in Frage kommen könne. Diese Säure – in der Fachliteratur wird sie abgekürzt RNA genannt – kam deshalb in Verdacht, weil man von ihr wußte, daß sie auch bei der Informationsübertragung im Bereich der Vererbung eine sehr wichtige Rolle spielt. Die Desoxyribonukleinsäure (DNA), mit deren Hilfe Anlagen vererbt werden, schied deshalb aus, weil das Gedächtnis ja leider nicht vererbbar ist. Eine zweite für die Gedächtnisspeicherung in Frage kommende Stoffklasse, die Eiweiße, könnten aufgrund ihres hochkomplizierten chemischen Baues ebenfalls in Betracht gezogen werden.

Indizien sprechen aber für die RNA. Professor Hyden analysierte das Gehirn von Ratten, die ein bestimmtes Lernprogramm hinter sich gebracht hatten, und fand eine größere Menge an RNA als zuvor. Aber damit nicht genug. Nicht nur die Menge, sondern auch die Zusammensetzung der RNA hatte sich geändert. Dies läßt sich ohne weiteres mit den Versuchen an Planarien in Einklang bringen, denen man einen Brei aus trainierten Artgenossen zu fressen gegeben hatte und die genau wie ihre aufgefressenen Vorfahren Erinnerungen an die Stromstöße zeigten. Da man inzwischen in der Lage ist, RNA sehr gut zu reinigen und von störenden Begleitstoffen zu befreien, versuchte man es auch mit RNA-Übertragungen.

Auch sie vermochten bei untrainierten Tieren »Erinnerungen« zu bewirken. Diese Ergebnisse wurden jedoch bald wieder von vielen Seiten in Frage gestellt. Man fand nämlich heraus, daß auch die RNA von untrainierten Tieren die Gedächtnisleistung verbesserte.

Daß die Ergebnisse bei den Versuchen an Planarien so widersprüchlich sind, liegt sicher zum Teil in den Versuchstieren selbst begründet. Aufgrund ihres guten Regenerationsvermögens und ihres sehr einfach gebauten Nervensystems eignen sie sich einerseits für solche Versuche. Andererseits sind sie zu einfach gebaut, um ihnen spezifische, unverwechselbare Reaktionen anzudressieren, wie das bei Wirbeltieren leicht möglich ist.

Aus diesem Grund wurden in der Folgezeit eine ganze Reihe verschiedener Versuchstiere in geduldiger Arbeit dressiert mit dem Ziel, ihr Wissen auf Artgenossen zu übertragen. Aber auch wie bei den Versuchen mit den Planarien machte man bei den höheren Tieren eine Reihe von Beobachtungen, die in vollkommenem Widerspruch zueinander stehen. Wie bei vielen Forschungen hat auch hier die Wissenschaft erhebliche Schwierigkeiten, zu eindeutigen Ergebnissen zu kommen. Neuere Arbeiten lassen vermuten, daß es letzten Endes wahrscheinlich nicht die RNA ist, mit deren Hilfe das Gedächtnis gespeichert wird. Es spricht einiges dafür, daß doch die Eiweiße als Gedächtnisspeicher fungieren. Zwei Wissenschaftler von der Universität Michigan behandelten Goldfische während ihrer Dressurversuche mit einem Antibiotikum, von dem bekannt ist, daß es die Eiweißsynthese hemmt. Es wurde den Tieren während verschiedener Stadien des Lernprozesses injiziert. Und siehe da, die Tiere bekamen Schwierigkeiten beim Lernen. Ihr Lernpensum bestand übrigens darin, immer dann zu läuten, wenn sie hungrig waren. Sie blieben »dumm«, wenn ihnen das Mittel vor oder in einem frühen Stadium des Lernprozesses verabreicht wurde. Behandelte man sie aber wenige Stunden nach der Dressur, so blieb ihre Lernfähigkeit erhalten.

Für ältere Leute besteht inzwischen schon ganz konkret die Hoffnung, daß man ihnen eines Tages zu einem besseren Gedächtnis verhelfen kann. Injektionen von RNA führten bei Patienten, die an senilem Gedächtnisschwund litten, zu kurzzeitigen Besserungen. Inzwischen testet eine amerikanische Arzneimittelfabrik sogar schon eine synthetische Gedächtnispille.

Die Gedächtnischemie steht sicher noch ganz am Anfang. Man ist trotz aller bisherigen Ergebnisse noch weit davon entfernt, Genaueres über die Speicherung von Erfahrungen aussagen zu können. Eine erfolgreiche Gedächtnisübertragung beim Menschen liegt immer noch weit außerhalb unserer wissenschaftlichen Möglichkeiten. Es ist sogar fraglich, ob es jemals dazu kommen wird. Wir werden auch in Zukunft noch »konventionelle« Schulen bauen müssen, und unsere Kinder werden sich auch weiterhin auf »konventionelle« Weise mühsam ihr Wissen aneignen müssen. Die Zeit des Nürnberger Trichters in Form der Gedächtnisspritze wird noch auf sich warten lassen – falls sie überhaupt jemals anbricht.

Gedächtnisübertragung über das Blut wird wohl nicht möglich sein, denn zwischen Blut und Hirn ist eine »Blut-Hirn-Schranke« geschaltet.

Datenspeicherung – chemisch

Das Magnetband des chemischen Computers. Am 12. März 1953 schrieb James D. Watson, ein junger fünfundzwanzigjähriger Biochemiker, an den amerikanischen Genetiker Max Delbrück in einem Brief: »Unser Modell (ein gemeinsames Projekt von Francis Crick und mir) steht in keinerlei Beziehung zu den ursprünglichen oder zu den abgeänderten Pauling-Shoemaker-Modellen: Es ist ein seltsames Modell und weist mehrere ungewöhnliche Züge auf. Doch da die DNA ja eine ungewöhnliche Substanz ist, schrecken wir vor keinerlei Kühnheit zurück. Die wichtigsten Eigenschaften des Modells sind: 1. Die Grundstruktur ist spiralenförmig – sie besteht aus zwei miteinander verflochtenen Spiralen –, das Innere der Spirale ist mit den Purin- und Pyrimidinbasen besetzt. Die Phosphatgruppen befinden sich an der Außenseite; 2. Die Spiralen sind nicht identisch, sondern komplementär, so daß, wenn die eine Spirale Purin hat, die andere Pyrimidin enthält. Diese Eigenschaft ergab sich bei dem Versuch, die Reste äquivalent zu machen und gleichzeitig die Purin- und die Pyrimidinbasen in das Zentrum zu setzen. Die paarweise Verbindung der Purine stimmt mit den Pyrimidinen sehr genau überein und wird durch ihr Bestreben bestimmt, Wasserstoffbindungen zu bilden. Adenin paart sich mit Thymin, während sich Guanin stets mit Cytosin paart.«

Mit diesen wenigen Sätzen beschreibt Watson eine der wichtigsten Entdeckungen der Biochemie. Wie wenig sicher sich der Forscher zu jenem Zeitpunkt über seine Entdeckung damals noch war, geht aus zwei Sätzen hervor, die er etwas später in demselben Brief noch anfügte: »Gleichzeitig wollen wir aber ihren provisorischen Charakter betonen und das Fehlen von Beweisen zu unseren Gunsten.« – »Ist sie (die Struktur der DNA) aber zufällig richtig, dann kommen wir, glaube ich, ein kleines Stückchen weiter hinsichtlich der Art und Weise, wie sich die DNA selber reproduziert.« Die Struktur war »zufällig« richtig, und damit war eine biochemische Erklärung für alle Gesetze und Ergebnisse gegeben, die in der Vererbungslehre zuvor gefunden worden waren. So aufschlußreich der Brief von Watson für den »Spezialisten Delbrück« auch gewesen sein mag, dem Laien sagt sein Inhalt sicher recht wenig. Deshalb wollen wir versuchen, diese enorm wichtige Frage der Biochemie an Hand einiger Beispiele etwas durchschaubarer zu machen. Es ist eine bekannte Tatsache, daß bestimmte Eigenschaften und Merkmale eines Lebewesens auch auf seine Nachkommen übertragen werden können. Diese Merkmalsübertragungen unterliegen, wie als einer der ersten schon Gregor Mendel herausgefunden hatte, bestimmten Gesetzmäßigkeiten, die die Genetiker zwar beschreiben, aber vorerst nicht erklären konnten. Man hatte zwar sehr bald herausgefunden, daß bestimmte Körperchen innerhalb des Zellkerns, die Chromosomen, die Träger des Erbguts waren. Dies zeigte sich unter anderem darin, daß sie sich vor jeder Zellteilung verdoppelten. Man wußte auch, daß jedes Chromosom eine Vielzahl von Erbinformationen enthielt und konnte sogar auf genauen Chromosomenkarten den Ort lokalisieren, in dem die Information für eine ganz bestimmte Eigenschaft liegen mußte. Über ihre chemische Zusammensetzung und ihre innere Struktur wußte man lange nichts zu

Menschliche Nervenzelle, ein Element der Informationsleitung im Körper. Da beim Erwachsenen keine Nervenzellen mehr nachgebildet werden, trägt ihr Verfall wesentlich zum senilen Gedächtnisschwund bei.

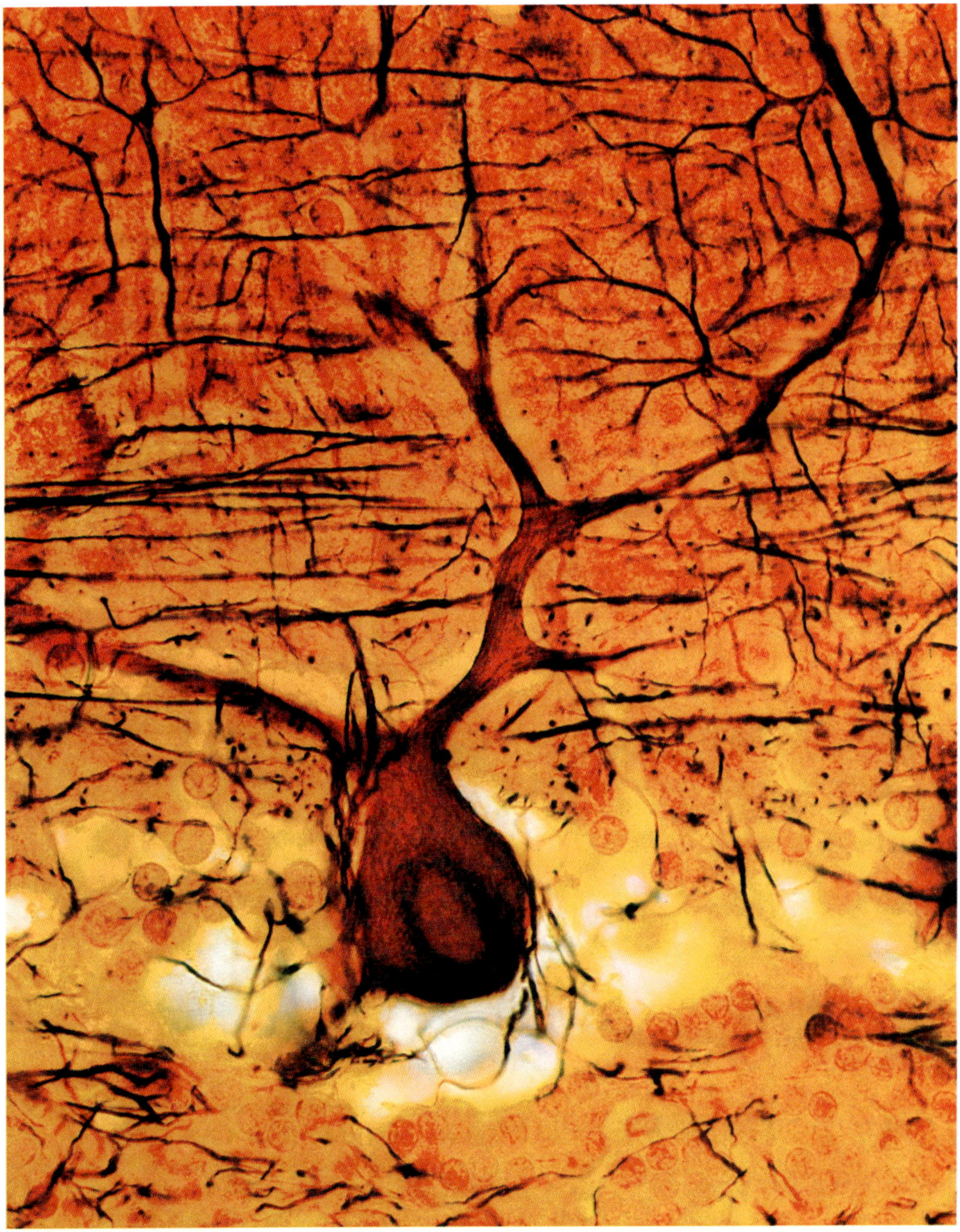

sagen. Dieses stellte man sich sehr kompliziert vor. Denn wie sollte es möglich sein, eine solche Fülle von Informationen auf so winzigem Raum zu speichern? Man kann annehmen, daß zur Ausbildung eines menschlichen Organismus mehr als eine Million Informationen nötig sind. Da von allen chemischen Verbindungen die Eiweißstoffe am kompliziertesten gebaut sind, dachte man, daß nur sie die Träger der Erbanlagen sein könnten. Das hat sich in der Folge als Irrtum herausgestellt. Die Struktur der Gene ist überraschend einfach.

Schon 1869 hatte man bei der chemischen Analyse aus der Kernsubstanz der Zelle eine phosphorhaltige Substanz isoliert, der man den Namen Kernsäure (Nukleinsäure, von dem lateinischen Namen Nucleus = der Kern abgeleitet) gab. Heute wird diese Kernsäure, deren genaue Struktur von Watson und Crick aufgeklärt wurde, mit dem Namen Desoxyribonukleinsäure (DNA) bezeichnet. Sie besteht aus fadenförmigen Molekülen von einer für chemische Vorstellungen »ungeheuren Länge«, ihr Molekulargewicht kann achtstellige Zahlen erreichen. Man nimmt an, daß jede Erbinformation einem bestimmten Abschnitt auf diesem Faden entspricht. Der Aufbau der DNA ist trotz ihrer Riesenhaftigkeit recht unkompliziert. Es wiederholen sich immer wieder Grundbausteine, die Desoxyribose (ein einfacher, dem Traubenzucker verwandter Zucker) und ein Phosphorsäurerest. Viele solcher Grundbausteine, die Nukleotide genannt werden, sind zu einer langen, unverzweigten Kette aneinandergefügt, und zwar so, daß sie regelmäßig miteinander abwechseln. Als weiteren Baustein enthält das DNA-Molekül noch sogenannte Nukleinbasen, von denen es vier verschiedene gibt. Sie haben die Namen Adenin, Guanin, Cytosin und Thymin. An jedem Grundbaustein der DNA hängt scheinbar regellos eine solche Base.

In den Chromosomen sind je zwei DNA-Ketten zu einem Doppelfaden verknüpft. Diese sind durch die jeweils sich gegenüberliegenden Basen über sogenannte Wasserstoffbrücken miteinander verknüpft. Aus geometrischen Gründen kann nur Adenin mit Thymin und Cytosin mit Guanin eine Bindung eingehen. Beide Stränge sind zusätzlich noch schraubenartig umeinander verschlungen. Man muß sich das gesamte Molekül räumlich also wie eine verdrillte Strickleiter vorstellen, bei der die Sprossen durch die miteinander verbundenen Basen gbildet werden. Die große Frage war nun, wieso dieses Molekül befähigt ist, eine Unzahl von Informationen zu speichern und sogar noch weiterzugeben.

Die Weitergabe läßt sich relativ schnell und einfach erklären. Dazu muß sich das Molekül verdoppeln. Das aus ihm entstandene neue Molekül muß mit dem ursprünglichen völlig identisch sein. Dies geschieht so, daß sich die Bindungen der gegenüberliegenden Basen lösen und so beide Stränge wie ein sich öffnender Reißverschluß auseinandertreten können. Beide Hälften ergänzen sich nun zu einem neuen Strang. Dies kann nicht willkürlich geschehen, da ja

Im Zellkern ist die gesamte Erbinformation eines Lebewesens in molekularer Form gespeichert. Wie sie vom Organismus ausgewertet und verwirklicht wird, ist eine der interessantesten Fragen der Molekularbiologie (siehe auch Seite 202).

DNA-Molekül
t-RNA
Zellkern
t-RNA + Aminosäure
Eiweißmolekül
m-RNA
Ribosom

jede Base nur mit einer ganz bestimmten anderen eine Bindung eingehen kann. Die Grundbausteine mit den verschiedenen Basen stehen zur Zeit der Verdoppelung in der Zelle in ausreichender Zahl zur Verfügung. Auf diese Weise entstehen zwei mit der ursprünglichen Doppelkette genau identische Doppelketten mit derselben Basenfolge. Der Vorgang erinnert an die Herstellung eines Abbildes mit Hilfe einer Matrize.

Bevor wir uns Gedanken über die Art der Informationsspeicherung in der DNA machen, sollten wir uns klarwerden, welche Informationen übermittelt werden. Es sind dies genaue Angaben darüber, welche Eiweiße aufgebaut werden sollen. Da der tierische Körper zum größten Teil aus Eiweißen besteht, kann man sagen, daß die DNA letztlich auch Informationen darüber enthält, in welcher Weise der Körper aufgebaut werden soll. Eiweiße bestehen aus einer kettenförmig aufgereihten, sehr großen Zahl von Aminosäuren, die in der verschiedensten Weise miteinander verknüpft sein können. Insgesamt sind rund 20 verschiedene Aminosäuren am Aufbau von Eiweißen beteiligt. Damit ist auch klar, welche Mitteilungen die Erbinformation enthalten muß. Sie bestimmt, in welcher Reihenfolge die Aminosäuren aneinandergereiht werden müssen, damit ein ganz bestimmtes Eiweiß – z. B. ein Enzym – aufgebaut wird.

Es bereitete lange Zeit Schwierigkeiten, Aussagen darüber zu machen, in welcher Weise die Erbinformation durch die DNA gespeichert wird. Von vornherein war natürlich klar, daß das nicht wie bei einem Magnetband eines Computers elektronisch erfolgen kann. Das gesamte DNA-Molekül als Bestandteil für eine einzige Information scheidet deshalb aus, weil sonst die DNA-Menge innerhalb des Zellkerns wesentlich größer sein müßte. Es können innerhalb des Moleküls zur Codierung also nur Molekülgruppen und Molekülbestandteile in Frage kommen. Hier mußte der Verdacht sofort auf die Basen fallen, denn sie sind der einzige variable Bestandteil der DNA. Durch Versuche an Viren und Bakterien ließ sich eindeutig nachweisen, daß wirklich die Basenfolge für den Aufbau eines Enzyms verantwortlich ist. Dies konnte man mit Hilfe eines DNA-Stranges beweisen, der nur die Basen Adenin enthielt und mit dessen Hilfe man lebende Zellen beeinflußte, um Protein aufzubauen. Das aufgebaute Eiweiß bestand folgerichtig auch nur aus einer Aminosäureart.

James D. Watson, geboren 1928 in Chikago, erhielt 1962 für die Strukturaufklärung der Desoxyribonukleinsäure zusammen mit **Francis Crick** den Nobelpreis. Er ist seit 1961 Professor an der Harvard University in Massachusetts. Seine hauptsächlichen Forschungsgebiete sind der Mechanismus der Proteinsynthese und die Vermehrung der Viren. Im Anschluß an die Aufklärung der DNA-Struktur folgten Untersuchungen über den Aufbau der Ribonukleinsäure, die für die Informationsübertragung in der Zelle wichtig ist.

Aber damit konnte man sich noch nicht zufriedengeben. Es mußte weiter die Frage offenbleiben, wie mit Hilfe von vier verschiedenen Basen 20 Informationen gespeichert werden können. Eine einzige Base kann nicht als Zeichen für eine Aminosäure stehen. Um bei diesem Problem weiterzukommen, ist es sicher sehr hilfreich, uns an

Informationsübertragungen in unserem täglichen Leben zu erinnern. Wir verwenden dazu die Schrift, die aus 26 Buchstaben besteht. Durch die verschiedensten Kombinationen ist es uns ohne weiteres möglich, eine fast unendliche Zahl von Begriffen und Worten zu formulieren. Noch einfacher ist das Morsealphabet. Es kommt mit drei Zeichen aus, dem Punkt, dem Strich und der Pause, deren Aufeinanderfolge jeweils einen Buchstaben bedeutet. Wo in der Sprache ein Buchstabe steht, verwendet das Morsealphabet eine Folge von zwei bis drei Zeichen. Der Nachteil gegenüber dem normalen Alphabet besteht nur darin, daß wir eine größere Zeichenfolge in Kauf nehmen müssen. Da es zur Übermittlung unserer komplizierten Sprache genügt, zwei Zeichen zu benutzen, sollte es also unschwer möglich sein, mit vier chemischen Zeichen, nämlich den Basen, 20 Informationen zu übermitteln.

Es muß nur angenommen werden, daß eine Folge von Basen für eine Aminosäure steht. Dies ist in der Tat so. Man kann sich unschwer ausrechnen, daß eine Folge von jeweils zwei Basen nicht ausreichen würde, denn man hätte damit höchstens 16 Kombinationsmöglichkeiten. Erst Dreiergruppen, die insgesamt 64 Kombinationen erlauben, sind ausreichend. Dies führte zu folgender Vorstellung: Die Basenfolge in der DNA ist in Dreiergruppen (»Tripletts«) gegliedert. Jedes Triplett ist die Information für eine ganz bestimmte Aminosäure. Da beim chemischen Code der DNA für 20 Aminosäuren 64 Kombinationsmöglichkeiten zur Verfügung stehen, ist die Frage durchaus legitim, ob es auch Tripletts ohne Bedeutung gibt. Dies ist noch nicht mit Sicherheit

Chromatographie. Den Anfang zu dieser neuen Technik machte der russische Botaniker M. S. Tswett (1872–1919). Seine Veröffentlichung blieb zunächst jedoch unbeachtet. In den zwanziger Jahren führten der deutsche Chemiker Richard Willstätter und sein Schüler Richard Kuhn das Verfahren wieder ein. Es beruht auf folgendem Prinzip: Man bringt ein Gemisch verschiedener Stoffe in Lösung und läßt es durch eine mit einem pulvrigen Stoff gefüllte Säule laufen. Bei einem Farbstoffgemisch kann man besonders gut beobachten, daß verschiedene Farbzonen innerhalb der Säule auftreten. Daher stammt auch der Name Chromatographie (Farb-Schreiben). Dies wird dadurch bedingt, daß die verschiedenen Stoffe innerhalb des Gemisches sich in ihrem Molekülbau unterscheiden und infolgedessen verschieden stark durch den Füllstoff absorbiert werden. Stoffe, die weniger stark absorbiert werden, fließen schneller durch die Chromatographiersäule als solche, die stark absorbiert werden. Besser ist es, wenn man die zu trennende Mischung im Filterpapier hochsteigen läßt. Auch dabei erfolgt eine Aufteilung in die verschiedenen Bestandteile. Man erhält Substanzflecken, die bei nicht farbigen Stoffen durch bestimmte Farbreaktionen sichtbar gemacht werden müssen. Dies spielt besonders bei der Chromatographie der farblosen Aminosäuren eine wesentliche Rolle. Von sehr großer Bedeutung ist diese Methode der Stofftrennung besonders dadurch geworden, daß man mit sehr geringen Stoffmengen arbeiten kann. Inzwischen gibt es viele weitere chromatographische Verfahren, wie die Dünnschichtchromatographie, die Gaschromatographie und die Gelchromatographie, die immer mehr an Bedeutung gewinnen.

Chemiker im Kampf gegen die Zuckerkrankheit: 1924 isolierten F. G. Banting (links) und C. H. Best aus den Bauchspeicheldrüsen von vielen Tausenden von Schlachttieren das Insulin. Jetzt war es möglich, Präparate zur Behandlung von Diabetikern herzustellen.

geklärt, man weiß aber inzwischen, daß einzelne Aminosäuren durch mehrere Tripletts bestimmt sein können. Viele solcher Dreiergruppen ergeben dann ein Eiweißmolekül.

Die moderne Genetik ist mit ihrer Forschung bis in den molekularen Bereich vorgedrungen. Mit neuen Methoden hat sich ein neuer Zweig der Vererbungslehre, die Molekularbiologie, entwickelt, die für immer aufsehenerregendere Ergebnisse sorgt. Inzwischen ist die Wissenschaft aufgrund der Kenntnis des genetischen Codes so weit fortgeschritten, daß sich sogar schon gezielte Eingriffe in das Erbgeschehen absehen lassen, die besonders bei Erbkrankheiten wünschenswert sein können.

Chemische Nachrichtenübermittlung. Wir wissen nun, mit welcher Schrift der genetische Code geschrieben ist. Damit sind wir aber immer noch nicht am Ziel. Der Sitz der Erbinformation befindet sich im Zellkern, der Aufbau der Eiweißstoffe erfolgt jedoch in den Ribosomen des Zellplasmas. Dies sind nur mit dem Elektronenmikroskop erkennbare winzige Körnchen, die besonders reich an einem der DNA ganz nahe verwandten Stoff sind, der Ribonukleinsäure (RNA) genannt wird. Über den Aufbau dieses Stoffes werden wir gleich noch einiges hören.

Zuvor muß uns aber noch ein anderes Problem beschäftigen. Wie kommt die Information zum Aufbau der Eiweiße aus dem Zellkern zum Ribosom, das in einiger Entfernung davon liegt. Diese Entfernung macht zwar nur winzige Bruchteile eines Millimeters aus, sie ist aber, da wir uns ja im molekularen Bereich befinden, recht beträchtlich. Wenn wir eine Nachricht übermitteln wollen, brauchen wir dazu einen Nachrichtenübermittler. Dies kann das Telefon sein oder ein Funkgerät, wir können jedoch auch einen Brief schreiben und ihn mit Hilfe der Post zum Empfänger schicken. Soll ein Gesprächspartner, der uns direkt gegenüber sitzt – eine für unsere Größenordnung winzige Entfernung –, unsere Worte verstehen, so benutzen wir die Schallwellen als Nachrichtenübermittler. Innerhalb der Zelle herrscht das gleiche Prinzip. Auch hier ist ein Bote oder Botenstoff nötig. Absender und Empfänger sind Teile eines Organismus. Die Nachrichtenübermittlung erfolgt mit chemischen Boten. Als Informationsträger dient die bereits erwähnte Ribonukleinsäure (RNA).

1958 erhielt Frederick Sanger den Nobelpreis für Chemie dafür, daß er in zehnjähriger Arbeit den gesamten Aufbau der Aminosäuresequenz im Insulinmolekül ermittelte. Seither ist es möglich, Insulin künstlich herzustellen.

Dies wird sicher nicht allzusehr verwundern, da ja auch die Informationsspeicherung auf diese Art und Weise erfolgt. Da die Ribonukleinsäure gleichsam als Botenstoff fungiert, wird sie im Deutschen häufig als Boten-RNA bezeichnet. In der englischen und häufig auch schon deutschen Fachliteratur heißt sie m-RNA (das m ist die englische Abkürzung des Wortes messenger = Bote).

Diese m-RNA unterscheidet sich in ihrem Grundaufbau kaum von der bereits bekannten DNA. Sie stellt ein Kettenmolekül dar, das aus Phosphorsäure, Zucker (Ribose) und Basen aufgebaut ist. In ihr ist die Base Thymin durch die Base Uracil ersetzt und Desoxyribose durch Ribose.

Die m-RNA hat die Aufgabe, gleichsam eine Abschrift des »Erbbriefes« vom Kern zum Ribosom zu transportieren. Es ist selbstverständlich, daß auch diese Nachricht verschlüsselt ist. Wie der Code aussehen muß, kann man sich nach dem bisher Gehörten unschwer vorstellen. Auch bei der m-RNA stellt die Basenfolge den Schlüssel dar. Und hier muß ich ein Geständnis ablegen: Der bei der DNA beschriebene Code wurde in Wirklichkeit an der RNA gefunden. Da man aber sicher annehmen muß, daß die RNA nach dem Muster der DNA aufgebaut ist, hat man die Forschungsergebnisse einfach auf die DNA übertragen. Dies ist durchaus legitim, denn anders sind die ganzen Vorgänge in der Zelle, mit denen wir uns befassen, nicht erklärbar.

Es bleibt bei der Nachrichtenübermittlung jetzt eigentlich nur noch die Frage offen, wie eine »Abschrift« der DNA-Information möglich ist. Sie erfolgt genau wie bei ihrer Verdoppelung. Der DNA-Faden weicht auseinander und dient als Matrize zum Aufbau der RNA-Ketten. Diese sind bedeutend kürzer als die DNA-Moleküle. Es wird immer nur ein ganz kleiner Teil der Information des Gesamtmoleküls auf einem RNA-Strang »abgeschrieben«, da ein DNA-Molekül mehr Informationen für Aminosäurefolgen enthält, als viele Proteine lang sind. Es ist zwar eine interessante Entdeckung an Riesenchromosomen, daß eine zeitlich begrenzte Aktivität in ganz bestimmten Bereichen zu beobachten ist. Sie findet ihren sichtbaren Ausdruck in der Anschwellung bestimmter Abschnitte. Chemisch ist an solchen Stellen eine lebhafte Bildung von RNA nachweisbar; es entstehen hier m-RNA-Moleküle.

Die biologische Eiweißfabrik – das Ribosom. Eiweiße sind lange Ketten von aneinandergereihten Aminosäuren. Im Durchschnitt enthält ein Eiweißmolekül 300 bis 400 Aminosäuren. Man schätzt die Zahl der in einem Organismus vorkommenden verschiedenen Eiweiße auf etwa 1000. Sie sind alle nach dem gleichen Schema aufgebaut und unterscheiden sich nur voneinander durch die Zahl, Art und Reihenfolge der Aminosäurebausteine. Um die Vielzahl der möglichen Kombinationen etwas anschaulicher zu gestalten, sei folgender Vergleich erlaubt: Ein Eiweiß, das aus 100 Aminosäuren aufgebaut ist, soll einem Wort entsprechen, das aus 100 Buchstaben besteht, bei einem Alphabet von 20 Buchstaben (Aminosäuren!). Wenn wir alle möglichen Kombinationsmöglichkeiten ausschöpfen würden, dann kämen wir auf eine astronomisch hohe Zahl, eine Zahl mit 130 Nullen.

Ursprünglich glaubte man, daß die Zelle all diese Kombinationsmöglichkeiten der Aminosäuren in Form von Eiweißen realisieren würde. Man war sogar der Meinung, daß jeder Mensch so wie sein eigenes Aussehen auch seine eigenen Proteine habe. Man mußte jedoch in den letzten Jahren erkennen, daß die Aufeinanderfolge der Aminosäuren bei den Eiweißen innerhalb einer Art erblich ist. Dies bedeutet, daß die Zelle mit Hilfe der in der DNA festgeschriebenen Vererbung fähig ist, aus den vielen Milliarden der theoretisch denkbaren Eiweiße etwa 1000 auszuwählen und nur diese zu synthetisieren.

Verantwortlich dafür ist, wie bereits erwähnt, die Basenfolge in der DNA, die von der Boten-RNA übernommen wird und so zum Ribosom gelangt. Dort verbinden sich Ribosom und RNA so, daß die Basen, d.h. also die Information, frei zugänglich ist. Damit sind wir bei der nächsten Schwierigkeit angelangt. Woher »weiß« jetzt eine Aminosäure, zu welchem Triplett sie gehört und wann sie an der Reihe ist?

Um das beantworten zu können, muß noch gesagt werden, daß es neben der m-RNA noch eine weitere Form der RNA gibt. Ihre Moleküle sind bedeutend kleiner als die der m-RNA und bestehen aus etwa 80 Nukleotiden. Da diese RNA die Aufgabe hat, Aminosäuren innerhalb des Zellsaftes zu den Ribosomen zu transportieren, hat sie den Namen transfer-RNA (abgekürzt: t-RNA) bekommen. Drei Basen der t-RNA haben eine besondere Bedeutung. Sie haben dafür zu sorgen, daß die von dieser t-RNA gebundenen Aminosäuren an der richtigen Stelle in das Protein eingebaut werden. Sie schleppt die zu ihrer Information passende Aminosäure zum Ribosom, einem winzig kleinen Körperchen innerhalb der Zelle. Da 20 Aminosäuren am Aufbau der Proteine beteiligt sind, braucht die Zelle auch mindestens 20 verschiedene Arten von t-RNA, die sich durch die Anordnung ihrer Tripletts unterscheiden.

Die Ribosomen sind also die »Fabriken«, in denen der Aufbau des Eiweißes stattfindet. Sie haben die Aufgabe, sich mit der m-RNA zu verbinden, und zwar so, daß die Basen herausragen und mit den passenden Basentripletts der t-RNA gepaart werden können. Am entgegengesetzten Ende der t-RNA »wartet« der Aminosäurerest in reaktionsbereitem Zustand, daß er an die benachbarte Aminosäure gebunden wird. Eine Bindung erfolgt nur, wenn das Basentriplett der m-RNA genau dem Negativ der ungepaarten Basen des t-RNA entspricht. Beide müssen zueinander passen wie Schlüssel und Schloß. Nur so wird gewährleistet, daß auch genau die gewünschte Reihenfolge der Aminosäuren im Eiweißstrang eingehalten wird. Das Ribosom hält das im Aufbau befindliche Eiweißmolekül so lange fest, bis es komplett ist. Die t-RNA-Moleküle lösen sich, nachdem sie die richtigen Aminosäuren herbeigeschleppt haben, und können von neuem ihre »Schlepperfunktion« erfüllen. Unter optimalen Bedingungen benötigt ein Ribosom ungefähr zehn Sekunden, um eine Eiweißkette von rund 350 Aminosäuren aufzubauen. Dies ist eine ganz enorme Leistung, wenn man bedenkt, daß diese Vorgänge in jeder Zelle vieltausendfach ablaufen (siehe auch in unserer Reihe Aktuelles Wissen den Band von Till Brahe »Biologie, die uns angeht«).

Auch Insulin ist ein Eiweiß. Die Zuckerkrankheit galt noch vor 50 Jahren als unheilbare Erkrankung. Sie macht sich durch die Ausscheidung von Traubenzucker im Harn bemerkbar und beruht auf einem zu hohen Gehalt an Zucker im Blut. Wie man inzwischen herausgefunden hat, wird der Blutzuckergehalt durch das Hormon Insulin und seinen Gegenspieler, das Glukagon, so genau reguliert, daß nur ganz geringe Schwankungen auftreten. Fehlt nun das Insulin, so steigt der Blutzuckerspiegel stark an. Dies führt unweigerlich zum Tode, wenn nicht das fehlende Hormon künstlich zugeführt wird. 1924 isolierten die beiden Chemiker F. G. Banting und C. H. Best in mühevoller Kleinarbeit den reinen Wirkstoff aus den Bauchspeicheldrüsen von vielen Tausenden von Schlachttieren. Sie gaben ihm deshalb den Namen Insulin, weil es an bestimmten Stellen, den »Langerhansschen Inseln«, im Pankreas gebildet wird. An eine Aufklärung der Struktur war beim damaligen Stand der Forschung natürlich noch nicht zu denken. Trotzdem hatte sich die Forschungsarbeit sicher gelohnt. Es war von diesem Zeitpunkt an möglich, Insulinpräparate zur Behandlung von Diabetikern herzustellen.

Es stellte sich heraus, daß schon die geringe Menge von 1 mg reinem Hormon täglich genügt, um einen Zuckerkranken am Leben zu erhalten. Rohmaterial zur Insulingewinnung stand genügend in den Bauchspeicheldrüsen der Schlachttiere zur Verfügung. Es dauerte vom Zeitpunkt der ersten Reindarstellung des Insulins bis zur Aufklärung seiner Eiweißstruktur noch 29 Jahre. Erst zu dieser Zeit war die Wissenschaft so weit fortgeschritten, daß man sich an die Strukturaufklärung eines so komplizierten Stoffes heranwagen konnte.

Der erste Schritt zur Strukturaufklärung besteht darin, daß man den Eiweißstoff in seine Aminosäuren zerlegt. Dies ist chemisch gesehen eine recht einfache Angelegenheit. Man kocht die Substanz längere Zeit in konzentrierter Salzsäure und erreicht dadurch eine Lösung der Bindung zwischen den Aminosäuren. Große Schwierigkeiten bereitete jedoch die Trennung der verschiedenen Aminosäuren aus dem Gemisch. Dies ist unbedingt erforderlich, da sonst eine Identifizierung der Bausteine unmöglich ist. E. Fischer, der als erster mit der systematischen Untersuchung des Aufbaus der Eiweißstoffe begann, veresterte das Aminosäuregemisch mit Methanol und Äthanol und trennte die Ester mit Hilfe der fraktionierten Destillation. Dieses Verfahren brachte allerdings sehr ungenaue Ergebnisse. Es mußte erst eine neue Technik erfunden werden, um eine klare Trennung der einzelnen Aminosäuren aus einem Gemisch zu ermöglichen. Diese Trennungsmethode spielt heute nicht nur in der Eiweißchemie eine bedeutende Rolle. Sie wird als Chromatographie bezeichnet und wird inzwischen in allen Bereichen der Chemie angewandt.

Mit dieser Methode war es nun möglich, auch sehr kleine Substanzmengen zu trennen und die einzelnen Aminosäuren zu bestimmen. Aber auch damit war nur ein ganz winziger Schritt zur Strukturaufklärung von Proteinen getan. Man wußte, welche Aminosäuren in einem bestimmten Eiweiß enthalten waren, und konnte auch noch etwas über das Mengenverhältnis der Aminosäuren im Molekül aussagen. Über den genauen Aufbau, d.h. wie die einzelnen Aminosäuren im Molekül aufeinanderfolgen, wußte man damit noch absolut nichts. Wir müssen uns hier noch einmal an die ungeheure Fülle der Kombinationsmöglichkeiten der Aminosäuren beim Aufbau eines Proteins erinnern.

Die Ermittlung der Sequenz (= Aufeinanderfolge) der Aminosäuren in einem größeren Molekül verdanken wir dem englischen Chemiker Frederick Sanger und seiner Arbeitsgruppe. Ihm gelang es, den genauen Aufbau der Aminosäuresequenz im Insulinmolekül zu ermitteln. Für diese großartige wissenschaftliche Leistung erhielt er 1958 den Nobelpreis. Er hatte herausgefunden, daß das Insulinmolekül aus zwei Eiweißketten besteht, von denen die erste (A-Kette) aus 21 und die zweite (B-Kette) aus 30 Aminosäuren aufgebaut ist. Beide Ketten sind über Schwefelatome miteinander verbunden. Sanger und seine Mitarbeiter hatten zur Sequenzbestimmung versucht, immer das jeweils letzte Aminosäuremolekül eines Proteins abzuspalten und zu identifizieren. Auf diese Weise sollte die Eiweißkette immer um einen Baustein verkleinert werden. Dies erwies sich in der Praxis bei einem so großen Molekül als nicht durchführbar, da immer wieder auch größere Stücke des Proteinmoleküls abgespalten wurden. Deshalb spaltete man mit Hilfe bestimmter Enzyme das Molekül in verschieden große Bruchstücke und ermittelte deren Aminosäuresequenz. Kennt man nun den Aufbau von einer großen Menge von Spaltstücken, so läßt sich wie bei einem Puzzlespiel der Gesamtaufbau des Eiweißmoleküls rekonstruieren. Für dieses »wissenschaftliche Puzzlespiel« brauchten Sanger und seine Mitarbeiter ganze zehn Jahre. Heute ist die genaue Sequenz vieler anderer wichtiger Eiweiße bekannt, die zum Teil viel größer und komplizierter sind.

Insulin aus der Retorte. Die Herstellung von Enzymen ist, wie wir bereits gehört haben, eine der wichtigsten Aufgaben der lebenden Zelle. Schon Emil Fischer war der Meinung, daß es möglich sein müßte, Eiweiße zu synthetisieren. Es mußte aber zuvor noch eine ungeheure Menge an Wissen zusammengetragen werden, bis man dazu fähig war. Bei der Synthese ist ebenso wie bei der Strukturaufklärung das Hauptproblem, die richtige Aminosäuresequenz zu erhalten. Zwei Aminosäuren zusammenzufügen ist, chemisch gesehen, kein allzu großes Problem. Schwieriger wird diese Aufgabe schon, wenn drei Aminosäuren miteinander verbunden werden sollen, da hier schon sechs Stoffe mit unterschiedlicher Aminosäurefolge möglich sind.

Schritt für Schritt tastete man sich zu immer größeren Aminosäuresträngen vor. 1954 gelang es dem amerikanischen Nobelpreisträger Vincent du Vigneaud ein aus acht Aminosäuren bestehendes Hormon, Oxytocin genannt, zu synthetisieren. Aber auch das war nur ein kleiner Schritt im Vergleich zum viel größeren Insulinmolekül. Es besteht zudem, was seine Synthese erheblich erschwert, noch aus zwei Ketten, die an ganz bestimmten Stellen miteinander verbunden sein müssen. Dies war lange Zeit die allergrößte Schwierigkeit. Den Schlüssel zu diesem Problem lieferte der Zufall. Man fand heraus, daß man günstigerweise zuerst beide Ketten getrennt voneinander aufbauen muß, die unter ganz bestimmten Bedingungen an den richtigen Stellen durch Schwefelbrücken verbunden werden.

Fast zur gleichen Zeit gelangten zwei Forschergruppen unabhängig voneinander zu gleichem Ergebnis: P. G. Katsoyannis an der Universität Pittsburgh und Helmut Zahn am Wollforschungsinstitut der TH Aachen. Das so entstandene Insulin hatte noch längst nicht eine ähnlich große Wirkung wie der natürliche Stoff, aber es zeigte doch immerhin auch im Tierversuch insulinähnliche Wirkung. Daß auch hochwirksames Insulin vollsynthetisch aufgebaut werden kann, bewies 1965 eine chinesische Forschergruppe an der Universität Peking. Sie konnte, wenn auch nur in ganz geringen Mengen, Insulinkristalle herstellen, die volle biologische Aktivität aufwiesen.

Pflanzen: der größte Chemiekonzern der Erde

Eine seltsame Beobachtung bereitet Herrn Priestley einiges Kopfzerbrechen. Im 18. Jahrhundert machte der Engländer Joseph Priestley eine seltsame Entdeckung. Er stellte eine Kerze in einen abgeschlossenen Behälter und sah, daß sie nach einiger Zeit erlosch. Auch eine Maus starb nach einiger Zeit in einem ebenfalls abgeschlossenen Behälter. Brachte man eine brennende Flamme in den Behälter, in dem die Maus gestorben war, so erlosch die Flamme sofort. Er schloß daraus: Maus und Flamme zerstören einen wichtigen Bestandteil der Luft. Wie aber war es möglich, daß es auf der Erde immer noch Tiere gab und immer noch Feuer brannte, wenn doch dauernd Luft zerstört wurde?

Diese Frage bereitete ihm einiges Kopfzerbrechen, bis er eine neue interessante Entdeckung machte. Er brachte, es war übrigens, wie aus seinen Notizen hervorgeht, genau am 17. August 1771, einen Minzezweig in Luft, in der eine Kerze erloschen war. Und siehe da, er gedieh prächtig weiter. Aber damit noch nicht genug! Als er zehn Tage später eine neue Wachskerze in den abgeschlossenen Raum brachte, brannte sie darin wieder. Seine Schlußfolgerung war ganz logisch: Die Pflanze hat die Fähigkeit, die verbrauchte Luft wieder in gute Luft umzuwandeln. Damit war auch das Problem für ihn gelöst, warum auf der Erde immer noch Tiere leben und Feuer brennen konnte. Was Tiere und Feuer in der Luft zerstörten, wurde von den Pflanzen wiederaufgebaut. Mehr oder weniger bewußt, hatte er zwei lebenswichtige Vorgänge miteinander in Verbindung gebracht: Die Atmung, bei der Sauerstoff verbraucht wird, und die Photosynthese, bei der Sauerstoff entsteht.

Alleinige Ernährungsgrundlage für tierisches (und auch unser) Leben ist das Vorhandensein von Pflanzen, die wiederum die Fähigkeit haben, aus den sehr einfachen chemischen Grundstoffen Wasser und Kohlendioxid mit Hilfe des Sonnenlichts einen hochwertigen Nährstoff zu produzieren: den Traubenzucker.

Licht, Luft und Wasser als Ernährungsgrundlage. Es ist ein geflügeltes Wort, daß man nicht von Luft leben kann. Wir würden sicher ausgelacht, wenn wir jemandem klarmachen wollten, er könne sich mit Wasser ernähren. Und daß Licht irgend etwas mit der Ernährung zu tun haben könnte, liegt noch viel weiter außerhalb unseres Erfahrungsbereiches. Trotzdem sind diese drei Faktoren für unser Leben die Ausgangsbasis. Alleinige Ernährungsgrundlage für tierisches Leben ist das Vorhandensein von Pflanzen, die wiederum die Fähigkeit haben, aus den sehr einfachen chemischen Grundstoffen Wasser und Kohlendioxid mit Hilfe des Sonnenlichtes einen hochwertigen Nährstoff zu produzieren: den Traubenzucker. Die Produktionszahlen muten für uns phantastisch an und stellen jeden Chemiekonzern weit in den Schatten. So produziert 1 ha Regenwald pro Jahr 59000 kg organische Substanz, ein Hektar Zuckerrohr bringt es sogar auf 87000 kg. Alle pflanzlichen Lebewesen verbrauchen nach neuesten Berechnungen etwa 500 Milliarden t Kohlenstoff, den sie dem Kohlendioxid der Luft entnehmen. Daraus entstehen etwa 2,3 Billionen t organische Substanz (eine Billion ist eine Zahl mit zwölf Nullen). Betrachtet man dagegen den Kohlenstoffverbrauch zur Gewinnung von technischer Energie und Wärme, dann erscheint uns dieser Betrag mit jährlich vier Milliarden fast lächerlich gering. So gesehen ist die Behauptung in unserer Über-

Die Produktionszahlen an organischer Substanz stellen jeden Chemiekonzern weit in den Schatten. Hier im Bild wird unter verschieden zusammengesetztem Licht die Photosyntheserate von Mais untersucht (siehe auch Seite 211).

schrift, daß die Pflanzen der größte Chemieproduzent der Erde seien, nicht nur ein billiger Aufreißer. Sie läßt sich sogar durch Produktionszahlen belegen.

Um Näheres über diese großartigen chemischen Leistungen des pflanzlichen Organismus zu erfahren, müssen wir wieder die kleinsten Bereiche der Lebewesen, nämlich die Zellen, betrachten. Jede einzelne Zelle, vorausgesetzt, daß sie über grünen Blattfarbstoff verfügt, ist im Grunde genommen eine winzige »Zuckerfabrik«. In jeder von ihnen läuft die wohl biologisch wichtigste chemische Reaktion ab: der Aufbau von Traubenzucker. Die Ausgangsstoffe für die Photosynthese, wie dieser Vorgang genannt wird, werden der Umwelt entnommen. Wasser steht an den meisten Orten der Erde ausreichend zur Verfügung. Wo dies nicht der Fall ist, existiert erfahrungsgemäß auch kein pflanzliches Leben. Höhere Pflanzen nehmen das Wasser meist mit Hilfe der Wurzeln auf und leiten es in besonderen Gefäßen bis zu den Zellen. Das Kohlendioxid stammt aus der Luft, die diesen für die Pflanzen so außerordentlich wichtigen Stoff nur in einem Prozentsatz von 0,03% enthält. Dadurch ist die Luftmenge, aus der die Pflanze das CO_2 entnimmt, sehr groß. Eine mittelgroße Sonnenblume verbraucht stündlich etwa 1/4 g reinen Kohlenstoff. Das entspricht dem Kohlendioxidgehalt von 1350 l Luft.

Zur Methode der Photosyntheseforschung. Die Photosyntheseforschung arbeitet seit etwa 1920 vorwiegend mit Wasserpflanzen. Als besonders günstiges Objekt hat sich die einzellige Alge Chlorella erwiesen, da sie sehr anspruchslos ist. Man hält sie in einfachen Glasgefäßen und läßt dauernd CO_2reiche Luft durch Wasser perlen, dem auch Nährsalze zugesetzt werden. Da diese Grünalgen besonders unempfindlich sind, kann man im Experiment diese Außenfaktoren beliebig variieren. Das radioaktive Isotop ^{14}C wird in Form von Bikarbonat zugeführt, das in CO_2 und Wasser zerfällt. Will man feststellen, in welcher organischen Substanz sich das markierte Isotop gerade befindet, so gießt man die Chlorella-Kultur in siedenden Alkohol ein. Auf diese Weise werden die Zellen abgetötet. Der Zellextrakt wird der Papierchromatographie unterworfen und so in seine Bestandteile zerlegt. Von diesem Papierchromatogramm läßt sich sehr leicht ein Autoradiogramm herstellen, das zur Identifizierung der einzelnen Verbindungen herangezogen werden kann, die bei der Photosynthese gebildet werden.

Sonnenlicht als Energiespender. Die Abhängigkeit der Photosynthese vom Licht läßt sich durch einen ganz einfachen Versuch beweisen. Man bringt eine Wasserpflanze unter ein umgestülptes, bis oben mit Wasser gefülltes Glas. Nach einiger Zeit kann man beobachten, daß bei ausreichender Beleuchtung kleine »Luftbläschen« von der Pflanze aufsteigen und sich oben im Glas absetzen. Hat sich genügend von diesem Gas angesammelt, dann kann man nachweisen, daß reiner Sauerstoff gebildet wurde. Er ist ein »Abfallprodukt« der Photosynthese. Bringt man die gleiche Versuchsanordnung jedoch in einen abgedunkelten Raum, dann wird auch nach Tagen kein Sauerstoff gebildet. Wir dürfen aus dem Versuch schließen, daß es einen direkten Zusammenhang zwischen den Vorgän-

Kurze Zusammenfassung der wichtigsten Vorgänge bei der Photosynthese

A. **Lichtreaktionen:**
1. Aufbau von ATP aus ADP mit Hilfe von Chlorophyll und Sonnenlicht.
2. Spaltung des Wassermoleküls in aktiven Wasserstoff und Sauerstoff, der die Pflanze verläßt.
3. Aufnahme des Wasserstoffs durch das Coenzym NADP.

B. **Dunkelreaktionen:**
1. Übertragung des Wasserstoffs auf die Zwischenprodukte der Photosynthese durch NADP, das erneut in der Lichtreaktion mit Wasserstoff beladen wird.
2. Die zum Aufbau von Traubenzucker nötige Energie wird durch den Abbau von ATP zu ADP gewonnen.
3. Aufbau von Traubenzucker im Calvinzyklus aus CO_2 und Wasserstoff.

gen der Photosynthese und dem Licht gibt. Die Erklärung der Zusammenhänge scheint auf den ersten Blick recht einfach. Da aus den energieärmeren Substanzen Wasser und Kohlendioxid der energiereichere Traubenzucker entsteht, ist für seinen Aufbau Energie nötig. Sie wird vom Sonnenlicht geliefert, das ja überall auf der Erde zu bestimmten Zeiten erreichbar ist. Die Auswirkungen, welche jahreszeitliche Schwankungen in der Sonnenlichtenergiezufuhr auf die Vegetation haben, ist jedem bekannt.

Schwieriger ist das Problem, wie die Pflanze befähigt ist, Sonnenlicht aufzunehmen und in Form von chemischer Energie zu speichern. Es läßt sich leicht beweisen, daß bestimmte Teile der Pflanzenzellen, die Chloroplasten, dabei eine Schlüsselstellung einnehmen. Sie sind die Träger des grünen Blattfarbstoffes, Chlorophyll genannt. Nur grüne Pflanzenteile sind, wie man feststellen mußte, zur Photosynthese befähigt. Was hat es nun mit diesem besonderen Farbstoff auf sich? Mit Hilfe der bereits erwähnten Papierchromatographie (siehe Kästchen Seite 210) können die pflanzlichen Farbstoffe in mehrere Komponenten zerlegt werden. Die wichtigste ist das Chlorophyll. Es ist chemisch gesehen ein ziemlich kompliziert gebautes Molekül, das dem des roten Blutfarbstoffes sehr ähnlich ist.

Eine Lösung von Chlorophyll erscheint im durchfallenden Licht grün, in dicker Schicht dagegen rot. Mehrere gegen starkes Licht gehaltene Blätter erscheinen übrigens auch rot. Der Grund hierfür liegt in der verschieden starken Absorption der Farbanteile des Lichtes. Man kann nachweisen, daß durch das Chlorophyll am stärksten die Blau- und hellen Rotbereiche aus weißem Licht herausgefiltert werden. Das erklärt die oben beschriebene Erscheinung, daß aufeinandergelegte Blätter in durchscheinendem Licht dunkelrot erscheinen. Im Grünbereich ist die Absorption relativ gering, während das langwellige rote Licht vollständig durchgelassen wird. Wichtig für die Photosynthese sind aber die Wellenlängen des Lichts, die absorbiert werden. Sie lösen komplizierte photochemische Reaktionen im Chlorophyll aus, die im einzelnen noch nicht geklärt sind. Man weiß aber, daß durch die Absorption des Lichts das Chlorophyll in einen angeregten energiereichen Zustand übergeht. Dieser angeregte Zustand ist nicht stabil, und das Molekül kehrt

Die Chloroplasten, die Träger des grünen Blattfarbstoffes Chlorophyll, sind die Bestandteile der Pflanzenzelle, die Sonnenlicht in Form von chemischer Energie speichern können.

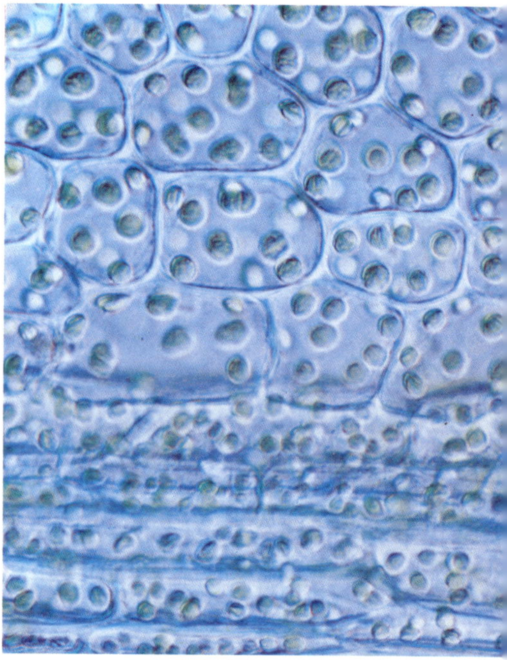

innerhalb einer millionstel Sekunde wieder in seinen Ausgangszustand zurück. In dieser kurzen Zeit muß die vom Licht aufgenommene Energie in chemische Bindungen übergeführt werden.

Lange Zeit wußte man nicht, auf welche Weise die Lichtenergie in chemische Energie übergeführt werden kann. 1954 gelang es X. Arnon, Chloroplasten aus der lebenden Zelle zu isolieren und sie im zellfreien System reaktionsfähig zu halten. Er stellte dabei fest, daß sie auch außerhalb der Zelle noch befähigt waren, aus einem energieärmeren Stoff, dem ADP (Adenosindiphosphat), einen energiereicheren, das ATP (Adenosintriphosphat), zu bilden. Beide Stoffe spielen im Stoffwechsel eine äußerst wichtige Rolle, die an anderer Stelle besprochen werden soll. (Siehe S. 228) Von dieser experimentellen Tatsache ausgehend, entwickelte Arnon eine Modellvorstellung: Die durch die Lichtabsorption angeregten Farbstoffmoleküle können Elektronen abgeben. Diese energiereichen Elektronen werden nacheinander auf eine Kette von Trägersubstanzen übertragen und geben dabei ihre Energie ab. Ein Teil dieser frei werdenden Energie dient zum Aufbau des ATP. Die auf ihr ursprüngliches Energieniveau zurückgekehrten Elektronen füllen dann wieder die Lücke im Chlorophyll aus, die bei ihrer Abspaltung entstanden war.

Mit dieser Hypothese wurde zum erstenmal eine durch das Experiment gestützte Vorstellung über das Einfangen von Licht im Photosyntheseprozeß gewonnen. Es war

Der Einfluß des Lichtes auf das Leben der Pflanzen zeigt sich besonders deutlich bei der Kompaßdistel. Zu starker Sonnenstrahlung entgeht sie dadurch, daß sie die Blätter vertikal aufrichtet und in Nord-Süd-Richtung dreht, so daß nur die Blattkanten von der starken Strahlung der Mittagssonne getroffen werden.

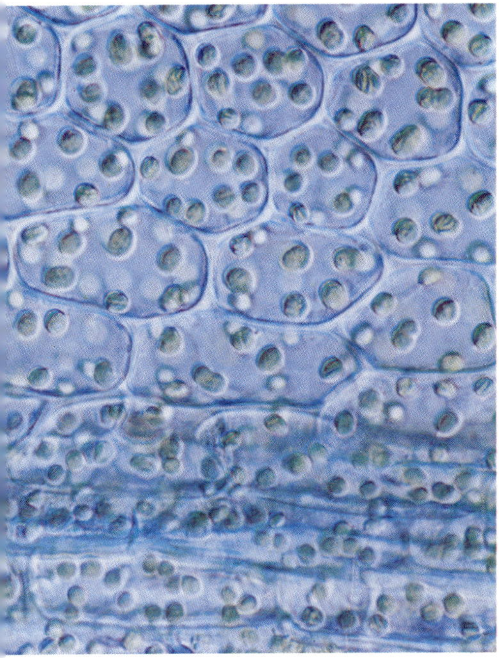

jedoch damit noch nicht geklärt, wie das Wasser gespalten wird, so daß freier Sauerstoff, der dabei entsteht, auf den Kohlenstoff übertragen wird, damit letzten Endes Traubenzucker gebildet werden kann. Auch hierzu fand Arnon eine Erklärung (siehe Graphik S. 217).

Es war schon länger bekannt, daß ein bestimmtes Enzym, das abgekürzt als NADP bezeichnet wird, im Assimilationsgeschehen der Pflanze eine wichtige Rolle spielt. Es kann, wie Versuche beweisen, den frei werdenden Wasserstoff aufnehmen und auf das Kohlendioxid übertragen. Auf welche Weise aber das Wasser selbst gespalten wird, ist ein Vorgang, von dem man bis jetzt trotz intensiver Forschung noch keine genauen Vorstellungen hat.

Radioaktiver Kohlenstoff hilft weiter. Obwohl schon Liebig 1843 die Theorie aufgestellt hatte, daß durch Reduktion von Kohlensäure über »Pflanzensäure« Zucker entstehe, blieb die Frage, wie aus CO_2 Traubenzucker aufgebaut wird, lange Zeit offen. Unbestritten war die Gesamtgleichung der Photosynthese, die schon im ersten Kapitel des Buches erwähnt wurde:

$$6\,CO_2 + 12\,H_2O \xrightarrow{\text{Licht}} C_6H_{12} + 6\,O_2 + 6\,H_2O$$

Schon 1905 war die Vermutung aufgetaucht, daß bei der Photosynthese Reaktionen stattfinden, die allein mit Hilfe des Lichtes möglich sind. Man vermutete jedoch bereits auch andere, lichtunabhängige Reaktionen.

Dies wurde erst 35 Jahre später bestätigt. Man konnte eindeutig nachweisen, daß

Vitamine. Der Vitaminbegriff hat sich im Laufe der Wissenschaftsgeschichte stark gewandelt. Anfangs glaubte man, es gäbe nur ein Vitamin, einen Stoff, »der für Wachstum und Erhaltung des Körpers dringend erforderlich ist«. Man mußte aber inzwischen feststellen, daß es eine ganze Reihe verschiedener Vitamine gibt, die chemisch gesehen nicht in eine Stoffklasse gehören. Gemeinsam ist ihnen aber allen, daß sie für den Stoffwechselablauf des Körpers unentbehrlich sind. Ihre Wirksamkeit beruht darauf, daß sie entweder als Coenzyme bestimmte biochemische Reaktionen katalysieren oder an bestimmten Stellen unmittelbar in die Stoffwechselvorgänge eingreifen. Einige Vitamine kommen in der Natur nur als Vorstufen vor und werden erst vom Organismus selbst aufgebaut. Das Fehlen von Vitaminen führt zu sogenannten Vitaminmangelkrankheiten, den Avitaminosen (Rachitis wird z.B. durch das Fehlen des Vitamins D hervorgerufen).

Die Pflanzen und viele primitive tierische Organismen sind in der Lage, Vitamine aus einfachsten Bestandteilen aufzubauen. Bei höheren Organismen müssen sie mit der Nahrung von außen zugeführt werden. Der tägliche Bedarf an Vitaminen liegt für den Menschen insgesamt unter 10 mg. Eine Ausnahme macht das Vitamin C, von dem täglich allein etwa 75 mg gebraucht werden.

Man teilt die Vitamine in »fettlösliche« und »wasserlösliche« ein. Diese Klassifizierung nach einer auf den ersten Blick recht äußerlich erscheinenden Eigenschaft ist trotzdem von großer Bedeutung. Sie gibt einen Hinweis darauf, in welcher Art Nahrung bestimmte Vitamine in hoher Konzentration anzutreffen sind. So ist das fettlösliche Vitamin A in Milch und Butter enthalten.

Kohlendioxid sowohl bei Licht als auch bei Dunkelheit zu organischen Verbindungen umgewandelt wird. Es zeigte sich jedoch, daß Pflanzen, die länger als drei Stunden in der Dunkelheit gehalten wurden, zum Aufbau von Traubenzucker nicht mehr befähigt waren. Man zog daraus den Schluß, daß Lichtenergie in irgendeiner Form in der Zelle gespeichert werden kann und zur Assimilation herangezogen wird. Das Energiereservoir erschöpft sich sehr schnell, wenn kein Nachschub erfolgt.

Nach allem, was wir bisher über die Rolle des Lichts gehört haben, können wir das Rätsel um den geheimnisvollen Energiespeicher lösen. Er ist das mit Hilfe von Lichtenergie gebildete ATP, das unter Abgabe von chemischer Energie wieder zu ADP zerfällt. Die frei werdende Energie dient zum Aufbau von Traubenzucker.

Damit ist zwar geklärt, wo die Energie für die Reaktion herstammt, aber die Frage, wie und über welche Zwischenstufen der Traubenzucker gebildet wird, bleibt noch offen. Der Forschung kam eine Entdeckung zu Hilfe. Und nur wenige Entdeckungen hatten einen ähnlich fundamentalen Einfluß auf viele Zweige der Naturforschung. Es war die Entdeckung des langlebigen radioaktiven Kohlenstoff-Isotops C 14.

Mit Hilfe von C_{14} war es zum erstenmal möglich, den Weg des Kohlenstoffs vom Kohlendioxid über viele Zwischenverbindungen bis hin zum fertigen Traubenzuckermolekül zu verfolgen. Das Kohlenstoffisotop reagiert chemisch genau wie der normale Kohlenstoff. Man kann aus ihm radioaktives Kohlendioxid herstellen, das wie das normale Kohlendioxid an der Photosynthese teilnimmt. Anfangs hatte man

Nach neuesten Berechnungen verbrauchen alle pflanzlichen Lebewesen der Erde jährlich etwa 500 Milliarden Tonnen Kohlenstoff. Es entstehen daraus etwa 2,3 Billionen Tonnen organische Substanz. Dagegen beträgt der jährliche Umsatz an Kohlenstoff zur Gewinnung von technischer Energie und zur Herstellung chemischer Produkte nur etwa 4 Milliarden Tonnen.

500 Milliarden Tonnen

4 Milliarden Tonnen

große Schwierigkeiten, Zwischenprodukte bei der Photosynthese zu isolieren. Es gelang den Amerikanern Calvin und Benson, aus mit radioaktivem Kohlendioxid behandelten Pflanzen einen Stoff zu isolieren, der die stärkste Radioaktivität aufwies und der als Zwischenprodukt der Photosynthese in Frage kam. Eine genaue Analyse ergab, daß es sich dabei um Phosphorglycerinsäure handelte. Die Identifizierung weiterer radioaktiver Substanzen schien jedoch aufgrund der äußerst geringen Mengen an Zwischenprodukten, die man zur Verfügung hatte, unmöglich. Zur selben Zeit, 1948, wurden jedoch die ersten Arbeiten bekannt, in denen die Trennung von Aminosäuregemischen mit der Methode der Papierchromatographie beschrieben wurde. Benson und Calvin erkannten sofort den Wert dieser neuartigen Methode für ihre Arbeit. Mit ihrer Hilfe war es möglich, auch die geringsten Mengen an Zwischenprodukten zu isolieren. Die beiden Forscher wandten eine verfeinerte chromatographische Methode, die Autoradiographie, an.

Hierbei werden die Substanzflecken sichtbar gemacht, indem man das Chromatogramm auf einen Röntgenfilm legt. Die Schwärzungen des Films geben dann die Orte der Stoffe an, die das radioaktive C-14-Isotop enthalten. Diese Stoffe kann man dann aus dem Papier herauslösen und chemisch analysieren. Mit Hilfe von Autoradiogrammen können schon nach einer Minute Assimilationstätigkeit in zahlreichen Verbindungen markierte Kohlenstoffatome nachgewiesen werden. In über zehnjähriger Arbeit gelang es Calvin und seiner Arbeits-

Mit der Chromatographie, einer der wichtigsten chemischen Trennungsmethoden, ist es möglich, kleinste Substanzgemische in ihre Einzelbestandteile zu zerlegen (siehe Seite 215).

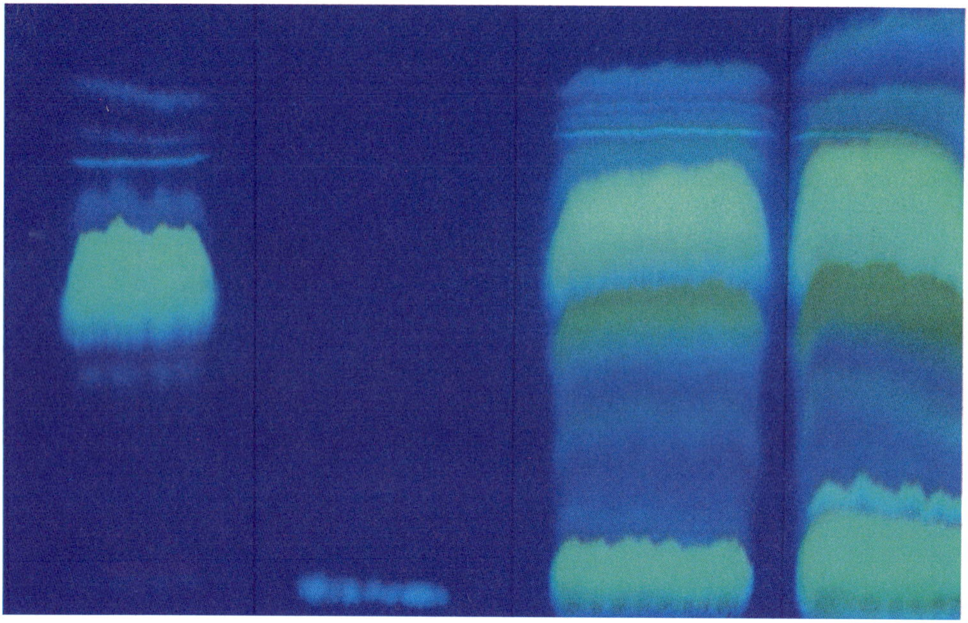

gruppe, sämtliche Folgeprodukte der CO_2-Assimilation zu identifizieren. Melvin Calvin erhielt für diese großartige Leistung 1961 den Nobelpreis.

Die Naturwissenschaft war der Beantwortung einer jahrhundertealten Frage sehr nahe gekommen. Trotzdem sind Kritik und zum Teil auch Selbstkritik an der Calvinschen Erklärung des Traubenzuckeraufbaues nicht verstummt. Einer der Hauptkritiker war Professor Warburg, dessen Befunde darauf schließen lassen, daß bei der Kohlendioxid-Fixierung auch ein Lichtmechanismus eine Rolle spielen könnte. Sollte sich auch diese Hypothese als richtig erweisen, so wäre dies nicht das erste Beispiel dafür, daß die lebende Zelle die Fähigkeit zeigt, auf verschiedenen Wegen zum gleichen Ergebnis zu kommen.

Ohne die Fähigkeit der Pflanze, mit Hilfe von Chlorophyll aus Wasser und Kohlendioxid Traubenzucker zu produzieren, wäre auf der Erde kein Leben möglich. So ist die Photosynthese eigentlich der wichtigste biochemische Prozeß, der auf unserem Planeten abläuft. Hier in der Grafik wird er vereinfacht dargestellt. Die Ausgangsstoffe entnimmt die Pflanze dem Boden (Wasser) und der Luft (CO_2). Die für die Reaktion erforderliche Energie liefert das Sonnenlicht. Die Reaktion läuft in den grünen Zellen der Blätter ab. Die Photosynthese ist unterteilt in eine Licht- und eine Dunkelreaktion. Bei der Lichtreaktion wird aus ADP (siehe Seite 211) ATP aufgebaut und das Wasser in Sauerstoff und Wasserstoff gespalten. In der Dunkelreaktion wird die für den Aufbau des Traubenzuckers erforderliche Energie durch den Abbau von ATP zu ADP bereitgestellt.

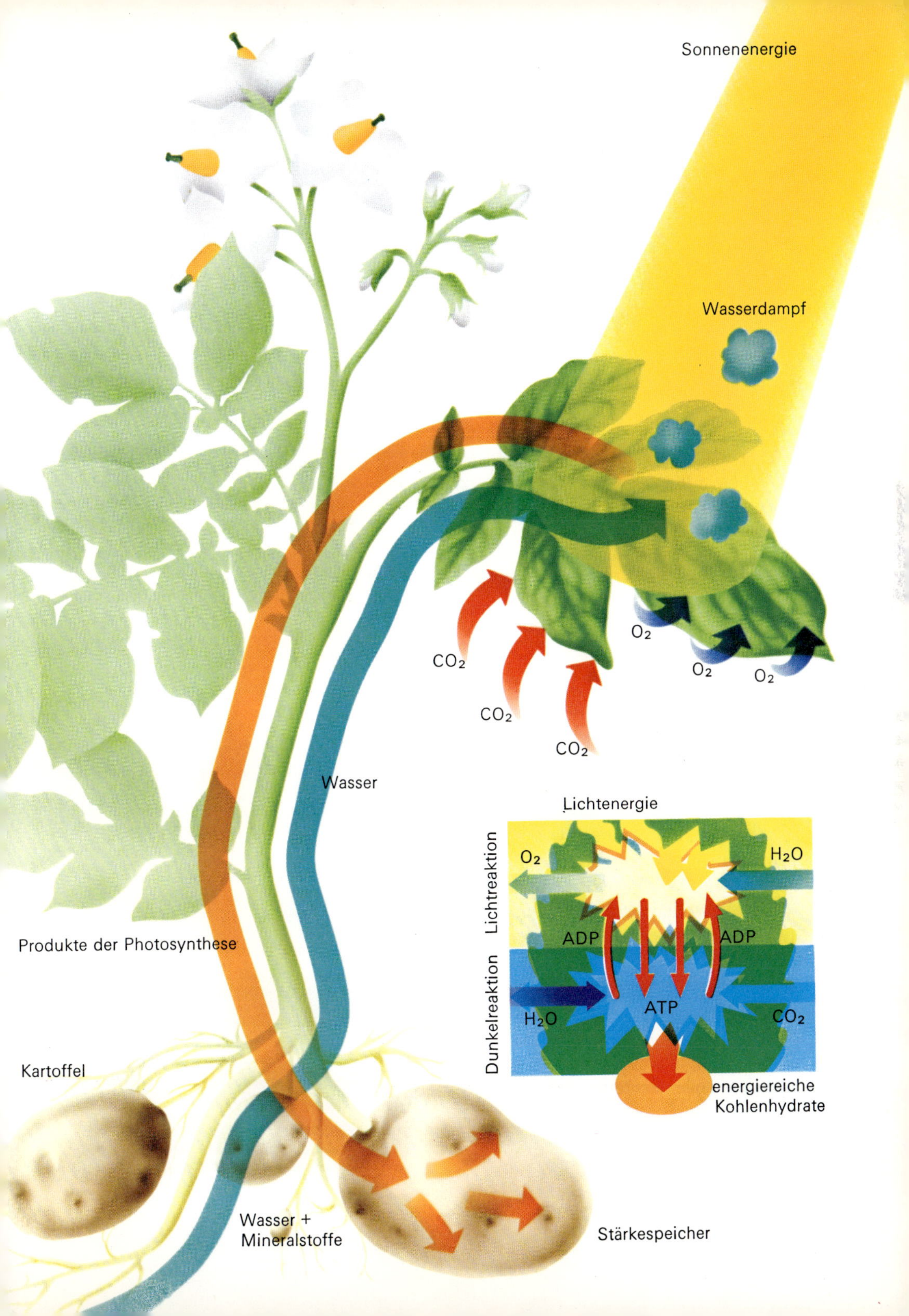
Sonnenenergie
Wasserdampf
O_2
O_2
O_2
CO_2
CO_2
CO_2
Wasser
Lichtenergie
Lichtreaktion
O_2
H_2O
ADP
ADP
Dunkelreaktion
H_2O
ATP
CO_2
energiereiche
Kohlenhydrate
Produkte der Photosynthese
Kartoffel
Wasser +
Mineralstoffe
Stärkespeicher

Chemie in der Zelle – Chemie im Labor. Ohne Pflanzen wäre tierisches und damit auch menschliches Leben unmöglich. Tiere und Pflanzen unterscheiden sich grundlegend in der Art und Weise, wie sie ihre organische Substanz aufbauen. Pflanzen können ihre organische Substanz auf dem Wege der Photosynthese aus anorganischen Stoffen erzeugen. Es gibt keine einzige Tierart, die zu ähnlichen Leistungen in der Lage wäre. Alle Tiere sind daher zum Aufbau ihrer Körpersubstanz auf Zufuhr organischer Stoffe von außen angewiesen, die letzten Endes immer von Pflanzen stammen. Grundsätzlich kommen für die tierische Ernährung nur kohlenstoffhaltige Stoffe in Betracht. Von der breiten Palette dieser Stoffe kann der Körper jedoch nur ganz wenige nutzen.

Die chemische Tätigkeit der Zelle unterscheidet sich weitgehend von den in der Technik gebräuchlichen chemischen Verfahren. Sie stellt ein hochkompliziertes chemisches System dar. Während der Techniker jeden brennbaren Stoff zur Energieerzeugung verwenden kann, trifft der menschliche Organismus – der sich im Prinzip in keiner Weise vom tierischen unterscheidet – eine sehr genaue Auswahl bei den Stoffen, die zur Energieerzeugung und zum Aufbau körpereigener Substanz herangezogen werden. Von der chemischen Struktur her betrachtet, lassen sich die Nahrungsstoffe des Menschen in drei Substanzgruppen einteilen: die Kohlenhydrate, zu denen beispielsweise der Traubenzucker gehört, die Eiweiße oder Proteine, über deren Aufbau wir schon einiges erfahren haben, und die Fette, die bei weitem energiereichsten Reservestoffe der Lebewesen.

Zu große Zufuhr von Nahrungsmitteln führt im allgemeinen zu Übergewicht. Der Körper baut die überschüssigen Kohlenhydrate in Reservefette um (siehe Seite 222).

Der Beitrag der Chemie zur menschlichen Ernährung. Schon am Anfang dieses Buches wurde darauf hingewiesen, daß die Ernährung des Raumfahrers durch Energiepillen ein Phantasieprodukt von Science-fiction-Autoren ist, da der menschliche Körper eben eine ganz bestimmte Menge der schon erwähnten Grundnährstoffe braucht. Und wer möchte schon täglich etwa tausend Tabletten schlucken – diese Energiezufuhr wäre ungefähr nötig –, wenn er seinen täglichen Nahrungsmittelbedarf auch auf herkömmliche Weise dekken und zudem noch den Spaß am guten Essen und Trinken genießen kann? Es wird also in erster Linie nicht die Aufgabe des Chemikers sein, künstliche Nährstoffe herzustellen, sondern er muß versuchen, die herkömmliche Nahrungsmittelerzeugung zu verbessern. Einen ganz wesentlichen

Beitrag hierzu hat die Chemie allein schon durch Düngemittelproduktion geliefert. Man kann mit Sicherheit behaupten, daß ohne die Verwendung von Kunstdüngern heute alle Menschen hungern müßten. Schätzungen zufolge konnte die Nahrungsmittelproduktion in hochentwickelten Ländern um das Drei- bis Vierfache gesteigert werden. Dies zeigt, welche Nahrungsmittelreserven noch freigesetzt werden könnten, wenn auch in den Entwicklungsländern ausreichend Düngemittel zur Verfügung ständen. Eine weitere Möglichkeit zur Steigerung der landwirtschaftlichen Produktion besteht in der Anwendung von Pflanzenschutz- und Schädlingsbekämpfungsmitteln. Darüber soll an anderer Stelle noch ausführlich berichtet werden (ab Seite 271). Auch bei der Bodenverbesserung wird die Chemie einen Beitrag leisten können. So wurde bereits bei einigen Untersuchungen bewiesen, daß man mit Hilfe von Kunststoffdispersionen die Wasseraufnahmefähigkeit des Bodens wesentlich verbessern kann.

Problematischer ist die Herstellung vollsynthetischer Nahrungsmittel, die geschmacklich so hergerichtet werden müßten, daß auch sie einen Anreiz zum Verzehr bieten. Es besteht eigentlich nur bei den Fetten eine geringe Chance, sie aus synthetisch gewonnenen Fettsäuren und Glycerin herzustellen. Bei ihnen handelt es sich bekanntlich um relativ einfache chemische Substanzen. Aber schon die Kohlenhydrate sind so kompliziert aufgebaut, daß es in absehbarer Zeit unmöglich sein wird, sie in größeren Mengen zu erträglichen Preisen herzustellen. Zudem steht mit den Pflanzen ein ungeheures Reservoir an Kohlenhydra-

Unter **Kohlenhydraten** versteht man eine Stoffgruppe, deren Moleküle meist aus einer unverzweigten Kohlenstoffkette bestehen, die neben OH-Gruppen auch Aldehyd- oder Ketogruppen enthalten. Man faßte sie früher als Hydrate des Kohlenstoffs auf. Ihre Summenformel läßt sich allgemein auf folgende Weise wiedergeben: $(CH_2O)_n$. Der bekannteste Vertreter der Kohlenhydrate ist der Traubenzucker. Zusammen mit dem Molekül Fruchtzucker bildet ein Molekül Traubenzucker den bekanntesten Doppelzucker, den Rohrzucker. In der Stärke sind mehrere hundert bis tausend Traubenzuckermoleküle zu Kettenmolekülen mehr oder weniger verzweigt miteinander verbunden. Glykogen, die sogenannte tierische Stärke, besteht ebenfalls aus Glukosebausteinen. Die Cellulose, der wichtigste pflanzliche Grünstoff, ist in großer Menge in Pflanzenfasern und Holz enthalten. Sie ist ebenfalls ein Makromolekül, dessen Grundbaustein der Traubenzucker darstellt. Sie ist gegen biochemischen Abbau auffallend resistent. Die großen Unterschiede zwischen Cellulose und Stärke beruhen auf einer verschiedenartigen Verknüpfung der Glucoseringe untereinander.
Eiweiße oder Proteine sind aus verschiedenen Aminosäuren aufgebaute Makromoleküle. Die Bindung zwischen den Aminosäuremolekülen erfolgt durch die sogenannte Peptidbindung.
Fette besitzen von allen Nahrungsstoffen die einfachste Struktur. Sie bestehen aus Estern der Fettsäuren und sind die energiereichsten Reservestoffe im Tier- und Pflanzenreich. Ein Teil der Aminosäuren kann von einem tierischen oder menschlichen Organismus selbst aufgebaut werden, die anderen müssen mit der Nahrung zugeführt werden.

Unsere Nahrung dient der Energiegewinnung und dem Aufbau von Körpersubstanz. Sie muß im Darm in lösliche Bestandteile zerlegt werden, weil nur so das Blut sie zu den Zellen transportieren kann, wo sie verarbeitet wird. Über die Lungen wird Sauerstoff aufgenommen. Die Abfallprodukte des Stoffwechsels werden über die Lunge oder die Nieren ausgeschieden.

ten zur Verfügung, die allerdings teilweise noch auf chemischem Weg nutzbar gemacht werden müßten. Es zeichnen sich bereits Möglichkeiten ab, daß es noch günstiger sein könnte, Cellulose z. B. mit Hilfe von Mikroben auf biologischem Wege für die menschliche Ernährung nutzbar zu machen.

Die Möglichkeiten zur Synthese von Eiweißstoffen sind äußerst begrenzt. Es wird in absehbarer Zeit sicher nicht möglich sein, auf rein chemischem Wege Proteine in ausreichender Menge und zu erträglichen Preisen anzubieten. Aber auch hier sollten biologische Verfahren, wie die Proteingewinnung aus Erdöl (siehe Seite 66), mehr Chancen haben.

Im Moment und wohl auch in Zukunft wird die Lebensmittelchemie ihre Hauptaufgabe in der Veredlung und Haltbarmachung haben.

Welche Rolle die Chemie bei der Veredlung von Nahrungsmitteln spielt, soll am Beispiel des Zuckers kurz erläutert werden.

Zum Süßen von Speisen verwendeten unsere Vorfahren in Europa nur Bienenhonig. Die Bewohner der tropischen Länder dagegen hatten bereits einen Süßstoff mit

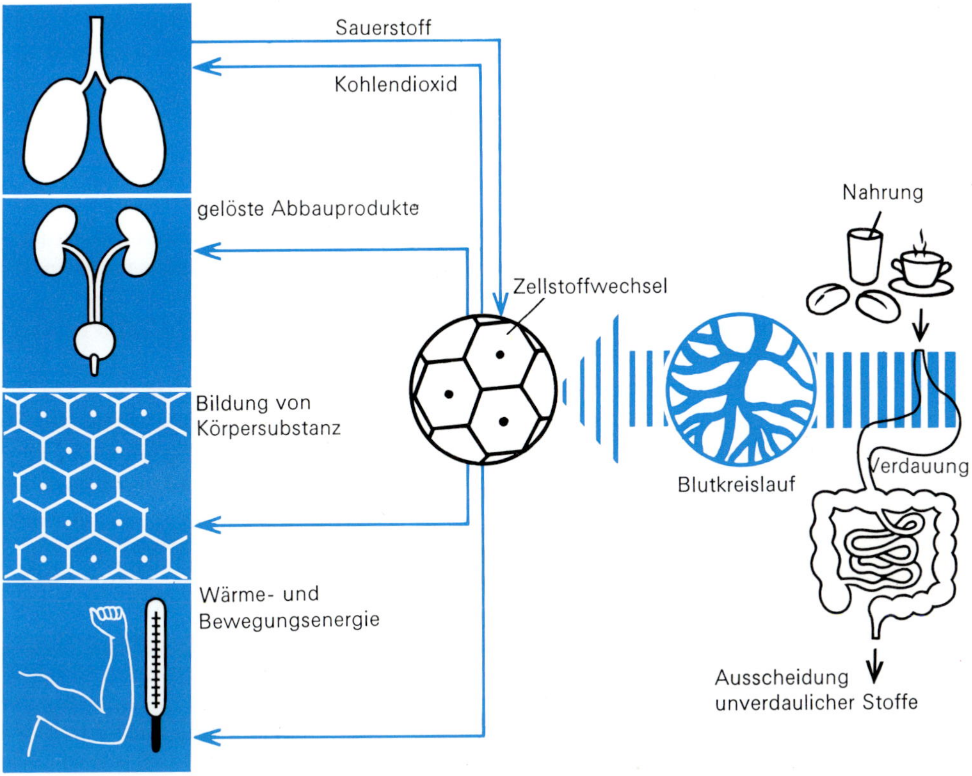

weniger Eigenaroma zur Verfügung: den Saft des Zuckerrohrs. Obwohl es den Indern schon im 17. Jahrhundert gelungen war, den Saft des Zuckerrohrs bis zum kristallinen Zucker weiterzuverarbeiten, blieb dieser Süßstoff in Europa immer noch unerschwinglich teuer. Zu weit war der Seeweg, auf dem er eingeführt werden mußte. Ein Wendepunkt in der Zuckerversorgung war 1747 die Entdeckung des deutschen Chemikers Markgraf. Er entdeckte, daß auch die Runkelrübe 4–5% Zucker enthält, der mit dem Rohrzucker identisch ist. Von dieser Entdeckung bis zur Zuckerbereitung aus der Rübe war es jedoch noch ein weiter Weg. Der erste Rübenzucker war noch braun und hatte eine Menge von unangenehmen Begleitstoffen, die ihm einen leicht bitteren Geschmack verliehen. Bis es zur Herstellung von geschmackfreiem, weißem, kristallinem Rübenzucker kam, mußte die Chemie noch einige Male helfend eingreifen. So erwies es sich als günstig, die Rüben nicht vollständig zu zerkleinern, da dadurch auch die störenden Proteine frei wurden. Zerkleinerte man die Rüben jedoch nur zu Schnitzeln, so blieben diese Stoffe in den Zellen zurück und man konnte den Zucker trotzdem restlos herauslösen. Aber auch in dieser Lösung waren noch Fremdstoffe, die mit Hilfe von gelöschtem Kalk ausgefällt werden können. Die gefällten Stoffe lassen sich ohne Schwierigkeit durch Einleitung von Kohlendioxid, das zur Bildung von Calciumcarbonat führt, abscheiden. Die endgültige Reinigung des Zuckers (Raffinierung) erfolgt auch wieder auf chemischem Wege. Zucker bildet mit Strontiumhydroxid, einem dem gelöschten Kalk ähnlichen Stoff, eine schwer lösliche Verbindung, die in der Zuckerlösung ausfällt. Dabei bleiben alle Fremdstoffe in der Lösung zurück und können entfernt werden. Die unlösliche Zucker-Strontium-Verbindung wird dann mit frischem Wasser aufgeschlämmt. Durch Einleiten von Kohlendioxid zerfällt diese Verbindung wieder. Es entsteht Strontiumcarbonat, das wasserunlöslich ist. Der Zucker geht wieder in Lösung und kann durch Eindampfen der Lösung in kristalliner Form erhalten werden. Rohrzucker und Rübenzucker sind so zu völlig gleichwertigen und vom Laien nicht mehr unterscheidbaren Produkten geworden.

Die Reihe der durch chemische Kunstgriffe veredelten Nahrungsmittel ließe sich noch beliebig fortsetzen. Erwähnt werden soll noch die Margarine, die in unserem Nahrungsmittelangebot inzwischen zur Selbstverständlichkeit geworden ist.

Bei der Verdauung werden Nahrungsmoleküle zerlegt. Der Körper kann die aufgenommene Nahrung erst dann verwerten, wenn sie in eine lösliche Form gebracht ist und so durch die Zellwand in das Zellplasma gelangen kann. Nun ist aber die Hauptmenge der Nahrung entweder in Wasser unlöslich, wie die Fette und die meisten Kohlenhydrate, oder sie besteht wie die Eiweiße aus großen Molekülen, die nicht durch Zellwände hindurchtreten können.

Zudem hat jede Art von Lebewesen ihre arteigene Körpersubstanz, so daß die Nährstoffe, wenn sie direkt ins Blut übertreten würden, dem Körper gegenüber als Fremdstoffe wirken. Aus diesen Gründen ist der eigentlichen Nahrungsaufnahme durch den Körper die Verdauung vorgeschaltet.

Ohne Enzyme gibt es im Organismus keinen einzigen Lebensvorgang. Ein Enzym wird nur dann wirksam, wenn es mit einem geeigneten Substrat zusammentrifft. Ist das der Fall, so verbindet es sich kurzfristig mit ihm. Dabei erfolgt entweder die Trennung des Substrats oder die Zusammenlagerung von Ausgangsstoffen.

Strenggenommen gehört der Verdauungstrakt nicht in den Bereich des eigentlichen Organismus. Er stellt sozusagen die »innere Außenwelt« des Tieres dar. Im Verdauungsapparat baut der Körper verwertbare Nährstoffe so weit ab, daß sie von der Darmwand resorbiert werden und schließlich ins Blut gelangen können.

Es bereitet dem Chemiker im Labor keinerlei Schwierigkeiten, Substanzen, wie Stärke oder Eiweißstoffe, zu zerlegen. Schon ein kurzes Kochen mit Säuren führt bei der Stärke, die eine lange Kette von Traubenzuckermolekülen darstellt, zur Lösung von chemischen Bindungen und bewirkt ein Aufspalten in einzelne Traubenzuckermoleküle. Ähnlich ist es bei den Eiweißen. Auch sie lassen sich in der Hitze und in saurer Lösung durch längeres Kochen in Bruchstücke aufspalten. Fette können, wie bei der Seifenherstellung bereits beschrieben, durch Kochen in Alkalilaugen in ihre Bestandteile Fettsäuren und Glycerin zerlegt werden. Für den Körper kommen alle diese Verfahren jedoch nicht in Frage.

»Aggressive« Chemikalien, wie konzentrierte Säuren und Laugen, würden in kurzer Zeit den Verdauungstrakt verätzen. Auch hohe Temperaturen würden irreparable Schäden hervorrufen. Der Temperaturbereich, innerhalb dessen bei gleich warmen Tieren die gesamten Lebensvorgänge ablaufen, ist ganz engen Grenzen unterworfen. Er liegt zwischen 35° und 45°C. Dies ist für den Ablauf chemischer Reaktionen eine sehr niedrige Temperatur. Außerdem sind sämtliche Lebewesen auf Wasser als einziges Reaktionsmedium angewiesen. (Siehe »Enzyme sind Biokatalysatoren« S. 252.)

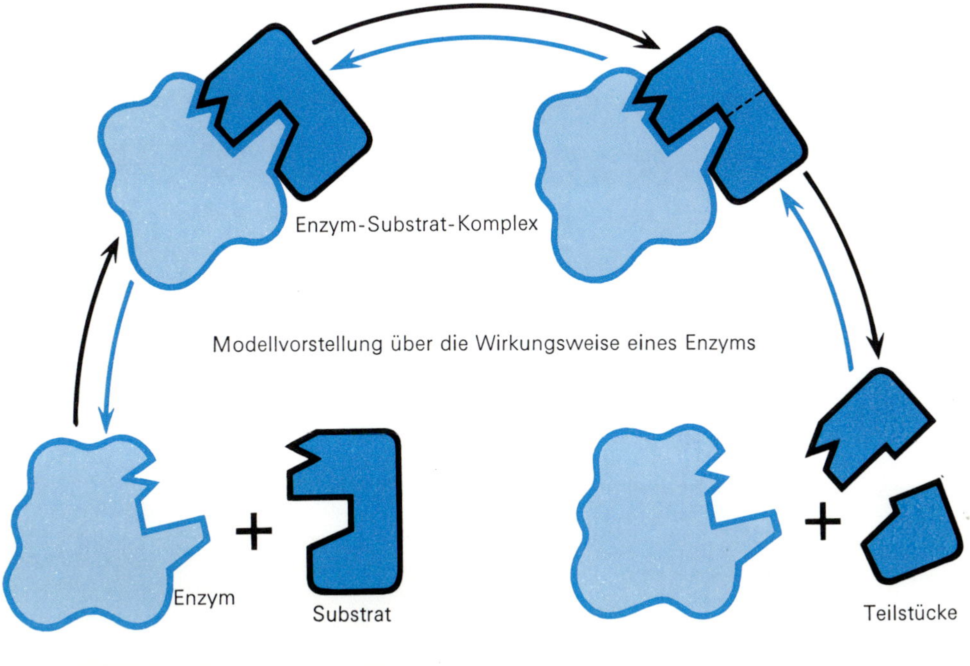

Modellvorstellung über die Wirkungsweise eines Enzyms

Leben heißt Atmen

Sportmediziner, darunter der ehemalige Weltrekordläufer über eine Meile, Dr. Bannister, hatten vor den Olympischen Spielen 1968 in México City befürchtet, es könne nach anstrengenden Übungen zu tödlichen Kreislaufzusammenbrüchen bei überanstrengten Sportlern kommen. Glücklicherweise ist kein derartiger Fall eingetreten. Aber vielen von uns ist sicher noch in Erinnerung, daß, insbesondere bei den Mittelstreckenläufern und den Ruderern, manche Sportler in totaler Erschöpfung zusammenbrachen. Sie hatten die letzten Energien ihres Körpers mobilisiert. Andere Läufer dagegen überstanden die mörderischen 42,2 km des Marathonlaufs ohne sichtbare Erschöpfung. Vielen erschien das wie ein krasser Widerspruch. In der Höhenluft von Mexiko hätten doch die Langläufer am meisten Schwierigkeiten haben müssen. Warum war das nicht der Fall?

Sportliche Leistungen werden mit Hilfe der Muskelkraft vollbracht. Man kann die Muskeln durchaus mit Maschinen vergleichen, die ebenso wie Maschinen einen bestimmten Energiebedarf haben. Die »Mus-

Thermogramm eines weiblichen Oberkörpers: In einem Spezialverfahren (Evaporographie) kann durch Fotografie im Infrarotbereich exakt die Wärmestrahlung eines Objekts sichtbar gemacht werden.

kelmaschine« ist ein sehr komplexer Mechanismus. Sie verbraucht verschiedene Brennstoffe und kann einige von ihnen sogar wieder regenerieren. Wir können als bekannt voraussetzen, daß zur »Verbrennung« von energieliefernden Substanzen Sauerstoff verbraucht wird. Bei einer sportlichen Leistung hat deshalb die Muskulatur einen schlagartig einsetzenden höheren Verbrauch an Sauerstoff. Dieser Mehrverbrauch kann auch durch die beste Atemtechnik nicht gedeckt werden, wenn die Höchstleistung über längere Zeit erbracht werden muß. Jeder Kurzstreckenläufer geht daher eine »Sauerstoffschuld« ein, die erst nach dem Lauf durch verstärktes Atmen wieder ausgeglichen wird.

Der Langstreckenläufer dagegen muß seinen Sauerstoffbedarf während des Laufs durch Atmen abdecken. Sauerstoffverbrauch und Sauerstoffzufuhr halten sich die Waage. Dies gelingt nur einem voll austrainierten Läufer. Die Marathonläufer in der Höhenluft von Mexiko erzielten zwar schwächere Zeiten als im Flachland, sie konnten aber bei richtiger Laufeinteilung

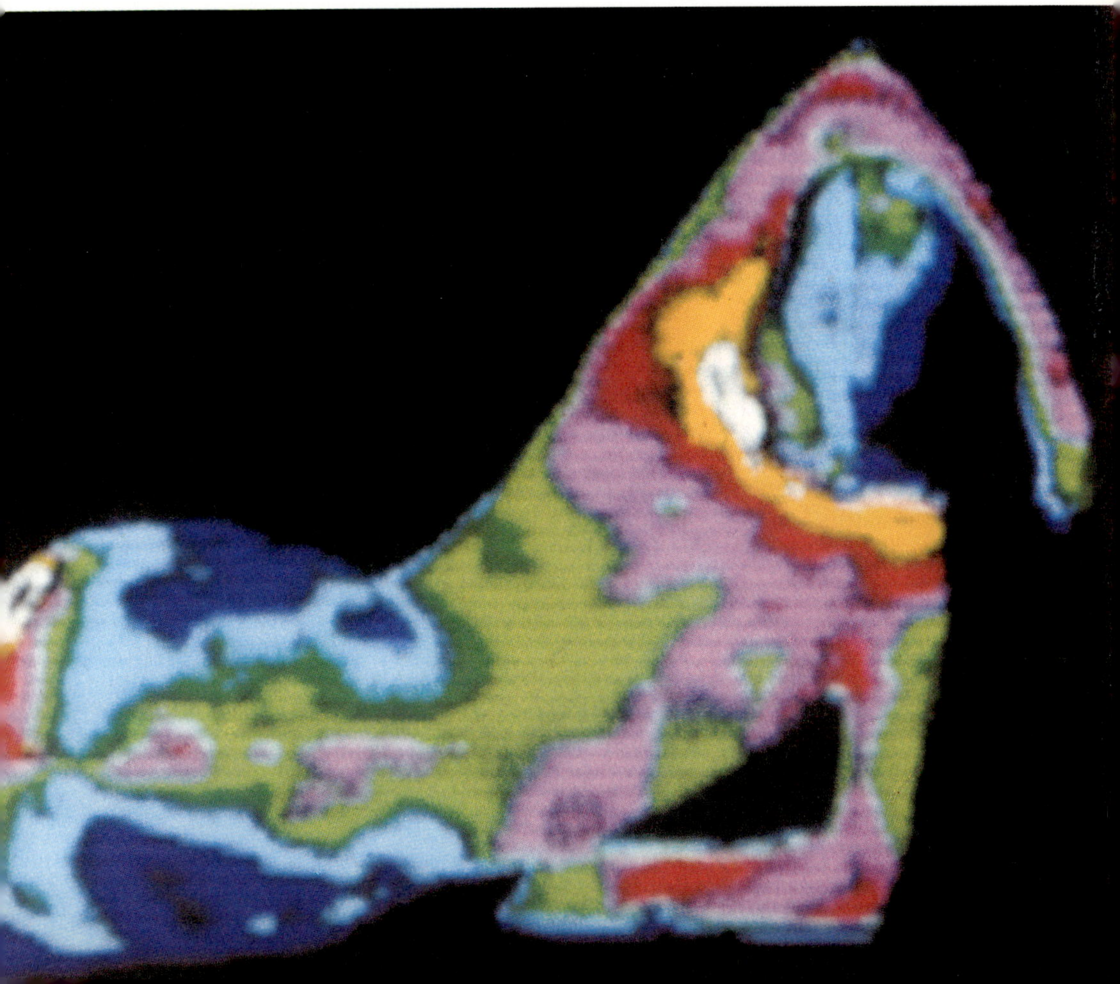

die gesamte Strecke ohne Zusammenbruch überstehen. Daß gerade in Mexiko die Läufer aus hochgelegenen Ländern wie Äthiopien und Kenia so großartige Erfolge erzielten, liegt an der höheren Aufnahme- und Transportkapazität des Blutes für Sauerstoff bei Menschen, die in größeren Höhenlagen leben. Die Zusammenbrüche mancher Ruderer und Mittelstreckenläufer hatten ihre Ursache darin, daß sie ihre Höchstleistung unter Eingehen einer zu großen Sauerstoffschuld vollbrachten und diese in der verdünnten Höhenluft nicht schnell genug ausgleichen konnten. Die Sauerstoffschuld, die bei den Kurzstrecklern eingegangen wird, ist bedeutend geringer und konnte auch in der Höhenluft leicht wieder durch verstärktes Atmen beglichen werden. Die Sportarten, die nur eine sehr kurze Höchstleistung erfordern, profitierten bekanntlich von der dünneren Luft, die ihnen weniger Widerstand bot. Sie erzielten deshalb zum Teil viel bessere Leistungen als im Flachland.

Das Hämoglobin – ein Sauerstofftransporteur in Molekülgröße. Bei der Bewegung wird Energie in den Muskeln erzeugt. Die »Verbrennungsvorgänge«, die der Energielieferung dienen, müssen folglich auch dort stattfinden. Das bedeutet, daß der Sauerstoff, der bekanntlich in der Lunge aus der Luft aufgenommen wird, erst zu den Muskeln transportiert werden muß. Diese Transportfunktion ist eine der Aufgaben des Blutes, genauer gesagt, der roten Blutkörperchen. Blut, als wäßrige Flüssigkeit, könnte pro Liter höchstens 3 ccm Sauerstoff lösen. Damit hätten größere Lebewesen keine Überlebenschance. Mißt man nun die wirkliche Menge an Sauerstoff, die ein Liter Blut aufnehmen kann, dann zeigt sich, daß es etwa die Siebzigfache Menge dessen ist, was ein Liter Wasser transportieren kann. Dies ist nur mit Hilfe des roten Blutfarbstoffes, des Hämoglobins, möglich. In einem roten Blutkörperchen, das selbst nur etwa $^{6}/_{1000}$ mm groß ist, sind 280 Millionen Hämoglobinmoleküle enthalten. Sie erfüllen zwei lebenswichtige Funktionen: den Transport von Sauerstoff zu den Zellen und den Abtransport des Verbrennungsproduktes, des Kohlendioxids.

Es ist selbstverständlich, daß dieser für die Atmung so außerordentlich wichtige Stoff viele Biochemiker zur Untersuchung gereizt hat. Man fand heraus, daß der Blutfarbstoff aus zwei verschiedenen Komponenten besteht, dem Globin, einem Eiweißstoff, und dem Häm, einem dem Chlorophyll nahe verwandten Farbstoff. Das Häm trägt zum Unterschied zum Chlorophyll ein zentrales Eisenatom. Die Ermittlung der Konstitution des Häms hat mehrere Jahrzehnte gedauert. 1930 konnte H. Fischer dieses recht komplizierte Molekül sogar synthetisieren. Die räumliche Struktur des Globins wurde dagegen erst nach langwierigen Forschungsarbeiten von dem englischen Biochemiker Max Perutz (Nobelpreis 1962) und seinen Mitarbeitern aufgeklärt.

Lassen wir Max Perutz darüber selbst berichten: »Wenn sich auch der Zweck der komplexen Eigenschaften des Hämoglobins langsam klärte, so schienen diese vom chemischen Standpunkt aus gesehen völlig rätselhaft. Keine Substanz mit bekannter chemischer Formel gab auch nur den leisesten Hinweis, wie dieser Riesenmechanismus mit seinen 10000 Atomen funktionieren

Der Muskel leistet Arbeit, indem er sich zusammenzieht. Elektronenmikroskopische Aufnahmen zeigen, daß sich dabei bandartige Gebilde ineinanderschieben, wodurch der Muskel verkürzt wird. Die Energiequelle für die Muskelbewegung ist das ATP (siehe Seite 228).

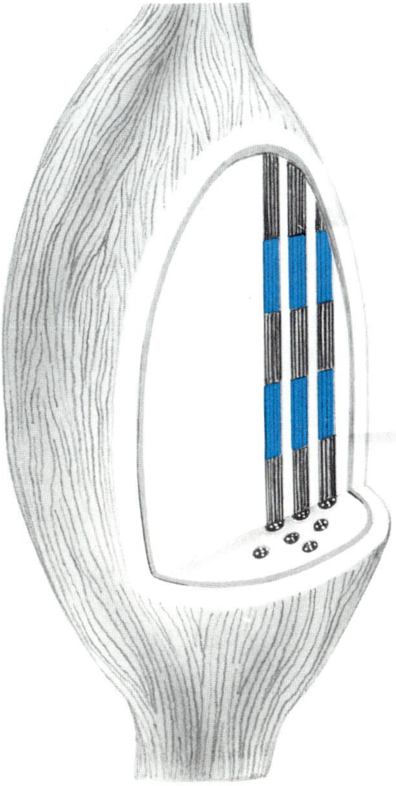

quergestreifter Muskel

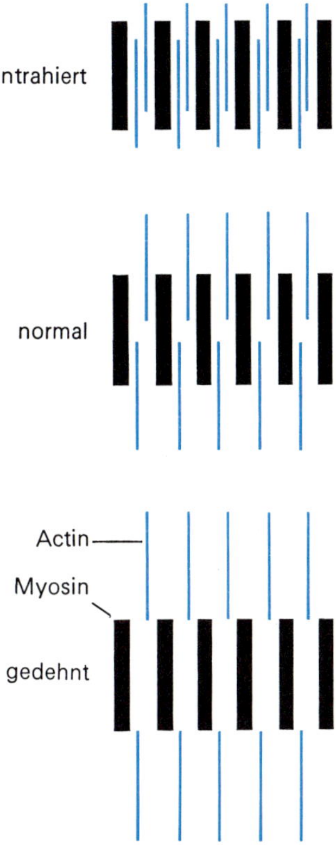

könnte. Mich faszinierte das Problem schon als Dissertant, und ich dachte mir, es wäre zum Verständnis der Funktion des Hämoglobins wohl nötig, seine Struktur zu ergründen. Ich ahnte aber nicht, daß ich dazu 33 Jahre benötigen würde.« Er benutzte für die Strukturaufklärung eine physikalische Methode, die Röntgenstrukturanalyse. Allein für die Lösung des Problems, wie diese Methode für die Bestimmung eines so riesigen Moleküls angewendet werden könnte, brauchte Perutz 15 Jahre. Dann erst konnte er mit seinem Team an die eigentliche Aufgabe herangehen.

Wie sieht nun das Hämoglobinmolekül genau aus? Es besteht, wie Perutz herausfand, aus vier Untereinheiten, die zusammen eine Art kugelförmiges Knäuel bilden, das etwa $65 \times 55 \times 50$ Ångström groß ist. Jede Untereinheit besteht aus einer Proteinkette, von denen je zwei gleich aufgebaut sind. Jede dieser Eiweißketten ist auf eine ganz besondere Weise um das Hämmolekül gefaltet. Das Eisenatom sitzt im Zentrum

ATP zerfällt in das energieärmere ADP, und die dabei frei werdende Energie wird zur Muskelarbeit genutzt. Das verbrauchte ATP muß ständig erneuert werden. Dafür stehen zwei Energiequellen zur Verfügung: die Verbrennung von Nährstoffen mit Hilfe von Sauerstoff und die anaerobe Glykolyse.

des Häms. Es ist auf einer Seite des Häms an die Proteinkette gebunden, auf der anderen bindet es den Sauerstoff.

ATP – eine der Energiequellen des Muskels. Jedem von uns ist es sicher schon einmal passiert, daß er vor Kälte gezittert hat. Dies ist ein durchaus normaler Vorgang, denn Muskeltätigkeit ist immer mit Wärmeproduktion verbunden. Rund zwei Drittel der im Muskel umgesetzten Energie wird in Form von Wärme frei. Angestrengte körperliche Bewegungen sind deshalb immer mit Schweißausbrüchen verbunden, die dafür sorgen, daß unsere Körpertemperatur nicht über einen bestimmten Wert ansteigt.

Woher stammt nun diese Energie, die bei der Muskelbewegung freigesetzt wird? Als Energielieferanten dienen das ATP, das uns schon von der Photosynthese her bekannt ist, die Kreatinphosphorsäure, ebenfalls eine energiereiche Phosphorverbindung, und der Traubenzucker.

Die direkte Energiequelle für die Muskelbewegung ist das ATP. Es zerfällt in ADP, das energieärmere Adenosindiphosphat und einen Phosphatrest. Die dabei frei werdende Energie wird zur Muskelkontraktion genutzt. Diese Aussage kann als gesichert gelten. Die Frage, wie die Energie im Muskel in Bewegung umgesetzt wird, ist noch strittig. Als mögliche Erklärung kann nur eine Hypothese geschildert werden.

Im erschlafften Gewebe wird danach der Zerfall von ATP durch Hemmstoffe verhindert. Die Muskelkontraktion erfolgt bekanntlich auf einen Nervenimpuls hin. Dieser bewirkt wiederum, daß in den Grana des Muskels, das sind kleine, bläschenförmige Gebilde, Calciumionen abgegeben werden, die die Hemmstoffe inaktivieren. Die Folge davon ist, daß das ATP unter Energieabgabe in ADP zerfallen kann. Welche chemischen Prozesse zur Kontraktion des Muskels führen, ist gänzlich unbekannt. Man kennt nur die sichtbaren Veränderungen im Muskelgewebe, die mit Hilfe des Elektronenmikroskops zu beobachten sind. Elektronenmikroskopische Aufnahmen zeigen, daß bei Zusammenziehen bandartige Gebilde, Filamente genannt, sich ineinanderschieben und so eine Verkürzung des Muskels bewirken. Man vermutet nun, daß die Energie, die durch den ATP-Zerfall frei wird, dazu dient, die Filamente aneinander vorbeizuschieben. Man spricht in diesem Zusammenhang zuweilen von einem »chemischen Zahnrad«. Diese Erklärung bringt uns jedoch in der Frage der Muskelkontraktion nicht weiter, da solche bildhafte Beschreibungen eher geeignet sind, unser Nichtwissen deutlich zu machen.

Energie für die Muskelarbeit. Das verbrauchte ATP muß dauernd regeneriert werden. Es wird aus seinen Zerfallsprodukten wieder aufgebaut. Die hierzu nötige

Energie liefert das Kreatinphosphat, das bei diesem Vorgang selbst wiederum zerfällt. Aber auch dieser »Hilfsstoff« muß dauernd wieder aufgebaut werden. Für diese Leistung stehen zwei Energiequellen zur Verfügung: die Verbrennung von Nährstoffen mit Hilfe von Sauerstoff und die anaerobe Glykolyse, bei der Traubenzucker zu Milchsäure abgebaut wird.

Bei dem zuerst genannten Prozeß wird im einfachsten Fall Traubenzucker unter Sauerstoffzufuhr stufenweise abgebaut. Dieser Vorgang, der als Zuckerveratmung bezeichnet wird, ist ein energieliefernder Prozeß. Der Traubenzuckerabbau erfolgt über

In diesem Schema werden die beim Stoffwechsel stattfindenden Auf- und Abbauvorgänge zusammenhängend dargestellt. Alle drei Grundnährstoffe können über sehr komplizierte chemische Zwischenstufen zu Essigsäure abgebaut und weiter veratmet werden. Aber aus der Essigsäure lassen sich auch die Grundnährstoffe wieder aufbauen.

lange Reaktionsketten, als deren Endprodukt Essigsäure entsteht. Die Essigsäure wird in einem sehr komplizierten Reaktionskreislauf, der als Zitronensäurezyklus bezeichnet wird, eingeschleust. Im Zitronensäurezyklus wird, sehr vereinfacht ausgedrückt, die Essigsäure zu Kohlendioxid abgebaut. Der dabei anfallende Wasserstoff wird in der sogenannten Atmungskette mit Hilfe von Sauerstoff zu Wasser verbrannt.

Sowohl der Zitronensäurezyklus als auch die Atmungskette sind energieliefernde Prozesse.

Die Zuckerveratmung ist ein Vorgang, der verhältnismäßig langsam abläuft. Sie kann für bestimmte Höchstleistungen in kurzer Zeit nicht genügend Energie liefern. Hier wird die anaerobe Glykolyse von Traubenzucker eingeschaltet, als dessen Endprodukt Milchsäure entsteht.

Warum auch Kuchen dick macht. Auf die Aufnahme von Wasser kann der Mensch nur wenige Tage verzichten. Er kann jedoch, wie viele Erfahrungen gezeigt haben, wochenlang ohne Nahrungsaufnahme auskommen. Wenn der Mensch bei einer Fastenkur überleben soll, dann muß sein Gehirn ausreichend mit Nährstoffen versorgt werden. Dazu ist in erster Linie Traubenzucker erforderlich. Wird dem Körper nicht genügend Traubenzucker von außen zugeführt, dann kann die Leber Glykogen abbauen und dem Blutkreislauf zuführen. Die in der Leber gespeicherten Glykogenvorräte sind jedoch sehr gering.

Der Glucosevorrat in der Leber wird schon innerhalb einer einzigen Nacht aufgezehrt. Bei längerem Hungern müßte es deshalb sehr schnell zu Störungen des Stoffwechsels kommen. Der Organismus kann sich jedoch durch den Abbau von eiweißhaltigen Substanzen selbst helfen. Er kann aus den Aminosäuren der Proteine über den einfachsten Vertreter der Aminosäuren, das Alanin, in der Leber und der Niere Glucose synthetisieren. Eine wichtige Zwischenstufe bei diesem Vorgang ist die Brenztraubensäure, die auch beim Abbau der Kohlenhydrate entsteht.

Der Körper kann nicht länger als drei Wochen allein von seinen Eiweißstoffen leben, da sonst der Verlust an Stickstoff im Körper zu groß würde. Deshalb werden von diesem Zeitpunkt an die Fettvorräte angegriffen. Da aber ein Gramm Fett neun Kalorien liefert, ein Gramm Eiweiß aber nur zwei Kalorien, erfolgt der Gewichtsabbau nach Angriff der Fettreserven bedeutend langsamer.

Zu große Zufuhr von Nahrungsmitteln führt im allgemeinen zu Übergewicht. Dabei spielen sich im Grunde genommen entgegengesetzte Vorgänge wie beim Fasten ab. Kohlenhydrate, die normalerweise ziemlich schnell veratmet werden, können bei einem Überangebot vom Körper vor allem in Reservefette umgebaut werden. Der Aufbau von Proteinen aus Fetten oder Kohlenhydraten ist nur dann möglich, wenn ausreichend Stickstoff zur Verfügung steht.

Der Körper ist also befähigt, die aufgenommenen Nährstoffe nicht nur zur Energiegewinnung abzubauen, sondern er kann auch die verschiedenen Grundnährstoffe in bestimmtem Umfang ineinander umwandeln. Dies ist möglich, da beim Abbau und Aufbau der drei Grundnährstoffe verschiedene gemeinsame Produkte anfallen, aus denen sowohl Kohlenhydrate wie auch Fette und Eiweiße aufzubauen sind.

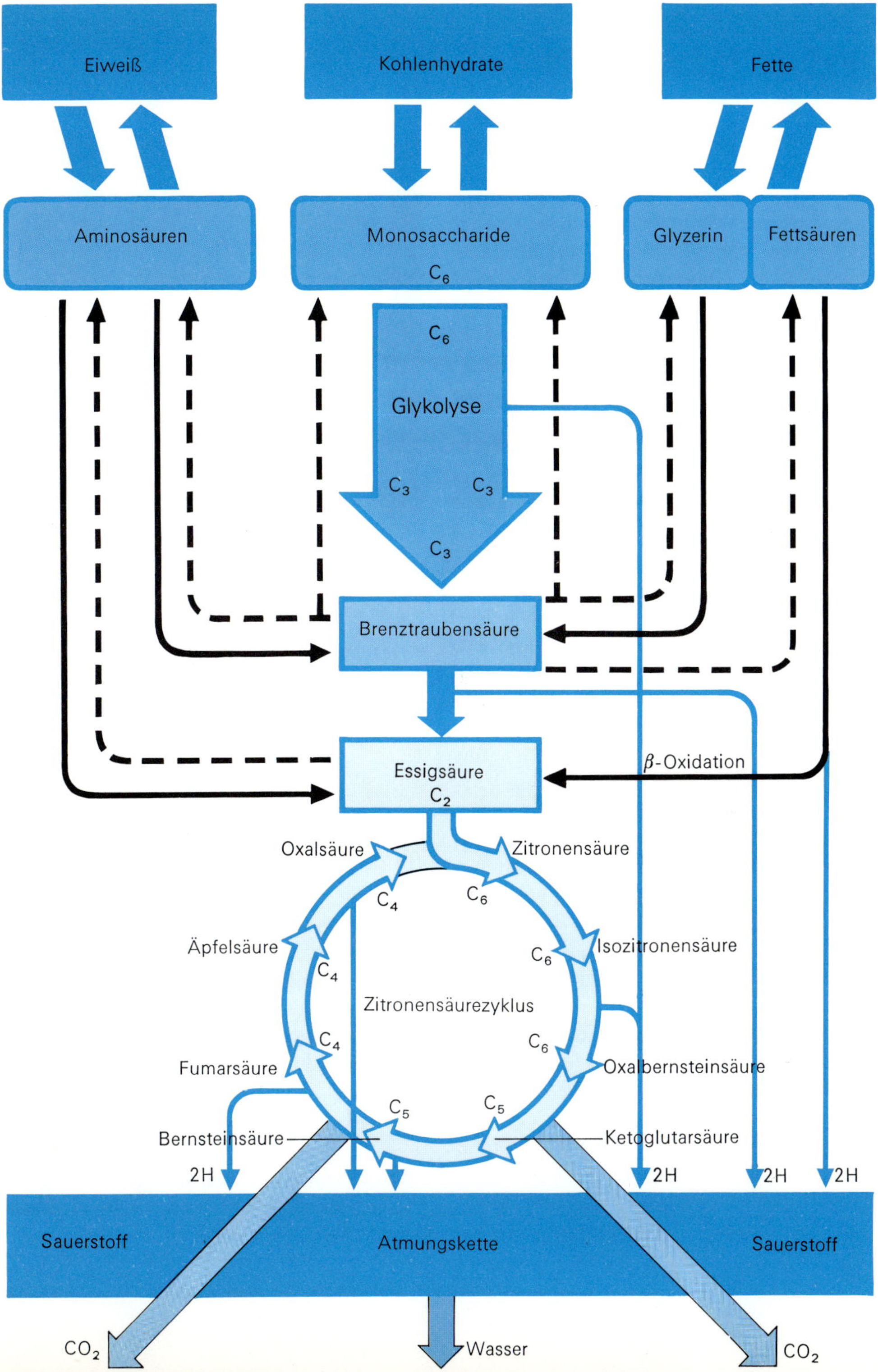

Eiweiß
Kohlenhydrate
Fette
Aminosäuren
Monosaccharide
C_6
Glyzerin
Fettsäuren
C_6
Glykolyse
C_3
C_3
C_3
Brenztraubensäure
Essigsäure
C_2
β-Oxidation
Oxalsäure
Zitronensäure
C_4
C_6
Äpfelsäure
C_6
Isozitronensäure
C_4
Zitronensäurezyklus
C_4
C_6
Fumarsäure
Oxalbernsteinsäure
C_5
C_5
Bernsteinsäure
Ketoglutarsäure
2H
2H
2H
2H
Sauerstoff
Atmungskette
Sauerstoff
CO_2
Wasser
CO_2

Die Mohrrübe und die Nachtblindheit

Nachtblindheit gehört zu den ältesten, beim Menschen erkannten Krankheiten. Sie äußert sich durch stark geschwächtes Sehvermögen bei Dämmerung oder das Unvermögen, bei schwachen Lichtverhältnissen, wie sie in der Nacht herrschen, überhaupt etwas zu sehen. Eine Möglichkeit zur Heilung dieser Erkrankung kannte man schon bei den alten Ägyptern. Auf alten Papyrusrollen wird das Essen von roher Leber als spezifisches Heilmittel gegen die Nachtblindheit empfohlen. Schon sehr früh in diesem Jahrhundert fand man jedoch heraus, daß das Vitamin A, das in der Leber enthalten ist, der eigentlich heilende Faktor ist.

Den gleichen Effekt wie mit der rohen Leber hätte man auch einfacher durch ausreichende Pflanzenkost erzielen können. Viele Pflanzen enthalten gelbe oder rote Farbstoffe, die als Carotine bezeichnet werden. Ihren Namen erhielten sie von der Mohrrübe, die ja auch Karotte genannt wird. Eines dieser Carotine stellt eine Vorstufe zum Vitamin A dar. Es wird vom Säugetierorganismus durch oxidative Spaltung des Carotinmoleküls in der Mitte gehalten.

Zu Beginn der dreißiger Jahre gingen der Amerikaner George Wald (Nobelpreis 1967) und einige andere Wissenschaftler daran, die Zusammenhänge zwischen Sehvorgang und Vitamin A zu erforschen. In seiner klassischen Arbeit konnte Wald nachweisen, daß der Sehpurpur (Rhodopsin) in den Stäbchenzellen der Retina verantwortlich für das Dämmerungssehen ist.

Er erkannte das Rhodopsin als einen Stoff, der aus zwei Komponenten einer Aldehydform des Vitamins A (Neoretinin b) und einem großen Proteinmolekül, das als

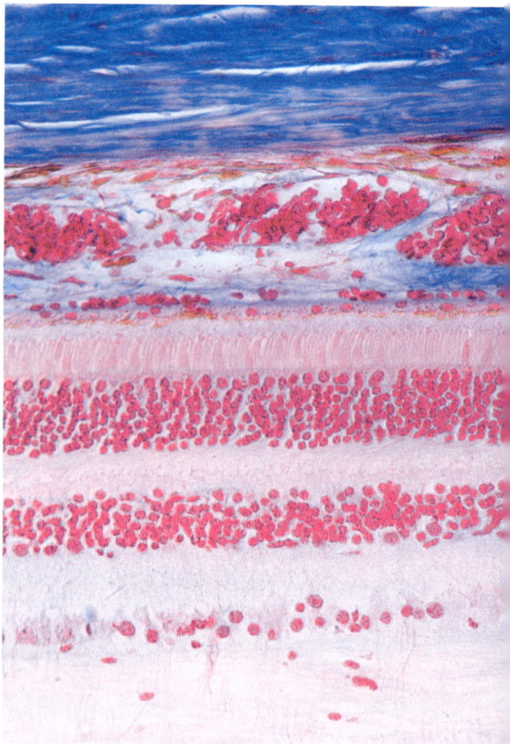

Opsin bezeichnet wird, zuammengesetzt ist. Dieses Pigment veranlaßt die Erregung der Stäbchen, indem es Licht absorbiert. Die Lichtenergie spaltet das Rhodopsinmolekül. Sie bewirkt dabei eine Umlagerung des Neoretinin b in die stabilere all-trans-Konfiguration, das all-trans-Retinal. Da bei diesem Vorgang die Farbe des Sehpurpurs nach Gelb übergeht, wird er auch als »Bleichung« bezeichnet. Die chemische Umwandlung läßt sich also auch durch einen Farbwechsel in der Retina feststellen. Vitamin A_1-Aldehyd (all-trans-Retinal) und das Neoretinin b stellen stereoisomere Formen des gleichen Stoffes dar.

Für das Dämmerungssehen ist der Sehpurpur in den Stäbchenzellen der Netzhaut verantwortlich. Er wird dabei abgebaut und muß von Zeit zu Zeit erneuert werden. Das geschieht mit Hilfe von Vitamin A. Wenn Vitamin A fehlt, ist die Folge Nachtblindheit. Im Farbfoto: Querschnitt durch eine Netzhaut.

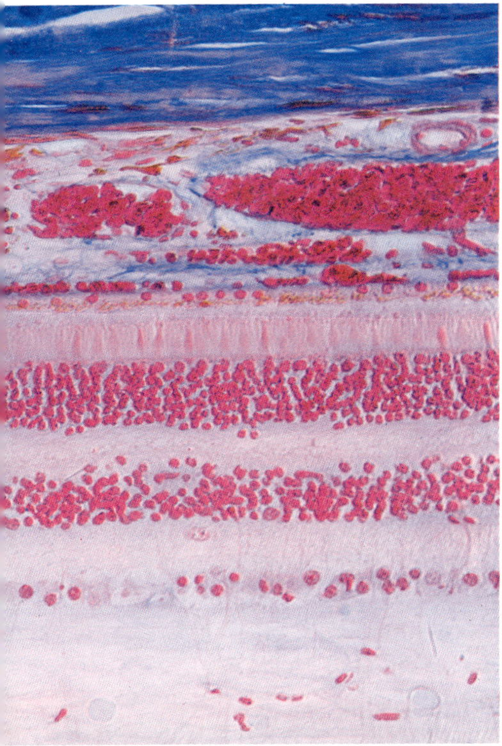

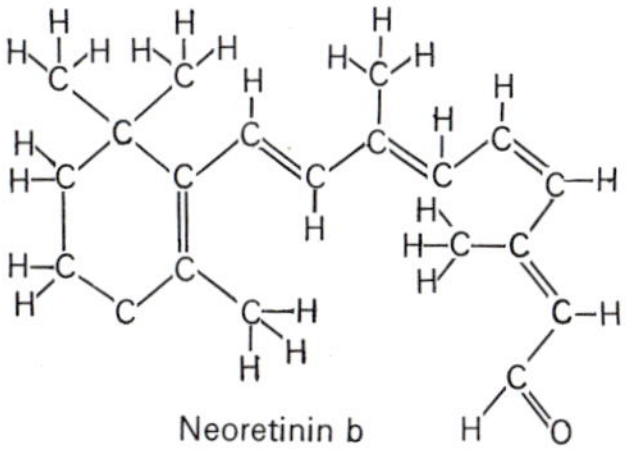

Neoretinin b

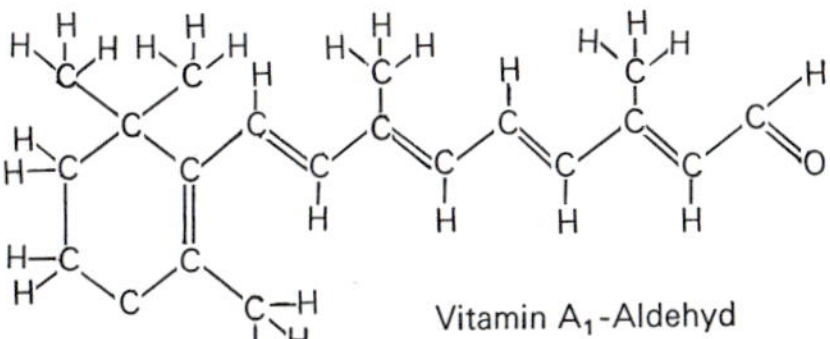

Vitamin A_1-Aldehyd

Das Licht ist nur der auslösende Faktor für die Umwandlung des all-trans-Retinal in seine stereoisomere Form. Die Spaltung des Rhodopsinmoleküls ist eine direkte Folge davon, da offensichtlich die veränderte Molekülform die Bindung des all-trans-Retinal an das Opsin stört. Da der Sehvorgang ein fortlaufender Prozeß ist, muß immer wieder für die Neubildung von Sehpurpur gesorgt werden. Dies ist nur möglich, indem das all-trans-Retinal wieder in seine stereoisomere Form, das Neoretinin b, umgelagert wird. Diese Umlagerungsreaktion ist sowohl bei Licht als auch als Dunkelreaktion möglich.

Die Dunkelreaktion ist im Gegensatz zur Lichtreaktion sauerstoffabhängig. Durch Zusammenlagerung von Neoretinin b und Opsin kann dann wieder das Rhodopsin aufgebaut werden. Ein erheblicher Teil des all-trans-Retinal wird jedoch durch ein Enzym, das als Wasserstoffüberträger wirkt, in das eigentliche Vitamin A übergeführt. Damit ist eine Verbindung zum Stoffwechsel gegeben. Vitamin A kann dauernd aus der Blutbahn abgegeben oder in die Blutbahn zurückgebracht werden. Vitamin A kann aber auch mit Hilfe des wasserstoffübertragenden Enzyms in das Neoretinin b umgewandelt und zusammen mit Opsin zum Sehpurpur aufgebaut werden. Darin liegt die Bedeutung des Vitamins A für die Netzhaut. Sein Fehlen bewirkt deshalb die Nachtblindheit, weil die Stäbchen der Netzhaut ohne Neoretinin b bzw. dessen Vorstufe, das Vitamin A, nicht arbeiten können.

Bei Testpersonen, die mit einer Vitamin-A-freien Diät ernährt wurden, zeigten sich erstaunlicherweise z. T. die Symptome der Nachtblindheit schon nach wenigen Tagen, während bei einer zweiten Gruppe von Versuchspersonen das Dämmerungssehen ungestört blieb. Als dieses Ergebnis bekannt wurde, begann sofort die Suche nach der Erklärung für diese widersprüchlichen Ergebnisse. Es konnte bald nachgewiesen werden, daß das Vitamin A in jedem Fall zur Verhinderung der Nachtblindheit nötig ist. Die eigenartigen Ergebnisse bei Verabreichung einer Vitamin-A-freien Diät beruhten allein auf der verschieden stark ausgebildeten Fähigkeit der Menschen zur Speicherung von Vitamin A in der Leber. Menschen mit geringem Speichervermögen zeigten sehr bald die Symptome der Nachtblindheit, während solche mit großem Speichervermögen oft erst nach vielen Monaten nachtblind wurden.

Offen ist für uns jetzt nur noch die Frage, wie der Sehreiz entsteht. Wir haben uns bisher nur mit den biochemischen Vorgängen innerhalb der Stäbchen beschäftigt. Der Sehvorgang selbst ist dagegen ein psychischer Effekt, der im Gehirn stattfindet. Wir wissen, daß elektrische Impulse mit Hilfe von Nerven von den Stäbchen zum Gehirn übertragen werden. Strittig ist allerdings noch die Frage, wie beim Zerfall des Rhodopsins ein elektrischer Impuls, eine Erregung des Nervs, entsteht. Eine Hypothese dazu stammt von dem bereits erwähnten George Wald. Er nimmt an, daß beim Zerfall des Sehpurpurs ein Stück der Oberfläche des Opsins freigelegt wird, die zuvor von dem Neoretinin-b-Molekül bedeckt war. Gerade an dieser Stelle der Oberfläche befinden sich Schwefel-Wasserstoff-Gruppen, die sehr leicht Metallionen binden können. Da die Erregungsleitung im Nerv ein elektrochemischer Vorgang ist, bei dem die Anwesenheit von Metallionen eine große Rolle spielt, wäre es möglich, daß durch Herausfangen von Ionen eine Spannungsänderung eintritt, die von den Nervenzellen weitergeleitet wird.

Das Licht löst im Auge eine photochemische Reaktion aus. Der Sehpurpur der Sehzellen zerfällt in das Opsin und das all-trans-Retinal, eine dem Vitamin A verwandte Verbindung. Aus Vitamin A, das durch den Blutkreislauf dauernd dem Auge zugeführt werden muß, kann im Auge wieder Sehpurpur aufgebaut werden. Für diesen Vorgang ist kein Licht nötig (siehe ab Seite 232).

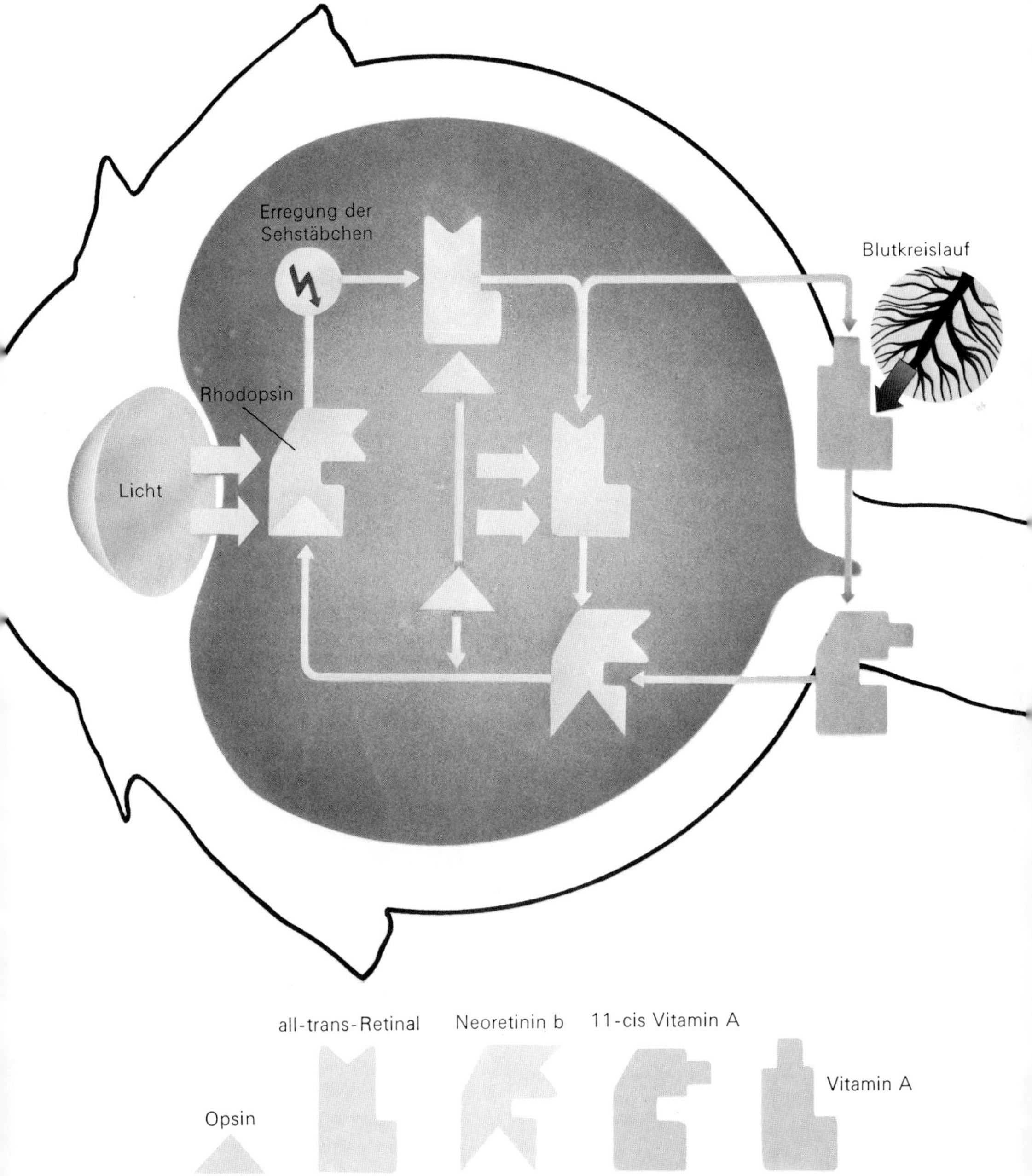
Erregung der
Sehstäbchen
Blutkreislauf
Rhodopsin
Licht
all-trans-Retinal
Neoretinin b
11-cis Vitamin A
Vitamin A
Opsin

Aus der »Hexenküche«: Arzneimittel

Wahrscheinlich hat es kaum eine Zeit gegeben, zu der der Mensch nicht versucht hätte, durch Trinken, Rauchen oder Verzehren irgendeiner Droge Schmerzen zu betäuben, Hunger oder Einsamkeit zu vergessen und ein bißchen Glück zu finden. Die bolivianischen Indios kauen schon seit Jahrhunderten Coca-Blätter, damit ihr Hunger überdeckt wird und sie die Strapazen des Alltags ein wenig vergessen können. Chinesische Arbeiter in Hongkong »jagen den Drachen«, indem sie nach uralter Überlieferung eine Mischung aus Heroin und Barbituraten erhitzen und die Dämpfe einatmen. Noch vor wenigen Jahren verkauften staatlich ermächtigte Läden in Nordafrika Mischungen aus Tabak und Haschisch über den Ladentisch. In Marokko und Tunesien, wo das Verkaufsverbot für Haschisch erst 1953 ausgesprochen wurde, entspricht die Einstellung den passionierten Haschischrauchern gegenüber ungefähr der Nachsicht, die dem »alten Saufbruder« in westlichen Gesellschaften entgegengebracht wird. Die indischen Veden erklärten den Haschisch liefernden Hanf (Cannabis) sogar zur heiligen Pflanze und zu einer Quelle des Glücks. Heute ist in fast allen Ländern der Erde jegliche Zubereitung und der Verkauf von Rauschdrogen verboten. Aber in den abgelegenen Bergen von Marokko wird auch

Einmal dem tristen Alltag entfliehen wollte der junge Mann, als er begann, den klebrigen Saft aus der Kapsel der Mohnpflanze einzunehmen. Jetzt ist er opiumsüchtig, nicht mehr Herr seiner Sinne.

heute noch Cannabis kultiviert. In Mexiko werden auf Anordnung der Regierung Cannabis-Pflanzungen durch Besprühen mit Vernichtungsmitteln aus Militärflugzeugen unschädlich gemacht. Im Osten der Türkei lebt noch heute die Bevölkerung ganzer Landstriche vom Anbau von Schlafmohn, aus dem das Opium gewonnen wird. Aber der Trend geht bei den Rauschmitteln genauso wie in der modernen Arzneimittel-Industrie vom natürlichen zum synthetischen Stoff. Künstliche Rauschmittel wie das LSD, um nur eines von vielen zu nennen, werden immer häufiger benutzt. Seit seinem Verbot kann LSD nur noch »schwarz« hergestellt und vertrieben werden.

Rauschmittel stellen keine chemische Stoffklasse dar, sondern können von ihrer chemischen Struktur her völlig verschieden sein. Allen gemeinsam ist ihre ähnliche physiologische Wirkung. Man unterscheidet natürliche und synthetische Produkte. Eine weitere Differenzierung ist die Aufteilung in beruhigende und schmerzlindernde Stoffe, im Gegensatz zu solchen, die stimulierend und aufputschend wirken. Schließlich gibt es noch die Halluzinogene – die die sinnliche Wahrnehmung gänzlich verändern können und so den Wirklichkeitsbezug empfindlich stören. Um Mißverständnissen vorzubeugen, soll aber betont werden, daß fast alle derartigen Mittel bei richtiger Anwendung in der Hand des Arztes durchaus wohltätige Effekte haben können. Lediglich ihr Mißbrauch und die daraus erwachsenden Schäden für Individuum und Gesellschaft sind ein Grund zum Einschreiten.

Als Beispiel greifen wir drei dieser Rauschmittel heraus, um an ihnen die Wirkung zu veranschaulichen und schließlich die chemische Aufbereitung zu erläutern. Als erstes wenden wir uns dem Haschisch zu, das mehr Decknamen als jede andere Droge hat: Marihuana, indischer Hanf, Kif und Dagga sind nur einige davon. Haschisch wird aus dem Harz einer indischen Hanfart (Cannabis indica) gewonnen. Der weibliche Blütenstand sondert einen harzartigen Stoff ab, der dann getrocknet und meist in Platten gepreßt wird.

Fünfmal schwächer als Haschisch ist Marihuana, das man durch Trocknen von Blättern und Stengeln jenes Hanfkrautes gewinnt. Hanfblätter und Harz können geraucht oder in Getränken oder Süßigkeiten aufgenommen werden. Zuweilen werden sie auch im Rohzustand gegessen. Am weitesten verbreitet ist das Rauchen im »joint«, der selbstgedrehten Zigarette. Beim Rauchen wird der »Stoff« schneller ins Blut aufgenommen, wodurch die Dosierung bes-

Die **Pharmakologie** ist die Lehre von den Arzneimitteln und ihren Wirkungen. Die Abgrenzung der Pharmakologie zu ihren Nachbarfächern, der Physiologie, Mikrobiologie, Biochemie, ist schwierig, da nicht nur die Methodik, nach der gearbeitet wird, die gleiche ist, sondern auch die Arbeitsgebiete sich häufig überschneiden. Zu den spezifisch pharmakologischen Aufgaben gehören: die Prüfung potentieller Arzneistoffe an Tier und Mensch; die Verbesserung bereits bekannter Arzneimittel; die Aufklärung von Wirkungsmechanismen; die Erforschung der Zusammenhänge zwischen der chemischen Struktur und der pharmakologischen Wirkung der Arzneimittel.

ser gesteuert werden kann. Der chemisch wirksame Stoff ist das Tetrahydrocannabinol (THC), ein Stoff, der inzwischen auch synthetisch hergestellt werden kann. Seine Synthese wurde vor einigen Jahren ausführlich publiziert und prompt tauchte kurze Zeit danach ein künstliches, geruch- und geschmackfreies Marihuana auf dem amerikanischen Drogenmarkt auf. Dies ist sicher ein von den »pot-head«-Chemikern entwickeltes Produkt, die sich diese Verdienstmöglichkeit nicht entgehen lassen wollten. Drei bis vier Tropfen der Flüssigkeit – es handelte sich offenbar um eine Lösung von THC (Tetrahydrocannabinol) – haben die gleichen Erscheinungsformen wie eine kräftige Dosis herkömmlichen Haschischs. Die Wirkungen von Haschisch bestehen im Abbau gewisser Hemmungen, verbunden mit leichten Halluzinationen. Gewöhnlich entsteht ein Gefühl unerklärlichen Wohlbefindens. Eine starke Dosis stört vor allem das Raum- und Zeitgefühl und beeinträchtigt sowohl die Urteilskraft als auch das Gedächtnis. Eine physische Abhängigkeit von der Droge tritt nicht ein. Charakteristisch ist es jedoch, daß im Laufe der Zeit eine psychische Abhängigkeit festzustellen ist.

Ganz anders ist dies bei den Opiaten, die aus der Schlafmohnpflanze gewonnen werden. Bei ihrem Gebrauch kommt es zu einer Gewöhnung und echten körperlichen Abhängigkeit (Sucht). Dies bedeutet, daß immer höhere Dosen erforderlich werden, um die gleiche Wirkung zu erzielen. Zur Schmerzstillung reichen bereits $^1/_{10}$ mg. Aber Süchtige sollen eine bis zu tausendfache Menge einnehmen. In der einfachsten Form wird das Opium als klebriger Saft aus der Kapsel der Mohnpflanze gewonnen. Der Saft wird getrocknet, und es entsteht ein graubraunes Pulver, das bis zu etwa 15% den wirksamen Bestandteil, das Morphium, enthalten kann. Es wird gegessen, getrunken oder auch geraucht. Will man jedoch eine größere Wirkung erzielen, dann kann man das Morphium anpressen. Eine nur geringfügige Änderung im chemischen Bau des Morphinmoleküls führt zu einem besonders wirksamen Stoff, dem Heroin, das deshalb besonders begehrt ist, weil es wesentlich geringerer Dosierung bedarf, leichter einzunehmen und leichter zu verstecken ist. Das Umsteigen auf Heroin ist in Hongkong z. B. eine direkte Folge des Verbotes, Opium zu rauchen. Eine Opiumkneipe und ihren charakteristischen Geruch zu verbergen ist schwer, aber nichts ist einfacher, als unbeobachtet eine Dosis Heroin zu schnupfen, schlucken, inhalieren oder injizieren. Opium und Opiate beruhigen, stillen Schmerzen und beseitigen die Angst. Dies sind für den Arzt äußerst wichtige medikamentöse Wirkungen. Für den Süchtigen haben sie jedoch fatale Folgen. Sie führen unter Umständen zu chronischen Persönlichkeitsveränderungen.

Synthetische Drogen, wie das LSD (Lysergsäurediäthylamid) sind reine Retortenprodukte, die z. T. natürliche Vorbilder in ihrer Wirkung imitieren oder gar in ihrer Wirkung »verbessern« sollen oder überhaupt kein natürliches Vorbild haben.

Leider hat sich um den Drogenkonsum eine häufig kultische Atmosphäre entwikkelt. Ihre Anhänger preisen ihn als Lösung von allen psychologischen Spannungen. Sie irren, denn Rauschmittel haben als Psycho-Gifte meist verheerende Wirkungen.

Alkohol – die älteste Arznei der Menschheit

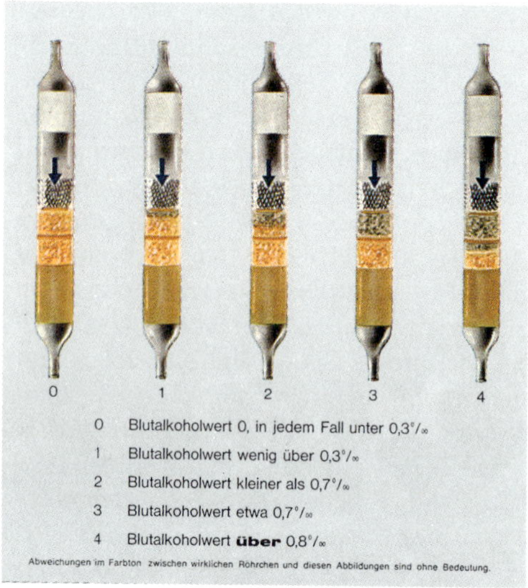

Ob Alkohol als ein Arznei- oder ein Rauschmittel zu bezeichnen ist, darüber gehen die Meinungen auseinander. Auf jeden Fall hat er den Weg der Menschheit begleitet. Die Weinrebe z.B. wurde schon 3500 v. Chr. in Ägypten kultiviert.

Der Alkohol, die älteste Arznei der Menschheit. Es gibt Anthropologen, die behaupten, daß die Entwicklung des Ackerbaues bei manchen primitiven Völkern durch das Verlangen nach Alkohol ebenso stark vorangetrieben worden sein könnte wie vom Streben nach mehr Nahrungsmitteln. Natürlich läßt sich diese Aussage nicht beweisen. Es steht jedoch fest, daß es kaum eine Kultur gibt, in der der Alkohol keine Rolle spielt. Alkoholische Getränke werden aus Getreide ebenso gewonnen wie aus Kartoffeln, Fruchtsäften, Honig und mindestens einem halben Dutzend anderer Stoffe. Plinius der Ältere schreibt im ersten Jahrhundert n. Chr., es gäbe wohl keinen Teil der Erde, wo man lange nach Trunksucht suchen müsse. Die Spanier fanden bei der Eroberung Mexikos, daß auch die Indianer, die nie mit der Kultur der Alten Welt in Berührung gekommen waren, ein alkoholisches Getränk, Pulque genannt, tranken. Ähnliches mußte James Cook bei seiner Weltumseglung feststellen: Die Polynesier tranken Kava, ein alkoholhaltiges Produkt aus verschiedenen Pfefferarten. Heute gibt es wohl kein Land, in dem nicht in irgendeiner Form alkoholische Getränke genossen werden, und sei es unter Verstoß gegen bestehende Gesetze.

Die Popularität des Alkohols liegt sicher in seiner Wirkung auf den menschlichen Körper begründet. Geringe Mengen von alkoholischen Getränken bereiten den meisten Menschen Wohlbehagen. Es ist deshalb nicht verwunderlich, daß in fast allen Kulturen bei Festen oft reichlich Alkohol getrunken wird. Die enthemmende Wirkung ist ein wichtiger Faktor für das rechte Gelingen eines Festes. Auch wildfremde Menschen finden in »wein- und bierseliger« Stimmung schneller Kontakt zueinander, als dies normalerweise der Fall wäre.

Einer unserer Professoren – ein durch und durch ernster Wissenschaftler – empfahl uns zu unserem Erstaunen vor den Examina, ein Glas Sekt zu trinken, da dies die anfänglichen Hemmungen, unter denen fast jeder Examenskandidat zu leiden hat, beseitige. Dies ist sicher für wirklich geringe Alkoholmengen richtig. In größeren Mengen aber wirkt Alkohol nicht stimulierend, sondern hemmend auf das Gehirn ein. Alkohol verlangsamt den Kontrollmechanismus und führt so zu zuerst psychischen Enthemmungen. Erste Wirkungen machen sich schon bei einer Alkoholkonzentration von 0,5 bis 1 g Alkohol pro Liter Blut bemerkbar. Ab einem Promille ist mit Sicherheit eine erhöhte Unfallgefahr im Straßenverkehr zu erwarten, da die Reaktionszeit durch die lähmende Wirkung auf das Gehirn erheblich verlängert wird. Bei etwa zwei Promille treten erste Gleichgewichts- und Koordinationsschwierigkeiten auf, die sich bei steigendem Blutalkoholgehalt noch verstärken. Mit etwa drei Promille sind die Störungen auf den Ablauf bestimmter Gehirnfunktionen bereits so stark, daß ein aufrechtes Gehen meist unmöglich ist. Es kommt bei dieser Alkoholmenge bereits zu

Den Autofahrer, der »zu tief ins Glas gesehen« hat, läßt die Verkehrspolizei »in die Tüte blasen«, um den Alkoholgehalt seines Blutes mit Hilfe des in dem Röhrchen (links) befindlichen Salzes der Chromsäure zu messen: Keine sehr genaue Bestimmungsmethode (siehe Seite 244).

Bewußtseinstrübungen. Zum tödlichen Koma, das bei mehr als vier Promille zu erwarten ist, kommt es glücklicherweise sehr selten, da die Trinker schon bei geringerer Alkoholkonzentration meist nicht mehr fähig sind, den Alkoholpegel selbständig weiter anzuheben. Die Reaktionen der Menschen auf Alkohol sind sehr verschieden. Die angegebenen Zahlen sind deshalb als Durchschnittswerte zu verstehen. So hängt die Alkoholmenge, die aus dem Darmtrakt in die Blutgefäße übertritt, von vielen oft unberechenbaren Faktoren ab. Daß bestimmte Nahrungsmittel diesen Prozeß beeinflussen können, ist sicher nicht nur unter starken Trinkern bekannt. Die Wirkung, die der Alkohol auf den menschlichen Organismus ausübt, ist, wie wir gesehen haben, eine Frage der Dosierung. Hier haben wir eine Parallele zur Wirkung von Arzneimitteln. Wenn ein Arzt ein Medikament verschreibt, muß er natürlich genau wissen, welche Menge welchen Effekt erzielt. Dies kann nur in vielen Experimenten herausgefunden werden.

Ist Alkohol bereits als Arzneimittel zu bezeichnen? Diese Frage ist gar nicht so ohne weiteres zu beantworten. In einem Buch über Arzneimittelwirkungen werden Arzneistoffe als Substanzen bezeichnet, die zur Vorbeugung, Linderung, Heilung oder Erkennung von Krankheiten dienen können. Dies trifft auf den Alkohol nur bedingt zu. Er hat ohne Zweifel eine Wirkung auf die Tätigkeiten des Gehirns. Seine schmerzbetäubende Wirkung ist früher sogar bei Operationen hilfreich gewesen. Bekannt ist sicher auch die Tatsache, daß Alkohol in nicht allzu großen Mengen ein vortreffliches Schlafmittel darstellt. Seine positiven Auswirkungen auf das seelische Gleichgewicht sind sicher auch ein nicht zu unterschätzender Faktor. Er war und ist unter diesen Aspekten gesehen sicher ein Arzneimittel. Da Alkohol nur die Symptome von Krankheiten mildern kann, aber keine direkte heilende Wirkung auslöst, ist er kein Heilmittel im engeren Sinn.

Der Alkohol ist ein Produkt der Gärung. Die Herstellung von Alkohol ist, wie wir bereits gehört haben, ein uraltes Verfahren, das von Generation zu Generation überliefert wurde. Alle diese Herstellungsverfahren für Alkohol basieren auf der gleichen biochemischen Grundlage – der alkoholischen Gärung. Bevor wir uns diesem sehr interessanten biochemischen Prozeß zuwenden, müssen wir uns zuerst über die chemische Natur des Alkohols klarwerden. Wir haben bisher einfach von dem Alkohol gesprochen. Dies ist nicht ganz richtig, denn das, was wir schlicht als Alkohol bezeichnen, ist nur eine Verbindung aus der Gruppe der Alkohole. Von Chemikern wird dieser spezielle Alkohol als Äthanol oder Äthylalkohol bezeichnet. Er ist somit chemisch gesehen ein Oxidationsprodukt des Äthans und hat die Formel CH_3CH_2OH. Alkohole sind Kohlenwasserstoffe mit einer oder mehreren OH-Gruppen.

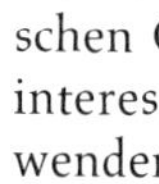
Äthanol

Der einfachste Alkohol ist das vom Methan abgeleitete Methanol (CH_3OH), ein sehr giftiger Stoff. Das Glycerin, das wir als Bestandteil der Fette bereits kennengelernt haben, ist ein mehrwertiger Alkohol mit

Die **pharmazeutische Chemie** befaßt sich mit der Gewinnung, der Zusammensetzung und der Struktur von Arzneimitteln. Ihr Hauptinteresse gilt der Chemie der als Arzneimittel wirksamen Stoffe und der Suche nach Mitteln und Wegen, die zur Auffindung neuer Heil- und Wirkstoffe führen. Die pharmazeutische Chemie ist eng verknüpft mit der Chemie der Naturstoffe und der allgemeinen Biochemie. Ihre Methodik gleicht weitgehend der der organischen Chemie. Eine Einteilung der pharmazeutischen Chemie nach chemischen Gesichtspunkten ist nicht möglich, da wirkungsmäßig zusammengehörende Substanzen strukturell oft völlig verschiedenen Stoffklassen angehören können. Man teilt die pharmazeutische Chemie deshalb nach wirkungsspezifischen Gesichtspunkten ein, wie Chemotherapeutica, Analgetica (schmerzstillende Mittel), Hypnotica, Herz- und Kreislaufmittel usw.

drei OH-Gruppen. Der trinkbare Alkohol, das Äthanol, entsteht durch Vergärung mit Zucker.

Lange Zeit glaubte man, die Gärung sei an das Vorhandensein lebender Zellen gebunden. Der Franzose Louis Pasteur vertrat die Auffassung, daß nur lebende Hefezellen befähigt seien, den Gärungsprozeß auszulösen. Er schloß dies aus der Tatsache, daß sterile Zuckerlösungen nicht in Gärung übergingen. Justus von Liebig hingegen sah in der alkoholischen Gärung einen rein chemischen Prozeß, der nicht an die lebende Zelle gebunden ist. Die Entscheidung für eine der beiden Auffassungen fiel durch einen sehr einfachen Versuch: 1897 stellten Hans und Eduard Buchner einen völlig zellfreien Hefepreßsaft her, indem sie die Hefezellen zwischen Quarzsand zerrieben und filtrierten. Auch dieser Zellsaft löste die Gärung aus. Dies war für die Erkenntnis der Reaktionsabläufe biochemischer Prozesse eine fundamentale Beobachtung. Man hatte das Vorhandensein eines Wirkstoffs bewiesen, der einen sehr komplizierten biochemischen Vorgang auch außerhalb der Zelle ermöglichte. Die Gebrüder Buchner nannten diesen Stoff Zymase. Er erwies sich später als ein Gemisch verschiedener Enzyme. Dies war die Geburtsstunde der wissenschaftlichen Enzymforschung.

Die bei der alkoholischen Gärung ablaufenden Prozesse sind in ihrem Verlauf der Veratmung von Traubenzucker sehr ähnlich. Die ersten Abbaustufen sind völlig identisch. Anstelle der Essigsäure wird bei der Gärung jedoch Alkohol gebildet. Während die Essigsäurebildung nur mit Hilfe von Sauerstoff möglich ist, verläuft die Äthanolbildung anaerob, d.h. ohne Sauerstoffzufuhr. Dadurch ist der Energiegewinn bei der Gärung bedeutend geringer als bei der Atmung. Diese Energie ermöglicht den Hefezellen, ohne Luftzufuhr ihre zum Leben nötigen biochemischen Prozesse ablaufen zu lassen. Gärungsprozesse können in geschlossenen Fässern durchgeführt werden. Man muß jedoch dafür sorgen, daß das dabei entstehende Kohlendioxid abgeführt wird. Den Gesamtvorgang der alkoholischen Gärung kann man in einer einfachen Gleichung darstellen:

$$C_6H_{12}O_6 \rightarrow 2\ C_2H_5OH + 2\ CO_2$$

Bei der Weinbereitung werden der Trauben- und der Fruchtzucker der Weinbeeren vergoren. Zur Bierbereitung aus Gerste muß man die Stärke des Getreidekorns erst vergärbar machen, indem man sie mit Hilfe des Enzyms Diastase zu Malzzucker abbaut. Dieser Abbau läßt sich durch das Auskeimen der Gerste auslösen. Die gekeimte Gerste wird im Anschluß daran geröstet (gedarrt) und zerkleinert. Durch Vermischen mit Wasser wird die gesamte Stärke verzuckert. Dabei entsteht die Würze, die filtriert wird. Durch Kochen werden die Enzyme zerstört. Der Würze wird im Anschluß daran Hopfen zugesetzt, der den bitteren Geschmack des Bieres hervorruft und zur Haltbarmachung dient. Durch Vergären bei 7–12 °C entsteht das Bier, dessen Alkoholgehalt zwischen 3 und 6% beträgt.

Alkohol – flüssiges Brot. Früher war man der Ansicht, daß der Alkohol vom Körper vollkommen durch Lunge, Nieren und Haut ausgeschieden würde. Justus von Liebig räumte mit dieser Meinung durch eine Reihe von historisch gewordenen Experimenten auf. Er konnte beweisen, daß Alkohol durch Verbrennung mit Sauerstoff im Körper abgebaut wird. Auch dieser Vorgang verläuft, wie man heute weiß, über mehrere Stufen. Da es sich hierbei um Oxidationsreaktionen handelt, ist dieser Abbau ein energieliefernder Prozeß. Unter diesen Gesichtspunkten betrachtet, ist der Alkohol durchaus ein Nahrungsmittel. Man kann ganz genaue Aussagen darüber machen, wieviel Kalorien ein Glas Schnaps oder Wein enthält. Die besonders hohe Kalorienzahl des Bieres wird in erster Linie durch die unvergorenen Bestandteile der Würze hervorgerufen. Starke Trinker können bis zu 60% ihres täglichen Kalorienbedarfs allein durch Alkohol decken. Dies führt jedoch auf die Dauer zu Leberschäden. Der Abbau des Alkohols beginnt nämlich in der Leber. Dort wird in einer ersten Stufe Alkohol zu Acetaldehyd oxidiert. Diese Verbindung ist noch giftiger als Alkohol. Sie wird jedoch, wenn nicht zu große Mengen anfallen, sofort zu der harmlosen Essigsäure umgewandelt, die bekanntlich auch als Zwischenprodukt der Zuckerveratmung auftritt. Von dieser Abbaustufe an können alle Körperzellen das Abbauprodukt Alkohol weiterverarbeiten, indem sie die Essigsäure zur weiteren Energiegewinnung in den Zitronensäurezyklus einschleusen.

Die Leber stellt beim Alkoholabbau einen Engpaß dar. Bei übermäßiger Alkoholzufuhr erfolgt der Abbau in der Leber nicht schnell genug. Es kommt zu einer Anreicherung von Alkohol im Blut und damit zum Rausch. Die Leber kann nur 8–10 g Alkohol stündlich verarbeiten. Auch durch Medikamente und andere vielfach angewandte Verfahren zur Ernüchterung läßt sich diese Menge nicht steigern. Aufputschmittel wie Kaffee führen zwar zu einer Verminderung der Ermüdungserscheinungen, die Wirkungen des Alkohols werden jedoch nicht gemildert. Man bekämpft hier nur ein Gift mit einem andern. Die Bestimmung des Blutalkohols spielt in der Gerichtsmedizin eine bedeutende Rolle. Bekannt geworden ist ein von der Polizei häufig angewandtes Verfahren: das »In-die-Tüte-Blasen«. In dem Alcotest-Röhrchen befindet sich ein Salz der Chromsäure. Es ist gelb gefärbt. Bläst man nun Alkohol durch dieses Röhrchen, so wird er zu Essigsäure oxidiert. Das Chromation selbst wird zum dreiwertigen Chromion reduziert. Die Salze des dreiwertigen Chroms sind grün gefärbt. Der Alkohol bewirkt so den Farbumschlag innerhalb

Eine Heilung vom Alkoholismus ist durch Medikamente wie das Disulfiram nur bedingt möglich, da die Trunksucht in erster Linie ein psychologisch bedingtes Problem ist. Normalerweise wird der Alkohol in der Leber über den Acetaldehyd zu Essigsäure oxidiert. Das Disulfiram verhindert den weiteren Abbau des Acetaldehyds, das heftige Übelkeit bewirkt.

des Röhrchens von gelb nach grün. Um zu gewährleisten, daß eine ganz bestimmte Menge Luft durch das Röhrchen gelangt, ist eine Tüte mit einem genau berechneten Volumen an das Röhrchen angeschlossen. Der Alkoholgehalt der Atemluft steht in einem ganz bestimmten Verhältnis zum Äthanolgehalt im Blut. Der Röhrchentest ist keine sehr genaue Bestimmungsmethode. Erst die Untersuchung einer Blutprobe erbringt genauere Ergebnisse.

Disulfiram – ein Medikament gegen Trunksucht

Alkohol ist ein Suchtgift. Das bedeutet, daß Gewohnheitstrinker täglich eine ganz bestimmte Menge Alkohol zu sich nehmen müssen. Tun sie das nicht, treten Entzugserscheinungen auf. Zu große Alkoholmengen führen jedoch zu schweren körperlichen Schäden. Insbesondere wird die Leber betroffen (Leberzirrhose). Deshalb stellt die Entwöhnung vom Alkohol bei Trinkern ein großes medizinisches Problem dar. Eine chemische Verbindung des Schwefels, das Disulfiram, hat sich in Entziehungskuren nur teilweise bewährt. Man fand heraus, daß dieser Stoff den weiteren Abbau des bei der Oxidation von Alkohol in der Leber anfallenden, sehr giftigen Acetaldehyds verhindert. Dies führt zu Vergiftungserscheinungen, die heftigste Übelkeit verursachen. Es lag also die Annahme nahe, daß dieser Stoff gut zur Entwöhnung von Alkoholikern geeignet sein mußte. Leider ist dies nur in begrenztem Maße der Fall.

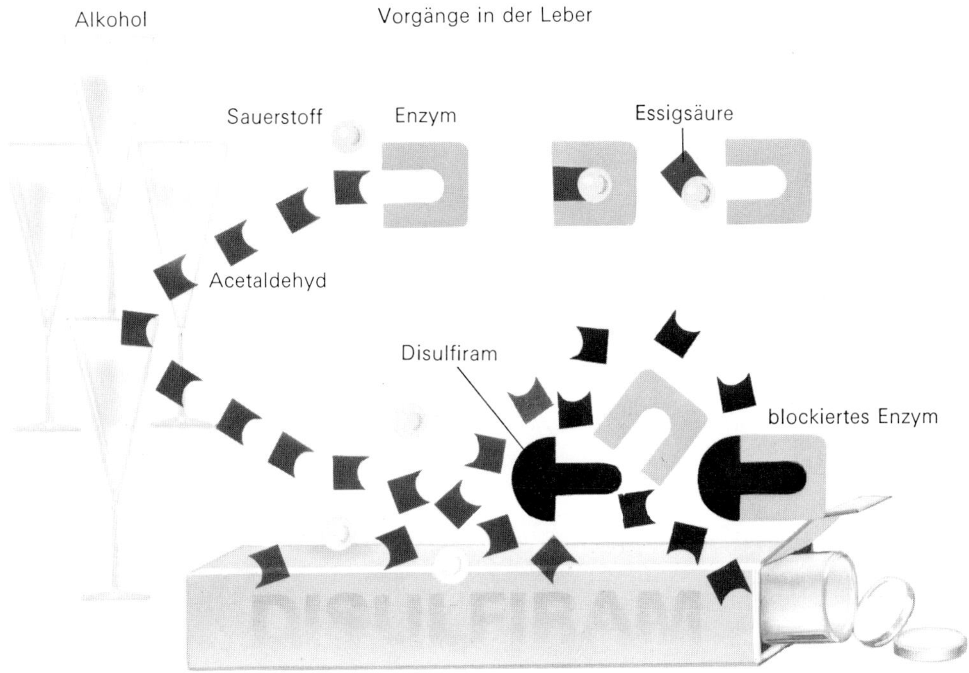

Hexentränke und Zauberkräuter

»Den Mandragoras soll man dreimal mit dem Schwert umschreiben und ihn graben, indem man das Antlitz gegen Abend (Westen) wendet. Ein anderer aber soll im Kreise herumtanzen und viel vom Liebeswerk sprechen.« Diese Anweisung findet man in der »Naturgeschichte der Gewächse« des Griechen Theophrastus (gest. 287 v. Chr.). Die Mandragora, besser bekannt unter dem Namen Alraun, spielte nicht nur im europäischen, sondern auch im orientalischen Kulturkreis die wichtigste Rolle als Zauberpflanze. Man schrieb ihr die verschiedensten Wirkungen, u.a. auch die von Theophrast angedeutete aphrodisierende Wirkung, zu. Verfolgt man das Schrifttum in historischen Arznei- und Kräuterbüchern, so findet man eine Fülle von interessanten

Etwa 10 000 Pflanzenarten auf der Welt enthalten Wirkstoffe – Alkaloide, Glykoside, ätherische Öle, Bitter- und Schleimstoffe –, die für medizinische Zwecke verwendet werden können. Sie waren bereits unseren Vorfahren bekannt, die im Gegensatz zu uns ihr Wissen allerdings nicht chemischen Analysen verdankten. Und so ist es nicht verwunderlich, daß sich allerlei Aberglauben um die Gewinnung und Anwendung der Heilpflanzen rankt. Besonders lustige Rezepte enthalten alte Arzneibücher für die Verwendung der Alraunenwurzel (ganz rechts). Beim Genuß giftiger Pflanzen, z. B. des Fliegenpilzes oder des Bilsenkrauts, mögen die Vorstellungen von Baumgespenstern und fliegenden Hexen (links) entstanden sein. Das Gift der Tollkirsche (Atropa belladonna; Mitte) nutzten Frauen, um aus Schönheitsgründen ihre Pupillen zu erweitern (siehe auch folgende Seite).

Anweisungen, die sich fast alle mit der Gewinnung der Alraunwurzel befassen. Da die Wurzel der Pflanze häufig gespalten ist, kann man mit einiger Phantasie in ihr häufig die Gestalt eines Menschen mit zwei Beinen erkennen. Im deutschen Volksglauben taucht die Sage auf, die Alraunwurzel wachse aus dem Harn eines gehenkten Diebes. Deshalb nannte man sie »Galgenmännlein«. Man kann sich leicht vorstellen, daß die Alraunwurzeln wegen ihrer Kostbarkeit oft gefälscht wurden. So wurden im Dezember 1570 in Schaffhausen drei Landstreicher gehängt, weil sie angeblich gelbe Rüben als Alraunwurzeln verkauft haben sollen. Der große Paracelsus (1493–1541), der eine für die damalige Zeit erstaunliche Fülle von ärztlichen Kenntnissen besaß, spottet in einem seiner Bücher: »Es möcht auch ein einfältiger fragen, warum die wurzel alraun eines menschen gestalt, angesicht, hent und füß hette, sie were on zweifel auch nicht one sonderliche große ursachen also von got erschaffen?, dem geb ich zur

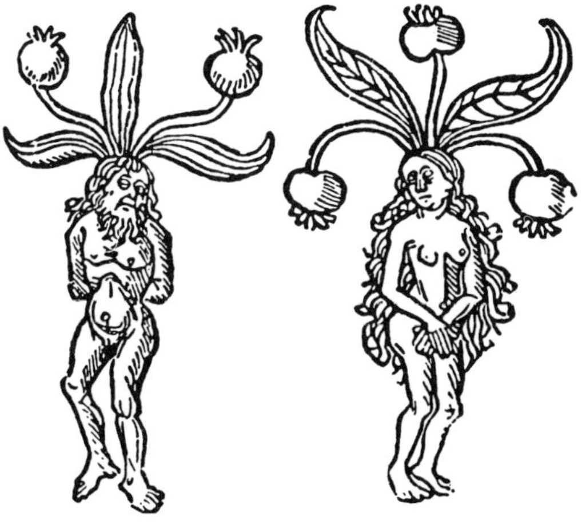

antwort und sag es sei nicht war, das alraun die wurzel des menschen gestalt hab, sonder es ist ein betrogne arbeit und bescheißerei von den landfarern, die dan die leut mer denn mit diesem alein bescheißen, dan es ist gar kein wurzel, die des menschen gestalt hat, sie werden also geschnizlet und geformirt . . .«

Solche Zauberpflanzen wie die Alraunwurzel gab es vor unserer Zeit in Hülle und Fülle. Man schrieb ihnen oft die verrücktesten Wirkungen zu. Man braute aus ihnen Hexentränke und verwandte sie zur Heilung von Krankheiten. Heilkräuterbeschwörungen haben sich bis in unsere Zeit erhalten. So glaubten noch vor kurzem manche Böhmerwaldbauern, daß man beim Pflücken einer Einbeere nur eine bestimmte Beschwörungsformel zu murmeln brauche, um sogleich von der Gicht geheilt zu werden. Und doch kann man bestimmten Pflanzen eine Heilwirkung nicht absprechen. Daß ihre Zahl im Verhältnis zu den unwirksamen Mitteln recht klein ist, darf uns nicht verwundern.

Gift für das kranke Herz. Eines der wichtigsten, auch in der heutigen Medizin noch häufig angewandten Herzmittel war schon vor 200 Jahren bekannt. Es ist der wirksame Bestandteil einer Droge, die aus den Blättern des Fingerhuts (Digitalis) gewonnen wird. Dennoch vergingen noch fast 150 Jahre, ehe man über seine Wirkung und richtige Anwendung genauere Angaben machen konnte.

Bereits 1775 fand der englische Arzt William Withering heraus, daß der wirksame Bestandteil eines Mittels, das gegen Wassersucht wirkte, die getrockneten Blätter des Fingerhutes waren. Er beschäftigte sich zehn Jahre mit dieser Droge, und seine Publikation über die gefundenen Ergebnisse ist ein klassisches Beispiel für eine sorgfältige wissenschaftliche Untersuchung. Withering glaubte noch, daß die harntreibende Wirkung der Droge durch eine direkte Einwirkung auf die Nieren hervorgerufen würde. Er beobachtete jedoch bereits eine »Macht der Droge über die Herztätigkeit«. Später erkannte man, daß dies die Hauptwirkung von Digitalis ist. Bis man jedoch die genauen Wirkungen auf das Herz erforscht hatte, verging nochmals eine lange Zeit. Man ging inzwischen eine Menge von Irrwegen. So wendete man Digitalis bei Herzerweiterung an und verwechselte dabei Ursache und Wirkung. Die Herzerweiterung ist die Folge einer Herzmuskelschwäche. Das Herz ist dabei jedoch nicht leistungsschwach, weil es erweitert ist, sondern es ist erweitert, weil es leistungsschwach ist. Heute weiß man aufgrund von

Unter dem Begriff **Chemotherapeutika** faßt man heute alle chemischen Stoffe zusammen, die im Körper, d.h. in der Blutbahn oder im Gewebe, Mikroorganismen zu schädigen oder zu töten vermögen. Ihre Wirkung muß bereits bei einer Konzentration einsetzen, die für den Menschen oder das Tier ungiftig ist. Der Wirkungsbereich der Chemotherapie erstreckt sich auf bakterielle Infektionskrankheiten, Protozoenerkrankungen, auf Pilz- und Viruserkrankungen. Die chemotherapeutische Behandlung von Krankheiten, die durch Viren hervorgerufen werden, ist im Gegensatz zu den oben erwähnten Erkrankungen erst in sehr geringem Umfang möglich.

Experimenten an isolierten Herzmuskelstücken, daß Digitalis direkt auf den Herzmuskel einwirkt. Es verstärkt die Pumpleistung des Herzmuskels, indem es ihn zu stärkerer Kontraktion veranlaßt. Damit wird die Herztätigkeit wirkungsvoller. Die erhöhte Ausscheidung von Wasser ist so zu erklären, daß durch die wirkungsvollere Herztätigkeit die Nieren zu höherer Ausscheidung befähigt sind. Allein darauf beruhen die Heilungserfolge, die man bei der Wassersucht festgestellt hatte.

Die wirksamen Stoffe der Fingerhutblätter sind die Digitalisglykoside. Sie sind Abkömmlinge von Zuckern mit einer aktiven zweiten Komponente, die bei den Herzglykosiden sehr kompliziert gebaut ist. Dies ist auch der Grund, warum auch einfacher gebaute Herzglykoside noch nicht synthetisch hergestellt werden können. Hinzu kommt noch die Tatsache, daß schon geringfügige Änderungen am Bau des Glykosidmoleküls zu einem starken Wirkungsverlust führen. Zur Isolierung der wirksamen Glykoside aus den Fingerhutblättern macht man zuerst eine Extraktion mit Alkohol. Dann werden die gelösten störenden Bestandteile wie Eiweiße und Gerbstoffe entfernt. Durch Verdunstung des Lösungsmittels Alkohol bringt man die Glykoside zur Kristallisation. Der Gehalt an wirksamen Glykosiden in der Pflanze ist abhängig vom Standort, der Erntezeit und dem Alter der Droge und kann sehr stark variieren. Früher verabreichte man die Digitalisglykoside in Form von Tinkturen und Extrakten, deren Reinheitsgrad und Inhalt an Wirksubstanz unterschiedlich war. Heute kann man Reinglykosidpräparate herstellen, die sehr viel genauer zu dosieren sind.

Als weiteres herzwirksames Heilmittel, das in Pflanzen vorkommt, soll noch das Chinidin erwähnt werden. Es stammt aus der Rinde des Chinarindenbaums und ist, wie der Name schon sagt, sehr eng mit dem Chinin verwandt. Chinin ist ein wirksames Mittel gegen Malaria. Während Digitalis die Schnelligkeit des Herzschlags verlangsamt, bewirkt das Chinidin, daß ein unregelmäßig schlagendes Herz wieder regelmäßig schlägt. Diese rhythmussteuernde Wirkung der Droge beruht auf einer Senkung der elektrischen Aktivität und der Reizbarkeit des Herzmuskels. Es vermindert dadurch die Nebenimpulse, die das Herz in Aufruhr versetzen, oder es beseitigt sie ganz.

Das natürlich vorkommende Chinidin reicht inzwischen längst nicht mehr aus. Da das Chinin in der Chinarinde in einem sehr viel höheren Prozentsatz vorkommt und einen dem Chinidin sehr ähnlichen Bau aufweist – beide sind stereoisomere Stoffe – kam man auf den Gedanken, es aus Chinin zu gewinnen. Diese Reaktion beherrscht man seit 1960 in befriedigender Weise. Es ist inzwischen sogar gelungen, Chinidin rein synthetisch herzustellen. Die Zahl solcher Hilfeleistungen der Chemiker bei der Umwandlung von in der Natur vorkommenden Heilstoffen läßt sich beliebig vermehren. Es werden inzwischen auf verschiedenen chemischen Wegen Tausende von Einzelverbindungen isoliert oder künstlich aus Naturstoffen gewonnen. Dadurch ist sowohl die Zahl als auch die Qualität der Medikamente erheblich gesteigert worden. Dies ist sicher eines der größten Verdienste der Chemie für den Menschen, denn viele Krankheiten haben seither ihren Schrecken verloren.

Die anregende Wirkung des Tabaks beruht auf dem Nicotin. Glücklicherweise zersetzt sich Nicotin beim Verbrennen des Tabaks zum größten Teil, denn andernfalls gäbe es keine Raucher mehr: Der Nicotingehalt einer einzigen Zigarre wirkt bereits tödlich. Im Bild: Tabakblätter werden zum Trocknen ausgelegt (links), Zigarrenfabrik in Havanna (Mitte).

Über die anregende Wirkung von Kaffee und Nicotin. Coffein und Nicotin stellen sicher neben dem Alkohol die beiden am häufigsten dem Körper zugeführten »Genußgifte« dar. Sie wirken beide auf das Nervensystem und sind somit als pharmakologisch wirksame Substanzen zu bezeichnen. Sie gehören chemisch gesehen verschiedenen, aber verwandten Stoffgruppen an, deren Vertreter alle ringförmige Moleküle haben und Stickstoff enthalten.

Das Coffein ist der wirksame Bestandteil vieler anregender Getränke, wie Kaffee, Tee und Cola. Es wird von einem großen Teil der Bevölkerung regelmäßig eingenommen. Die Wirkung des Coffeins tritt relativ rasch ein, erreicht nach 30 Minuten ihr Maximum und klingt innerhalb von drei bis vier Stunden wieder ab. In den üblichen Dosierungen von 50 bis 200 mg wirkt es vorwiegend auf die Großhirnrinde. Es werden dadurch Ermüdungserscheinungen aufgehoben und die geistigen Leistungen gesteigert. Ausgeruhte und hellwache Personen können jedoch ihre Leistungsfähigkeit kaum steigern. Höhere Dosen führen zu einer Erregung des Nervensystems. Es kommt jedoch nicht zu einer Erhöhung des Blutdrucks, da die Blutgefäße der Haut, der Nieren und die Herzkranzgefäße erweitert werden. Coffein wird häufig schmerzstillenden Medikamenten zur Anregung zugesetzt. Das Coffein hat jedoch auch günstige Wirkungen zur Beseitigung von Kopfschmerzen, da es die Hirngefäße verengt. Auch bei täglicher Coffeinzufuhr sind keine dauerhaften organischen Schäden zu befürchten, da das Coffein relativ rasch und vollständig vom Körper wieder abgebaut wird. Das Coffein kann synthetisch hergestellt werden. Eine große Menge dieses Stoffs fällt heute jedoch als »Abfallprodukt« bei der Herstellung von coffeinfreiem Kaffee an.

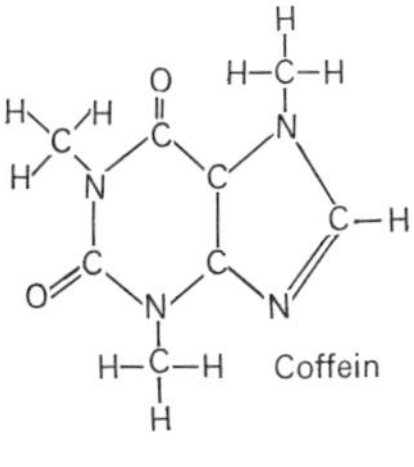

Coffein

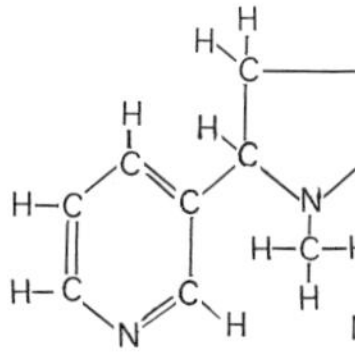

Nicotin

Ein weit gefährlicherer Stoff als das Coffein ist das Nicotin. Eine Dosis von 50 bis 60 mg wirkt bereits tödlich. Dies ist die Nicotinmenge, die in vier bis fünf Zigaretten oder in einer Zigarre enthalten ist. Beim Rauchen kommt es nur deshalb nicht zu tödlichen Vergiftungen, weil ein Großteil des Nicotins in der Verbrennungszone der Zigarette oder Zigarre zersetzt wird.
Von seinem chemischen Aufbau her betrachtet, gehört das Nicotin zu der für die Arzneimittelgewinnung sehr wichtigen Gruppe der Alkaloide, zu denen auch das bereits erwähnte Chinin gehört. Alkaloide sind fast ausschließlich pflanzlicher Herkunft. Sie sind in den Pflanzen fast immer salzartig an Pflanzensäuren gebunden. In den einzelnen Pflanzenfamilien findet man häufig eine ganze Reihe chemisch verwandter Alkaloide nebeneinander. Zur Gewinnung der Alkaloide behandelt man die zerkleinerten Pflanzenteile meist mit Laugen, wodurch sie aus dem Salz freigesetzt werden. Zur Reinigung werden sie mit organischen Lösungsmitteln wie Chloroform und Äther behandelt.

Das Nicotin spielt als Arzneimittel keine Rolle. Es wirkt in geringen Dosen erregend

auf das Nervensystem. Höhere Dosen blokkieren jedoch die Nervenzellen. Die Beurteilung, inwieweit Schäden bei langjährigem Rauchen auf das Nicotin zurückzuführen sind, ist schwierig. Man weiß inzwischen mit Sicherheit, daß bestimmte Teerbestandteile, die beim Rauchen entstehen, Krebs hervorrufen können. Ebenso ist erwiesen, daß die Verkalkung der Herzkranzgefäße durch Rauchen beschleunigt wird und Gefäßverschlüsse (Raucherbein) durch Nicotinzufuhr begünstigt werden. Trotzdem ist der Zigarettenkonsum in ständigem Steigen begriffen.

Enzyme sind Biokatalysatoren. Ein einfacher Versuch soll uns die Wirkungsweise eines Enzyms demonstrieren. Bringt man in ein Reagenzglas ein Stückchen gekochten Fisch und läßt darauf eine schwache Lösung von Pepsin einwirken, so wird man auch nach mehreren Tagen keine Reaktion feststellen können. Wahrscheinlich wird die Lösung durch Bakterienbefall getrübt sein, das Fleischstück wird aber von dem Enzym nicht angegriffen. Setzt man jedoch der Lösung eine ganz geringe Menge Salzsäure zu, dann wird die Lösung klar bleiben, da die Säure bakterientötend wirkt. Das Fleischstückchen wird sich aufgelöst haben, da Pepsin nur in saurer Umgebung wirksam ist. Es ist nicht verwunderlich, daß das Fleisch aus der Lösung verschwunden ist, da Fleisch zum allergrößten Teil aus Proteinen besteht. Das Eiweiß wurde durch das Enzym in Aminosäuren gespalten, die in Lösung gegangen sind. Macht man den gleichen Versuch mit einem Brot- oder Fettstückchen, dann wird unter keinen Umständen eine Veränderung stattfinden. Mit Hilfe dieser sehr einfachen Versuchsanordnung haben wir einige Eigenschaften von Enzymen beispielhaft aufgezeigt: Enzyme wirken nur auf ganz bestimmte Stoffe, man nennt diese Eigenschaft substratspezifisch; sie sind auch in sehr geringen Mengen wirksam und brauchen ein ganz bestimmtes Milieu (in unserem Fall mußte die Lösung sauer sein).

Obwohl vieles über die Enzyme bereits bekannt ist, konnte man bisher keinen einzigen enzymatischen Prozeß in allen Einzelheiten analysieren. Es gibt jedoch über die Wirkungsweise der Enzyme eine Reihe von Hypothesen, in denen durch vereinfachende Modellvorstellungen ein kompliziertes Geschehen veranschaulicht wird. Wirksam wird ein Enzym nur, wenn es mit dem richtigen Stoff, Substrat genannt, zusammentrifft. Wahrscheinlich kann das Substrat nicht an jeder beliebigen Stelle des Enzyms angelagert werden, sondern nur an einem aktiven Zentrum, von dem die katalysierende Wirkung ausgeht. Das aktive Zentrum des Enzyms muß genau zum Substrat passen, wie der Schlüssel zum Schloß.

Ist dies der Fall, so kann die das Substrat verändernde Reaktion ablaufen. Nach Beendigung der Reaktion trennen sich das Enzym und das veränderte Substrat wieder. Das Enzym kann eine neue Reaktion katalysieren. Die Wirkungsweise des Enzyms entspricht genau der Definition des Katalysators in der Chemie. Es nimmt zwar an der Reaktion teil, geht aber unverändert wieder aus ihr hervor. Auf diese Weise können selbst geringe Enzymmengen sehr große Substratmengen umsetzen. Alle Enzyme sind Proteine, also reine Eiweißmoleküle. Es gibt jedoch auch Enzyme, in denen der Ei-

Neben dem Nicotin ist Coffein das Gift, das Menschen sich freiwillig am häufigsten einverleiben. Es ist enthalten im Samen des Kaffeebaumes, der in Urwaldplantagen in Afrika, Süd- und Mittelamerika sowie in Indonesien kultiviert wird. Im Bild: Ernte der Kaffeekirschen in Kolumbien.

weißkörper (Apoenzym) erst mit einem anderen Stoff, Coenzym genannt, in Verbindung treten muß, bevor er seine katalysatorische Wirkung entfalten kann. Man schätzt, daß etwa 1000 Enzyme von lebenden Zellen gebildet werden können. Bekannt davon sind allerdings erst rund 150. Die Giftwirkung vieler Stoffe geht darauf zurück, daß sie Enzyme unwirksam machen und damit lebenswichtige Funktionen des Organismus blockieren. Übrigens kennt man heute auch beim Menschen eine ganze Anzahl von Krankheiten, wie z. B. die Phenylketonurie, die auf das Fehlen eines Enzyms zurückzuführen sind. Ohne Enzyme – die alle Stoffe auf- und abbauen – ist Leben nicht möglich. Denn alle Lebensvorgänge laufen in einem begrenzten Temperaturbereich (ca. 0 °–40 °C) ab. Ohne Enzyme liefen sie bei dieser Temperatur entweder unendlich langsam oder (z. B. bei der Oxidation) mit einer für den Organismus tödlichen Hitzeentwicklung ab.

Sieg über den Schmerz. Mit Ausnahme von ganz wenigen Menschen, die ohne jede Schmerzempfindlichkeit geboren werden, empfinden wir alle mehr oder weniger häufig Schmerzen. Obwohl die wissenschaftlichen Erkenntnisse der Schmerzforschung in den letzten zehn Jahren große Fortschritte brachten, gibt es immer noch keine allgemein anerkannte Definition des Schmerzes. Man kann ihn als fühlbare oder drohende Warnung der Natur vor Gefahren für den Körper auffassen. Wir sind jedoch alle bestrebt, körperliche Schmerzen zu vermeiden. Das gilt auch für das Angstgefühl – den seelischen Schmerz. Von dem mit Mohnsaft vollgesogenen Schwamm bis zu den schmerzlindernden Mitteln der Gegenwart verstrich ein großer Zeitraum, währenddessen es nicht möglich war, die meisten Schmerzen zu lindern. Der Schwamm mit Mohnsaft war ein reines Naturprodukt, die neuen Schmerzmittel, auch Analgetica genannt, sind das Produkt einer wissenschaftlichen Entwicklung.

Über das Morphium haben wir bereits einiges im Zusammenhang mit den Rauschmitteln gehört. Hier sollen das Morphin und seine Abkömmlinge als Beispiele dafür dienen, wie es dem Chemiker möglich ist, durch geringe Veränderungen an der Struktur eines Moleküls tiefgreifende Änderungen in der pharmakologischen Wirkung zu erzielen. 1803 bis 1806 isolierte der Apotheker F. W. Sertürner aus Opium eine stickstoffhaltige Substanz, der er wegen ihrer starken hypnotischen Wirkung den Namen Morphium gab. Den Namen leitete er von Morpheus, dem griechischen Gott des Schlafes, ab. Erst mehr als hundert Jahre später – 1925 – gelang es, die richtige Konstitutionsformel dieses komplizierten Naturstoffs aufzustellen (siehe Graphik), und 1952 konnte dieser Stoff zum erstenmal synthetisiert werden.

Nach dem Bekanntwerden der Strukturformel setzten fieberhafte Untersuchungen ein, in denen herausgefunden werden sollte, welche Teile des Moleküls für die schmerzstillende Wirkung verantwortlich sind. Man hoffte dadurch zu einfacher gebauten schmerzlindernden Mitteln zu kommen, die besser verträglich sind und, was besonders wichtig ist, keine Sucht erzeugen. Trotzdem ist man bis heute noch nicht zu einem eindeutigen Ergebnis gekommen. Man kennt immer noch keine allgemeingültigen Beziehungen zwischen der chemischen Struktur und der Morphinwirkung. Auch die Erwartungen, durch Strukturveränderungen völlig von Nebenwirkungen freie Stoffe zu erhalten, sind bis heute unerfüllt geblieben. Obwohl man die eigentlichen Ziele noch nicht erreicht hat, haben die Forschungen eine Fülle von interessanten und auch wichtigen Produkten ergeben. Die größte Bedeutung des Morphins besteht immer noch darin, daß es Schmerzempfindungen durch

Die Aufnahme eines Medikaments in den Körper kann auf verschiedenen Wegen erfolgen. Es wird entweder in Form von Tabletten oder Pillen geschluckt und gelangt über den Darmkanal in den Kreislauf, oder es wird direkt in die Blutbahn oder auch in die Muskeln gespritzt. Durch den Kreislauf wird es dann an den Wirkungsort transportiert. Es gibt Medikamente, die dort sofort wirken, andere werden vorher erst im Stoffwechsel umgebaut. Eine Langzeitwirkung kann dadurch erzielt werden, daß fettlösliche Wirkstoffe im Fettgewebe des Körpers eingelagert werden.

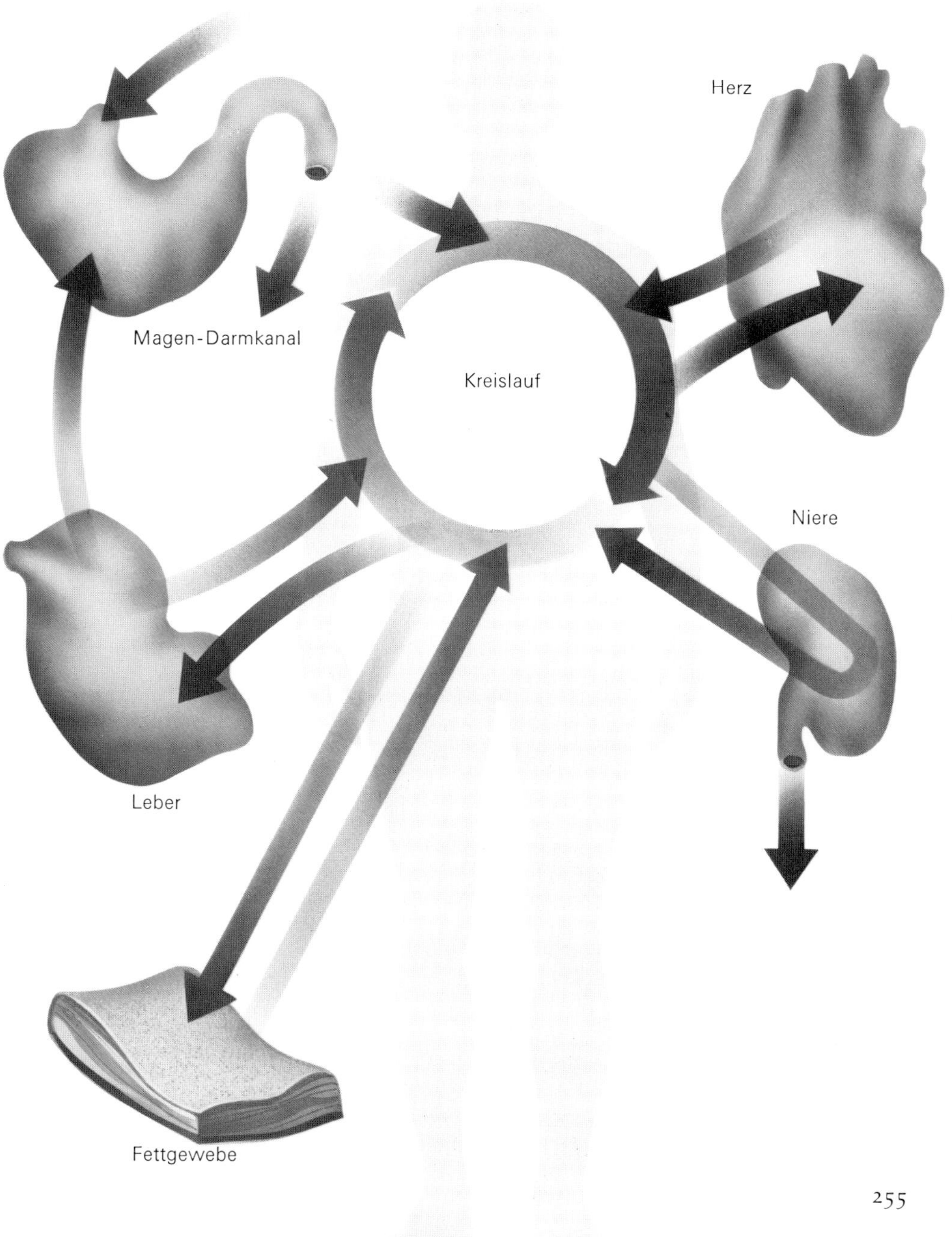
Herz
Magen-Darmkanal
Kreislauf
Niere
Leber
Fettgewebe

Beeinflussung des Gehirns weitgehend neutralisiert. Daneben reduziert es die geistige Aktivität und beseitigt Unlust- und Angstgefühle. Es führt jedoch innerhalb recht kurzer Zeit zur Sucht. Deshalb soll es nur in sehr geringen Dosierungen ausschließlich bei sehr starken Schmerzen angewandt werden. Bei der Suche nach der wirksamen Gruppe veränderte man durch gezielte chemische Reaktionen bestimmte Atomgruppen des Moleküls oder man fügte neue Atome bzw. Atomgruppen hinzu. Ersetzt man bei einer der beiden OH-Gruppen des Morphinmoleküls den Wasserstoff durch eine CH_3-Gruppe, so erhält man einen Stoff, der viel schwächer schmerzlindernd wirkt. Er besitzt aber weiterhin eine Eigenschaft des Morphins, nämlich die hemmende Wirkung auf das Hustenzentrum. Dieser Stoff, der unter dem Namen Codein bekannt wurde, ist auch heute noch eines der am meisten angewandten Hustenmittel. Gleichzeitig mit der schmerzstillenden Wirkung nimmt auch die Gefahr ab, daß der Stoff süchtig macht. So kann das Codein als Hustenmittel ohne Bedenken eingesetzt werden.

Ein Ersatz des Wasserstoffatoms der anderen OH-Gruppe durch eine CH_3-Gruppe führt zu einer Verstärkung der schmerzlindernden Wirkung. Diese Stoffe bieten jedoch keine prinzipiellen Vorteile gegenüber dem Morphin. Eine besonders gefährliche Substanz erhält man aus Morphin, wenn man beide OH-Gruppen durch CO-CH_3-Gruppen ersetzt. Es entsteht das Heroin, das eine zehnmal so starke Wirksamkeit besitzt wie das Morphin. Da es auf recht einfache Weise hergestellt werden kann, hat es eine große Bedeutung als Rauschmittel erlangt.

Das Herz ist ein rhythmisch arbeitendes Organ. Es kann unter bestimmten Bedingungen seine Tätigkeit sogar außerhalb des Körpers fortsetzen. Die Erregungen, die letzten Endes zu einem Zusammenziehen des Herzens führen, gehen normalerweise vom 1. Schrittmacher aus und werden auf den 2. Schrittmacher übergeleitet. Von dort aus erfolgt die Erregungsleitung weiter über viele Nervenverzweigungen um die Herzkammer, die sich zusammenzieht und dadurch das Blut in die Gefäße pumpt. Durch dieses komplizierte Schrittmachersystem ist das Herz mehrfach gegen Stillstand gesichert, denn der 2. Schrittmacher und unter Umständen sogar die Herzkammern können durch eigene Impulse den Herzschlag aufrechterhalten. In die Herztätigkeit greifen auch noch der Sympathikus und Parasympathikus regulierend ein. Der erstere sorgt bei Bedarf für eine Beschleunigung des Herzschlags, der zweite für eine Verlangsamung.

Bestimmte herzwirksame Arzneimittel können an den verschiedensten Stellen auf das Herz einwirken. So bewirken die Digitalisglykoside in erster Linie eine Steigerung der Kontraktionskraft des Herzens. Das Adrenalin kann die Herzfrequenz steigern. Das Chinidin verlängert die Ruhepause zwischen zwei Herzschlägen und hemmt die Herzmuskelaktivität. Eine den Herzschlag beeinflussende Wirkung hat auch das Reserpin. Es wirkt jedoch nicht direkt auf den Schrittmacher, sondern sorgt durch einen schnellen Abbau von »antreibenden« Stoffen für eine langsamere Herzfrequenz. Atropin wirkt blockierend auf das parasympathische Nervensystem und führt so zu einer nicht immer erwünschten Steigerung der Herzfrequenz.

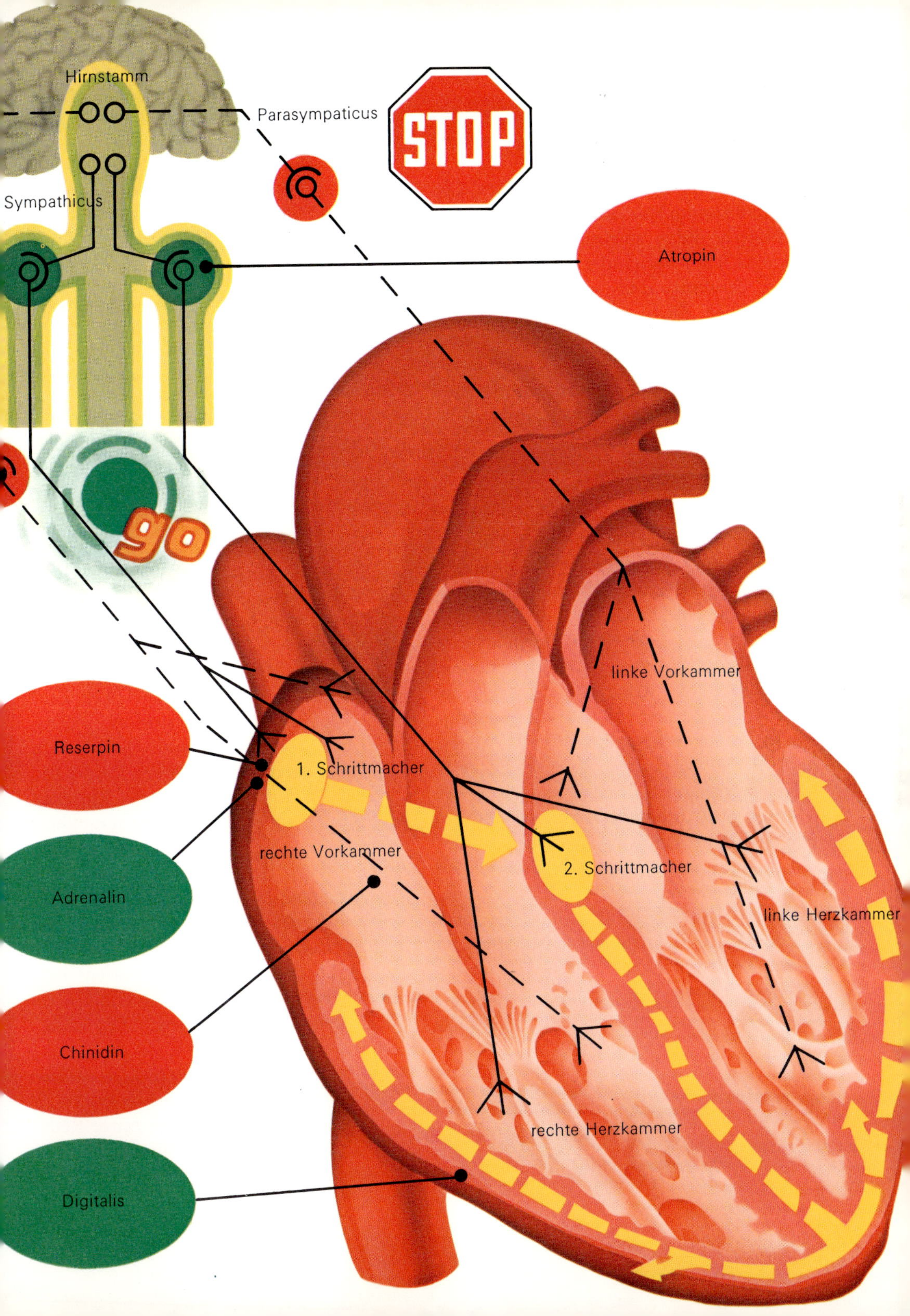
Hirnstamm
Parasympaticus
STOP
Sympathicus
Atropin
go
linke Vorkammer
Reserpin
1. Schrittmacher
rechte Vorkammer
2. Schrittmacher
Adrenalin
linke Herzkammer
Chinidin
rechte Herzkammer
Digitalis

An den drei Beispielen Morphium, Codein und Heroin läßt sich gut aufzeigen, wie wichtig für die Arzneimittelforschung die Frage nach der Beziehung zwischen chemischer Struktur und pharmakologischer Wirkung ist. Wenn trotz vieler Mißerfolge die Anstrengungen auf diesem Forschungsgebiet verstärkt werden, so gibt es hierfür vor allem einen Grund – wenn es aufgrund der Struktur eines Moleküls gelänge, Aussagen über seine Wirkung als Arznei zu machen, so würde die Suche nach neuen Wirkstoffen entscheidend erleichtert.

606 – die berühmteste Präparatenummer der Welt. Im Jahre 1910 mußten die Farbwerke Hoechst einen bestimmten Werksteil mit einer mannshohen Mauer umgeben. Tag und Nacht bewachten Streifenposten diesen Teil des Werkgeländes, und nur speziell ausgewählte Arbeiter und Angestellte durften hier Dienst tun. Der Grund dafür lag an der Entdeckung eines neuen Arzneimittels, des Salvarsans. Es war das erste wirklich wirksame Mittel gegen eine der am meisten gefürchteten Krankheiten: die Syphilis. Reiche Leute boten Arbeitern des Werks Tausende von Talern, falls sie ihnen zu der rettenden Arznei verhelfen würden. Aber das Mittel befand sich zu diesem Zeitpunkt noch in der klinischen Erprobung und konnte zudem noch nicht in ausreichenden Mengen produziert werden.

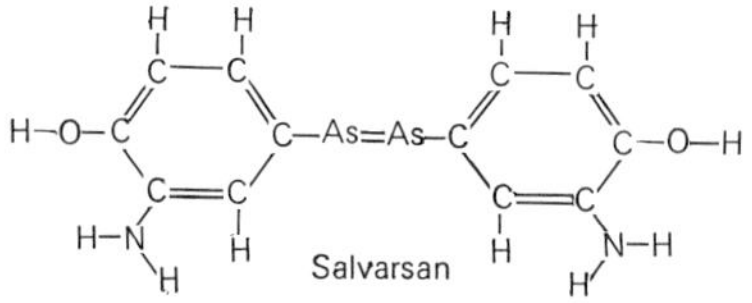

Salvarsan

Unter **Antibiotika** versteht man die (ursprünglich) von Mikroorganismen gebildeten Stoffe, die befähigt sind, andere Mikroorganismen in ihrem Wachstum zu hemmen oder abzutöten. Diese Definition muß jedoch dahingehend erweitert werden, daß auch von höheren Pflanzen antibiotisch wirksame Substanzen gebildet werden können. Neben den natürlichen Antibiotika wurden durch Partialsynthese neue Verbindungen mit teilweise verbesserten Eigenschaften gewonnen, die ebenfalls zu den Antibiotika gerechnet werden. Die Grenze zwischen Antibiotika und Chemotherapeutika ist inzwischen verwischt. So rechnet man das Chinin, ein Naturprodukt, zu den chemotherapeutisch wirksamen Mitteln, während das Chloramphenicol, das heute nur noch synthetisch gewonnen wird, als Antibiotikum gilt.

Der Entdecker dieser Arznei war Paul Ehrlich (1854–1915). Er hatte zwei Jahre zuvor bereits den Nobelpreis für Medizin bekommen. Seine ersten großen Verdienste hatte er sich auf dem Gebiet der Entwicklung von Seren gegen Infektionskrankheiten erworben. Zusammen mit Robert Koch und Emil von Behring hatte er entscheidende Impulse gegeben, als es darum ging, das Diphtherieserum wirkungsvoll zu konzentrieren. Doch bereits in seiner Studienzeit war Ehrlich von der Idee besessen, nach neuen Wegen zur Vernichtung krankheitserregender Mikroben zu suchen. Er glaubte, daß es auch Wege geben müsse, die Krankheitserreger direkt mit »desinfizierenden« Mitteln zu vernichten. Natürlich gab es zu diesem Zeitpunkt bereits eine ganze Reihe wirkungsvoller Desinfektionsmittel. Aber sie waren alle gleichzeitig hochgiftige Stoffe

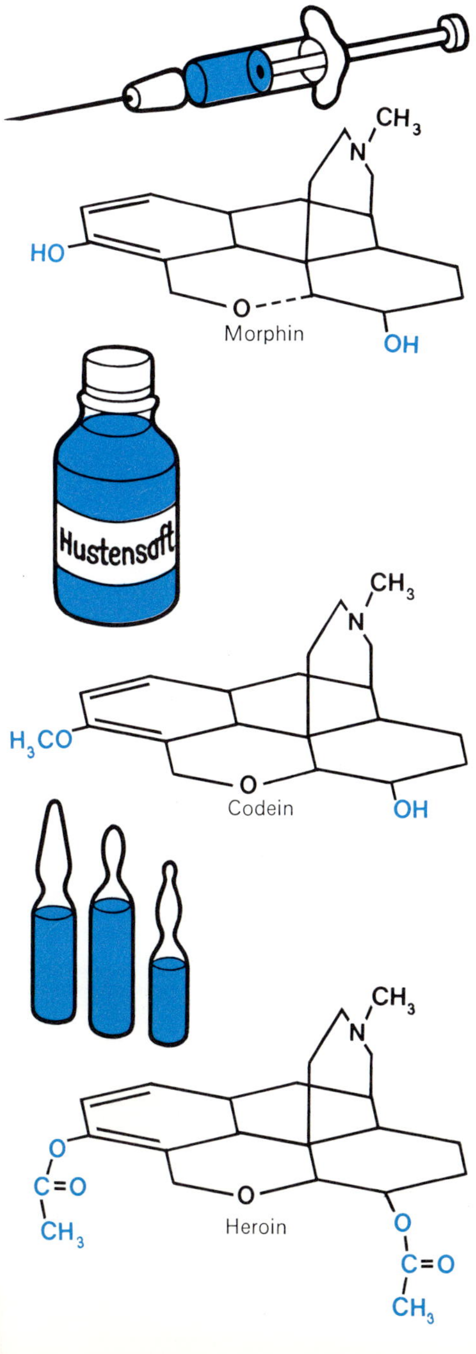

Durch geringfügige chemische Veränderungen am Morphingerüst erhält man drei Substanzen von unterschiedlicher pharmakologischer Wirkung: das Morphin – eine schmerzlindernde Substanz – das Codein – ein bewährtes Hustenmittel – und das Heroin – ein berüchtigtes Rauschmittel.

für den menschlichen Körper. Seine Beobachtung, daß bestimmte Farbstoffe eine Affinität zu lebenden und toten Zellen zeigten, ließ in ihm den Gedanken reifen, daß die Auffindung neuer chemotherapeutisch wirksamer Substanzen nur über die Farbstoffe führen könnte. Er sollte mit seiner Idee recht behalten.

Die Verwirklichung seiner Idee führte über eine Unsumme von Experimenten mit Farbstoffen. Ehrlich gab sich hierzu selbst folgende Arbeitsanweisung: »Es sind chemische Substanzen ausfindig zu machen, die bei höchster Desinfektionswirkung von geringster Giftigkeit für den Organismus sind.« Anfangs experimentierte Ehrlich mit Farbstoffen wie Methylenblau, Trypanrot und Fuchsinrot. Bald mußte er jedoch erkennen, daß diese Stoffe nicht wirksam genug waren. Deshalb erwog er, Schwermetalle in Farbstoffe einzuführen. Von einigen Schwermetallen wußte man bereits, daß sie therapeutische Wirkung besaßen. Das Quecksilber war ein in der damaligen Medizin durchaus bewährter Stoff. Die ersten positiven Resultate erhielt die Arbeitsgruppe um Ehrlich mit dem Arsenpräparat Nummer 418. Es zeigte gute Ergebnisse bei der Vernichtung von Spirochäten, die auch die Syphilis hervorrufen. Von diesem Zeitpunkt an forcierte man die Bemühungen zur Herstellung einer geeigneten Substanz. Als man bei der Verbindung mit der Präparatnummer 592 angekommen war, zeigten sich sehr gute Erfolge beim Tierversuch. Als man das Präparat in eine reinere und besser lösliche Form umgestaltet hatte, erhielt es die Präparatenummer 606.

Bei seiner ersten Anwendung auf Kranke hatte es eine verblüffende Wirkung. Weitere klinische Erprobungen verliefen ebenfalls überaus positiv. Am 20. September 1910 berichtete Paul Ehrlich über sein neues Salvarsan genanntes Mittel, vor der Versammlung deutscher Naturforscher in Königsberg. Er wurde gefeiert wie kein Arzt vor ihm. Ehrlich hatte eine neue medizinische Methode zum erstenmal erfolgreich angewandt – die Chemotherapie. Nach seinem Tod 1914 schrieb die Londoner »Times« in einem Nachruf: »Er hat neue Tore ins bisher Unbekannte aufgestoßen, und zu dieser Stunde ist die ganze Welt sein Schuldner.« Inzwischen ist das Salvarsan durch andere Mittel ersetzt worden, denn die Syphilis-Erreger sind gegen dieses Medikament weitgehend resistent.

Die Reihe der synthetischen Arzneimittel wird immer länger. Die Schüler und Bewunderer Ehrlichs hatten schnell begriffen, daß die chemische Medizin ein Experiment ohne Ende ist. 1916 gelang den Farbwerken Bayer die Entwicklung eines Medikaments gegen die Schlafkrankheit, das unter dem Namen Germanin weltberühmt wurde. Es war ebenfalls aus einem Farbstoff hervorgegangen. Zehn Jahre später entdeckte man mit dem Plasmochin ein wirksames Mittel gegen die Malaria.

Obwohl die Erfolge bei der Bekämpfung einzelner Infektionskrankheiten sehr groß waren, fand man erst 1935 ein Präparat, das gegen die Sepsis, besser bekannt unter dem Namen Blutvergiftung, Heilerfolge ver-

sprach. Es war das Prontosil, chemisch gesehen ein Sulfonamid! Man wird sicher nicht verwundert sein zu hören, daß auch dieses Mittel ein Farbstoff war. Sein Entdecker war Gerhard Domagk.

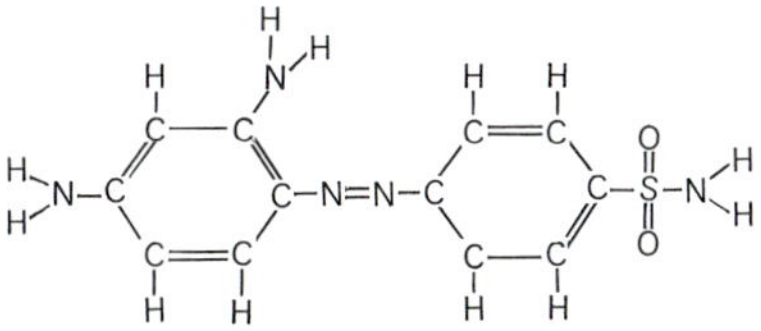

Prontosil

Schon wenig später wurde herausgefunden, daß auch das Prontalbin, ein farbloses Sulfonamid, gegen Bakterien wirksam war. Seitdem es 1940 gelungen war, den Wirkungsmechanismus der Sulfonamide herauszufinden, ging die Entwicklung neuer wirksamerer Substanzen dieser Stoffklasse sehr schnell voran. Mit ihrer Entdeckung war es zum erstenmal möglich, gezielt chemische Substanzen mit gewünschter Arzneimittelwirkung zu synthetisieren. Auf diese Weise entstand eine breite Palette von

Ehe ein Arzneimittel auf den Markt kommt, müssen strenge gesetzliche Auflagen erfüllt sein. Die »Vorläufersubstanzen« werden eingehenden pharmakologischen und medizinischen Untersuchungen unterzogen. Verlaufen sie positiv, wird die Herstellung einer größeren Substanzmenge beschlossen, und nach Prüfung der chemischen Reinheit und Einheitlichkeit beginnt ein Großversuch an Tieren, vor allem an Hunden und Ratten. Man prüft die Auswirkungen der Substanz auf die Entwicklung und das Verhalten der Tiere und ermittelt die tödliche Dosis. Zum Abschluß werden alle Organe der behandelten Tiere histologisch, d.h. auf eventuelle krankhafte Veränderungen, untersucht (siehe auch S. 269).

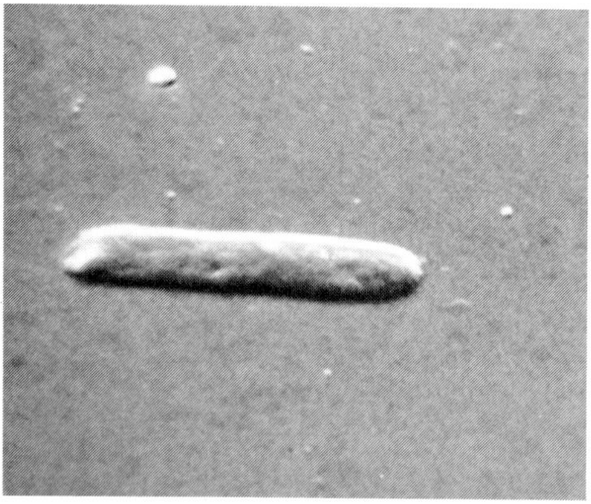

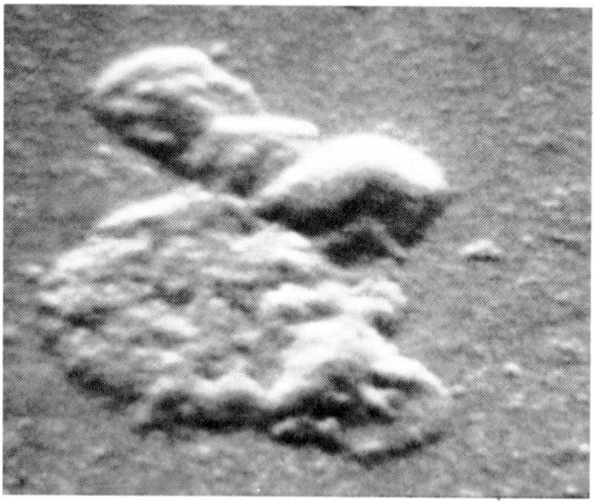

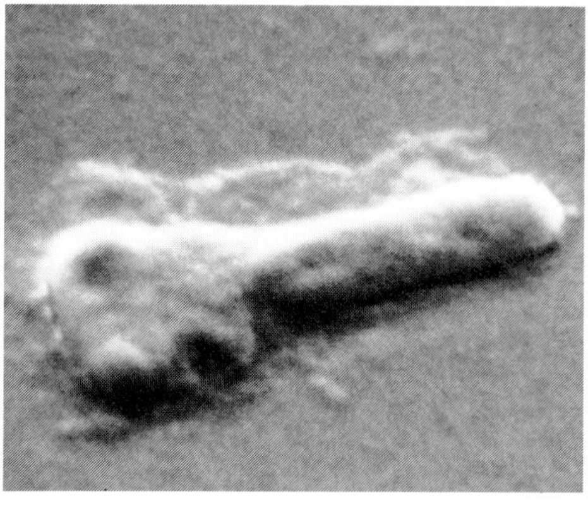

Durch einen Zufall entdeckte 1928 Alexander Fleming (rechts) die »heilenden Kräfte« des Schimmelpilzes Penicillium rubrum. Der von diesem Pilz abgesonderte Wirkstoff – Penicillin – tötete die Erreger des Scharlachs, der Lungenentzündung, des Trippers, des Milzbrandes. Bis zur chemischen Großproduktion des Penicillins vergingen jedoch noch gute 12 Jahre (siehe folgende Seiten).
Im Bild: drei Penicillin-Pilzkulturen im Labor (rechts unten) – stufenweise Zerstörung von Kolibakterien. Unter dem Einfluß von Penicillin wird die Zellmembran der Bakterien zerstört, und der Inhalt quillt heraus (10000mal vergrößert).

gezielt wirkenden Medikamenten, die alle nach dem gleichen System aufgebaut sind.

Es ist unmöglich, auch nur andeutungsweise auf die selbst für den Fachmann kaum mehr überschaubare Menge von chemotherapeutisch wirksamen Substanzen einzugehen. Otto Warburg erklärte in einer Würdigung Domagks 1965: »Der Wert der Sulfonamidproduktion in den Vereinigten Staaten, also in einem Land und einem Jahr, betrug 39 Millionen Dollar. Man kann hiernach den Wert der Weltproduktion seit Domagks erster Mitteilung auf mehr als eine Milliarde Dollar schätzen, was bedeutet, daß er einer ungeheuren Zahl von Menschen das Leben gerettet hat.«

Zufallsentdeckung Penicillin. Zum gleichen Zeitpunkt, als man überall auf der Welt an der Synthese neuer Sulfonamide arbeitete und Mittel wie das Prontosil als Wunderheilmittel bezeichnete, existierte bereits die Urform eines Wirkstoffes, der die Wirkung der Sulfonamide weit übertreffen sollte: das Penicillin. Seine Entdeckung ver-

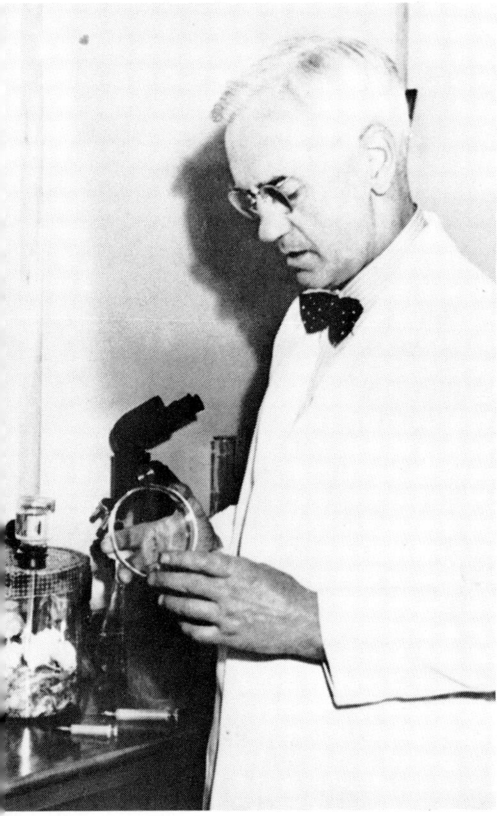

dankt es einem Zufall, und sein Entdecker war ursprünglich gar nicht sehr erfreut darüber. Der englische Forscher Alexander Fleming (1881–1955) befaßte sich im September 1928 mit bakteriologischen Routinearbeiten. Zur Untersuchung von verschiedenen Staphylokokken züchtete er einige Bakterienstämme. Bei einer Kontrolle machte er eine ärgerliche Entdeckung: Auf einem der Nährböden hatte sich Schimmel gebildet, und damit war die Kultur verdorben. Er wollte die verdorbene Kultur gerade vernichten, als er eine interessante Beobachtung machte. Am Rande der Schimmelpilzkolonie waren keine Staphylokokken mehr zu erkennen, während sie in einiger Entfernung davon ungestört wuchsen. Er zog daraus folgenden Schluß: Der Pilz mußte über einen Stoff verfügen, der die Fähigkeit hatte, Staphylokokken zu töten. Sofort begann Fleming diese Zufallsbeobachtung wissenschaftlich abzusichern. Er machte unzählige gezielte Versuche und fand dabei heraus, daß der von dem Schimmelpilz Penicillium rubrum abgesonderte Stoff in der Lage war, die Erreger so gefährlicher Krankheiten wie Scharlach, Lungenentzündung, Tripper und sogar Milzbrand zu töten. Es gab jedoch auch unempfindliche Krankheitserreger wie die Typhus- und die Ruhrbakterien. Als Fleming versuchte, den wirksamen Stoff des Schimmelpilzes, den er Penicillin nannte, in konzentrierter Form zu isolieren, erlitt er den ersten Rückschlag. Der Versuch mißlang, und das dürfte in erster Linie daran gelegen haben, daß er kein Chemiker war. Das Penicillin war ein zu empfindlicher Stoff, den man nicht mit den üblichen Methoden isolieren konnte, ohne ihn zu zerstören. Er machte Versuche mit

Hier wird an Ratten untersucht, wie lange ein Medikament im Magen-Darm-Kanal bleibt, denn es kann seine Wirkung nicht entfalten, wenn es zu schnell ausgeschieden wird. Um die Einheitlichkeit der Medikamente zu gewährleisten, werden physikalische Meßmethoden angewandt. Im Bild ein Gerät, mit dem die Härte von Tabletten getestet wird.

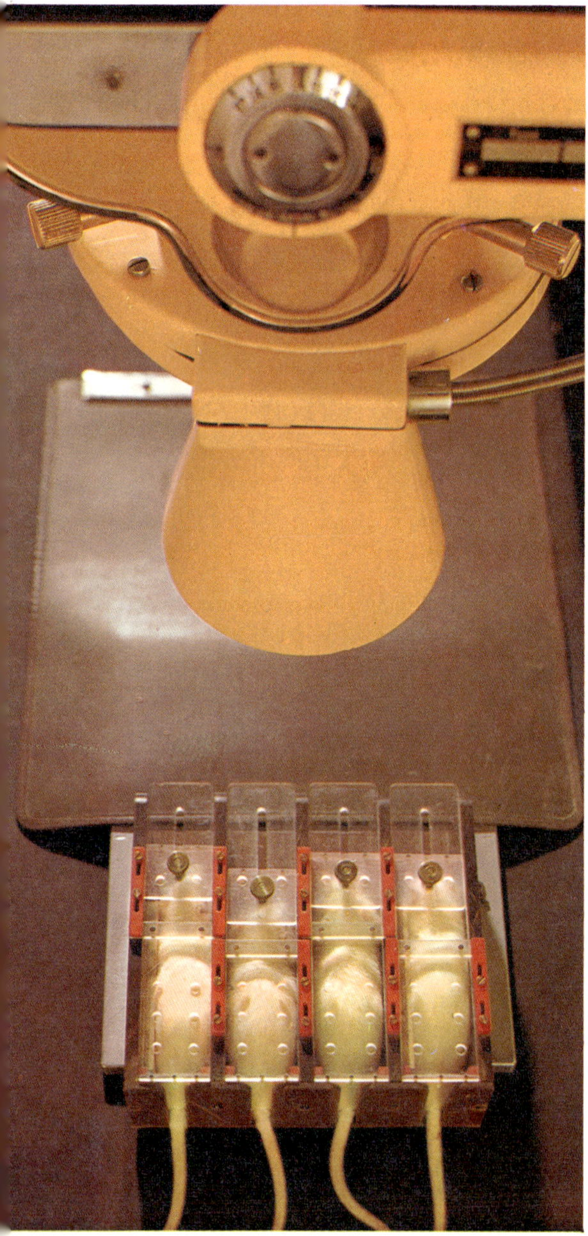

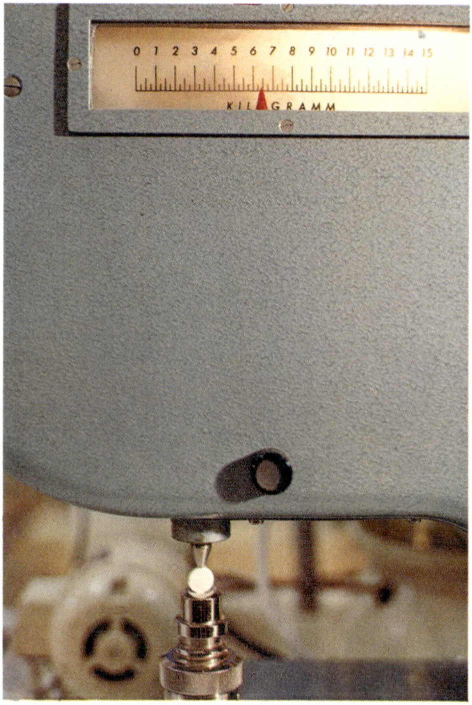

einer sehr stark verdünnten penicillinhaltigen Nährlösung, die auch bei oberflächlichen Wunden gute Wirkung zeigte. Aber die Tatsache, daß er sein Präparat nicht als Extrakt vorlegen konnte – dies ist die Voraussetzung für klinische Experimente –, ließ in der Fachwelt kein Interesse aufkommen. Vielleicht lag das auch daran, daß die damaligen Fachleute viel zu stark von der Suche nach chemotherapeutisch wirksamen Stoffen fasziniert waren. Und so kam es, daß Alexander Fleming seine Experimente 1929 resigniert einstellte.

Zehn Jahre später interessierte sich eine Forschergruppe in Oxford wieder für die Entdeckung Flemings. Die beiden Wissenschaftler Florey und Chain waren erfahren im Umgang mit geringen Konzentrationen empfindlicher Stoffe. In wenigen Wochen gelang ihnen die Darstellung von Penicillin als Trockensubstanz. Tierversuche an infizierten Mäusen verliefen bald darauf überaus positiv. Eine Gruppe von genau 50 Mäusen wurde mit einer unbedingt tödlich wirkenden Dosis von Bakterien infiziert. Der Hälfte der Tiere verabreichte man als Gegenmittel Penicillin. Von diesen Tieren überlebten 24, sämtliche unbehandelten Tiere dagegen waren nach wenigen Stunden tot.

Im Februar 1941 mußte Penicillin seine erste Bewährungsprobe am Menschen bestehen. Bei einem Londoner Polizisten, der sich eine schwere Blutvergiftung zugezogen hatte, versagte die Behandlung mit allen damals bekannten Chemotherapeutica. Nach einer Injektion mit Penicillin zeigte der Todkranke kurze Zeit später alle Anzeichen einer Besserung. Da ging das Penicillin aus. Man bemühte sich fieberhaft, neues Penicillin herzustellen. Es war jedoch zu spät. Der Mann starb. Von diesem Zeitpunkt an ging es Schlag auf Schlag. Obwohl sich die Industrie ursprünglich an einer Großproduktion des Penicillins desinteressiert gezeigt hatte – man betrachtete aus Kostengründen die Produktion eines nur in winzigen Mengen im Schimmelpilz vorkommenden Stoffes als utopisch –, begann man in Amerika während des Zweiten Weltkrieges mit einem gewaltigen geheimen Forschungsprogramm. Es gelang innerhalb weniger Jahre, das Penicillin zu einem einsatzfähigen Medikament zu entwickeln. Die Wirksamkeit des Penicillins übertraf hauptsächlich bei infizierten Wunden alle Erwartungen.

Bei dem Vergleich der ersten Forschungsergebnisse der Engländer und der Amerikaner fiel auf, daß die von den jeweiligen Forschergruppen gewonnenen Penicilline in ihren Eigenschaften nicht übereinstimmten. Dies war erstaunlich, da beide Gruppen mit dem gleichen Pilzstamm gearbeitet hatten. Der Unterschied bestand nur in der Nährlösung, in der die Kulturen gehalten wurden. So kam man zu der Erkenntnis, daß die Eigenschaften des Produktes von der Nährlösung abhängig seien.

Im gleichen Zusammenhang stellte man fest, daß ein Stoff, das Phenoxyäthanol, das der Nährlösung zur Vermeidung von Fremdinfektionen zugesetzt worden war, ebenfalls die Eigenschaft des Penicillins verändert hatte.

Das bisher bekannte Penicillin war nicht säurefest und konnte deshalb nicht geschluckt werden. Der neue Stoff, das Penicillin V, war das erste säurefeste und damit zum Schlucken geeignete Produkt. Die Erklärung für diese erstaunliche Tatsache liegt in der Änderung des Molekülbaus begründet. Das Grundgerüst des Penicillins ist die 6-Aminopenicillansäure. Beim ursprünglichen Penicillin G wurde unter Einwirkung des zugesetzten Stoffs die Seitenkette geändert, indem ein einziges zusätzliches Sauerstoffatom eingebaut wurde.

Im Laufe der Zeit gelang es, eine ganze Reihe abgewandelter Penicilline herzustellen. Sie erlangten jedoch alle keine praktische Bedeutung. Erst als es gelang, in großtechnischem Maßstab die 6-Aminopenicillansäure aus Penicillin G herzustellen, war der Weg für halbsynthetische Penicilline frei. Mit ihnen ließen sich sowohl die

Die Steuerung des Menstruationszyklus bei der Frau ist ein sehr komplizierter Vorgang. Verantwortlich dafür sind Hormone der Hypophyse (Hirnanhangdrüse). Die Veränderung der Gebärmutterschleimhaut wird in erster Linie durch Östrogen hervorgerufen. Die Vorbereitung des Uterus für die Aufnahme eines befruchteten Eies erfolgt durch Progesteron.

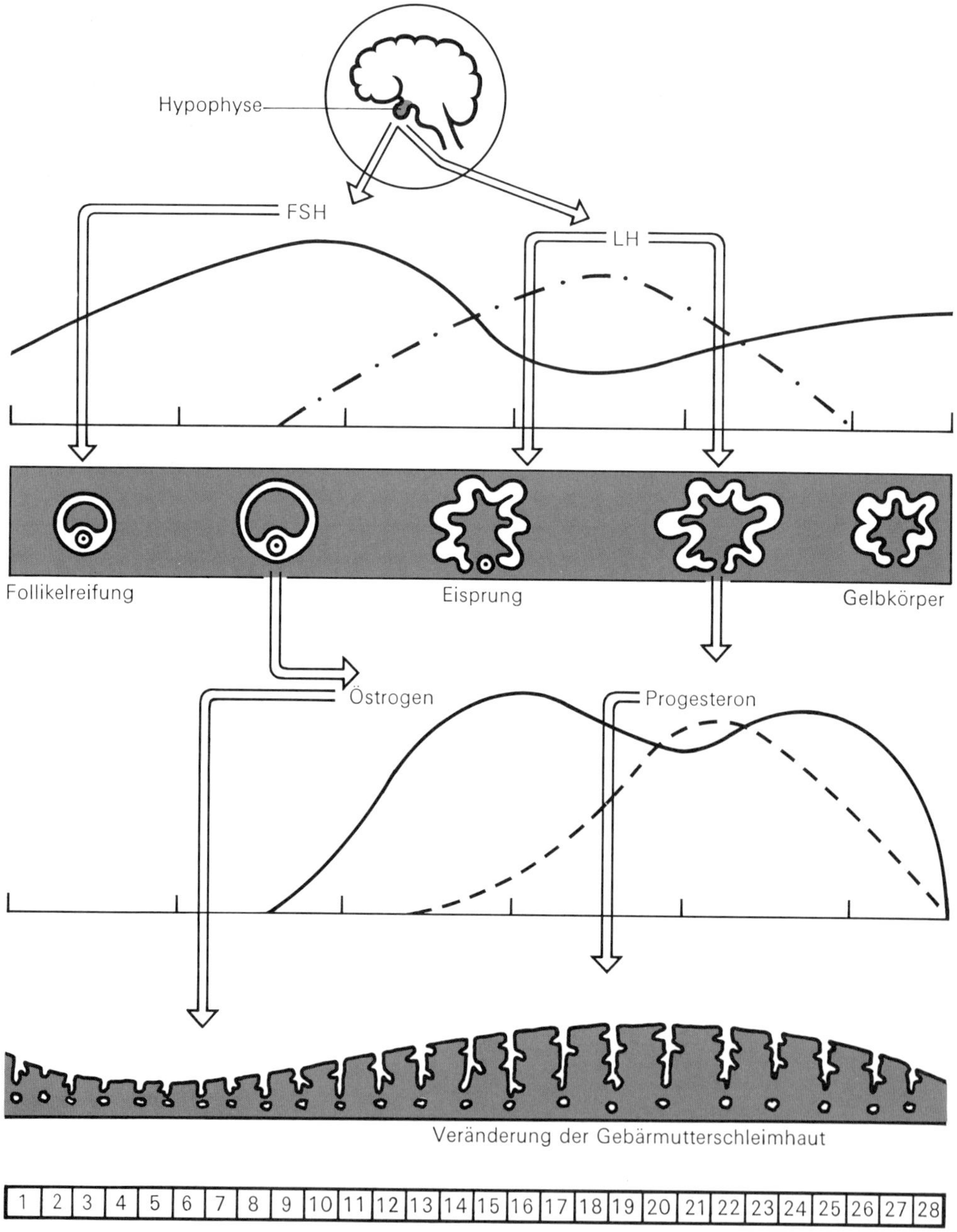

Nachteile des Penicillin G wie auch die des Penicillin V beseitigen. Mit dem Ampicillin gewann man das erste halbsynthetische Penicillin mit einer besonders breiten Wirkung.

Aber auch dieser Fortschritt war mit Nachteilen verbunden. Durch die häufige Anwendung von Antibiotika haben sich unter den Krankheitserregern resistente Stämme gebildet, die nicht mehr auf Antibiotika reagieren. Ebenso kommt es unter bestimmten Umständen zu allergischen Reaktionen. Somit bleibt es trotz der enormen Wirksamkeit der Antibiotika der Entscheidung des Arztes überlassen, die mögliche Heilwirkung gegen das Schadenrisiko abzuwägen.

Die Schwangerschaft aus der Apotheke. Obwohl eine große Anzahl von Medikamenten in Form von Pillen verkauft werden, ist ein Präparat in den letzten Jahren ganz einfach unter dem Namen die »Pille« weltbekannt geworden. Die Antibabypille ist jedoch nicht erst eine Erfindung der modernen Medizin. Wie amerikanische Forscher kürzlich herausfanden, sollen bereits die Mädchen der australischen Ureinwohner vor 5000 Jahren einen Wirkstoff zur Verhütung einer Schwangerschaft angewendet haben. Allerdings schluckten sie keine Tabletten, sondern sie nutzten bestimmte Pflanzen, in denen der Wirkstoff »Progesteron« enthalten ist. Medizinhistoriker wollen herausgefunden haben, daß die Mädchen, die eine Schwangerschaft verhindern wollten, eine Diät aus süßen Kartoffeln aßen. Aus diesen Pflanzen hat 1938 R. Marker, ein amerikanischer Forscher, Progesteron gewonnen. Eine Abwandlung dieses Wirkstoffes benutzten Pincus und seine Mitarbeiter zur Herstellung der ersten Antibabypille.

Hormone steuern den Menstruationszyklus und die Schwangerschaft. Die Eierstöcke der Frau haben zwei Aufgaben: die Produktion von Eiern und die Sekretion von zwei Hormonen, dem Östrogen und dem Progesteron. Beide Hormone werden jedoch nicht unkontrolliert produziert. Ihre Tätigkeit unterliegt der Kontrolle einer übergeordneten Drüse, der Hypophyse. Dieses Steuerorgan liegt als etwa haselnußgroßes Gebilde in einer Knochenhöhle unterhalb des Gehirns. Es ist nicht nur für die Steuerung der Drüsentätigkeit der Geschlechtsorgane verantwortlich, sondern steuert mit speziellen Hormonen eine ganze Anzahl weiterer Drüsen des Körpers.

Drei Hormone der Hypophyse sind für die Steuerung der Vorgänge in den Ovarien verantwortlich. Das erste wird als follikelstimulierendes Hormon (FSH) bezeichnet und bewirkt das Heranreifen der Eizelle und des sie umgebenden Follikels. Unter Einfluß des zweiten, des luteinisierenden Hormons (LH) produziert der Follikel die Östrogene. Es verursacht zusammen mit dem FSH den Eisprung und unter seinem Einfluß entwikkelt sich der Gelbkörper. Das dritte Hypophysenhormon, das luteotrope Hormon (LTH), wirkt ebenfalls auf die Gelbkörperbildung ein. Es ist aber vorwiegend für die Absonderung des Progesterons (Gelbkörperhormon) verantwortlich.

Während der Reifung des Follikels verändert sich die Uterusschleimhaut, indem sie sich verdickt und stärker durchblutet wird. Dies geschieht unter der Einwirkung der Östrogene. Das Progesteron bereitet die Uterusschleimhaut zur Aufnahme eines befruchteten Eis vor. Wird das Ei befruchtet, so sorgt die weitere Progesteronproduktion dafür, daß die Schwangerschaft aufrechterhalten wird. Erfolgt jedoch keine Befruchtung des Eis, so wird der Gelbkörper zurückgebildet. Damit geht auch die Progesteronproduktion zurück. Dies hat zur Folge, daß die Uterusschleimhaut abgebaut und während der Menstruationsblutung abgestoßen wird.

Durch die Antibabypille wird der Hypophyse eine Schwangerschaft vorgetäuscht. Die Sexualhormone gehören alle zur Klasse der Steroide. Dies sind Verbindungen, die folgendes Grundgerüst aufweisen:

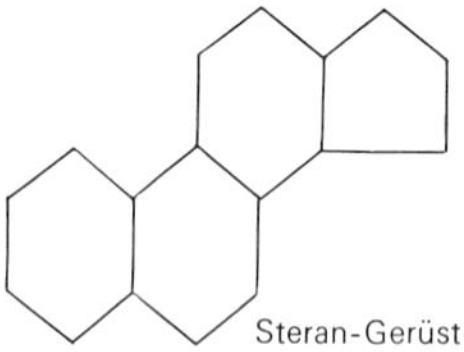

Steran-Gerüst

Wenn man über den chemischen Aufbau der Sexualhormone spricht, muß man unbedingt den Namen eines Forschers nennen, der durch die Strukturaufklärung sowohl des männlichen als auch der weiblichen Sexualhormone große wissenschaftliche Berühmtheit erlangt hat: Adolf Butenandt. Er erhielt 1939 den Nobelpreis. Mit welchem enormen Aufwand in der Wissenschaft oft gearbeitet wird, soll an seinem Beispiel demonstriert werden. Butenandt isolierte die erste kristalline Form des Östrons aus menschlichem Harn. Er verarbeitete hierzu insgesamt 25000 l Harn, die er zuerst auf 20 l Extrakt einengte. Daraus konnte er ganze 0,015 g des kristallisierten Hormons gewinnen.

Männliche und weibliche Sexualhormone unterscheiden sich z. T. nur durch geringfügige Änderungen einiger Atomgruppen am Steroidgerüst.

Da Störungen im hormonellen System recht häufig auftretende Erscheinungen sind, hat man schon sehr früh nach Methoden gesucht, sie auch industriell zu erzeugen. Als erstes versuchte man, wie auch beim Insulin, die Sexualhormone aus Tierdrüsen zu isolieren. Dies war jedoch nur in kleinsten Mengen und mit Hilfe langwieriger und damit auch sehr teurer Aufbereitungsprozesse möglich. Eine Totalsynthese erwies sich als noch teurer und damit für die pharmazeutische Industrie auch unrentabler. Deswegen versuchte man auf dem Steroidgrundgerüst, das man aus der tierischen Gallensäure und aus den schon erwähnten mexikanischen Jams-Wurzeln gewinnen konnte, die Sexualhormone aufzubauen. Beim Aufbau dieser halbsynthetischen Steroide erhielt man auch Produkte, die sich teilweise noch besser als Arzneimittel eigneten. So konnte man durch Einführung einer Äthinylgruppe erreichen, daß die weiblichen Sexualhormone auch oral angewandt werden können. Diese Gruppe verhindert, daß das Molekül in der Leber zu schnell abgebaut wird.

Inzwischen konnte man auch vollsynthetische Östrogene gewinnen. Sie sind chemisch nur noch entfernt mit den natürlichen Hormonen verwandt und besitzen kein Steroidgerüst mehr. In ihrer Wirksamkeit gleichen sie aber den natürlichen Hormonen.

Die industrielle Produktion der weiblichen Hormone wurde in den letzten Jahren zu einem für die chemische Industrie besonders lukrativen Geschäft. Vor 15 Jahren schuf eine amerikanische Arbeitsgruppe um Pincus durch ihre grundlegenden Untersuchungen die Basis für die heutige Form der hormonalen Schwangerschaftsverhütung. Sie gingen von der Erkenntnis aus, daß die weiblichen Sexualhormone bei höherer Konzentration im Blut, wie sie z.B. während der Schwangerschaft auftritt, die Ausschüttung der Hypophysenhormone FSH und LH hemmt. Da diese beiden Hormone aber für den Eisprung verantwortlich sind, gelang es ihnen, durch Verabreichung von Sexualhormonen einen Eisprung zu verhindern. Nach ersten erfolgreichen Tests an einer Gruppe von puertoricanischen Frauen, wurde die Antibabypille für den allgemeinen Verbrauch freigegeben. Inzwischen gibt es mehr als 20 verschiedene Präparate, die sich in erster Linie im Mischungsverhältnis von Östrogenen zu Gestagenen und in der Dosierung der Hormone unterscheiden. Aufgrund der anfänglichen Warnungen vieler Mediziner wurde die »Pille« in unzähligen Versuchen getestet. Man kann heute behaupten, daß die Antibabypille das am besten untersuchte Arzneimittel auf dem Markt ist. Trotzdem ist man auf der Suche nach neuen Mitteln, die weniger tiefgreifend die hormonelle Steuerung des weiblichen Körpers beeinflussen. Biologisch betrachtet erzeugt die Antibabypille nämlich den dauernden Zustand einer hormonellen Schwangerschaft. Es müssen deshalb in Zukunft Mittel entwickelt werden, die schonender in den Hormonhaushalt eingreifen.

Die Entwicklung eines neuen Arzneimittels.

1. Die vom Chemiker synthetisierte Substanz wird an Tieren bzw. Organsystemen getestet. Dies dient einer ersten groben Orientierung, ob eine Substanz überhaupt wirksam ist.
2. Ist die Substanz wirksam, erfolgen Tests an mehreren verschiedenen Tierarten – vor allem Affen, Ratten und Hunde.
3. Durch weitere pharmakologische Untersuchungen wird die spezifische Wirkungsweise, werden die Nebenwirkungen festgestellt. Gleichzeitig findet ein Vergleich mit den besten marktgängigen Mitteln statt.
4. Nur Präparate, denen man gute Marktchancen gibt, gelangen in den engeren Prüfungsbereich und werden genauer untersucht.
5. Die Substanz wird auf ihre toxikologischen Eigenschaften untersucht. In 4–13 Wochen dauernden Versuchen, die meistens an Ratten und Hunden durchgeführt werden, wird nach eventuell giftig wirksamen Bereichen gesucht. Hierzu macht man u.a. Urinuntersuchungen, Blutbilder, klinisch chemische Tests und histologische Untersuchungen. Es wird weiterhin die Möglichkeit zur Auslösung von Mißbildungen geprüft. Neuerdings spielen auch Untersuchungen auf Erbschädigung eine beachtliche Rolle.
6. Bei positivem Ausgang folgen unter bestimmten Sicherheitsmaßnahmen Selbstversuche und im Anschluß daran Tests an Patienten.
7. Verlaufen auch diese Versuche positiv, dann erfolgen Untersuchungen, die sich auf mehrere Jahre erstrecken können. Es wird u.a. geprüft auf chronische Toxizität und Krebsauslösung. Daneben erfolgen ausgedehnte biochemische Studien.

Wandernde Heuschreckenschwärme verdunkeln den Himmel und fressen in einem Tag die Jahresernte eines ganzen Landstrichs. Derartige Plagen können mit chemischen Insektenvertilgungsmitteln verhindert werden.

Im Kampf gegen »schädliche« Lebewesen

Das Folgende ist ein aktueller Bericht, der einige tausend Jahre alt ist: »Moses streckte seinen Stab über Ägyptenland. Und der Herr trieb einen Ostwind ins Land den ganzen Tag und die ganze Nacht, und des Morgens führte der Ostwind die Heuschrecken her. Und sie kamen über ganz Ägyptenland und ließen sich nieder an allen Orten in Ägypten; so sehr viel, daß zuvor desgleichen nicht gewesen ist noch hinfort sein wird. Denn sie bedeckten das Land und verfinsterten es. Und sie fraßen alles Kraut im Lande auf und alle Früchte auf den Bäumen, die da waren übriggeblieben; und ließen nichts Grünes übrig an den Bäumen und am Kraut auf dem Felde, in ganz Ägyptenland.«

Obwohl dieser Bericht einige tausend Jahre alt ist, hat er nichts an Gegenwartsnähe verloren. Er beschreibt genau den Verlauf eines Einfalls von Wanderheuschrecken (Schistocerca gregaria), deren Schwärme noch heute von Zeit zu Zeit den Himmel verdunkeln, wenn sie über die nordafrikanischen Landschaften ziehen und jeden grünen Halm verschlingen, der sich auf ihrem Weg findet und oft die Jahresernte eines Landstrichs vernichten.

Malaria ist eine wesentliche Ursache für die langsame Entwicklung der Wirtschaft und des Lebensstandards in vielen tropischen Ländern.

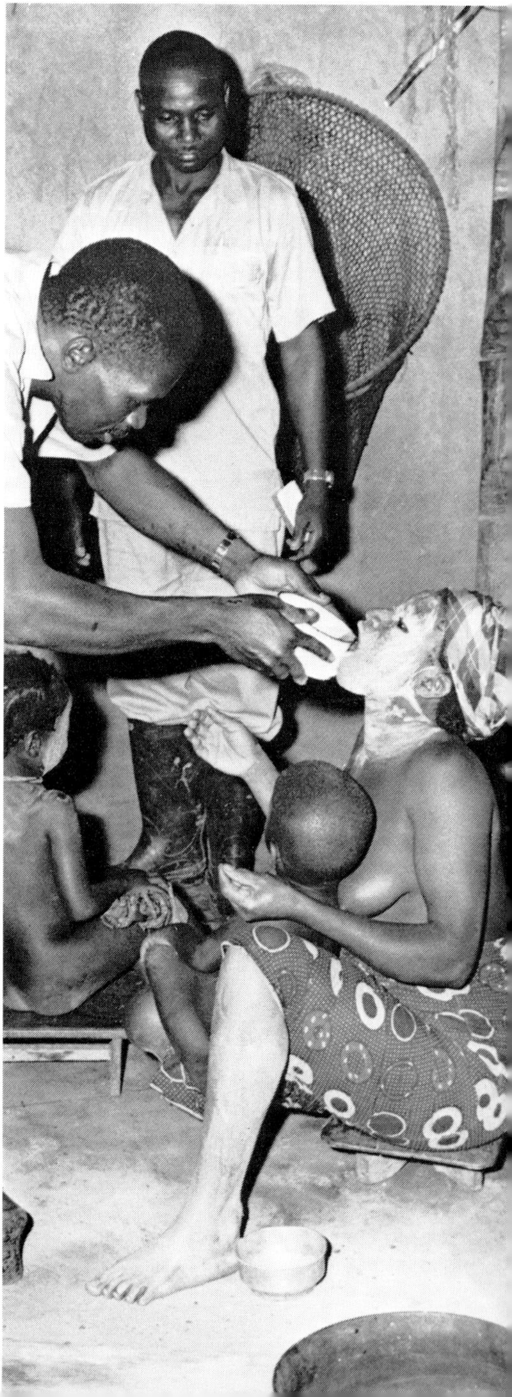

Diese »Kinder des Satans« haben viele Verwandte. So haben beispielsweise Läuse als die Überträger des Fleckfiebers in Kriegszeiten oft mehr Todesopfer gefordert als die Kampfhandlungen selbst. Zwischen 1917 und 1920 starben etwa drei Millionen Menschen in Rußland an Fleckfieber. Im Jahre 1915 starben in Serbien 9000 Menschen täglich an der Pest. Gelbfieber und Malaria sind natürliche Ursachen für die langsame Entwicklung der Wirtschaft und des Lebensstandards in vielen tropischen Ländern. So konnte beispielsweise der Panamakanal erst gebaut werden, als Chemikalien zur Insektenbekämpfung bekannt waren, die in der betroffenen Gegend die Anopheles-Moskitos ausrotten konnten. Die Anopheles-Fliege als Überträger des Gelbfiebers und der Malaria hatte vorher so viele Todesopfer unter den Bauarbeitern gefordert, daß nicht an eine Fertigstellung des Kanals zu denken war.

Pest, Cholera, Gelbfieber und Malaria waren die furchtbarsten Geiseln der Menschheit bis in den Beginn dieses Jahrhunderts hinein. Aus dem sechsten Jahrhundert nach Christus gibt der Geschichtsschreiber Prokop folgenden Bericht über eine Pestepidemie, die sich bekanntlich durch Ratten und Flöhe ausbreitet: »Keine Insel war so abgeschieden, keine Berggipfel war so unzugänglich; die Pest forderte überall ihre Opfer. Kein Alter blieb verschont, kein Palast, keine Hütte. Auf der Straße fielen die Leute um wie vom Schlag getroffen, an den Altären sanken sie gelähmt zu Boden. Die Straßen waren verödet und vom Geruch der umherliegenden Leichen verpestet. Das bürgerliche Leben hatte aufgehört, das einzige, was man auf den

Durch massiven Einsatz von DDT ist es der Weltgesundheitsorganisation (WHO) in mehreren Ländern gelungen, die Malaria auszurotten. Die Fotos zeigen WHO-Spezialisten beim Einsatz in Liberia.

Plätzen sah, waren Leichenträger. Um die Toten zu bergen, deckte man die Türme ab, füllte sie mit Leichen und baute die Dächer wieder darüber. Dann warf man sie zu Tausenden auf den Strand und ließ sie durch Schiffe auf das Meer fahren, wo man sie versenkte. Unter dem Eindruck der Seuche lockerten sich alle Bande der Sitte ...«

Gegen die Eindringlichkeit solcher Schilderungen wirken die hysterischen Berichte unserer Boulevard-Presse geradezu kindisch, wenn über die angebliche Schädlichkeit eines Insektenvertilgungsmittels berichtet oder mit geringer Sachkenntnis über die Gefahren von Herbiziden geschrieben wird. Damit sollen keinesfalls alle die Probleme verharmlost werden, die der Gebrauch von Schädlingsbekämpfungsmitteln (Pestizide) mit sich gebracht hat. Es soll nur angedeutet werden, was wir dem vernünftigen Gebrauch verdanken. Dabei darf man die Ernährungsfrage nicht ausklammern.

Für 250 Milliarden Mark Ernteschäden. Ein großer Anteil der jährlichen Ernte geht durch Schädlinge verloren. Der durch Schädlinge verursachte Gesamtschaden an der Welternte wird heute auf etwa 35 Prozent der möglichen Ernte geschätzt. Das entspricht einem Wertschaden von etwa 250 Milliarden Mark pro Jahr, wobei die tragische Situation vorliegt, daß gerade in den hungernden Ländern Afrikas und Asiens, aufgrund des ungenügenden Einsatzes von Schädlingsbekämpfungsmitteln, der Ernteverlust doppelt so hoch ist als in den entwickelten Ländern des Westens.

Es ist deshalb für jedermann wichtig, sich ein eigenes Urteil über Wert und Unwert der Pestizide zu bilden.

Die unbemerkte Revolution

Über die berühmt-berüchtigten Insektizide, die Vertilgungsmittel für Insekten, wird überall viel geredet und geschrieben, seit die Schädlichkeit von DDT bekannt geworden ist und zu dessen teilweisem Verbot geführt hat. Wenig Aufhebens wird dagegen von den Unkrautvertilgungsmitteln, den Herbiziden, gemacht, obwohl sie hinsichtlich der angewendeten Menge die Insektizide bereits weit übertreffen. Im Jahre 1971 wurden in den USA zum Beispiel über 20000 t Chemikalien als Herbizide auf die Felder gestreut. In Deutschland werden etwa 80% des Getreides und 90% des Gemüses mit Herbiziden behandelt.

Wo liegen die Gründe dafür? Jeder Gartenbsitzer kämpft einen verbissenen Kampf mit den Unkräutern. Sie entnehmen dem Boden Nährstoffe, die eigentlich den Nutzpflanzen zugedacht sind. Eine Entfernung des Unkrauts, ohne daß dabei die Nutzpflanzen beschädigt werden, bringt deshalb eine Ertragserhöhung. Die Unkrautvertilgung muß aber vor allem in den landwirtschaftlichen Betrieben rationell erfolgen, da Arbeitskräfte teuer und rar sind. Hier tritt die Chemie auf den Plan, die eine Unkrautvernichtung in großem Maßstab ermöglicht. Die chemische Unkrautbekämpfung hat revolutionierend auf die Landwirtschaft gewirkt und viele moderne, arbeitskräftesparende Methoden des Anbaus erst möglich gemacht. Tatsächlich hat in der Landwirtschaft eine stille Revolution stattgefunden, deren Folgen uns alle betreffen, ohne daß wir uns das genügend klar machen. Dafür seien einige Beispiele gegeben.

Erstes Beispiel: Der Mähdrusch hat eine beachtliche Rationalisierung des Getreideanbaus zur Folge. In einem einzigen Arbeitsgang wird das ausgereifte Getreide geerntet und an Ort und Stelle sofort gedroschen. Der Mähdrusch ist aber nur bei voll ausgereiftem Getreide möglich und deshalb muß der Zeitpunkt der Ernte etwas hinausgezögert werden. Dadurch können aber auch die Unkräuter Flughafer, Ackerfuchsschwanz und Windhalm voll ausreifen. Ihr Same wird mitgeerntet und beim Abblasen der Spreu aus der Dreschmaschine sogleich wieder ausgesät. Die Getreidefelder werden dadurch jedes Jahr stärker infiziert. Schließlich müßte der Mähdrusch ganz aufgegeben werden, und die Bauern müßten zu den alten »vortechnischen« Methoden des Erntens mit der Sense oder sogar zur Dreifelder-Wirtschaft zurückkehren, gäbe es nicht die Herbizide. Sie bewirken eine Vernichtung der Unkräuter, ohne das frisch ausgesäte Wintergetreide zu schädigen, weil es den Chemikern gelungen ist, spezielle Mittel zu entwickeln, die Gräser und Getreide nicht schädigen, wohl aber die anderen Blattpflanzen.

Zweites Beispiel: Mais galt lange Zeit als Hackfrucht. Durch mehrmaliges Hacken war in mühevoller Handarbeit eine Vernichtung des Unkrauts möglich. Mais ist nämlich außerordentlich empfindlich gegen die Konkurrenz von Unkraut, und die Erträge verunkrauteter Maisfelder sind sehr gering. Inzwischen weiß man, daß das Hakken der Maiskulturen nur der Unkrautbekämpfung dient und Mais ebensogut gedeiht, wenn nicht gehackt wird und die Unkrautbekämpfung mit chemischen Mitteln erfolgt. Das bedeutet eine Ersparnis an Arbeitskräften und weitgehende Mechanisierung des für die Viehzucht unentbehrlichen Maisanbaus.

Drittes Beispiel: Viele Obst- und Gemüsesorten werden heute maschinell geerntet. Unter anderem gilt das auch für Erbsen. Gemeinsam mit den Erbsen reifen gewisse Unkrautarten, die neben der direkten Konkurrenz auch noch indirekte Schadwirkung entfalten. Pflanzenteile, die in Form und Größe ungefähr den Erbsenkörnern entsprechen, sind maschinell von diesen nicht zu trennen. So können beispielsweise die Beeren des Schwarzen Nachtschattens ins Erntegut gelangen und anschließend nur noch von Hand abgetrennt werden. Damit wäre natürlich der ganze Sinn der maschinellen Ernte in Frage gestellt.

Viertes Beispiel: Hier werden die zwei Gesichter der Technik in der Hand des Menschen sichtbar. Was die Landwirtschaft durch chemische Zerstörung der Unkräuter rationeller macht, das erleichtert auch die Führung des Dschungelkrieges in Vietnam durch radikale Entlaubung großer Waldflächen. Dabei werden die normalen Herbizide in wesentlich höheren Dosen eingesetzt, als man sie in der Landwirtschaft vernünftigerweise einsetzen würde. Tatsächlich ist niemand in der Lage, die Folgen dieser unvernünftigen Anwendung auf das biologische Gleichgewicht und die landwirtschaftliche Zukunft des betroffenen Landes abzuschätzen. Es ist durchaus möglich, daß dadurch weite Landstriche für längere Zeit unbewohnbar gemacht und damit die Existenzgrundlagen vieler unbeteiligter Menschen zerstört worden sind.

Unkräuter – kein Problem mehr. Die Vertilgungsmittel für Unkräuter, die sogenannten Herbizide, sind heute fast ausschließlich organische Verbindungen. Sie werden durch Eingriffe in die Lebensprozesse der Pflanzen wirksam. Daher müssen die Herbizide durch Blatt oder Wurzel in die einzelnen Pflanzenzellen eindringen. Wichtige Prozesse, die durch Herbizide direkt beeinflußt werden, sind Atmung, Photosynthese, Zellteilung und Wuchsstoffhaushalt.

Die Photosynthese wird durch eine große Anzahl von Herbiziden beeinflußt. So wird beispielsweise durch Triazinverbindungen wie das Simazin die Synthese von Traubenzucker blockiert. Die Blockierung der Zuckersynthese führt nicht so sehr zu einem »Aushungern« der Pflanze als vielmehr zur Zerstörung des Enzyms Katalase, das bei Abwesenheit von Zucker an dessen Stelle photooxidiert wird. Die für die einwandfreie Tätigkeit des Chlorophylls erforderlichen Verhältnisse werden aber in vielen Pflanzen gerade durch dieses Enzym aufrechterhalten. Daher wird mit der Katalase letzten Endes das Chlorophyll zerstört. Man beobachtet also, daß nach der Anwendung von Simazin die Pflanzen rasch ausbleichen und verwelken.

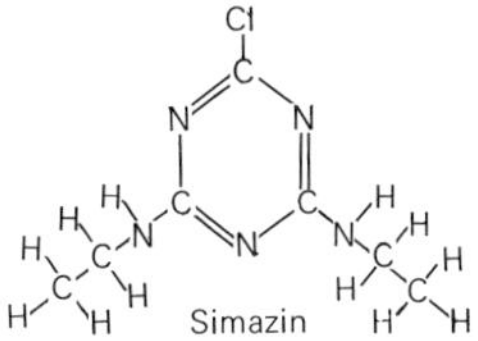

Simazin

Vorwiegend in die Atmung eingreifende Herbizide sind beispielsweise die häufig angewendeten Dinitrophenolderivate. Sie blockieren die für die Atmung der Pflanzen nötigen Enzyme. Dabei handelt es sich um Herbizide mit ausgesprochener Kontaktwirkung, d.h. nur die direkt besprühten

Die Zukunft hat in der Landwirtschaft gerade erst begonnen. Wenn es den Chemikern gelingt, ganz gezielt Herbizide, Insektizide und Wachstumsregler zu »konstruieren«, ist der Kartoffelkäfer (links) bzw. der von ihm angerichtete Schaden ebenso Geschichte wie die Bodenbearbeitung mit Hacke und Pflug (siehe auch ab Seite 292).

Pflanzenteile und Blätter sterben rasch ab. Vor allem im Getreidebau wird das DNOC (2-Methyl-4,6-dinitrophenol) angewendet, das auch für Mensch und Tier außerordentlich giftig ist. Die Giftigkeit für den Menschen hat die gleiche Ursache wie für Pflanzen: Die Atmungskette wird blockiert. Bei Ratten wirken bereits 7–10 mg der Verbindung tödlich.

Andere Herbizide greifen in die Wachstumsvorgänge ein. Sie bewirken eine Erhöhung der Chromosomenzahl, erzeugen mehrkernige Zellen und Riesenzellen. Sie verursachen also genetische Schäden, die zu anomalem Stoffwechsel und Tod der behandelten Pflanze führen.

Auf die Gruppe der Phenoxyfettsäuren und bis zu einem gewissen Grad auch auf

andere Herbizide, wie z. B. substituierte Benzoesäuren, reagieren die Pflanzen mit typischen Wuchsstoffsymptomen, ohne daß im einzelnen schon geklärt ist, wie diese Wirkung zustande kommt. Die Pflanzen wachsen sich also buchstäblich zu Tode. Diese Verbindungen gehören übrigens zu den am längsten bekannten Herbiziden. Während des Zweiten Weltkrieges wurden fast gleichzeitig in England die herbiziden Eigenschaften des MCPA (2-Methyl-4-chlorphenoxyessigsäure) und in den USA die des 2,4-D (2,4-Dichlophenoxyessigsäure) erkannt. Inzwischen haben diese beiden Aktivsubstanzen, insbesondere als Getreideherbizide, eine weltweite Verbreitung gefunden. Damit haben sie der chemischen Unkrautbekämpfung zum entscheidenden Durchbruch verholfen.

Die Pflanzen reagieren bei Anwendung dieser Mittel mit einem anormalen Zellwachstum. Häufig wird nach der Behandlung der Pflanze ein übermäßig schneller Verbrauch der Kohlenhydrate festgestellt. Da auch die Photosynthese, die Nährstoffaufnahme und das Enzymsystem gestört werden, gerät die Pflanze in einen »Hungerzustand«, weil Neubildung und Verbrauch der Kohlenhydrate aus dem Gleichgewicht geraten. Die Pflanzen fühlen sich prall und brüchig an. Der Tod der Pflanze tritt nach Verwachsungen und Verkrümmungen je nach Witterungsbedingungen innerhalb einiger Tage oder Wochen auf.

Interessant ist, daß verschiedene Pflanzenarten auf die Phenoxyfettsäuren unterschiedlich reagieren. Die Phenoxyfettsäuren sind nämlich an sich gar nicht giftig für die Pflanzen. Manche Pflanzen können allerdings diese Verbindungen oxidieren. Das

wird ihnen dann zum Verhängnis, weil nämlich die Oxidationsprodukte der Phenoxyfettsäuren starke Herbizide sind. Damit ist ein sehr wichtiger Punkt angesprochen. Die chemische Unkrautbekämpfung erfordert Präparate, die selektiv wirken, die also in Beständen von Kulturpflanzen lediglich die Unkräuter vertilgen, ohne die Nutzpflanzen zu schädigen. Die wichtigste Ursache für die Selektivität der Herbizide ist die unterschiedliche Befähigung verschiedener Pflanzenarten zur Inaktivierung dieser Präparate im Stoffwechsel der behandelten Pflanzen.

Die Untersuchung des vollständigen Verlaufs des Abbaus von Herbiziden in der Pflanze ist außerordentlich schwierig. Man ist heute noch weit davon entfernt, ein klares Bild von der Wirkungsweise aller angewendeten Herbizide zu besitzen. Aus eben diesem Grund ist man auch weit davon entfernt, ein Herbizid gezielt gegen eine bestimmte Unkrautart entwickeln zu können. Man ist immer noch auf das Probieren angewiesen und muß viele tausend Verbindungen testen, bevor ein geeignetes neues Präparat auf den Markt gebracht werden kann.

Biologische Schädlingsbekämpfung – eine Möglichkeit, den Einsatz chemischer Bekämpfungsmittel in Grenzen zu halten (siehe Seite 283). Die Wasserpest (Helodea canadensis) verunkrautet Seen und langsam fließende Gewässer in Europa. Mitte des vorigen Jahrhunderts wurde sie aus Nordamerika eingeschleppt und vermehrte sich mangels natürlicher Feinde ungeheuer. Man kann sie biologisch bekämpfen, wenn man die natürlichen Feinde aus ihrem Ursprungsland zu Hilfe holt.

Einige Herbizide, wie zum Beispiel die chlorierten Fettsäuren, sind eiweißfällende Substanzen. Sie reagieren deshalb mit den Enzymen der Pflanzenzelle und machen sie unwirksam. Wichtige Beispiele für diese Art von Präparaten sind das TCA, das Natriumsalz der Trichloressigsäure, und Dalapon, das Natriumsalz der Dichlorpropionsäure. Beide Mittel sind nicht sehr selektiv. Sie dienen als sogenannte Totalherbizide bei der Entkrautung von Industrieanlagen, Eisenbahngleisen, Straßenrändern und in der Forstwirtschaft zur Gräserbekämpfung auf Kahlflächen.

Gibt es unabwendbare Nebenwirkungen? In der Bundesrepublik werden pro Jahr mindestens 20000 t Herbizide verbraucht. Das sind rund tausend Güterwagen voll mit Chemikalien, die pro Jahr über die 14 Millionen ha landwirtschaftlicher Nutzfläche der Bundesrepublik verteilt werden. Welche Nebenwirkungen haben die Herbizide auf Tier und Mensch? Besteht eine Gefahr, daß diese Chemikalien ins Trinkwasser gelangen? Auf diese Fragen läßt sich keine eindeutige Antwort geben; denn die Herbizide sind chemisch so verschiedene Stoffe, daß man kein einheitliches Verhalten erwarten darf. Simazin läßt sich beispielsweise randscharf spritzen. Wenn es in den Boden gelangt, so wird es an den dort vorhandenen Tonmineralien rasch zu ungiftigen Stoffen abgebaut.

Ganz anders verhält sich beispielsweise das anorganische Salz Natriumchlorat, das ein Bestandteil von Totalherbiziden ist. Es kann in den Boden eingewaschen werden und daher auch in das Trinkwasser gelangen. Dies dürfte aber ein Ausnahmefall sein,

Ein Beispiel für den Mißbrauch von Herbiziden: in erheblich höheren Dosen, als in der Landwirtschaft üblich, besprühten während des Vietnamkrieges amerikanische Flieger Vietnams Wälder mit Herbiziden. Im Foto rechts die Wirkung. Gezeigt wird ein Ausschnitt aus einem Mangrovenwald nicht weit von Saigon, oben vor dem Besprühen 1965, unten fünf Jahre später (siehe ab Seite 279).

denn im allgemeinen bevorzugt man natürlich solche Herbizide, die nicht in große Bodentiefen eingewaschen werden können; andernfalls würden sie ja keine Wirkung auf die meist flach wurzelnden Unkräuter haben. Im übrigen werden die Herbizide durch die Pflanzen selbst abgebaut. Ihre spezifische Wirkung beruht ja in vielen Fällen gerade darauf, daß Nutzpflanzen die Herbizide schneller abbauen, d.h. schneller unschädlich machen, als die Unkräuter, die man vernichten will.

Wenn man über die sogenannten »Nebenwirkungen« der Herbizide reden will, dann sollte man sich einer nüchternen Betrachtungsweise befleißigen. Eine Nebenwirkung ist grundsätzlich jede nicht in der Absicht der Anwendung liegende Beeinflussung der Umwelt. Zunächst ist diese Beeinflussung neutral feststellbar. Eine Wertung erhält sie erst, wenn man sie mit den wirtschaftlichen, gesundheitlichen oder ideellen Interessen der Menschen in Beziehung setzt. Oder man kann auch einen biologischen Standpunkt vertreten und die Nebenwirkungen in ihrer Bedeutung für die Evolution der Natur berücksichtigen. Im Licht unserer derzeitigen Kenntnisse ist aber gerade der letzte Standpunkt wissenschaftlich am wenigsten gesichert.

Erst unter solchen Gesichtspunkten kann von negativen oder positiven Nebenwirkungen gesprochen werden. Leichter fällt die Wertung dann, wenn es um die Gesundheit der Menschen oder wirtschaftliche Gesichtspunkte geht. Sehr oft geht es aber gerade um ideelle Gesichtspunkte. Dafür ein Beispiel: Die Raupen der beiden Schmetterlingsarten Tagpfauenauge und Kleiner Fuchs haben als Wirtspflanze die Große Brennessel. Da heute eine Vernichtung der Brennesseln häufig in großem Maßstab mit Herbiziden erfolgt, verlieren diese Raupen ihre Wirtspflanze. Eine merkliche Verminderung der Häufigkeit dieser beliebten Schmetterlingsarten ist die zwangsläufige Folge. Hier handelt es sich sicher um eine unbeabsichtigte Folge der Bekämpfungsmaßnahmen, die in dieser Intensität erst durch Anwendung von Herbiziden möglich wurde. Ob diese Nebenwirkung beachtenswert ist, hängt davon ab, wieviel uns an der Erhaltung der betroffenen Schmetterlingsarten liegt. Das Beispiel zeigt, wie wichtig es bei der Anwendung von Chemikalien zum Zweck des Eingriffs in die Natur ist, daß

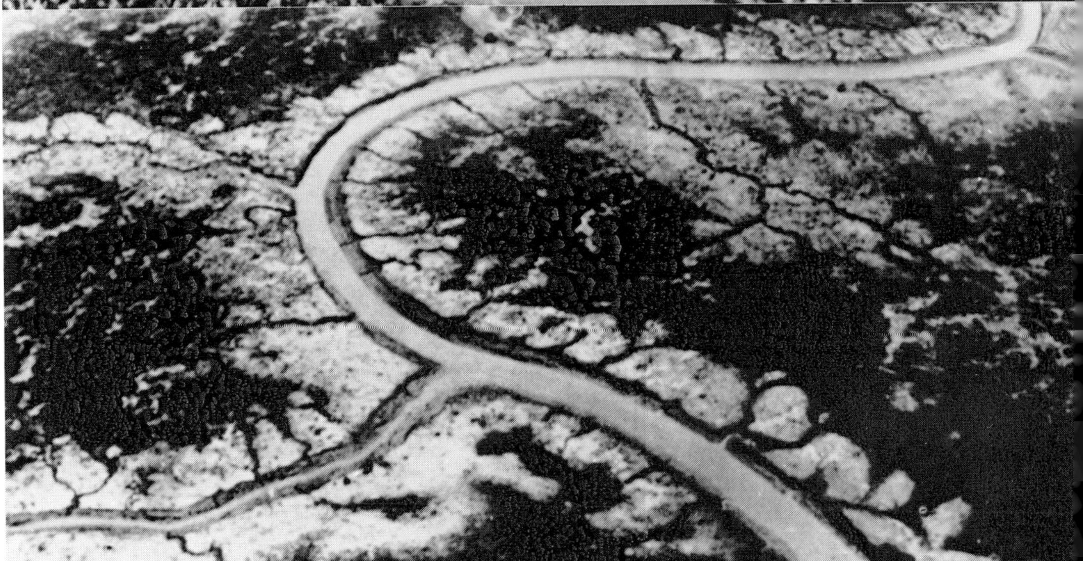

man nicht nur augenblicksbezogen arbeitet, sondern eine klare Vorstellung davon entwickelt, wie die Zukunft aussehen soll, d. h., was man als erhaltungswürdig betrachtet und worauf man verzichten will.

Bei den Herbiziden ist bis jetzt vor allem darüber diskutiert worden, ob ihre Rückstände im Erntegut den Menschen gefährlich werden könnten. Soweit es sich um Mittel handelt, die spezielle Wuchsstoffe für Pflanzen darstellen wie die Phenoxyfettsäuren oder um Stoffe, die die Photosynthese hemmen, kann eine Gefährdung eindeutig verneint werden. Atmungshemmer wie beispielsweise die Dinitrophenole sind natürlich für Mensch und Pflanze gleichermaßen giftig. Bedenklich ist vor allem die mögliche chronische Vergiftung durch Herbizide infolge jahrelangen Konsums behandelter Früchte.

Hier hat der Gesetzgeber strenge Vorschriften erlassen. Für die amtliche Zulassung eines Herbizides sind zweijährige Fütterungsversuche an Säugetieren verschiedener Art mit Mengen, die nicht zum Tode führen, Vorschrift. Eine Anreicherung von Herbiziden im Körper ist bisher nur in Ausnahmefällen, die nicht der Praxis der Anwendung nahekommen, beobachtet worden.

Eine große Unbekannte ist allerdings die mögliche Giftigkeit von Stoffwechselprodukten der Herbizide, den sogenannten Metaboliten, die von den behandelten Pflanzen im Verlauf des Abbaus der Wirkstoffe gebildet werden. So ist beispielsweise strittig, ob den beim Abbau von Harnstoffderivaten und einigen anderen Herbiziden möglicherweise entstehenden Aminoverbindungen, die sich dann zu Azobenzolen

Pestizide sind Schädlingsbekämpfungsmittel im weitesten Sinn. In Form von Stäuben, Spritzbrühen, Fraßgiften sowie durch Räuchern oder Begasen werden sie gegen Schädlinge aller Art eingesetzt. Als Insektenvertilgungsmittel **(Insektizide)** finden vor allem chlorierte Kohlenwasserstoffe (z.B. DDT, Hexachlorcyclohexan) oder Phosphorsäureester (z.B. E605) Verwendung. Die jahrelange Anwendung ungeheurer Mengen chlorierter Kohlenwasserstoffe als Insektizide hat zu einer besorgniserregenden Bedrohung der Umwelt geführt. DDT reichert sich im Fettgewebe der Warmblütler an und wird biologisch nur sehr langsam abgebaut. In einigen Ländern wurde DDT verboten, aber vor allem die Entwicklungsländer wenden DDT weiterhin in großen Mengen an, um seuchenübertragende Insekten zu bekämpfen.
Herbizide (Unkrautvertilgungsmittel) haben die Technisierung der Landwirtschaft ermöglicht. Die mechanische Bearbeitung des Bodens kann weitgehend entfallen und die Ernteerträge werden durch ihre Anwendung beachtlich gesteigert.
Die **Fungizide** (Pilzbekämpfungsmittel) verhindern den Befall von Pflanzen, Nahrungsmitteln, Holz und Textilien durch Pilze. Als **Rodentizide** werden die Gifte gegen Nagetiere (z.B. Ratten) bezeichnet. Die Anwendung der Pestizide hat die jährliche Ernte zu einem weitgehend kalkulierbaren Faktor gemacht. Trotz ihrer Nebenwirkungen, die gelegentlich auftreten, sind Pestizide im allgemeinen gezielter anzuwenden als die sogenannten **biologischen Bekämpfungsmaßnahmen**. Bei diesen werden die pflanzlichen und tierischen Schädlinge dadurch vernichtet, daß ihre natürlichen Feinde gefördert oder im Labor gezüchtet und dann ausgesetzt werden.

vereinigen, praktische Bedeutung beizumessen ist. Gewissen Azobenzolen werden nämlich krebserzeugende Wirkungen nachgesagt. Es ist daher wichtig, daß dieses Problem weiterhin erforscht wird.

Mitunter können die Wirkungen sehr kompliziert sein, weil die Anwendung von Chemikalien das ganze Biosystem einer Pflanzenkultur beeinflußt. Herbizide sind zum Beispiel für die meisten Insekten völlig ungiftig. Sie verändern aber den Stoffwechsel und die Inhaltsstoffe der Kulturpflanzen. Insekten, die wichtigste Gruppe der Pflanzenschädlinge, reagieren aber sehr stark auf geringe Veränderungen in den Kulturpflanzen. So fördert bereits eine geringe Erhöhung des Stickstoffgehaltes das Auftreten vieler Schadinsekten.

Die Weiße Fliege ist ein Schädling der Baumwolle; ihr Auftreten hängt wesentlich vom Stickstoffgehalt der Pflanzen ab. Carbamate, die als Herbizide in Baumwollkulturen Anwendung finden, bewirken eine merkliche Erhöhung des Stickstoffgehaltes der Baumwollstauden. Infolgedessen tritt nach Herbizidbehandlung eine Steigerung des Befalls durch die Weiße Fliege um 2000 bis 3000% auf! Die Folge ist, daß nun zusätzlich eine größere Menge an Insektiziden gespritzt werden muß, um dieser Plage Herr zu werden.

Bei vernünftiger Anwendung können Gefährdungen für die Gesundheit der Menschen ausgeschlossen werden. In der Bundesrepublik ist zum Beispiel nach dem Pflanzenschutzgesetz vom 15. 5. 1969 eine amtliche Zulassung von Herbiziden Pflicht, die mit einer genauen Prüfung der Substanzen verbunden ist. Jedoch war auch schon vorher die Mehrzahl der im Handel befindlichen Herbizide auf freiwilliger Basis amtlich geprüft und anerkannt worden. Die amtliche Zulassung setzt voraus, daß Analysenmethoden bekannt und Daten über Giftigkeit sowie biologische Wirkung auf Unkräuter und Kulturpflanzen geprüft sind und für ausreichend befunden wurden. Die Prüfung auf biologische Wirksamkeit wird von den biologischen Bundesanstalten und den Pflanzenschutzdiensten der Bundesländer vorgenommen, unterliegt also der öffentlichen Kontrolle.

Biologische Schädlingsbekämpfung: Schlagwort oder Chance? Die Anwendung von Herbiziden heißt immer noch, den Teufel durch Beelzebub auszutreiben, weil man sich beim Stand unserer heutigen Kenntnisse noch nicht vollständig über die Auswirkungen der Anwendung von Chemikalien in so großem Maßstabe, wie es bei den Herbiziden geschieht, im klaren sein kann. In manchen Fällen hilft sich die Natur selbst, das heißt, der Mensch muß ein wenig nachhelfen, aber dann geht es schon. Gemeint ist hier die sogenannte »biologische Bekämpfung« von Schädlingen. Das klassische Beispiel einer gelungenen biologischen Unkrautbekämpfung ist die Vernichtung der Feigenkakteen in Australien. Als Nutzpflanze aus Amerika um 1900 eingeführt, hatten sich die Feigenkakteen um 1920 in Australien so stark vermehrt, daß 10 Millionen Hektar gutes Weideland unbrauchbar geworden waren. Im Verlauf der um 1920 einsetzenden Versuche zur biologischen Bekämpfung wurden verschiedene Insektenarten ausgesetzt, von denen sich besonders eine Schmetterlingsart ausbreitete, deren Larven die Kakteen rasch zerstörten. Die Wirkung der Insekten wurde dadurch verstärkt, daß die Fraßwunden der Kakteen sich rasch mit Bakterien infizierten. Bereits um 1940 war der Kaktus in Australien kein Problem mehr. Auch in Indien und auf einigen Inseln der Südsee wurden die Feigenkakteen durch biologische Bekämpfungsmaßnahmen stark zurückgedrängt. Als man das gleiche in Südafrika versuchte, erlebte man eine böse Überraschung!

Hier gab es nämlich stachellose Feigenkakteen, die als Nutzpflanze in größerem Maßstab kultiviert wurden. Die Maden der eingeführten Schmetterlinge konnten natürlich nicht zwischen den Kultur- und den Wildpflanzen unterscheiden. Deshalb konnte in Südafrika nur mit Herbiziden zur Bekämpfung der Kakteen gearbeitet werden, und zusätzlich mußte mit Insektiziden der neu eingeführte Schmetterling bekämpft werden. Bei diesem Beispiel wird deutlich, wo die Grenzen der biologischen Bekämpfung liegen. Nur solche Organismen, die ausschließlich die zu vernichtende Pflanzenart schädigen, dürfen bei der biologischen Bekämpfung zum Einsatz kommen. Auf keinen Fall dürfen sie, nach der Ausschaltung ihrer eigentlichen Wirte, auf die Kulturpflanzen übergreifen. Unkräuter, die aus der ursprünglichen Flora hervorgegangen sind, leben aber im natürlichen Gleichgewicht mit ihren Feinden. Ihre biologische Bekämpfung ist daher wenig aussichtsreich. Anders ist das für Unkräuter, die aus ihrer ursprünglichen Heimat in andere Gebiete verschleppt wurden. Da die Verschleppung normalerweise ohne die natürlichen Feinde erfolgte, können sie sich in der neuen Umgebung ungehindert vermehren. In solchen Fällen kann man im Ursprungsland nach den natürlichen Feinden suchen. Nach einer strengen Prüfung auf ihre Spezifität für die Schadpflanze und auf ihre sonstigen Eigenschaften kann man sie dann in dem neuen Gebiet zur Bekämpfung des Schädlings aussetzen.

Biologische Bekämpfungsmaßnahmen haben den Nachteil, daß sie sich nicht räumlich und zeitlich begrenzen lassen. Wenn sie einmal angelaufen sind, dann lassen sie sich nicht mehr aufhalten. Man muß daher sehr sorgfältig die Schädlichkeit einer zu bekämpfenden Pflanze gegen ihre Nützlichkeit abwägen. So wurde zum Beispiel in den Vereinigten Staaten die biologische Bekämpfung der Sonnenwend-Flockenblume nicht gestattet. Sie wird weiterhin mit Herbiziden bekämpft. Obwohl die Pflanze in weiten Gebieten ein gefährliches Unkraut ist, dient sie in anderen Gebieten als Bienenweide und hat damit indirekt eine große wirtschaftliche Bedeutung, so daß es hier zu einer Interessenkollision kommt.

Unter den Bedingungen intensiver Landnutzung, wie sie in Mitteleuropa herrschen, kann der biologischen Bekämpfung von Schädlingen nur eine geringe Bedeutung zukommen. Die Erfolge solcher Maßnahmen stellen sich zu langsam ein, und nur wenige Pflanzen wurden neu eingeführt, die sich hier zu Unkräutern entwickelt haben und für die man nachträglich ihre Feinde importieren könnte. Der entscheidende Faktor ist eben die Zeit, die zwischen dem Auftreten eines Schädlings, sei es Unkraut oder Insekt, und der Bekämpfung liegt. Diese muß möglichst rasch erfolgen, sonst ist die Ernte vernichtet. In solchen Situationen helfen allein chemische Mittel.

Ein Beispiel für die erfolgreiche biologische Bekämpfung von Unkraut: Der um 1900 nach Australien als Nutzpflanze eingeführte Feigenkaktus war außer Kontrolle geraten und hatte gegen 1920 bereits 10 Millionen Hektar guten Weidelandes überwuchert. Aus Südamerika führte man eine Schmetterlingsart ein, deren Larven die Kakteen binnen 15 Jahren gänzlich beseitigten.

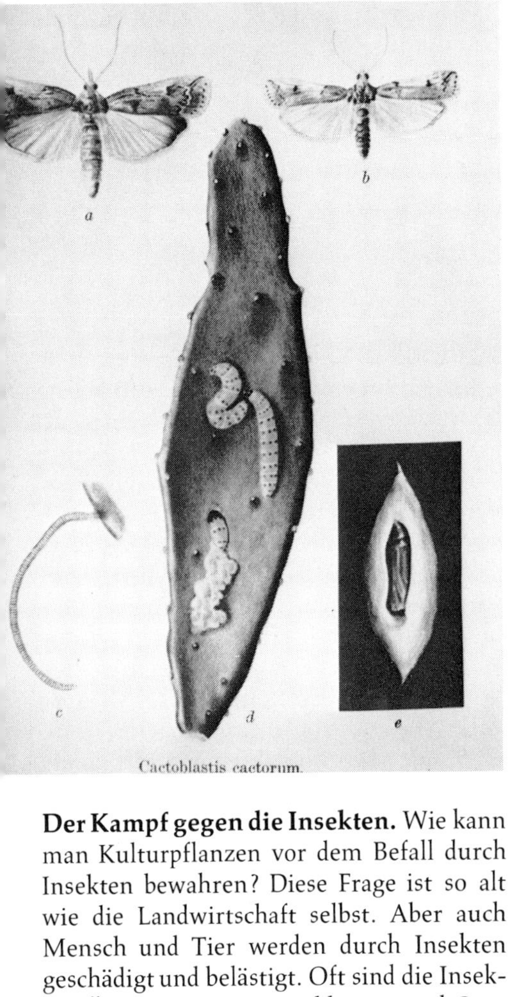

Der Kampf gegen die Insekten. Wie kann man Kulturpflanzen vor dem Befall durch Insekten bewahren? Diese Frage ist so alt wie die Landwirtschaft selbst. Aber auch Mensch und Tier werden durch Insekten geschädigt und belästigt. Oft sind die Insekten Überträger von Krankheiten und Seuchen.

Natürlich wäre es schön, wenn man die Insekten mit natürlichen Mitteln, d.h. biologisch bekämpfen könnte. Aber auch hier spielt der Zeitfaktor die wesentliche Rolle. Wenn eine Ernte durch plötzliches, massenhaftes Auftreten eines Schädlings kurz vor der Vernichtung steht oder wenn eine Epidemie auszubrechen droht, weil sich infolge einer Überschwemmungskatastrophe bestimmte Fliegenarten ungehindert vermehren können, dann hat man keine Zeit, auf die Züchtung natürlicher Feinde und die Einstellung des biologischen Gleichgewichtes zu warten, das Jahrzehnte dauern kann . . .

Chemische Mittel haben den großen Vorteil, daß sie sich termingerecht einsetzen lassen und der Erfolg nicht vom Zufall abhängt. Bis ein Nützling wirksam wird, kann es für die Bevölkerung zu spät sein.

Das heißt nicht, daß man die biologischen Maßnahmen gering einschätzen sollte. Es heißt nur, die beiden gegensätzlichen Methoden der chemischen und biologischen Bekämpfung in ihrer Bedeutung real zu betrachten. Heute versucht man übrigens bereits weitgehend die Methoden zu koordinieren und gemeinsam anzuwenden. Beispielsweise wird dann mit dem Einsatz chemischer Mittel ausgesetzt, wenn ein Nützling höchste Aktivität entfaltet. Noch besser ist die Entwicklung von Präparaten, die nur den Schädling angreifen, nicht aber den Parasiten des Schädlings. So wurde beispielsweise im Thiodan ein Mittel gefunden, das die im Obstbau sehr schädliche Blutlaus vernichtet, den Parasiten der Blutlaus aber, die Zehrwespe, schont.

Im ganzen gesehen kann man also wohl kaum auf chemische Mittel verzichten, selbst wenn diese manche unerfreuliche Nebenwirkung haben sollten. Wie bei den Herbiziden gibt es auch bei den Insektiziden mehr oder weniger harmlose Mittel. Für Warmblütler ungefährlich und daher in vielen Insektensprays für den Haushalt enthalten, ist das Pyrethrum. Es wird aus den gemahlenen Blüten einer Chrysanthemenart gewonnen. Angeblich wurden die gepulverten Blüten der Chrysantheme schon vor einigen hundert Jahren in Persien als Insektizid benutzt. Auch Nicotin, das im Extrakt von Tabakblättern enthalten ist, wirkt als heftiges Insektengift. Allerdings ist Nicotin auch für Säugetiere sehr giftig. Beim Menschen sollen bereits 0,06 g absolut tödlich wirken. Unerfreulich ist nur, daß die Insekten nach einiger Zeit gegen ein bestimmtes Insektizid unempfindlich werden, so daß man stärkere Mittel finden muß.

Das umstrittene DDT. Das weitaus bekannteste und am meisten angewendete Insektizid ist das DDT (Dichlordiphenyltrichlormethylmethan).

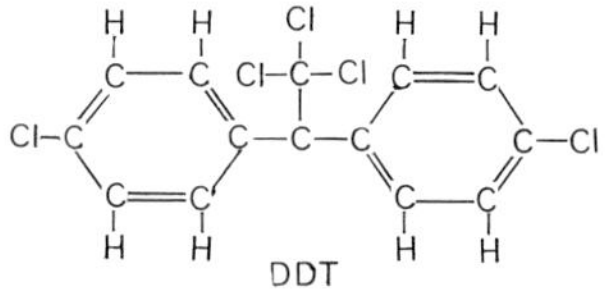

DDT

DDT wirkt als Kontaktgift für Insekten und dringt bei ihnen über die Nervenenden in das Nervensystem ein. DDT spielt eine einzigartige Rolle unter den vom Menschen erzeugten und gebrauchten Chemikalien. Durch den Gebrauch von DDT als Waffe gegen Insekten, die Malaria, Typhus, Pest, Gelbfieber und andere Seuchen übertragen, wurden mehr Menschenleben gerettet und mehr Krankheiten verhütet als durch jedes andere Präparat, das bisher erzeugt wurde. Es verhinderte Ernteausfälle bei Baumwolle, Obst, Kartoffeln und anderen landwirtschaftlichen Produkten und half damit Hungersnöte zu vermeiden.

Diese Tatsache und die Einfachheit seiner Anwendung haben zu einer weltweiten Verbreitung geführt. 200000 t dieses Präparates wurden alleine im Jahre 1970 erzeugt und über die ganze Welt verteilt. Dieselben Eigenschaften, die DDT zu einem erfolgreichen Insektizid werden ließen, machen es gleichzeitig zum klassischen Beispiel einer Umweltbedrohung. Seine Stabilität und Fettlöslichkeit, die es als Langzeit-Nervengift für Insekten wirksam machen, sind der Grund für die hohen Konzentrationen dieses Stoffes, den man heute buchstäblich überall findet.

DDT läßt sich in allen Lebewesen der Seen, Flüsse, Ozeane sowie im Körperfett der Warmblütler einschließlich des Menschen nachweisen. Vor allem bei den Seevögeln tritt bereits eine so hohe Konzentration an DDT auf, daß deren Fortpflanzungsfähigkeit ernstlich gefährdet erscheint.

DDT ist nämlich eine fettlösliche Substanz und wird, selbst wenn es täglich nur in winzigen Spuren mit der Nahrung aufgenommen wird, im Fettgewebe gespeichert und reichert sich schließlich in bedenklichen Mengen an. Von dort gerät der Wirkstoff wieder in den Blutkreislauf – etwa bei Abmagerungskuren oder im Alter – und kann dann eine Reihe ernsthafter Vergiftungserscheinungen hervorrufen. Nachgewiesen ist beispielsweise, daß DDT die Leberzellen dazu veranlaßt, Enzyme zu bilden, die eine Reihe von Arzneimitteln und sogar körpereigene Hormone aus dem Organismus herausspülen können.

Es hat deshalb in letzter Zeit heftige Auseinandersetzungen um den Gebrauch und die Nebenwirkungen von DDT gegeben, die zu einem teilweisen Verbot geführt haben. Allerdings kann es sein, daß das Verbot in manchen Fällen wieder aufgehoben werden muß, weil es noch keinen gleichwertigen Ersatz für DDT gibt. Übrigens sind Diskussionen über das DDT keine Errungenschaft der letzten Jahre. Seit seiner Entdeckung als Herbizid durch den Schweizer Chemiker Paul Hermann Müller (1891–1965), der dafür den Nobelpreis für Medizin und Physiologie erhielt, sind über 30000 wissenschaftliche Arbeiten über das DDT erschienen!

Ein großes Problem bei der Schädlingsbekämpfung mit DDT ebenso wie mit anderen Präparaten ist die Entwicklung unempfindlicher Arten. So können Stubenfliegen nicht mehr durch DDT vernichtet werden.

Ein anderes Beispiel für unbeabsichtigte Nebenwirkungen ist das verstärkte Auftreten der Spinnmilben, die gegen DDT unempfindlich sind. Ihre natürlichen Feinde, gewisse Wespenarten, wurden durch übermäßige Anwendung von DDT so stark dezimiert, daß sich die Spinnmilben ungehindert entwickeln konnten. In der Folge wurden zum Beispiel im Obstbau oder in den Baumwollkulturen südlicher Länder so katastrophale Schäden verursacht, daß eigens ein Mittel gegen Spinnmilben entwikkelt werden mußte. Ein Beispiel für eine Panne, die auf unserer geringen Kenntnis über biologische Gleichgewichte beruht!

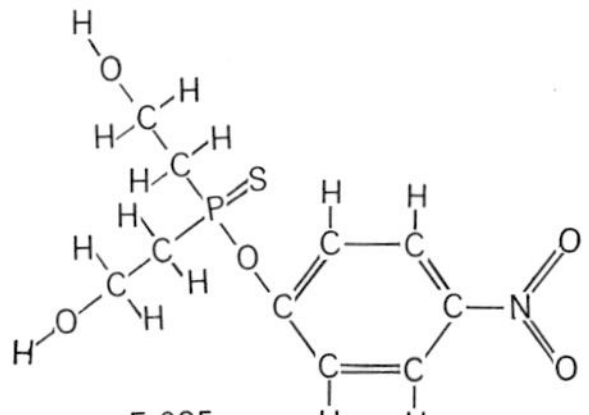

E 605

Ein anderer wichtiger Typ von Insektengiften sind die Phosphorsäureester. Sie wirken als Kontakt-, Fraß- und Atemgifte. Ihre Wirkung beruht auf der Blockierung des insekteneigenen Enzymsystems, vor allem durch Hemmung der Cholesterinase. Daher sind die Phosphorsäureester auch für den Menschen sehr giftig. Glücklicherweise zerfallen diese Verbindungen unter natürlichen Witterungsbedingungen sehr rasch, so daß nur eine geringe Gefahr besteht, daß Wirkstoffreste mit der Nahrung aufgenommen werden können. Das wichtigste unter diesen Insektiziden ist das E605 oder auch

Parathion, das wegen seiner großen Giftigkeit für Menschen und Warmblütler nur im Pflanzenschutz Anwendung findet.

Tod den Ratten! Der Giftkrieg gegen schädliche Lebewesen richtet sich auch gegen Warmblütler, vor allem gegen die Mäuse, Ratten und andere Nagetiere. Die chemischen Mittel zum Kampf gegen die Nager werden in der Fachsprache als Rodentizide bezeichnet. Hier sind vor allem die neueren Mittel erwähnenswert, gegen die sich das alte Rattengift wie Opas Dampflokomotive gegen ein Düsenflugzeug ausnimmt. Da die Nager und unter ihnen besonders die Ratten über einen hohen Intelligenzgrad verfügen, der sie reine Fraßgifte meiden läßt, hat man Giftstoffe entwickelt, die erst nach mehrmaliger Aufnahme tödlich wirken. Schon geringe Mengen dieser Stoffe hemmen die Bildung des zur Blutgerinnung nötigen Prothrombins. Nach wiederholter Aufnahme des Giftes kann keine Blutgerinnung mehr eintreten. In der Folge treten in verschiedenen Organen und Geweben Blutungen auf, die schließlich zum Tode führen. Die Nager spüren von der Vergiftung nichts und empfinden daher kein Mißtrauen gegen die vergifteten Futterquellen. Dies ist ein wesentlicher Fortschritt gegenüber den früher üblichen, rasch wirkenden Giften, bei denen die Sippengenossen häufig durch die Schmerzäußerungen der vergifteten Tiere alarmiert und zur Vorsicht angeregt wurden. Als giftige Verbindungen werden heute hauptsächlich Abkömmlinge des Cumarins angewendet, das ein Hauptbestandteil des würzigen Geruches von frischem Heu ist.

In bestimmten Gegenden Indiens werden Ratten als heilig behandelt und verwöhnt. Andernorts gelten sie als Plage. Und da sie über einen hohen Intelligenzgrad verfügen, der sie reine Fraßgifte meiden läßt, hat man Giftstoffe entwickelt, die erst nach mehrmaliger Aufnahme in kleinen Mengen tödlich wirken.

Pilze greifen uns an

»Fungizide sind anorganische oder organische Stoffe, die organische Materialien (z. B. Holz, Textilien) oder Lebewesen (Pflanzen) vor dem Angriff durch Pilze schützen!« Das ist eine Aussage, die in ihrer Bedeutung sicher zunächst unterschätzt wird. Werden wir von Pilzen wirklich angegriffen? Wir werden tatsächlich angegriffen, und zwar manchmal so, daß die Existenzgrundlage ganzer Völker in Gefahr gerät.

Das klassische Beispiel für einen Pilzbefall ist die Kartoffelkraut- oder Knollenfäule (Phytophtera infestans), die nach wie vor jedes Jahr eine Gefahr für die Kartoffelernte darstellt. Die Verluste betragen jährlich bis zu 20% des möglichen Ernteertrages – ein erschreckend hoher Prozentsatz!

Pilzbefall erzwingt Auswanderung. Als es noch keine Bekämpfungsmittel gab, konnte es leicht geschehen, daß die gesamte Ernte eines Landes vernichtet wurde. Das hatte gewaltige soziale Umschichtungen zur Folge. So war beispielsweise die Vernichtung der Kartoffelernte durch Phytophtera die Ursache für die schweren Hungersnöte, die im Jahre 1845 und 1846 Irland heimsuchten. Die Kartoffel war das Hauptnahrungsmittel der Iren. Ein großer Teil der Bevölkerung starb, und in der Folge wanderten über eine Million Iren nach Nordamerika aus. Ähnliche Gründe hatten auch die großen Auswanderungswellen aus Deutschland in den Jahren 1840 bis 1860.

Pilze nehmen unter den Schädlingen, die unsere Kulturpflanzen bedrohen, sowohl nach Zahl wie nach Ausmaß des Schadens, einen der ersten Plätze ein. Jeder Gartenbesitzer weiß ein Lied davon zu singen. Wichtig ist vor allem der Kampf gegen den »falschen Mehltau« der Weinrebe (Peronospora), gegen die Kartoffelfäule (Phytophtera), gegen Schorf, Rost, Apfelmehltau, Kräuselkrankheit und Schimmel.

Da beim Getreide die Samen befallen werden und von da aus die neu auskeimen-

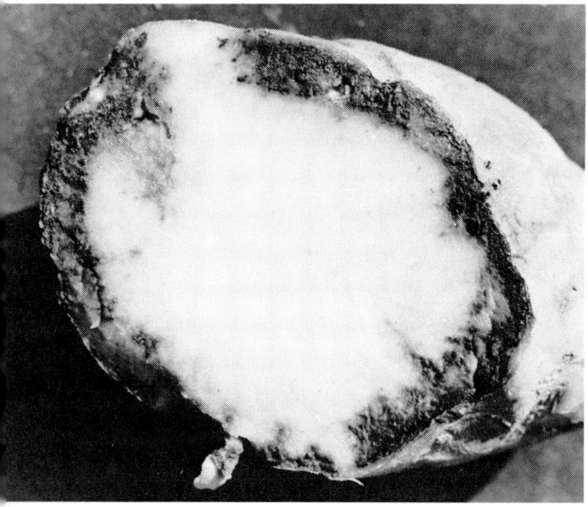

Ein klassisches Beispiel für die Folgen durch Pilzbefall ist die Hungersnot, die die Kartoffelkraut- oder Knollenfäule 1845/46 in Irland auslöste: Ein großer Teil der Bevölkerung starb, und über eine Million Iren wanderten nach Nordamerika aus.

den Pflanzen wieder angegriffen werden, wird das Saatgut »gebeizt«. Um es von Brotgetreide zu unterscheiden, wird dabei Farbe zugesetzt. Zur Beizung dienen hauptsächlich anorganische und organische Quecksilberverbindungen, die starke Pilzgifte sind. Diese quecksilberhaltigen Fungizide stellen aber auch für den Menschen eine große Gefahr dar. So starben beispielsweise im Irak erst kürzlich über dreihundert Menschen, weil Saatgetreide, das mit Quecksilberverbindungen behandelt war, fälschlicherweise als Brotgetreide verwendet wurde.

Unter den heute noch gebräuchlichen, anorganischen Fungiziden haben vor allem die Kupferverbindungen und der Schwefel Bedeutung. Im Weinbau haben sich bis heute die Kupfersulfat-Kalk-Spritzbrühen erhalten, und auch der Netzschwefel – elementarer Schwefel in fein verteilter Form – wird noch in großem Umfang benutzt. Zu Beginn der sechziger Jahre wurden jährlich etwa 275 000 t Schwefel zu diesem Zweck in

Jeder Gartenbesitzer weiß ein Lied zu singen vom Kampf gegen die winzigen Pilze, die sein Obst überfallen, als da sind Schorf, Rost, Apfelmehltau, Kräuselkrankheit und Schimmel. Mit Pilzgiften müssen bereits die Samen der Kulturpflanzen gebeizt werden. Sie stellen allerdings bei falscher Dosierung für den Menschen eine große Gefahr dar.
Im Bild der Test eines Beizmittels, der oben – vorschriftsmäßig dosiert – bei Erbsen erfolgreich verlief, unten – überdosiert – mehr schadete als nutzte.

der Landwirtschaft der ganzen Welt eingesetzt. In den Jahren 1933 bis 1935 wurden die fungiziden Eigenschaften von Dithiocarbamaten und Thiuramdisulfiden erkannt. Universelle Anwendung in der Landwirtschaft fanden aber erst die Metallsalze der Alkylen-bis(dithiocarbamate). Zu Beginn der fünfziger Jahre wurden dann metallfreie, rein organische Präparate mit breitem Wirkungsspektrum gefunden, die die anorganischen Präparate heute weitgehend verdrängt haben. Da sich die einzelnen schädlichen Pilzarten sehr stark voneinander unterscheiden, können sie nicht so universell mit Präparaten gleicher Struktur oder Wirkungsart bekämpft werden, wie das bei den Insekten der Fall ist. Demgemäß müssen weitaus mehr Präparate zur Pilzbekämpfung zur Verfügung stehen als zur Insektenbekämpfung.

Landwirtschaft – neu programmiert. Der chemische Krieg gegen die Schädlinge ist kein Intermezzo; er hat erst begonnen, und er wird mit Sicherheit so schnell nicht aufhören. Das liegt vor allem daran, daß die Pestizide große soziale Veränderungen bewirkt haben. Sie haben die Ernährung – lediglich abgesehen von Witterungseinflüssen – zu einem weithin kalkulierbaren Faktor gemacht und wirken daher stabilisierend auf unser Sozialgefüge. Hungrige Wähler sind radikale Wähler.

Die mechanisierte Landwirtschaft erlaubt es außerdem, daß immer weniger Menschen eine immer größere Menge landwirtschaftlicher Produkte erzeugen können. Damit verschwindet der Landarbeiter als einer der Träger des Proletariats. Zugegeben, ein Heer rübenhackender Landarbeiter paßt

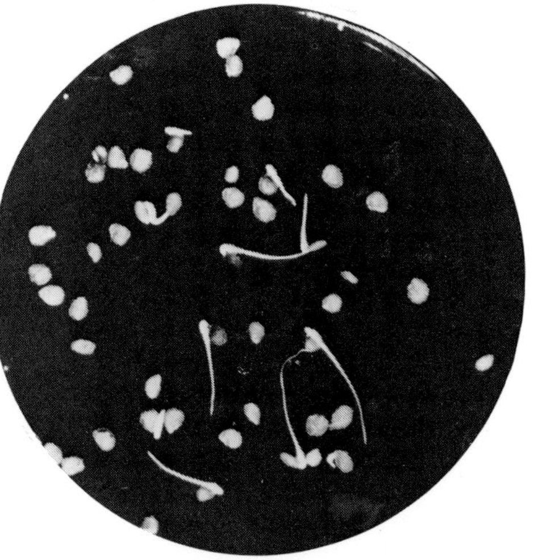

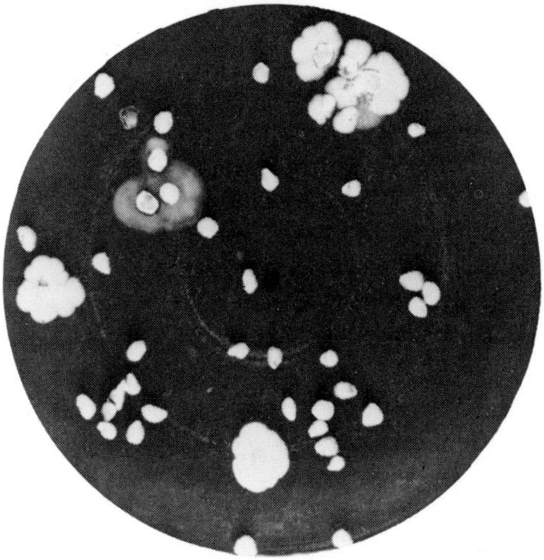

nicht in das Bild, das unsere Bildungsexperten und Politiker von der Zukunft unseres Landes entwerfen. Genau das wäre aber nötig, wenn man das Rad zurückdrehen wollte und wieder zu den »natürlichen« Bedingungen der Landwirtschaft zurückkehren würde. Ähnliches gilt natürlich auch für den Kampf gegen Krankheits- und Seuchenüberträger mit chemischen Mitteln, die aus unserem Leben nicht wegzudenken sind.

Freilich könnte man sich manchmal eine Rückkehr in die Zeit vor der Erfindung der Pestizide wünschen, wenn man manche ihrer schlimmen Nebenwirkungen betrachtet. Sicher ist aber, daß es keinen rein biologischen Ausweg gibt, wobei zu bedenken ist, daß auch die sogenannten biologischen Bekämpfungsmethoden schwere Eingriffe in das biologische Gleichgewicht bedeuten können.

Es ist aber sehr wichtig, zum Beispiel bei dem Einsatz von Herbiziden, alle negativen Auswirkungen genau zu untersuchen und noch mehr Forschungskapazität in dieses Gebiet zu investieren. Ohne Kenntnis der natürlichen biologischen Vorgänge, die in ihrem Zusammenhang ebenfalls noch weitgehend unerforscht sind, ist dies nicht möglich. Was bisher geschehen ist, kann nur ein Anfang sein. Die bisherigen Untersuchungen waren auf dem Gebiet der Herbizide auf das bestimmte Ziel ausgerichtet, rationelle Unkrautbekämpfung ohne negative Nebenwirkungen zu betreiben. Es muß nun laufend überprüft werden, ob die angewendeten Mittel noch diesem Ziel gerecht werden. Um die Anwendungssicherheit zu erhöhen und gezielte Entwicklung neuer, besserer Präparate zu ermöglichen, ist es die wichtigste Aufgabe der Wissenschaft, mehr Kenntnisse über die Wirkungsweise der Pestizide zu erlangen. Bisher sind wir noch weit davon entfernt, ein Herbizid oder ein Insektizid ganz gezielt »konstruieren« zu können. Das Auffinden eines neuen Wirkstoffes ist noch weitgehend dem Zufall überlassen.

Blockierung
der
Photosynthese
Blockierung
der Atmung
Störung des Enzymhaushaltes z.B.
in Wachstum Reproduktion
Mitochondrium
Zellkern
Chloroplast
Zellwand

Der Absatz von Chemikalien zur Bekämpfung von Unkräutern (Herbiziden) hat in der Bundesrepublik längst den von Pilzbekämpfungsmitteln (Fungiziden) und Insektenvertilgungsmitteln (Insektiziden) übertroffen. Ähnlich liegen die Verhältnisse in den USA, für die entsprechende Schätzungen bis 1975 vorliegen.

Durch tiefgreifende Störung der Lebensvorgänge werden die Herbizide in der Pflanzenzelle wirksam. Einige Herbizide wirken durch Blockierung der Photosynthese, andere verhindern die Atmung, wieder andere zerstören die Zellwände oder regen zu ungehemmtem Wachstum und Vermehrung an. Die Organe der Zelle sind rechts dargestellt.

Vor allem im Bereich der Herbizide sind noch Entwicklungen zu erwarten, die weit über die Chemie hinausgehen und doch durch sie veranlaßt werden. So wurde bereits der Wert einer traditionell wichtigen, ackerbaulichen Maßnahme in Frage gestellt. Die Schlagworte in diesem Zusammenhang heißen: »Minimumbearbeitung«, »pflugloser Pflanzenbau«, »Direktsaat« und »umbruchlose Grünlanderneuerung«. Umfangreiche Versuche sind bereits angelaufen.

Seit den Anfängen in der Jungsteinzeit haben sich die Methoden des Ackerbaus auf der Welt nur sehr allmählich verändert. Jetzt aber stehen wir vor einem »großen Sprung nach vorn«.

Vielleicht gehört in wenigen Jahren der Motorpflug ebenso der Geschichte an, wie heute der Bauer, der im Frühjahr mit seinen Rössern den Acker bestellte.

Die Zukunft wird so aussehen, daß Bodenbearbeitung nur noch dort stattfindet, wo sie aus Gründen der Bodenfruchtbarkeit unbedingt nötig ist. Unkräuter werden prinzipiell nur noch mit Herbiziden bekämpft werden. Mit Spezialgeräten wird, unter Verzicht auf jegliche Arbeit mit dem Pflug zwischen Ernte und Neusaat, die Saat direkt in den Boden eingebracht. Bereits vorhandene Pflanzen werden vor oder nach der Saat mit Herbiziden abgetötet.

Neben der Vernichtung von Unkräutern wird vor allem die Hemmung zu üppigen Pflanzenwuchses mit Hilfe von »Wachstumsreglern« Bedeutung erlangen. Man darf erwarten, daß es bald Mittel zur gleichmäßigen Wuchshemmung geben wird, die für gleichbleibend grüne Farbe sorgen werden. Das bedeutet nicht nur eine Erleichterung für alle Gartenbesitzer, die jetzt noch regelmäßig ihren Rasen mähen müssen, sondern erleichtert auch die Pflege der öffentlichen Parkanlagen und Erholungsgebiete.

Entlang von Autobahnen und Fernstraßen werden bereits solche Mittel eingesetzt:

Die neuen Schlagworte heißen: Minimumbearbeitung! Pflugloser Pflanzenbau! Direktsaat! Umbruchlose Grünlanderneuerung! *(siehe dazu ab Seite 292).*

Gras und andere Pflanzen bleiben dadurch so niedrig, daß dem Autofahrer – besonders in Kurven – nicht die Sicht genommen wird. Hier dienen die Wachstumsregler also der Verkehrssicherheit.

Mit ähnlichen Präparaten kann man erreichen, daß alle Pflanzen auf einem Feld gleichzeitig zur Reife gelangen, so daß Erntemaschinen mit maximalem Nutzen eingesetzt werden können.

Auch bei den Problemen, die aus der sogenannten Sozialbrache erwachsen, können solche Neuentwicklungen helfen. Durch die Sozialbrache, den sich selbst überlassenen, früheren landwirtschaftlichen Nutzflächen, wird nämlich der Charakter einer Landschaft stark verändert. Viele Gemeinden, vor allem die Kur- und Erholungszentren, sind aber an der Erhaltung ihres Landschaftsbildes sehr stark interessiert. Durch preiswerte Wachstumsregler könnte hier das gewohnte Bild erhalten werden.

Eines dürfen wir von der Zukunft jedoch nicht erwarten: die vollständige Ausschaltung aller Schädlinge einschließlich aller ihrer Vermehrungs- und Dauerorgane durch einen einmaligen Eingriff. Wir müssen uns daher auch weiterhin darauf einstellen, die Schädlingsbekämpfung in periodischen Abständen vorzunehmen.

Wegweiser durch die Chemie

Die Chemie ist ebenso wie die Physik, die Biologie und die Geologie eine exakte Naturwissenschaft. Sie stützt ihre theoretischen Aussagen auf die Ergebnisse exakter Beobachtungen und Messungen. Im Bereich der Naturwissenschaften nehmen jedoch die Chemie und die Physik insofern eine besondere Stellung ein, als sie nicht nur wie die Biologie mit einem begrenzten Gebiet (den Lebewesen) oder die Geologie mit einem bestimmten Objekt (der Erde) beschäftigen, sondern ganz allgemein Aufbau, Eigenschaften und Verhalten der Materie untersuchen. Während sich die Physik mit den Zuständen und Zustandsänderungen der Materie befaßt, ist die Aufgabe der Chemie die Untersuchung der Stoffe und deren Veränderungen.

Physikalische und chemische Eigenschaften eines Stoffs

Um stoffliche Veränderungen erkennen zu können, ist es nötig, die stofflichen Eigenschaften der Ausgangsstoffe und der Endprodukte genau zu beschreiben. Zur Charakterisierung eines Stoffes dienen in der Chemie sowohl seine physikalischen Eigenschaften (Schmelzpunkt, Siedepunkt, Druck, Farbe, Härte, Kristallform usw.) wie auch seine chemischen Eigenschaften. Darunter versteht man dessen Verhalten gegenüber anderen Stoffen, d.h. sein Verhalten bei chemischen Vorgängen oder chemischen Reaktionen. Der Ablauf einer chemischen Reaktion bewirkt immer eine stoffliche Veränderung.

Chemische Reaktion

Will man Genaueres über den Aufbau eines Stoffes erfahren, so muß man ihn in seine Grundstoffe oder die chemischen Elemente zerlegen. Ein solcher Vorgang ist eine Analyse. Meist genügt es nicht, den Stoff einfach zu zerlegen und dann die Elemente zu bestimmen (qualitative Analyse), sondern man will auch eine Aussage darüber machen, in welchem Zahlenverhältnis die Elemente in einer Verbindung zueinander stehen (quantitative Analyse). Bei Stoffen, die aus kompliziert gebauten Molekülen bestehen, muß der Chemiker auch eine Aussage darüber machen können, wie die einzelnen Elemente eines bestimmten Stoffs innerhalb eines Moleküls zueinander angeordnet sind. Man bezeichnet eine solche Untersuchung als Strukturanalyse.

Chemische Elemente
Analyse

qualitative Analyse

quantitative Analyse

Strukturanalyse

Der Aufbau eines Stoffs aus den Elementen oder einfacheren chemischen Verbindungen bezeichnet man

Synthese

als Synthese. Die Suche nach einfachen und billigen Synthesemöglichkeiten neuer oder auch bereits bekannter Stoffe ist eine der Hauptaufgaben der chemischen Industrie.

Chemische Formel

Chemische Gleichung

Charakteristisch für die Chemie ist die Formelsprache. Mit Hilfe von Elementsymbolen ist es dem Chemiker möglich, selbst schwierige Reaktionsabläufe ohne Worterklärungen in Form von chemischen Gleichungen zu beschreiben. Dabei werden die Ausgangs- und Endpunkte nicht nur quantitativ, sondern auch qualitativ erfaßt.

Anorganische Chemie
Organische Chemie

Die bisher erwähnten Arbeitsmethoden und Begriffe sind charakteristisch für alle Spezialbereiche der Chemie. In klassischer Weise unterscheidet man die anorganische Chemie, die alle Elemente außer dem Kohlenstoff umfaßt, und die organische Chemie, die besser als die Chemie der Kohlenstoffverbindungen bezeichnet würde. Nur ganz wenige Kohlenstoffverbindungen werden von der anorganischen Chemie behandelt. Chemische Vorgänge sind häufig mit physikalischen Vorgängen, z.B. Wärmeentwicklung, verknüpft. Mit physikalischen Gesetzen bei chemischen Reaktionen beschäftigt sich die physikalische Chemie.

Physikalische Chemie

Darüber hinaus gibt es eine ganze Reihe chemischer Spezialgebiete, wie die Biochemie, die Mineralchemie, die Agrikulturchemie, die Lebensmittelchemie, die pharmazeutische Chemie, die physiologische Chemie u.a.

Theoretische Chemie

Über die praktische Tätigkeit hinaus geht die theoretische Chemie, die die Gesetzmäßigkeit chemischer Vorgänge ermittelt. Es gibt bis heute noch keine einheitliche, das gesamte Gebiet der Chemie umfassende Theorie. Trotzdem ist es durch die Fortschritte der Chemie möglich geworden, wesentlich tiefere Einblicke in die gegenseitigen Beziehungen zwischen Stoffen und chemischen Vorgängen zu erhalten. Größere Teilgebiete lassen sich inzwischen mit Hilfe vieler experimenteller Beobachtungen durch die Theorie verknüpfen.

Aktuelles Wissen

Chemie gestaltet die Zukunft

Köln, 1. Januar 2073. Ein strahlender Frühlingstag ist angebrochen. Aus Lautsprechern ertönen Vogelstimmen. Die Außentemperatur beträgt 18 °C. Sie wird um die Mittagszeit 22 °C erreichen. Um 10 und um 16 Uhr wird es jeweils 15 Minuten lang regnen. Die Wettervorhersage ist todsicher! Seit man vor einigen Jahren die Innenstadt mit einer Kuppel aus Leichtmetall und Kunststoff überzogen hat, wird das Wetter nach den Wünschen und Bedürfnissen der Bewohner zentral gesteuert. In Köln haben sich die Bürger für »ewigen Frühling« entschieden.

Die Kölner Sonne ist um 7 Uhr aufgegangen. Der Wärme und Licht verstrahlende Energiespender bewegt sich einmal am Tag über die Kuppel und markiert durch seine Stellung im künstlichen Gewölbe die Tageszeiten. Das ist natürlich nur eine romantische Konzession an die älteren Mitbürger, die sich noch an die Zeiten erinnern, als das Leben der Stadt wirklich von den Jahreszeiten und dem Sonnenstand abhing. Die Energieversorgung für die künstliche Sonne besorgt ein Atomkraftwerk tief unter der Erde und außerhalb der Fundamente des synthetischen Himmels. Schon vor vielen Jahren hat man die Energieproduktion grundlegend geändert. Nur wenige wissen noch, daß man früher den größten Teil der

Die heutige Welt hat Sorgen. Für viele bieten Wissenschaft und Technik Lösungen an. Und jeder ist aufgerufen, darüber nachzudenken, welche Konsequenzen technische Lösungen für die Gemeinschaft der Menschen in der Zukunft haben werden (im Bild: USA-Pavillon auf der Weltausstellung in Montreal und Schwimmhalle auf dem Olympiagelände in München).

Ein Blick in die Zukunft: mobiles Kunststoffhaus, bestellt nach Katalog. Auf Wunsch wird die gesamte Einrichtung aus Kunststoff mitgeliefert.

elektrischen Energie durch Verbrennung von Kohle oder Erdöl gewonnen hat. Es ist kaum vorstellbar, daß die Menschheit einmal derartig unsinnige Prozesse benutzt hat, um die Energieversorgung zu gewährleisten. Bei der Verbrennung von Kohle und Erdöl wurde die Luft mit Staub und giftigen Abgasen wie z. B. Schwefeldioxid und Kohlenmonoxid verseucht. Außerdem wurden die wertvollen Rohstoffe Kohle und Erdöl buchstäblich in die Luft verpulvert. Nur maximal 40% der in ihnen steckenden Energie konnte wirklich in elektrische Energie verwandelt werden. Der Rest ging als Wärme unkontrollierbar verloren.

Heute werden diese Rohstoffe ausschließlich in chemischen Kombinaten zu höherwertigen Produkten, Kunststoffen, Textilfasern, Arzneimitteln und Farben verarbeitet. Diese Fabriken stehen unter ähnlichen Kunstglaskuppeln wie die Stadt. Jede Fabrik ist ein abgeschlossenes System für sich, das nur die gewünschten Produkte aufnimmt und abgibt. Seltsam, wenn man sich daran erinnert, welche Probleme noch vor hundert Jahren die Menschen mit ihrer Technik hatten. »Umweltverschmutzung«, das war das Stichwort, hinter dem sich die ganze Hilflosigkeit dieser Generation ihren eigenen Maschinen und technischen Anlagen gegenüber verbarg.

Eine der Ursachen für die Verseuchung der Welt von 1973 mit Giftgasen und Abfall war das benzingetriebene Auto. Wir alle müssen den Technikern, Chemikern und Sozialingenieuren dankbar sein, daß es diese lärmenden, stinkenden und plumpen Vehikel nicht mehr gibt. In unseren Städten des Jahres 2073 gibt es nur noch lautlos fahrende Elektrowagen, deren Kunststoffkarosserien den Künstlern zur Gestaltung dienen. Zwischen den einzelnen Städten ist der individuelle Verkehr schon lange nicht mehr möglich und wird auch nicht gewünscht. Durch elektrisch getriebene Schnellbahnsysteme sind alle Orte beliebig miteinander verbunden. Seit es die neue Generation der elektrischen Brennstoffzellen gibt, in denen flüssige Kohlenwasserstoffe mit Sauerstoff zu Kohlendioxid unter direkter Gewinnung elektrischer Energie umgesetzt werden, bedeutet die Versorgung der Elektromotoren kein Problem mehr. Kein Wunder, daß man den Chemiker, der im Jahre 1980 die geeigneten Katalysatoren für diesen elektrochemischen Prozeß fand, bereits im folgenden Jahr mit dem Nobelpreis ausgezeichnet hat.

So oder so ähnlich ließe sich noch lange die Welt von morgen beschreiben. Nichts von dem, was als Zukunft geschildert wurde, erscheint wirklich unmöglich. Manches ist bereits heute greifbar nahe. Eines aber ist sicher, unsere Welt von morgen wird nicht eine Welt ohne Chemie sein, sondern die Chemie wird uns den sicheren Weg in diese Zukunft garantieren; denn je komplizierter die Probleme der Industriegesellschaft werden, desto deutlicher treten die durch Technik und Wissenschaft angebotenen Lösungsmöglichkeiten hervor. Dabei darf nicht übersehen werden, daß fast immer die technische Lösung von Problemen eine Veränderung in der Denkweise der Menschen voraussetzt oder zur Folge hat.

Ein gutes Beispiel dafür ist die Geburtenregelung mit Hilfe von empfängnisverhütenden Präparaten. Wir alle wissen, daß die Bevölkerung nicht unbegrenzt wachsen

kann. Gleichzeitig bestehen bei vielen Menschen oder Völkern religiös und traditionsbedingte Vorstellungen über die Größe der Familie und die Beeinflußbarkeit von Zeugung und Geburt. Die chemische Wissenschaft stellt einfache Möglichkeiten zur Verfügung, um die Bevölkerungszahl zu regeln. Ob diese Möglichkeit ergriffen wird, ist aber zunächst eine Entscheidung, die jede Familie selbst zu treffen hat. Damit löst sich die Familie unter Umständen aus einer Verhaltenswelt, wie sie ihr durch Tradition oder Religionszugehörigkeit vorgezeichnet war. Die Wahrscheinlichkeit ist groß, daß damit auch das Verhalten in anderen Bereichen des gesellschaftlichen Lebens geändert wird. Welche Rückwirkungen auf die Gesellschaft insgesamt durch solche Änderungen des Verhaltens eintreten, läßt sich nur schwer vorausahnen. Mit anderen Worten: Es genügt nicht, daß die Wissenschaft die beste Lösung für ein gegebenes Problem sucht, findet und technisch realisierbar macht. Das betrifft die Geburtenregelung ebenso wie die Verwendung von Pestiziden zur Erhöhung der Erntevorräte, die Verlängerung des menschlichen Lebens durch pharmazeutische Präparate und künstliche Organe und den Ersatz des Benzinmotors durch andere Antriebsaggregate. Deshalb ist der Chemiker, der wahrscheinlich mehr als jeder andere Naturwissenschaftler dazu beiträgt, Forschungsergebnisse zu produzieren, die die menschliche Gesellschaft verändern, besonders dazu aufgerufen, mit Verantwortung zu forschen und die Konsequenzen seiner Forschungsergebnisse zu bedenken. Dies wird eine der wesentlichen Aufgaben der zukünftigen Generation von Chemikern sein: gemeinsam mit den Soziologen und Psychologen, den Philosophen und Theologen, also gemeinschaftlich mit denen, die etwas von den Gesetzen verstehen, nach denen die Menschen zusammenleben und ihre Gemeinschaften gestalten, Forschungsziele festzulegen und Lösungsmöglichkeiten für die Probleme der industriellen Gesellschaft vorzuschlagen.

Problem Nr. 1: das Überleben der Menschheit

Es ist wie in jedem Jahr wieder einmal Winter in England. Man schreibt das Jahr 1952. Den Einwohnern von London erscheint das Wetter in den Dezembertagen zunächst normal. Dichter Nebel liegt über der Stadt, über dem Tal der Themse und fast über dem ganzen Land. Nichts deutet auf etwas Ungewöhnliches hin. Es gibt die üblichen Verkehrsbehinderungen, die Verspätungen auf dem Weg zur Arbeit und die Feuchtigkeit, die bis in die Häuser kriecht. Am dritten und vierten Tag des Nebels geschieht das Ungewöhnliche. Ein großer Teil der Bevölkerung fühlt sich plötzlich unwohl. Ältere Personen und Kleinkinder erkranken ernstlich und zeigen Symptome von schwerer Bronchitis, Lungenentzündung und Herzbeschwerden. Die ersten Todesfälle werden bekannt. Noch zwei, drei Tage, dann lichtet sich der Nebel. Aber die hohe Sterblichkeitsrate hält noch für einige Wochen nach dem Vorfall an. Die Gesundheitsbehörden schätzen, daß in Zusammenhang mit dieser Episode 3500 bis 4000 Tote zu beklagen sind, eine Zahl, die erst Jahre später der Öffentlichkeit zur Kenntnis und zu Bewußtsein kommt.

Die Hauptschuld gab man dem altmodischen Heizungssystem der Londoner Häuser. Dort wurden oft noch in offenen Kaminen mit unzureichenden Schornsteinen große Brocken von Fettkohle verbrannt. Die starke Rußentwicklung und der hohe Gehalt an Schwefeldioxid in den Abgasen löste in Verbindung mit dem Nebel die Katastrophe aus. Aber noch zweimal mußte es zu ähnlichen Vorfällen in der englischen Hauptstadt

Der Haushalt der Natur ist bedroht, das Gleichgewicht gestört. Kraftfahrzeuge, Stromkraftwerke, Fabriken der chemischen Industrie und der Schwerindustrie sowie die privaten Haushalte mit ihren Heizungen »pusten« mehr schädliche Bestandteile in die Luft, als auf natürlichem Wege wieder abgebaut werden können.

kommen, bis sich etwas änderte. Mit staatlicher Unterstützung wurden die Haus- und Wohnungsbesitzer aufgerufen, ihre Heizungssysteme zu verbessern und sich nach Möglichkeit auf die Verwendung von Gas oder Elektrizität umzustellen. Seither hat sich nicht nur die Zahl der Sterbefälle bei nebligem Wetter drastisch verringert, sondern auch die Zahl der Stunden Sonnenschein hat sich deutlich erhöht. Infolge des geringeren Ausstoßes von Staub- und Rußteilchen aus modernen Heizungsanlagen im Vergleich zum altmodischen Kohleherd kommt es seltener zur Bildung des gefürchteten Londoner Nebels.

Nur selten hat die Umweltverschmutzung so direkte Folgen wie die berüchtigten Londoner Vorfälle – einmal abgesehen von ausgesprochenen Unglücksfällen oder Fällen von offensichtlichem technischem Versagen. Daher lassen sich auch nur selten die Ursachen für Umweltverschmutzung so eindeutig angeben und beseitigen, wie das in London geschehen ist, zumal die Technik inzwischen sehr viel komplexer geworden ist.

Wo kommt die Luftverschmutzung eigentlich her? Hauptursache ist eindeutig der Kraftfahrzeugverkehr, dann folgen die Kraftwerke zur Erzeugung von elektrischem Strom, die chemische und die Schwerindustrie, und schließlich tragen auch die privaten Haushalte mit Ofen- und Zentralheizungen nicht unerheblich zu der Gesamtmenge an schädlichen Bestandteilen in der Luft bei.

Fast alle Luftverunreinigungen stammen aus der Oxidation, das heißt der Verbrennung der fossilen Brennstoffe Kohle und Erdöl. Hauptprodukt der Verbrennung ist CO_2, Kohlendioxid. Vor allem in den letzten Jahren hat die Gesamtkonzentration an CO_2 in der Lufthülle der Erde stark zugenommen. Da seit dem Jahre 1860 Analysendaten über die Zusammensetzung der Atmosphäre gesammelt werden, weiß man, daß inzwischen die Konzentration an CO_2 um ca. 10% zugenommen hat. Bis zum Jahre 2000 wird die Zunahme 25% des Wertes von 1860 betragen, wenn die technische Entwicklung sich nicht ändert.

CO_2 ist an sich nicht giftig und ein normales Stoffwechselprodukt der lebenden Organismen. Trotzdem hat die Zunahme der Konzentration dieses Gases in der Atmosphäre einen beängstigenden Aspekt. CO_2 absorbiert und reflektiert nämlich einen großen Teil der Wärmestrahlung in den oberen Schichten der Atmosphäre, die normalerweise in den Weltraum abfließen würde. Dadurch könnte die Temperatur auf der Erde über ihren Gleichgewichtswert ansteigen. Man nennt das den »Gewächshauseffekt«. Er könnte zum Beispiel dazu führen, daß weite Teile des Polareises abschmelzen, dadurch die Weltmeere ansteigen und große Landflächen überflutet werden. Glücklicherweise haben sich für solche Annahmen bisher keine eindeutigen Hinweise finden lassen. Die natürlichen Temperaturschwankungen in den vergangenen hundert Jahren sind so groß, daß ein meßbarer Effekt infolge der erhöhten CO_2-Konzentration nicht vorhanden ist.

Die Ungenauigkeiten der Meßdaten sind ganz allgemein die hauptsächliche Ursache für Schwierigkeiten bei der Bekämpfung von Luftverschmutzungen. Obwohl die absolute Menge an Schadstoffen in den Luftschichten, z.B. über der Bundesrepublik sehr hoch sein kann, ist doch die relative Konzentration, bezogen auf einen Liter oder einen Kubikmeter, außerordentlich klein. Ein Beispiel soll das erläutern. Im Jahre 1969/70 wurden nach Schätzungen etwa vier Millionen t Schwefeldioxid in der Bundesrepublik in die Luft emittiert. SO_2 ist ein gefährliches lungenschädigendes Gas. Gefährlich sind mit Sicherheit Konzentrationen von 0,1 ppm, das entspricht einer Menge von einem Liter SO_2-Gas in zehn Millionen Liter Luft. Diese gefährliche Konzentration wurde außer in nächster Nähe einiger Großkraftwerke bei ungünsti-

Ein großer Teil der Umweltprobleme hängt mit der Verwendung fossiler Brennstoffe zum Zweck der Energiegewinnung zusammen. Vor Jahrmillionen wurde mit Hilfe der Photosynthese Sonnenenergie in den Pflanzen gespeichert. Ein Teil der Pflanzen versinkt im Erdreich unter Bedingungen, die vollkommene Oxydation verhindern. Es entsteht Kohle, Erdgas und Erdöl. Wenn diese Stoffe heute verbrannt werden, kann nur ein Teil der gespeicherten Energie in nützliche Arbeit umgesetzt werden. Ein großer Teil der gespeicherten Energie wird als Wärme nutzlos an die Atmosphäre abgegeben. Das entstehende Kohlendioxid und Wasser, die Hauptprodukte der Verbrennung, werden in der Photosynthese wieder verbraucht. Die anderen Beiprodukte sind die hauptsächlichen Luftverunreinigungen. Sie sind rechts in der Reihenfolge der entstehenden Mengen aufgezählt. Im Sonnenlicht bilden sie alle zusammen den gefürchteten Smog.

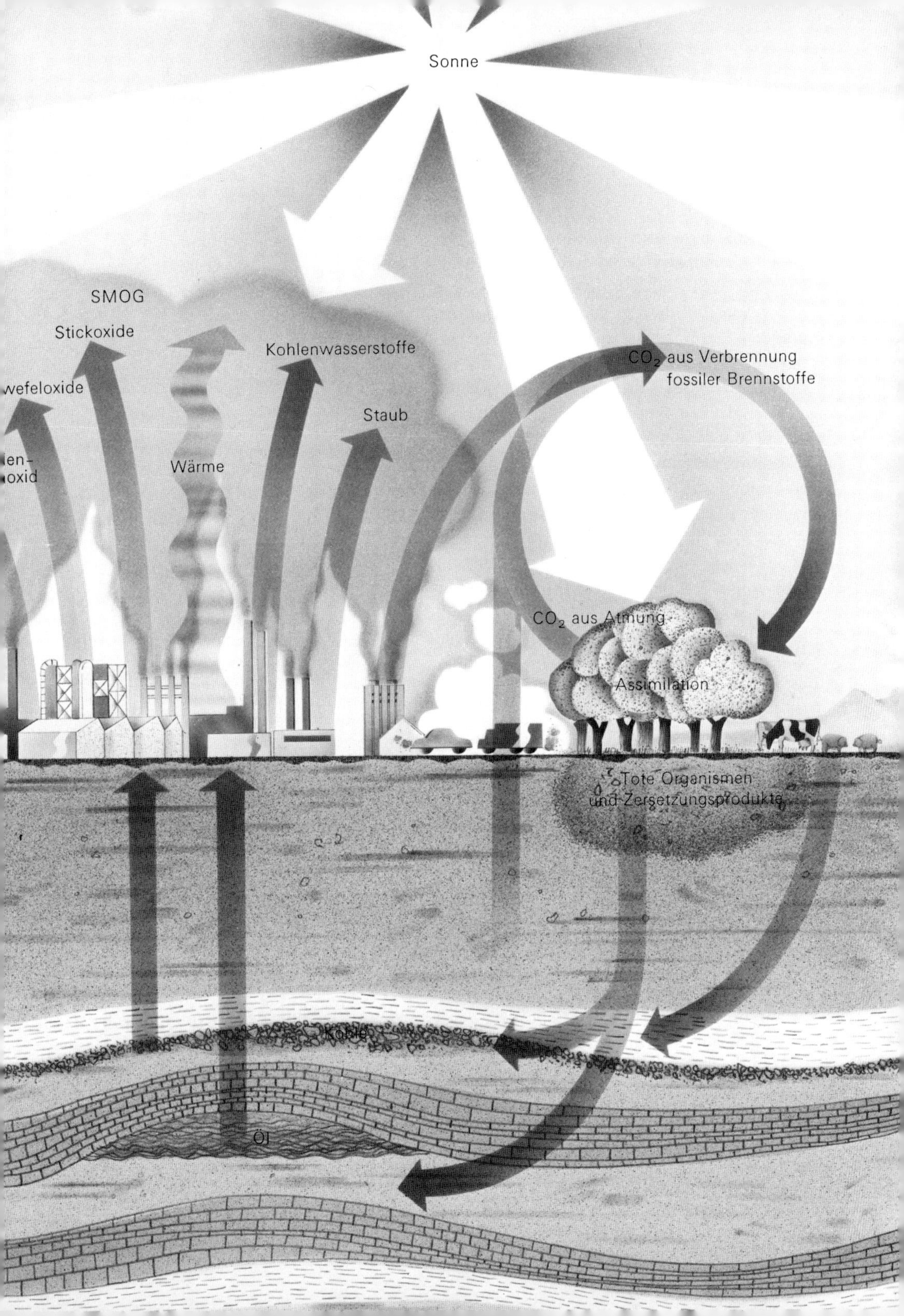
Sonne
SMOG
Stickoxide
wefeloxide
en-
oxid
Wärme
Kohlenwasserstoffe
Staub
CO_2 aus Verbrennung
fossiler Brennstoffe
CO_2 aus Atmung
Assimilation
Tote Organismen
und Zersetzungsprodukte
Kohle
Öl

ger Wetterlage nirgends erreicht. Das Problem der Analyse besteht buchstäblich darin, eine schwarze Kugel unter zehn Millionen weißen zu finden. Selbst unsere bestentwickelten Analysengeräte versagen heute noch vor diesem Problem. Daraus ergibt sich natürlich unmittelbar die Aufforderung zu verstärkter Forschung und zur Entwicklung der analytischen Techniken.

In aller Welt werden heute jährlich zwischen 50 und 100 Millionen t SO_2 in die Atmosphäre abgegeben. Der größte Teil davon stammt aus der Verbrennung von schwefelhaltiger Kohle oder Erdöl. Diese Menge ist, global betrachtet, geringer als die Menge der in der Natur selbst gebildeten Schwefelverbindungen. Bei der Verwesung biologischer Substanzen werden jährlich etwa 200 Millionen t Schwefelwasserstoff (H_2S) in Freiheit gesetzt. H_2S wird in der Atmosphäre zu SO_2 und schließlich zu Schwefeltrioxid (SO_3) oxidiert, das mit Wasser Schwefelsäure bildet. Aus dem Meer gelangen mit Gischt und Brandung jährlich etwa 25 Millionen t SO_2 in die Atmosphäre. Das Problem besteht also nicht in der absoluten Menge des bei technischen Prozessen emittierten SO_2, sondern darin, daß in nächster Nähe der Produktionsstätten übermäßig hohe Konzentrationen auftreten und dadurch zu Schädigungen führen können. So steigt zum Beispiel in der Nähe von Industrieanlagen, die SO_2 emittieren, der Säuregehalt im Regen, in den Flüssen und Seen an, so daß dort kaum noch Lebewesen angetroffen werden. In der Luft bilden sich aus den Schwefeloxiden schließlich Sulfate, die sich zu feinsten Staubteilchen zusammenballen und unter anderem für die Entstehung von Smog verantwortlich sind.

Das Giftgas Kohlenmonoxid (CO) ist wahrscheinlich die einzige ausschließlich von Menschen erzeugte Luftverunreinigung. Hauptproduzent ist auch hier wieder das Automobil. Vor allem zur Hauptverkehrszeit steigt in den Städten die Konzentration an CO beängstigend an. Trotzdem muß es in der Natur irgendeinen Mechanismus geben, durch den CO wieder verbraucht wird. Denn der CO-Pegel steigt – zu unserem Glück – langsamer an, als man aufgrund der erzeugenden Prozesse berechnet. Der Einbau von Nachverbrennungsanlagen in die Autos wird den gefährlichen Ausstoß an CO sehr stark verringern, wenn diese Anlagen erst einmal gesetzlich vorgeschrieben sind. Eile scheint in dieser Angelegenheit auf jeden Fall geboten.

Ebenso sollte die Menge an Kohlenwasserstoffen in der Atmosphäre nach Einführung der Nachverbrennungsanlagen bei Automotoren stark reduziert werden. Besonders über den industriellen Ballungsgebieten steigt die Konzentration an solchen organischen Materialien periodisch an, immer dann, wenn der Berufsverkehr einsetzt. Wiederum muß gesagt werden, daß Kohlenwasserstoffe durchaus ein natürlicher Bestandteil der uns umgebenden Atmosphäre sind. Bei der bakteriellen Zersetzung organischer Materialien entstehen in großer Menge niedere Kohlenwasserstoffe in der Form des sogenannten Sumpfgases. Der Mensch trägt zu der gesamten Menge der in der Atmosphäre befindlichen Kohlenwasserstoffe nur etwa 15% bei. Diese 15% entstehen aber in hohen lokalen Konzentrationen über den großen Städten und Verkehrszentren. Die Reaktion von Kohlenwasserstoffen mit Stickstoffoxiden, einem

Entstehung von Smog im Sonnenlicht

Die Bildung von Smog beginnt mit der Absorption von Licht durch Stickstoffdioxid. Damit startet ein wahrer Teufelskreis von Reaktionen, der immer wieder die Ausgangsprodukte zurückliefert und als Nebenprodukte Giftstoffe für das Atemsystem liefert. Durch Licht wird NO_2 in atomaren Sauerstoff und NO zerlegt. Atomarer Sauerstoff reagiert mit Luftsauerstoff, der normalerweise als Sauerstoffmolekül vorliegt. Dabei entsteht Ozon, ein Molekül aus drei Atomen Sauerstoff. Ozon ist ein gefährliches Giftgas für alle Lebewesen. Schon ein Kubikzentimeter Ozongas in tausend Liter Luft, eine Menge, die kaum nachweisbar ist, führt bei Personen mit besonderer Empfindlichkeit zu Atembeschwerden. In Frankfurt werden bei ungünstigen Wetterlagen Konzentrationen an Ozon in dieser Größenordnung gemessen. Atomarer Sauerstoff reagiert mit Kohlenwasserstoffen, die ebenso wie NO_2 aus den Autoabgasen stammen. Die Reaktionsprodukte sind Sauerstoffradikale, die in einer Reaktionskette zu weiteren Radikalen umgewandelt werden. Dabei wird NO_2 wieder regeneriert, wobei sich zusätzliches Ozon bildet. Ozon beginnt sich anzusammeln, und durch Reaktion mit den Kohlenwasserstoffen entstehen die sekundären Luftverunreinigungen wie Formaldehyd, andere Aldehyde, Ketone und besonders die stark ätzenden Peroxyacylnitrate. In Gegenwart von Schwefeldioxid bilden sich feste Teilchen, an denen sich diese Giftstoffe in hohen Konzentrationen festsetzen. Diese sogenannten Aerosole stabilisieren den Schmutz über den Großstädten und sind als die bekannte Dunstglocke weithin sichtbar.

Entstehung von Smog im Sonnenlicht

NO_2 + Licht Stickstoffdioxid	→	NO + O Stickstoffmonoxid, atomarer Sauerstoff
O + O_2 molekularer Sauerstoff	→	[O_3] Ozon
O_3 + NO	→	NO_2 + O_2
O + KW Kohlenwasserstoffe	→	$KWO^{\bullet}$ Radikale
$KWO^{\bullet}$ + O_2	→	$KWO_3^{\bullet}$ Peroyradikale
$KWO_3^{\bullet}$ + KW	→	[Aldehyde, Ketone, Organische Säuren]
$KWO_3^{\bullet}$ + NO	→	$KWO_2^{\bullet}$ NO_2 Radikale
$KWO_3^{\bullet}$ + O_2	→	[O_3] + $KWO_2^{\bullet}$
$KWO_n^{\bullet}$ NO_2 Radikale	→	[Peroxyacylnitrate]

Die Beseitigung des Abfalls bereitet den Kommunen Kopfzerbrechen. Im Bild der Jahresmüll einer fünfköpfigen Familie. Für die Lösung des Luft-, Wasser- und Abfallproblems wird die Bundesrepublik bis 1975 mindestens 28 Millionen Mark ausgeben müssen.

anderen Produkt in den Autoabgasen, erfolgt unter dem Einfluß von Sonnenlicht in Gegenwart feiner Partikel von Kohlestaub oder Sulfaten. Das Ergebnis dieser Reaktion ist der gefürchtete Smog. Eine Radikalkettenreaktion verwandelt die Kohlenwasserstoffe in Aldehyde, Ketone und vor allem in Peroxyacylnitrate. Diese Substanzen wirken besonders schädigend auf Schleimhäute, Atem- und Sehzentren.

Bleistaub war bis vor kurzem ein beunruhigender Bestandteil der Großstadtluft. Bekanntlich wurde durch gesetzliche Verordnung der Zusatz von bleihaltigen Stoffen zum Benzin vermindert. Er wird in einiger Zeit ganz verboten sein. Allerdings ist noch nicht ganz klar, welche Folgen das Bleiverbot haben wird. Eines ist klar: Im Autokraftstoff muß der Gehalt an aromatischen Kohlenwasserstoffen erhöht werden, um die Klopffestigkeit zu erhalten. Dadurch wird notwendigerweise die Verunreinigung der Luft mit Aromaten und unvollständigen Verbrennungsprodukten dieser Stoffe ansteigen, die wahrscheinlich viel giftiger als Blei sind. Da die Destillationsanlagen in den

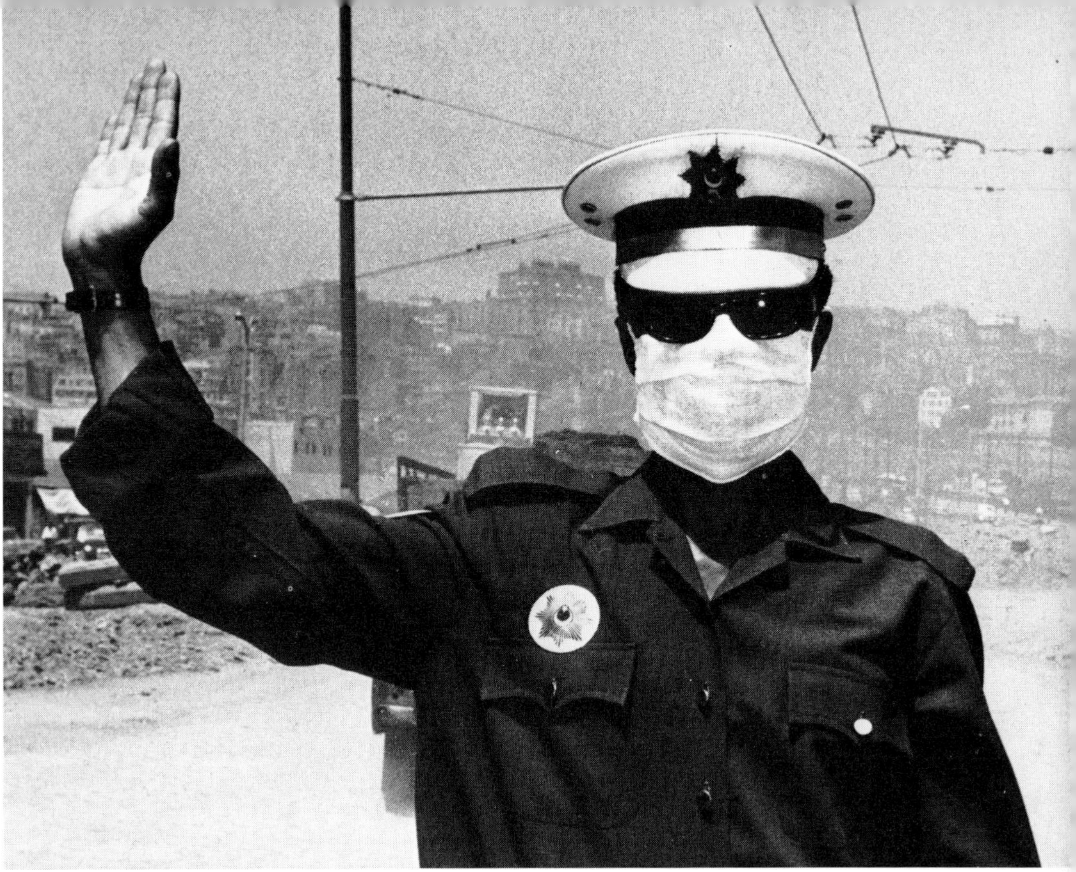

Die größten Luftverschmutzer sind die Kraftfahrzeughalter, ihnen folgen die Industrieunternehmen. Mit dem Gerät links können sie kontrolliert werden: Eine Fernsehkamera lokalisiert die Luft-Schmutz-Quelle, und mit Hilfe der Reflexion eines Laserstrahls wird die Abgaskonzentration gemessen.

Raffinerien auf die Produktion von aromatenhaltigem Kraftstoff umgestellt werden müssen, werden die Rohstoffe für die Herstellung von Kunststoffen und Textilfasern teurer werden. Sie fielen bisher bei der Herstellung des ohne Bleizusatz nicht brauchbaren Benzins als Nebenprodukte an. Eine Preiserhöhung für Kunstfasern und Plastikartikel muß deshalb als Folge des Bleiverbotes erwartet werden, ein Beispiel für die komplizierte Folge von Ursachen und Wirkung in einer technisierten Gesellschaft.

Eine wesentliche Quelle der Luftverschmutzung könnte beseitigt werden, wenn der individuelle Autoverkehr abgeschafft oder wenigstens stark eingeschränkt würde und wenn die Energieerzeugung von den konventionellen Heizkraftwerken vollkommen auf Kernenergie, Wasser- und Gezeitenkraftwerke umgestellt werden könnte.

Krokodile im Rhein. Allerdings bleibt hier eine Frage noch ungeklärt und das ist das Problem der Wärmebelastung der Flüsse, deren Wasser zu Kühlzwecken in den Kernkraftwerken benutzt werden muß. Allein die erhöhte Wassertemperatur der Flüsse hat schädliche Auswirkungen auf die Umwelt. Mit zunehmender Wassertemperatur vermindert sich die Menge des im Wasser gelösten Sauerstoffs. Damit sinkt die Möglichkeit zur Assimilierung des mitgeführten Schmutzes. Erhöhte Temperatur bedeutet gleichzeitig erhöhte Aktivität der Bakterien, die unter Verbrauch von Sauerstoff organische Materie zersetzen. Damit wird den anderen Wassertieren der lebensnotwendige Sauerstoff entzogen. Der Hecht stirbt bei 28–29 °C, der Karpfen kann noch bei 34 °C überleben, nicht aber der Aal. Übersteigt die Temperatur des Flußwassers mehrere Tage lang 30 °C, dann sind alle Fische tot. Man weiß heute, daß eine Erhöhung der mittleren Wassertemperatur des Rheines um nur wenige Grade zum völligen Aussterben des Fischbesatzes führen wird. Daher sind strenge Bestimmungen über die Kühlung des Kühlwassers nötig. Aber schon werden andere Lösungsmöglichkeiten vorgeschlagen. Warum sollte man nicht die bisherige Flora und Fauna des Rheines aussterben lassen und, nach der Aufheizung des Flusses durch die Kühlwasser der geplanten Kernkraftwerke, tropische Fische und Pflanzen einführen, die von Natur aus an höhere Wassertemperaturen gewöhnt sind! Krokodile an der Loreley und Papyrusstauden vor dem Kölner Dom? Ein makabrer Gedanke, aber warum eigentlich nicht?

Von den Stoffen, die der Mensch seiner Umwelt zuführt, verursachen Phosphor und Stickstoffverbindungen die ernsthaftesten Probleme. Die Eutrophierung von Seen ist ein bedenkliches lokales Problem, die Eutrophierung von Flußmündungen an Meeresküsten kann zu weltweiten Katastrophen führen.

Euthrophierung beschreibt den Vorgang des übermäßigen Wachstums von Algen oder anderen Pflanzen durch überreichliche Zufuhr von Nährstoffen. Starker Pflanzenbewuchs führt zu einer Verminderung des Sauerstoffvorrates im Wasser. Dadurch kommt es zu Fischsterben und schließlich zur Bildung von Zonen, in denen nur noch sauerstoffunabhängige (anaerobe) Lebensvorgänge stattfinden, ein etwas vornehmerer Ausdruck für Verwesung.

Das Bild ist immer das gleiche: zunächst verstopfen die Filter der Wasserwerke durch übermäßigen Algenbewuchs, ein unerwünschter Geschmack des Trinkwassers stellt sich ein, von der Wasserfläche her breiten sich übelriechende Duftwolken in die Umgebung aus, schließlich entstehen Giftstoffe, und der See oder Fluß hat sich in einen stinkenden Pfuhl oder in eine Kloake verwandelt. Eine Kontrolle über diese Vorgänge kann nur durch eine Kontrolle der

Nahrungsmittelzufuhr für die in den Gewässern angesiedelten Algen geschehen. Die Algen brauchen wie jede andere Pflanze die folgenden Elemente, um leben zu können: Kohlenstoff, Wasserstoff, Sauerstoff, Schwefel, Kalium, Kalzium, Magnesium, Stickstoff und Phosphor. Besonders lebenswichtig sind für die Pflanze Stickstoff und Phosphor in Form ihrer Salze, der Nitrate und Phosphate. Nach einem Gesetz, das der deutsche Chemiker Justus von Liebig schon vor über 150 Jahren entdeckt hat, läßt sich das Wachstum von Pflanzen dadurch effektiv begrenzen, daß nur einer der nötigen Nährstoffe ungenügend zugeführt wird, auch wenn alle anderen in großem Überfluß vorliegen. Da Phosphor in Form der Phosphate von den Algen benötigt wird und die Zufuhr von Phosphaten zu den Gewässern kontrollierbar scheint, versucht man die Phosphorverbindungen in den Abwässern so weit als möglich zu begrenzen.

Dies hat zu der Forderung geführt, daß Phosphate aus allen Haushaltswaschmitteln entfernt werden sollten, deren Hauptbestandteil sie lange Zeit waren oder noch sind. In den Waschmitteln werden die Phosphate unter anderem dazu benötigt, die von der Wäsche abgelösten Schmutzteilchen in der Waschflotte komplex in Lösung zu halten, so daß sie sich nicht wieder in der Wäsche festsetzen können. In USA, wo das Problem der Eutrophierung der Großen Seen besonders dringlich ist, hat man berechnet, daß bei einem völligen Verbot von Phosphaten in den Waschmitteln jährlich etwa 130000 t Phosphate zurückgehalten werden könnten. Aber mindestens die dreifache Menge würde noch aus anderen Quellen ins Wasser gelangen. Diese Menge wäre immer noch genügend, um alle Gewässer der USA zu eutrophieren. Trotzdem hat man in den USA – und übrigens auch in Schweden – durch Gesetze den Gebrauch von Phosphaten in Waschmitteln unterbunden. Die Phosphate wurden durch NTA (Nitrilotriessigsäure) ersetzt, die ebenfalls Schmutzteilchen komplexiert.

Neuerdings hat man aber erkannt, daß vor allem das Cadmiumsalz der NTA teratogen wirkt – d.h. Mißbildungen hervorruft –, also ähnlich wie das berüchtigte Contergan den Embryo schädigt.

Die Folgerung liegt hier klar auf der Hand: Es wurden Gesetze gemacht und Verordnungen erlassen, ohne genügende wissenschaftliche Prüfung der anliegenden Probleme, und zwar lediglich aufgrund publizistischer Kampagnen und auf Veranlassung der sogenannten »öffentlichen Meinung«, die in diesen Fragen sicherlich nicht kompetent ist. Denn die komplizierte Materie der Umweltprobleme erfordert wissenschaftliche Diskussion, die notwendigerweise zeitraubend ist. Jede wissenschaftliche Behauptung muß nämlich durch entsprechende Experimente belegt werden. Übrigens bietet sich auch hier eine einfache und erstaunlich billige Lösungsmöglichkeit an: Reduzierung der Waschmittelwerbung und Beschränkung der Waschvorgänge auf das unbedingt nötige Maß.

Eine Prognose ist sicher. Die Auseinandersetzung mit den Randproblemen unserer Zivilisation wird viel Geld kosten. Allein bis 1975, so lauten die Schätzungen, müssen in der Bundesrepublik mindestens 28 Milliarden Mark aufgebracht werden, um nur die dringendsten Probleme zu lösen, die auf uns zukommen.

Ein künstlicher Mensch? Das Überleben der Menschheit ist ein Problem, bei dem die Chemie als Wissenschaft und Technik vielseitig gefordert ist. Aber auch das Überleben des einzelnen Menschen ist eine Frage, bei der die Chemie mitzureden hat. Zweifellos wird die Implantation eines völlig künstlichen Herzens in einen Menschen als Markstein in die Geschichte der Medizin eingehen. Tatsächlich könnte das Überleben von vielen Kranken und besonders von Unfallopfern gesichert werden, wenn es möglich wäre, die kranken oder geschädigten Organe wie Herz, Niere, Leber, Lunge einfach durch künstliche Organe auszutauschen. In den Schlagzeilen der Boulevard-Presse wird es zwar immer wieder als Fortschritt der Medizin gefeiert, wenn durch kühne chirurgische Eingriffe Organe von gesunden Spendern auf hoffnungslos kranke Patienten übertragen werden. Doch der eigentliche Fortschritt geschieht in den stillen Forschungslaboratorien der großen Chemiefirmen und der Hochschulkliniken: die Entwicklung künstlicher Organe. Die Übertragung von natürlichen Organen mag im Einzelfall wirklich eine chirurgische Leistung sein, doch ist dem Empfänger des übertragenen Organs in den meisten Fällen nur eine Überlebensdauer von wenigen Tagen, bestenfalls Monaten sicher.

Der menschliche Körper betrachtet nämlich das eingepflanzte lebende Organ des Spenders als Fremdkörper, was es ja auch tatsächlich ist. Daher versucht der Körper mit seinen normalen immunologischen Abwehrmechanismen das fremde Material zu zerstören. Nach Schätzungen stirbt etwa die Hälfte aller Patienten, an denen Herztransplantationen vorgenommen werden, innerhalb eines Monats aufgrund der normalen immunologischen Abwehr des Fremdorgans. Die andere Hälfte stirbt an Infektionen, die erschwert auftreten, weil man den Patienten mit Präparaten vollgepumpt hat, um die normalen immunologischen Abwehrmechanismen zu unterdrücken.

Manche Mediziner glauben, daß das Problem der immunologischen Abwehr durch Entwicklung geeigneter Seren und Medikamente gelöst werden kann. Trotzdem bleibt ein Problem ungelöst. Es werden niemals genügend Spender zur Verfügung stehen, um alle Nachfragen decken zu können. Schätzungen ergeben, daß nicht einmal 10% der für Transplantationen benötigten Herzen im Ernstfall bereitstehen würden. Dazu kommen gesetzliche und ethische Probleme. Unter welchen Umständen darf ein Organ von einer Person entfernt und einer anderen eingepflanzt werden? Wann ist eine Person als »tot« zu bezeichnen, so daß ihr ein oder mehrere Organe entnommen werden dürfen? Könnte ein übereifriger Chirurg imstande sein, weil einer seiner Patienten eine Organtransplantation benötigt, einem anderen Patienten ein lebenswichtiges Organ zu entfernen? Einem Patienten, der zwar schon fast tot ist, aber doch nur »fast«? Wenn nur wenige übertragbare Organe zur Verfügung stehen, welcher der wartenden und ohne das neue Organ zum Tode verurteilten Patienten soll dann durch Transplantation gerettet werden? Wer trifft solche Entscheidungen.

Eine der überragenden Eigenschaften künstlicher Organe besteht darin, daß bei ihnen derartige Fragen nicht auftauchen. Es gibt keinen menschlichen Spender. Zudem können sie in unbegrenzter Menge herge-

Ein Busausflug sorgt für Abwechslung. Die Chemie hat mit dazu beigetragen, daß die Lebenserwartung gestiegen ist. Nicht nur Medikamente sorgen dafür, sondern immer mehr künstliche Organe. Hüftgelenke, Nieren und Arterien können schon heute implantiert werden. Herz und Leber stehen in der Entwicklung.

stellt, verteilt und auf Vorrat genommen werden. Die Bedeutung künstlicher Organe ist schon heute ungeheuer. Sie wurden in Teamarbeit von Medizinern, Chemikern, Ingenieuren und Physikern entwickelt. Erst kürzlich hat die amerikanische Firma Goodyear angekündigt, daß sie über ein Verfahren verfügt, mit dem täglich mindestens zehn künstliche Herzen serienmäßig hergestellt werden können.

Derzeit benutzen in USA mehr als 40000 Personen eingepflanzte elektronische Herzschrittmacher, mehr als 45000 Amerikaner überleben und üben normale Berufe aus, nachdem eine oder mehrere ihrer Herzklappen durch künstliche Ventile aus Metall und Polyester ersetzt wurden. Nach Angaben der amerikanischen Firma Dow-Corning wurden etwa 200000 Personen Schläuche aus speziell dazu entwickeltem Silikonkautschuk implantiert, um einen Überschuß von cerebrospinaler Flüssigkeit aus dem Gehirn in andere Körperteile abzuleiten. Dadurch wurde die gefürchtete Krankheit, die man als »Wasserkopf« bezeichnet, der Heilung zugänglich gemacht.

Viele Eigenschaften von Silikonkautschuk, der eigens für medizinische Zwecke entwickelt wurde, machen ihn zum geeigneten Material für künstliche Organe. Er ist biegsam und weich. Das macht ihn geeignet für Bauteile für künstliche Herzen, künstliche Fingergelenke und künstliche Eustachische Röhren für das Mittelohr. Außerdem ruft Silikongummi nicht die gefürchteten Blutgerinnungen hervor, die bei der Implantation von anderen Kunststoffen auftreten können. Um das zu verhindern, werden viele Kunststoffteile, die zur Implantation hergestellt werden, einer chemischen Umsetzung unterworfen, bei der an ihrer Oberfläche das Antiblutgerinnungsmittel Heparin chemisch verankert wird. Das ist sehr wichtig, denn ein künstliches Herzdiaphragma könnte nicht aus Silikonkautschuk hergestellt werden. Es würde sich »nur« etwa 90 Millionen Mal öffnen und schließen können, bevor es zu Bruch geht. Wenn ein künstliches Herzdiaphragma aber zehn Jahre lang ohne Reparatur arbeiten soll, dann muß es etwa 400 Millionen Arbeitstakte aushalten! Kunststoffe, die das leisten, stehen in speziellen Urethankautschuken zur Verfügung, die durch Aufpfropfen von Heparin körperverträglich gemacht werden.

In der ganzen Welt leben etwa 8000 Menschen mit einer künstlichen Niere. Eine künstliche Niere ist eine Maschine, in der die Blutreinigung mit Hilfe von Osmose und Dialyse an Kunststoffmembranen vorgenommen werden kann. Hunderttausende leben mit künstlichen Arterien. Zehntausende bewegen sich normal oder doch wenigstens ohne Krücken mit Hilfe künstlicher Hüftgelenke aus der Speziallegierung Vitallium. Die Zahl der implantierten künstlichen Hilfsmittel ist wirklich erstaunlich. Künstliche Fingergelenke, Ellenbogen oder Schulterblätter wurden implantiert. Chirurgen haben Kunststoffasern benützt, um Sehnen zu reparieren oder Teile des inneren Ohres. Plastikteile dienen dazu, die Form beschädigter Nasen wiederherzustellen oder Schönheitsoperationen an Gesicht und Brüsten durchzuführen.

Viele Organe des menschlichen Körpers, die die Ärzte im Notfall gerne ersetzen würden, sind noch nicht ganz oder noch nicht einmal teilweise als künstliche Organe entwickelt. Manche, wie zum Beispiel das künstliche Herz mit der gleichzeitig eingebauten künstlichen Energieversorgung, sind an vielen Stellen in der Entwicklung begriffen. Andere existieren erst in der Vorstellung der Wissenschaftler und Ingenieure.

Die Hoffnung besteht, daß es einmal gelingen wird, ein künstliches Auge zu schaffen, das dem Blinden wenigstens eine rudimentäre Art von Sehen gestatten wird. Die implantierbare künstliche Niere existiert noch nicht, aber es ist sicher nur noch eine Frage der Zeit, bis dieses Ziel erreicht sein wird. Manche Forscher sprechen sogar von der Entwicklung einer künstlichen Leber. Die Entwicklung eines solchen künstlichen Organs wäre ein unerhört kompliziertes Unternehmen. Während das Herz im Prinzip nichts anderes als eine Pumpe für das

Blut ist, stellt die Leber eine vollständige »chemische Fabrik« dar.

Heftiger Streit besteht seit Jahren über die Frage, ob es jemals gelingen kann, ein menschliches Gehirn künstlich herzustellen. Manche Leute behaupten, daß eine solche Entwicklung geradezu unvermeidlich ist. Wissenschaftler sind da eher etwas skeptischer. Wahrscheinlich wird man niemals in der Lage sein, ein künstliches Organ zu schaffen, das die phantastische Komplexität des menschlichen Gehirns besitzt und es ersetzen könnte. Selbst wenn man es schaffen könnte, bliebe die Frage, ob diese Entwicklung wünschenswert wäre.

Auf jeden Fall kann man voraussagen, daß die Zahl der Ersatzteile für den menschlichen Körper in den nächsten Jahren ganz ungeheuer zunehmen und die Chemie einen entscheidenden Anteil an dieser Entwicklung haben wird. Wie sagte doch Dr. Vincent L. Gott, Herzchirurg an John Hopkins Hospital in Houston, Texas: »Im Prinzip sollte es möglich sein, mehr als die Hälfte des menschlichen Körpers durch künstliche Organe zu ersetzen!«

Die Konstrukteure künstlicher Organe werden sich jedoch nicht damit begnügen, künstliche Organe zu imitieren. So könnte man sich vorstellen, daß eine Hand mit sechs oder mehr Fingern und zwei Daumen leistungsfähiger ist als die natürliche. Heute schon arbeitet man an einem »Muskelsystem«, das menschlichen Muskeln weit überlegen ist. So wird im »Cornell Aeronautischen Institut« ein »Menschenverstärker« entwickelt. Der »verstärkte« Mensch trägt ein Stahl- oder Kunststoffaußenskelett, das von hydraulischen Motoren anstatt von Muskeln angetrieben wird.

Die Chemie redet mit, wenn es um die Frage der Lebensverlängerung geht. Denn das Überleben von vielen Kranken und besonders Unfallopfern könnte gesichert werden, wenn es gelänge, die kranken oder geschädigten Organe – Herz, Leber, Lunge – durch künstliche Organe auszutauschen. Heute leben schon etwa 8000 Menschen mit einer künstlichen Niere, Hunderttausende mit künstlichen Arterien. Die Verlängerung des Lebens ist aber nur dann wünschenswert, wenn das Leben in einer menschenfreundlichen Umwelt stattfinden kann. Und wie dieses Buch zeigt, sind bis dahin noch sehr wichtige Probleme zu lösen.

Register

FOTONACHWEIS

Farbe: Erich Andres, Hamburg (2); Badische Anilin- & Soda-Fabrik, Ludwigshafen (1); Bavaria-Verlag, Gauting (2); Farbenfabriken Bayer AG, Leverkusen (1); Ellen Betrix, Frankfurt/Main (1); Boehringer, Ingelheim (4); Deutsche Verlagsanstalt, Stuttgart (1); dpa, Frankfurt/Main (1); Drägerwerk, Lübeck (1); Kurt Erben, Wien (1); Fraunhofer Gesellschaft e. V., Karlsruhe (1); Gelsenberg AG, Essen (1); Glanzstoff AG, Wuppertal-Elberfeld (1); Manfred Kage, Weißenstein (4); Wolfang Klein (1); Dr. Hermann Kühn, München (1); E. Merck AG, Darmstadt/Ludwig Windstosser (1); Hand Roßdeutscher, Bielefeld (1); Toni Schneiders, Lindau (2); The Metropolitan Musem of Art, New York (1); Time/Life, New York (1); Ullstein GmbH, Berlin (1); USIS, Bonn-Bad Godesberg (1); V-Dia-Verlag, Heidelberg (2); Verlag Chemie, Weinheim (1); Dr. Weigand, Freising (1); Ludwig Windstosser, Stuttgart (1); Zefa, Düsseldorf (7); Zeit Magazin, Hamburg (1).

Schwarzweiß: AAA photo, Paris (4); Agfa-Gevaert AG, Leverkusen (2); Alco-Presse, Goslar (1); Anthony Verlag, Starnberg am See (4); AP, Frankfurt/Main (3); Archiv Gerstenberg, Frankfurt/Main (4); Australian News and Information Bureau, Canberra (1); Badische Anilin- & Soda-Fabrik, Ludwigshafen (6); Bavaria-Verlag, Gauting (17); BP Aral, Hamburg (5); Farbenfabriken Bayer AG, Leverkusen (1); Ciba-Geigy- Marienburg (1); Continental Gummiwerke AG, Hannover (1); Deutsches Museum, München (1); dpa, Frankfurt/Main (10); Farbwerke Hoechst AG, Frankfurt/Main (2); Fraunhofer Gesellschaft e. V., Karlsruhe (1); Gesamttextil e. V., Frankfurt/Main (2); Harry Hamm, Bonn (1); Henkel & Cie GmbH, Düsseldorf (3); Historia-Photo, Bad Sachsa (3); Interfoto Friedrich Rauch, München (1); Manfred Kage, Weißenstein (4); Keystone, München (1); Krupp Forschungsinstitut, Essen (1); Hans Pfletschinger, Ebersbach (2); Pontis Photo Anita von Drechsel, München (1); Radio Times Hulton Picture Library, London (1); Siegfried Sammer, Berlin (3); Friedel Schöx, Ebersberg (3); Silvester fotopresent, Essen (1); Staatsbibliothek der Stiftung Preuß. Kulturbes., Bildarchiv Berlin (4); Stern, Hamburg (2); Süddeutscher Verlag, München (9); Tierbilder Okapia, Frankfurt/Main (1); Technische Hochschule, Aachen (2); Ullstein GmbH, Berlin (12); USIS, Bonn-Bad Godesberg (3); Prof. Dr. Stefan Vogel, Mainz (1); Zefa, Düsseldorf (1); Carl Zeiss, Oberkochen (2).